URBAN SOILS
APPLICATIONS AND PRACTICES

도시 토양
응용과 실무

Phillip J. Craul 지음 | 이 규 화 옮김

BIOSCIENCE (주)바이오사이언스출판

이 도서의 국립중앙도서관 출판예정도서목록(CIP)은 서지정보유통지원시스템 홈페이지(http://seoji.nl.go.kr)와 국가자료공동목록시스템(http://www.nl.go.kr/kolisnet)에서 이용하실 수 있습니다.
(CIP제어번호: CIP2020026808).

도시 토양 응용과 실무

인 쇄: 2020년 9월 15일
발 행: 2020년 9월 25일

지 은 이: Phillip J. Craul
옮 긴 이: 이 규 화
발 행 인: 문정구
발 행 처: (주)바이오사이언스출판
본 사: (우)10860 경기도 파주시 탄현면 국화향길 10-56, 1동
서울사무소: (우)06569 서울특별시 서초구 도구로 115, 1층(방배동)
전 화: (02)581-4057~8 팩스: (02)581-4059
이 메 일: inquiry@biosciencepub.com
홈페이지: http://www.biobooks.co.kr
I S B N: 978-89-6824-106-2 93480
등록번호: 제22-3079호
값 30,000원

도시 토양

응용과 실무

URBAN SOILS

APPLICATIONS AND PRACTICES

Phillip J. Craul 지음
하버드대학교 디자인대학원
조경학과 교수

이 규 화 옮김
농학박사/서울대학교 식물병원
외래임상의

"잔디 아래 있는 물질은
단순한 흙이 아니다.
그것은 불로장생의 영약이다."

Phillip J. Craul
1996년 *Geraldine R. Dodge 재단 보고서*
69페이지 인용.

"좋은 땅에 가까이 사는 것은 육체적, 도덕적,
정신적 힘의 원천이다. 이는 유사 이래 널리 받아들여지고
있는 것으로, 이를 망각한 문명은 위기에 봉착하면
잘 이겨내지 못했다. 흙으로부터 너무 멀리 떨어져 있으면,
안전하지 못하고, 예측이 빗나가고, 윤리의식이 약화되고,
가치관이 왜곡되고, 자신감을 상실하게 되고,
나아가 살아갈 수 없을 수도 있다."

Harper & Bros.(New York)가 출판한 Richard L. Evans의
"*This day ... And Always*"(1942년) 46페이지에서.

목차

제1장 서론 1

1.1 실용적인 도시토양 응용의 필요성 • 1

옛 방식 대 새로운 방식 2 / 신뢰성과 책임 3 / 경관 복원 4
지속가능성에 대한 강조 5 / 프로젝트 예산 중 토양 비용 6

1.2 토양학자, 조경가, 기타 전문가 간의 상호작용 • 7

제2장 부지 토양 평가와 해석 절차 8

2.1 서론 • 8

2.2 자원 정보 • 10

2.3 시료채취 설계 • 11

2.4 토양 단면 평가 • 13

현장 절차 14 / 식재 가능성 19

2.5 토양 실험과 분석 • 19

2.6 복구 부지의 특성과 토양 • 21

2.7 토양 해석 과정 • 23

토양도의 유형 23 / 몇 가지 토지이용 사례에 대한 주요 해석적 요소 25
결과물 또는 해석 지도 32 / 해석과정의 사례 32

제 3 장 부지의 생물물리학적 분석 37

3.1 서론 • 37

3.2 부지 열 수지 • 38

복사 39 / 위요경관 내 복사 50

3.3 도시 교목의 열 스트레스 • 59

수목 스트레스 탐지 60

3.4 증발산 • 61

잠재 증발산량(ET_o) 62 / 실 증발산량(ET_a) 63 / 기후 자료로부터의 증발산량 추정 63

3.5 음/양 관계 • 64

3.6 부지의 잠재 증발산량 계산 • 65

컴퓨터 기반 부지 모델을 만들어라 65 / 계산 과정 66

3.7 설계 토양의 동적 수분 관계 • 69

3.8 경관 설계에서의 태양 주기 이용 • 69

가로 격자에서의 그늘과 햇빛 70 / 식재와의 관계 71

3.9 증발산량 예시 • 74

고립된 교목 74 / 숲 74 / 가로 74

3.10 결론 • 74

제 4 장 도시의 지속가능한 토양 단면 설계와 시공 76

4.1 서론 • 76

4.2 토양 모델 • 77

자연 토양 단면 78 / 포드졸화(漂白化, podzolization; 스포도솔/Spodosols) 81
석회화(石灰化, calcification; 몰리솔/Mollisols과 알피솔/Alfisols) 83
라테라이트화(laterization; 옥시솔/Oxisols과 울티솔/Ultisols) 84
염류화(鹽類化, salinization; 애리디솔/Aridisols) 84
글레이화(gleization, 많은 히스토솔/Histosols과 다른 목/Order의 아퀵/Aquic이나 하이드릭/Hydric 토양군/Members) 85

4.3 토양 설계 • 86

표토 문제와 설계 토양의 필요성 86 / 토양 단면에서의 설계 토양 층위 86
동질 토양 96 / 다양한 적용을 위한 단면 97

4.4 지속가능 토양 • 98

지속가능한 토양 설계 98 / 실험과 분석 101 / 지속가능 토양의 비용 101

지속가능 토양의 미래 102

4.5 도시 토양 단면의 시공과 설치 • 102

반입된 표토 102 / 현장 자재의 개량 103 / 완전히 설계된 토양 103
설치 순서 105 / 토양 시험 106

4.6 내건조경 설계 • 106

기후대 107 / 식생 집단 107 / 건조지 토양 107

제 5 장 토양 시방서 109

5.1 서론 • 109

표준 시방서 110

5.2 토양 시방서 작성 • 115

5.3 광물성 자재 • 116

토성 117 / 입도 분포(粒度分布, particle size distribution) 120
평균 입자 직경 122 / 사례 123

5.4 구조 자재 • 127

유형 128 / 자재 설명 128 / 배합의 비율 130 / 입자 크기 130 / 평가 131

5.5 유기 자재 • 131

유형 132 / 탄질비 134 / 안정성 135 / 숙성도(熟成度, maturity) 135 / 냄새 136
광물질/유기질 함량과 분말도(입자 크기) 136 / 반응(pH) 137 / 양이온 교환 용량 137
양분함량 137 / 중금속 137 / 표준 퇴비 시방서 예 138 / 가용성과 비용 139
적합성 140 / 혼합물에서의 유기물 양 140

5.6 생물 자재 • 140

5.7 시방서의 모든 자재에 적용되는 요소 • 141

반응(pH) 141

5.8 토양 시방서에서의 지속가능성에 대한 관심 • 143

제 6 장 옥상 적용 144

6.1 서론 • 144

6.2 부하와 공간 제약 • 145

6.3 경량화 개량제 • 147

토성과 개량제 함량으로 용적비중 추정하기 147 / 경량화 자재 148 / 부하 배치 150

6.4 교목 체계 • 152

6.5 바람이 교목에 미치는 영향 • 153

내풍성 고려 154 / 뿌리 시스템 155 / 교목의 공간적 배치 160 / 옥상 식재의 의미 161

6.6 옥상 관수 • 162

6.7 옥상 토양의 설계와 시방서 • 162

토양 단면 162 / 설치와 공사 순서 163

제 7 장 배수 기술 164

7.1 서론 • 164

7.2 배수 원리 • 166

지표 배수 167 / 지하 배수 167

7.3 배수 설계 요소 • 171

식생 집단의 요구사항 171 / 부지 배수 상태 172 / 설계 기준 173 / 계획과 시방서 173

7.4 지표 배수 기술 • 173

식생수로와 명거 173 / 지표 배수 시스템 설계 174 / 지형 변경 175

7.5 지하 배수 기술 • 176

명거 176 / 매몰 배수 177 / 양수기장(揚水機場, pumping station) 182
두더지 암거배수 183 / 수직 배수 183 / 차단 배수 183 / 지하 배수의 배수구 183

7.6 배수 복구 시스템 • 184

제 8 장 관수 설계 185

8.1 서론 • 185

8.2 관수의 기본 개념 • 187

관수에 적용되는 물 순환(水循環, hydrologic cycle) 187
토양수분 부족의 확인 189 / 잠재 증발산량 확인 191

8.3 식물의 수분 이용 • 193

8.4 적극적 관수 • 193

침수 193 / 도랑이나 고랑 194 / 스프링클러 194 / 점적관수와 소량 개념 195
시스템 배치 197

8.5 토양 설계 • 198

8.6 적용량 결정 • 198

단순 물 수지 방법 199 / 수표장 방법 200 / 표를 이용한 증발산 조정 200

8.7 관수 빈도와 시기 • 201

8.8 소극적 관수 • 202

서론 202 / 수조범람(水槽氾濫) 시스템 202

제 9 장 교목 식재 기술 203

9.1 서론 • 203

9.2 교목 식재 기준 • 205

뿌리 전개 부피 205 / 수분 206 / 배수 207 / 통기 209 / 영양소 209

9.3 이식 기술 • 210

나근 식재 210 / 포장근분 식재 211 / 용기에서 키운 수목 식재 211
되메우기 자재 212 / 멀칭(mulching) 213
수화젤(hydrogels)이나 고흡수재를 이용한 개량 215 / 관수 217

9.4 식재 상황 정렬 • 219

상황 A: 공간과 토양에 제한이 없는 개별 부지(개방) 219
상황 B: 경계석 옆과 보도 부지 221
상황 C: 불투수성 자재에 의해 피복된 부지 223
상황 D: 답압된 토양, 지하 장벽 존재, 지하수위가 높은 부지 225
상황 E와 F. 제한적인 비옥도나 유독한 수준의 오염물질이 있는 부지 226
저비옥도 토양에 대한 시비 226
유독성 오염물질에 저항성이거나 내성이 있는 수종 선택 227
토양 오염물질의 제거 또는 감축 228
상황 G: 모든 기준이 제한적인 완전히 조작된 부지 228 / 식재에 방근 사용 229

9.5 특수 적용 • 231

공익설비 통로 231

9.6 르 프레베르디스망(오늘 식재하고 내일 건설하라) 개념 • 232

9.7 대교목 이식 • 233

9.8 교목 식재 평가 • 233

교목 건강 평가 233 / 토양 평가 237

제 10 장 공사 침식과 퇴적 조절 239

10.1 서론 • 239

10.2 침식작용 • 240

포행 241 / 땅꺼짐 242 / 퇴적토사태 242 / 토석류 242

10.3 범용 토양유실 예측 공식 • 242

적용 예 247

10.4 도시 지역 침식 • 248

10.5 도시 지역 침식과 침사방지 계획수립 • 249
토지개발 계획 250 / 침식과 침사방지 계획 250 / 토양유실 예측 259
침전물 발생량 추정 259
10.6 침식과 침사방지 사례 • 259
부지 개요 259 / 개발 계획 261 / 주요 요소 261

제 11 장 토양 설계 의사결정 과정 262

11.1 서론 • 262
부지 상황 263 / 식물 집단 구조 264 / 통행 265
11.2 부지 1: 노출 • 266
상황 1A: 노출 잔디 266 / 상황 1B: 노출 화단 269 / 상황 1C: 노출 관목 270
상황 1D: 노출 교목 270 / 상황 1E: 하측식생이 있는 노출 교목 271
11.3 부지 2: 노변 • 272
상황 2A: 노변 잔디 272 / 상황 2B: 노변 화단 273 / 상황 2C: 노변 관목 273
상황 2D: 노변 교목 274 / 상황 2E: 하층식생이 있는 노변 교목 275
11.4 부지 3: 피복 • 276
상황 3D: 피복된 교목 277 / 상황 3E: 하층식생이 있는 피복된 교목 278
11.5 부지 4: 옥상 • 279
상황 4A: 옥상 잔디 280 / 상황 4B: 옥상 화단 280 / 상황 4C: 옥상 관목 281
상황 4D: 옥상 교목 281 / 상황 4E: 하층식생이 있는 옥상 교목 281
11.6 결론 • 281

제 12 장 사례 연구 282

12.1 서론 • 282
12.2 뉴욕시 배터리 공원 시티 사우스 코브 • 283
토양 시방서 283
12.3 보스턴시 커먼즈 광장 주차장 • 284
토양과 잔디 시방서 285 / 토양 요구조건과 제약요인 285 / 토양 시방서 286
토양 단면 시공 289 / 잔디 시방서 291 / 유지관리 292 / 특별 고려사항 293
12.4 로스앤젤리스시 J. Paul Getty 미술관 • 294
서론 295 / 토양 설계 사상 295 / 토양 설계 296 / 표준 규격 297 / 배합토 규격 299
대안 II 302 / 고찰 304 / 토양 단면 유형 305 / 대안 I과 대안 II의 비교 고찰 306

토양 개량제 307 / 포설 절차와 제약 308 / 시험과 검사 308 / 설치 후 유지관리 309

12.5 피츠버그시 앨러게니 리버프런트 공원 • 310
일반 310 / 제출 310 / 인도, 저장, 취급 311 / 시공 317

12.6 뉴욕시 New School for Social Research 마당 • 317
배합토 317 / 토양 자재 포설 318 / 시험 319

부록 설계 토양 분석을 위한 표준 실험

A.1 유기 자재 • 321

A.2 무기 자재 • 322

A.3 배합토 시험 • 323

A.4 시공 후 시험 • 324

용어 해설 / 325

참고 자료 / 332

찾아보기 / 340

머리말

이 책을 발간하는 목적은 좀 더 일반적으로 사용되는 도시 토양의 절차와 응용에 관해 자세한 정보를 제공하는 데 있다. 이는 저자가 집필한 또 다른 책, *Urban Soil in Landscape Design*(John Wiley and Sons, 1992)의 연장으로, 도시 토양의 몇 가지 견해와 이의 설계 응용을 좀 더 명확히 할 필요성이 대두되고 있기 때문이다. 이 정보는 조경가, 원예가, 도시 임업가 등에게 새로운 지식을 제공할 수도 있을 것이다. 이들 정보의 대부분은 시방서나 설계 응용을 위한 예비적인 기준을 개발하는 데 사용될 수도 있다.

저자는 여기에 기술된 아이디어에 대해 중대한 영향을 미친 여러 사람들에게 감사하지 않을 수 없다. 지금은 은퇴한 전 워싱턴 DC 국립공원관리청의 Dr. Jim Patterson; 노스캐롤라이나주 롤리(Raleigh) 소재 Natural Systems Associates의 Dr. Tom Perry; 메릴랜드 아나폴리스(Annapolis) 소재 Jim Urban Associates의 Jim Urban; 일리노이주 라일(Lisle) 소재 Morton Arboretum의 Dr. Gary Watson과 Dr. Pat Kelsey 등이 그들이다. 이들 과학자들은 많은 지식과 많은 실무적인 아이디어와 다양한 경험을 아낌없이 제공해주었다. 나는 이들에게 받은 도움과 오랜 우정에 대해 진심으로 감사를 드린다. 또한 내가 수년 동안 서비스를 제공한 고객들로서 이들 응용을 경험할 수 있는 기회를 제공해준 분들과, 이러한 시도들을 성공적으로 수행할 수 있도록 도와준 다양한 프로젝트의 동료들에게도 감사드린다. 이들은 보스턴(Boston) 소재 Child Associates의 Susan Child와 Douglas Reed; 보스턴 소재 Brown and Rowe의 Clarissa Rowe; 매사추세츠주 캠브리지(Cambridge) 소재 Michael Van Valkenburgh Associates의 Laura Solano, Sally Coyle, Michael Van Valkengurgh; 매사추세츠주 워터타운(Watertown) 소재 Sasaki Associates의 Don Vitters, Henry Ricciuti, George Burr, Lucy Chamberlain; 필라델피아(Philadelphia) 소재 Olin Partnership의 Bob Bodell, Dennis McGlade, Cindy Saunders; 보스턴 소재 DPCO의 Frank Clare; 매사추세츠

주 Highway Depart.의 Ralph DeGregorio와 로스앤젤리스 소재 Valley Crest Landscaping의 Kelly Duke 등이다. 여기에 고찰되는 응용의 성공을 증명해주는 이러한 실무적인 경험이 없었다면 이 책은 출간되지 못했을 것이다. 나는 도시 토양의 도전에 대한 해결 방안을 향상시키는 데 지지해주고 확신을 갖게 해준 이들에게 다시 한 번 진심으로 감사드린다. 이는 사례 연구들을 자신들의 성공처럼 성실하게 노력해주었기 때문에 가능했다.

특히 수년 동안 두 권의 책을 출간하는데 참여한 Professional and Trade Division의 수석 편집인인 Dr. Philip Manor에게 그의 인도와 도움 그리고 우정에 감사드린다. 우리들이 같이 한 만찬 중 나눈 대화는 언제나 즐거웠다. 그리고 그를 보좌하는 Rose Leo Kish에게도 그녀의 도움에 감사를 드린다.

항상 그러하듯이, 이 책의 모든 간과나 누락에 대한 잘못은 모두 저자의 책임이다. 그러나 저자가 최종적인 형식과 실행에 대해 어떤 통제도 할 수 없기 때문에 저자는 여기에 제시된 모든 응용의 성공이나 실패에 관해 명시적이든 암묵적이든 보증하지 못하며, 이에 대한 모든 책임은 전적으로 사용자에게 있다.

PHILLIP J. CRAUL

옮긴이 머리말

우리 주변 생활림을 구성하고 있는 수목들의 생육상태는 자연환경에서 자라는 수목에 크게 미치지 못하고 있다. 이러한 현상은 산림환경에 비해 크게 열악한 도시의 생육환경 때문에 나타나는 어쩌면 당연한 결과라고 할 수 있다.

도시개발 과정에서 토양은 주로 기반시설을 지지하는 자재로 취급되어 이에 적합하게 준비되고 단단하게 다져지게 되는데, 이렇게 준비되고 다져진 토양은 통기와 배수가 불량하여 식물이 생장하기에 부적합하게 된다. 그런데 도시에는 다양한 기반시설과 함께 수목이 공존해야 하기 때문에 이들 각각에 적합한 토양을 조성할 필요가 있다.

수목이 생육하기에 적합한 토양은 밀도가 상대적으로 느슨하여 크고 작은 공극이 적절히 존재해야 하는데, 이러한 토양의 전형은 자연 상태의 산림토양에서 흔히 볼 수 있다. 그러나 이미 교란된 도시에서는 이러한 토양이 존재하지 않기 때문에 이 문제를 해결하는 방법은 산림토양을 모방하여 식재 공간을 창출하는 것이다.

이러한 토양을 올바르게 조성하기 위해서는 토양에 대한 전문지식과 함께 다양한 식재토양 조성 경험이 뒷받침되어야 하는데, 이처럼 이론과 실무를 두루 겸비한 토양 전문가가 우리 주변에는 흔치 않은 것이 현실이다. 이러한 현실에서 저자가 집필한 "Urban Soils"는 출판된 지 꽤 오랜 시간이 지났지만 아직 그 내용을 대체할 만한 뚜렷한 진전이 없기 때문에 여전히 이 분야에 대한 거의 유일한 참고서라고 할 수 있다.

생각이 여기에 이르게 되자 역자는 일천한 지식에도 불구하고 도시 토양에 관심을 가진 국내 연구자와 실무자 모두에게 도움을 주고자 하는 마음 하나로 이 책을 번역하게 되었다. 역자의 부족함이 이를 활용하는 데 방해가 되지 않기를 바라며, '제3장 부지의 생물물리학적 분석' 부분을 세심하게 감수해준 서울대 물리교육과 박사과정 이성은 선생께 고마운 마음을 전하고 싶다.

끝으로 독자층이 제한된 이 책의 출간을 흔쾌히 수락해준 (주)바이오사이언스출판 문정구 대표님, 그리고 나이든 학생에게 배움의 길을 열어주신 서울대 이경준 명예교수님과 부족한 역자를 항상 믿고 기다려주는 집사람에게 감사를 드린다.

2020년 8월
옮긴이 이 규 화

옮긴이 소개

이 규 화

농학박사/서울대학교 식물병원 외래임상의.

역서로 「도시임학(2판/3판)」, 「수목관리학(4판)」, 「도해 전정론(3판)」, 「올바른 나무전정」, 「나무가 보내는 위험신호와 진단」, 「조경식물의 무생물적 장애 진단 가이드」가 있고, 저서로 「나무는 사람이 죽인다」, 「오십-그 새로운 시작」 등이 있다.

제1장 서론

1.1 실용적인 도시토양 응용의 필요성

저자는 수년에 걸친 과학적인 출판물의 검토, 개인적인 경험, 많은 조경가, 과학자, 시공자들과의 접촉을 통해 도시 경관 설계에서의 토양 취급에 대해 새로운 관점과 접근이 필요하다는 것을 확인했다. 보다 성공적인 접근을 가능하게 하는 기술과 창의적인 체험이 존재하지만 활용되지 않고 있고, 많은 경관 설계가 실행됨에 따라 다양한 변화가 발생하고 있다. 개발을 위해 교란되지 않은 "처녀(virgin)"지가 더 이상 많이 존재하지 않고, 대부분은 최근에 복구된 부지들로 토양 문제를 해결하기 위해 새로운 접근이 필요한 것들이다. 이 과정에서 공해와 오염물질 제거가 하나의 슬로건이 되었다. 이 책에서는 새로운 접근에 대한 제안이 도해의 형식으로 실용적인 사례로 제시되고, 다른 관심들은 앞으로 고찰이 진행됨에 따라 분명해질 것이다.

McHarg(1969)는 지구라는 이 행성에 달(moon)의 경관을 창출하고 있을 수 있다는 것을 간접적으로 주장한다(25페이지). 그가 말하는 것은 설계에 대해 주의를 기울이지 않는 경관이 넘쳐나고 부적당한 오픈 스페이스를 남기는 우리들 광역도시권(廣域都市圈, metropolitan area)의 난개발(亂開發, sprawl)로 인해 스파르타식 환경(spartan environment; 단순하고 수수한 환경)이 창출되고 있다는 것이다. 중심 상업 지구는 "바람 골"(wind tunnel) 가로(街路, street)와 식생이 거의 없는 높이 솟은 고층건물로 가득 차 있다. 이 지역들은 신중한 복구가 요구되는 황폐한 도시(都市荒廢, urban blight)와 빈민가(貧民街, ghetto)에 의해 둘러싸여 있다. 이로 인한 궁극적인 결과는 지구의 자연적인 경관인 생물다양성(生物多樣性, biodiversity)과 "녹색"(綠色, greenness)이 매우 악화되고 강철, 유리, 아스팔트, 콘크리트로 된 단조로운 경관으로 바뀌는 것일 수 있다.

Van der Ryn과 Cowan(1996)에 의하면, 환경 위기(環境危機, environmental crisis)는 설계 위기(設計危機, design crisis)로, "물건을 어떻게 만들고, 건물이 어떻게 지어지고, 경관

이 어떻게 이용되는지 등의 결과"라고 말한다. 또한 이들은 설계를 "인지된 필요와 욕구를 충족시키기 위해 물질, 에너지, 과정을 의도적으로 구체화하는 것"이라고 정의한다. 이 정의에 의하면, 농부와 임업가를 포함한 다양한 유형의 사람들이 우리가 일반적으로 설계자라고 생각하는 전문가들과 마찬가지로 설계자가 될 수 있다.

또한 이들은 미국 대륙 전반에 걸쳐 표준적인 형판(型板, template)이 적용되어 왔다고 주장한다. 그 결과가 멍청한-설계(*dumb-design*)로, 이는 "실질적인 장소를 창출하는 선행 조건은 고사하고 인간 사회나 생태계의 건강을 고려하는데 실패한 설계"이다. 이 정의는 McHarg가 일찍이 제안한 것과 같은 생각을 추종하는 경향이 있다. 우리는 가까운 상점가나 지방 국제공항까지 가지 않아도 차량 통행을 강조하고 보행자를 위한 기반시설이 부족하다는 것을 쉽게 확인할 수 있다.

옛 방식 대 새로운 방식

도시 토양 적용에서 새로운 방식의 필요성에 특별히 영향을 미치는 몇 가지 요소가 있다. 이들 요소는 검정 가능하고 강제할 수 있는 토양 시방서(土壤示方書, soil specifications)에 대한 요구, 교목을 위한 수정된 식재 기술의 사용, 식재 부지의 생물물리적 분석을 위한 향상된 기술의 가능성, 지속가능 토양의 설계와 규격을 지향하는 경향 등이 있다.

토양 시방서. 과거에 토양 시방서는 피상적이거나 있어도 불완전했다. 당시의 태도는 "흙은 흙이고 흙은 싸다"는 것이었고, 일부에서는 지금도 여전히 이런 생각이 지배적이다. 과거 많은 경관 식재의 실패는 불량한 토양 상태 때문이라고 할 수 있기 때문에, 토양 시방서를 자세하고 구체적이고 기술적으로 올바르게, 그리고 식재 수목 시방서나 건설 또는 건축 시방서처럼 작성할 필요가 있다.

또한 많은 프로젝트 설계에서 지속가능성(持續可能性, sustainability)에 대한 민감성과 요구가 더 큰 것은 제시된 토양이 완전히 재생불가능한 자원으로 구성되어 있기 때문이 아니라 재활용이 가능한 성분을 가지고 있기 때문임을 의미한다. 재생가능 성분을 혼합하기 위해서는 해당 프로젝트에 부적합하거나 불안전한 자재의 사용을 예방할 수 있도록 고도로 정밀한 시방서가 요구된다. 정부의 법규도 재활용 자재에 존재할 수 있는 다양한 잠재적인 오염물질의 범위에 대한 명세도 요구한다. 이들 재활용가능 자재로는 퇴비화된 하수오니(下水汚泥, sewage sludge), 도시의 고형 폐기물, 농업 폐기물, 식품 가공 폐기물 등이 있다. 이들에는 중금속, PCB(polychlorinated biphenyl – 폴리염화바이페닐) , 유리, 금속 등과 같은 오염물질이 포함되어 있을 수도 있다.

따라서 토양 시방서는 길이가 한 문단이나 한 페이지가 아닌 몇 페이지 이상이 된다. 현재와 앞으로의 프로젝트에서는 "고지대(高地帶, upland), 배수가 양호한, 잘 부서지는, 자연적인 양토 표토(表土, topsoil)" 등과 같은 정의는 전혀 적절하지 않다. 이처럼 간단한 시방서는 모두 즉시 거부되어야 한다. 토양 시방서 작성은 이 책의 주된 초점이며 제5장에서 상세히 다루고 있다. 시방서의 요소는 다른 장의 많은 부분에서 고찰될 것이다.

식재 기술. 우리는 "오래되고 믿을 만한"(old tried-and-true) 식재 기술을 따르는 경향이 있다. 어떤 경우에는, 해당 부지 여건이 교목 식재에 이상적으로 적합하면, 이러한 태도는 적절하다. 그러나 도시 지역에서는 여건이 식재에 이상적인 부지는 거의 없다. 이에 따라, 많은 도시나 새로이 개발된 부지에서 발견되는 불리한 식재 여건을 충족시킬 수 있는 새롭고 혁신적인 식재 기술 채택이 필요하다(Urban, 1989). 이 문제에 관해서는 제9장에서 고찰될 것이다.

혁신적인 식재 기술은 수분과 양분, 통기와 뿌리가 뻗을 수 있는 토양의 질, 이러한 양호한 환경을 조성하기 위한 적절한 토양의 양 등 식물의 요구를 더 잘 이해해야 한다. 따라서 조경가의 더 높은 기술적인 지식이 전제조건이 되며, 식재 설계를 더 자세히 할 필요가 있고, 공사와 이의 감독에 더 많은 비용이 소요된다. 하지만 이는 전반적인 프로젝트 설계의 장기적인 성공 가능성을 높여주기 때문에 과거 사업 관행과 비교하여 추가되는 요구조건이 타당성을 갖게 된다.

생물물리적 분석. 많은 식재가 부지에 존재하는 지상의 환경 여건에 대한 평가를 소홀히 하거나 관심을 거의 두지 않은 채 조성되고 있다. 여기에는 일사(日射, solar radiation)와 반사된 열, 바람, 대기 온도, 습도 등이 포함된다(Bassuk & Whitlow, 1985). 이런 요소들의 평가는 식재를 보다 성공적으로 만들기 위해 부지 분석의 일상적인 부분이 되도록 할 필요가 있다. 옥상(屋上, rooftop)에 적용할 때에는 이 기술 적용 초기부터 이러한 분석을 일상적인 절차로 포함하는 것이 좋다.

미기후(微氣候, microclimate) 요소 분석은 식물의 실질적이고 잠재적인 증발산(蒸發散, evaportranspiration)에 영향을 미치는 바로 그 요소들이기 때문에 생물물리적 분석(生物物理的分析, biophysical analysis)이라고도 부를 수 있다. 식물의 내부적인 생리 과정은 해당 식물이 경험하는 증산 스트레스의 정도에 의해 영향을 받는다. 일사, 반사된 열, 풍속(風速, wind speed), 대기 온도와 습도, 그리고 이로 인한 해당 식물의 온도 등에 대한 정확한 자료와 적절한 도구를 사용하면 해당 부지를 평가할 수 있다. 일부 적절한 도구와 절차는 제3장에서 고찰될 것이다. 부지 이용자는 주어진 프로젝트 부지에 대해 필요한 자료를 제공할 필요가 있고, 때로는 이용자가 해당 자료의 일부를 제공해야 한다. 자료가 부족할 경우 때로는 단순한 장비로 측정된 것이 큰 도움이 될 수 있다. 환경 여건에 대한 완전한 그림을 그리는 것이 항상 가능한 것은 아니지만, 몇 가지 중요한 측정치는 없는 것보다 나으며, 이들의 가치와 용도에 대한 설명도 제공된다.

신뢰성과 책임

조경가가 "아니오!"(No) 또는 거절(*refuse*)의 첫 글자인 "R"을 사용할 때가 있는데, 이는 성(性, sex)이나 마약과는 관련이 없다.

1995년 10월 보스턴 조경가협회(Boston Society of Landscape Architects)에서 사용하기 이전에, 메릴랜드주 아나폴리스 출신 조경가인 Jim Urban이 "No!"라고 말하는 시점을 설명하기 위해 이 용어를 사용했다. 고객과 주인이 기술자에게 가서 심각한 비용 초과가 있다는 것을 말하게 되고, 우리는 비용을 절감하기 위해 기술자인 당신에게 해당 건물의 철제 들보(beam)와 대들보(girder)의 크기를 줄이도록 요구할 것이다. 그런데 우리 모두는 기술자로부터 들을 수 있는 대답이 무엇인가는 알고 있을 것이다. 이렇게 하면 안전역(安全域, safety margin)이 줄어들어서 해당 건물이 무너지면 설계도의 담당자 난에 도장이 찍혀 있는 바로 자신이 모든 책임을 져야 하기 때문에 해당 기술자는 즉석에서 거절할 것이다. 이로 인해 해당 기술자는 자신의 모든 것을 잃을 수도 있을 것이다. 조경가는 수목의 생존과 발육을 완전히 보장하지 못하는 방법으로 설계를 축소하거나 변경시키도록 요구받을 때에는 항상 똑같은 태도를 취할 필요가 있다. 토양 시방서는 고객이나 시공자의 공격 대상이 될 수 있는 가장 쉬운 서류 중 하나이다. 많은 사람들은 "흙은 흙일 뿐"이고 어떤 비용도 들지 않아야 하며, 또한 공공안전(公共安全, public safety)과 무관하다고 주장한다. 그러나 어떤 질적인 저하와 특히 토양의 양적(부피, 깊이, 또는 어떤 형태의 측정방법이든) 감소는 단호히 배격되어야 한다. 토양 시방서의 변경이나 축소는 거의 언제나 해당 설계의 성공적인 진행에 피해를 주고 실패에 이르게 할 수도 있다. Urban이 주장한 바와 같이, 과도한 양보로 인한 식물 설계 실패에 대해 조경가에게 가해진 몇몇 성공적인 법적 책임부과 사례가 이 분야를 구성하는 중추의 하나로 전개될 것이다.

이 책은 "비용 절감 위협"으로부터 자신을 방어할 수 있는 다양한 기반을 제공할 것이다. 이 장의 앞쪽에서 고찰된 다른 논점은 다음 장에서 다룰 것이다.

경관 복원

1996년 3월 23일자 *Baltimore Sun*지에 의하면, 볼티모어시는 두 주택지구에 있는 800채의 빈 연마루집(椽-, row house)을 허물 준비를 하고 있었다. 이 시 전반에 걸쳐 9,000채 이상의 빈 집이 산재해 있었고, 이 계획은 시내의 버려지고 노후화된 주택지구를 복원하기 위해 수행되는 수백만 달러에 달하는 광범위한 사업의 일부였다. 부지의 대부분은 개방된 녹색공간으로 바뀌고, 이들 부지의 ¼만 주택 건설을 위해 재개발되고 나머지는 주택지구 상점가가 될 것이다. 샌드타운(Sandtown)에는 약 870채의 집이 비어 있는 채로 72개 사각형 블록에 걸쳐 있는데, 절반은 수리되고 나머지 절반은 제거될 것이다. 이 타운 전반에 걸쳐 또 다른 2,300채의 연마루집이 존스홉킨스(Johns Hopkins) 병원, 홉킨스 의과대학, 기타 의료단체 주위 250블록에 버려진 상태로 있다. 이들 빈 집 중에서 약 400채는 재건될 것이다. 이스트 볼티모어(East Baltimore)는, 허문 땅에 현대식 타운하우스나 상점을 건설한 샌드타운과 달리, 이 부지를 순전히 근린공원으로 사용하고 싶어 한다.

미국과 세계 대부분의 대도시들은 복구가 필요한 버려지거나 노후화된 이너 시티(inner city; 대도시 도심의 주거환경이 열악하여 인구가 감소하는 지역) 지역으로 인한 비슷한 문제를 가지고 있다. 크고 작은 복구 노력의 성공을 보장하기 위해서는 이들 지역에 존재하는 부지와 토양 문제를 평가하기 위한 계획수립자, 조경가, 원예가, 관리자 등이 참여할 필요가 있다. 이러한 관심은 일찍이 Hardin(1968), McHarg(1992), Spirn(1984, 1992) 등에 의해 제시되었다. 계획들은, 제도대(製圖臺, drafting table)에 올리기 전인 계획수립 과정의 아주 초기 단계 동안, 이들 문제를 극복하고 일단의 대안적인 해결방안을 제시할 수 있도록 작성되어야 한다.

McHarg(1969)가 언급한 것처럼, 우리는 도시에서도 시골만큼 풍부한 자연을 필요로 한다. 뉴욕시에는 센트럴 파크(Central Park)와 리버사이드 파크(Riverside Park) 등이 있고, 필라델피아에는 페어마운트 파크(Fairmount Park)와 위사히콘 파크(Wissahickon Park), 시카고에는 그랜트 파크(Grant Park)와 링컨 파크(Lincoln Park), 워싱턴 DC에는 록 크리크 파크(Rock Creek Park), 체서피크 앤드 오하이오 운하(the C and O Canal), 더 몰(the Mall)이 있다. 그러나 이들은 개방된 녹색 공간이 절실히 필요한 곳인데도 불구하고 집중되어 있고, 황폐하고 환경적으로 유해한 지역이 많이 있다. 영국 잉글랜드 세인트헬렌스(St. Helens) 초등학교 학생들에게 자신들의 학교 운동장이 어떠했으면 좋겠느냐고 물어본 결과, 이들은 스윙 세트(swing set; 그네와 미끄럼틀 등으로 이뤄진 아이들 놀이 기구)와 모래통(Sandbox) 등과 같은 놀이시설보다 지면 위 돋움상(-床, raised planter)의 화단으로 둘러싸인 녹색 잔디밭을 선택했다(**그림 1.1**).

지속가능성에 대한 강조

지속가능성(持續可能性, *sustainability*)이라는 용어에 관해 지금까지 많이 기술되고, 토론되고, 보고되어 왔다. 우리의 목적, 그리고 혼동을 줄이기 위해 나는 지속가능성을 다음과 같이 정의한다:

그림 1.1 1987년 아스팔트 포장 위에 조성된 녹색의 잉글랜드 세인트헬렌스 초등학교 운동장.

> 해당 프로젝트 부지와 이의 인접 부지 모두에 대한 환경적인 영향을 줄일 수 있도록 환경적이고 기술적으로 경관 프로젝트를 계획수립, 설계, 시행, 감독, 유지관리하는 것.

이 개념에는 다음과 같은 고려가 포함된다:

- 해당 프로젝트는 최상급 농지(prime agricultural land)로부터 생산이 더 이상 감소하지 않거나 이미 너무 유해한 영향을 받아서 농업 생산으로 복귀하는 것이 어려운 토지에 위치하고 있다.
- 해당 프로젝트의 건설과 이의 최종 형상은 인접 및 부지 밖 토지에 대한 환경적 영향이 최소 또는 직접적이지 않거나 간접적이다.
- 해당 프로젝트에 사용되는 자재와 제품은 재활용되었거나 재생이 가능한 자원이다.
- 이들 자재와 제품의 생산과 부산물은 환경에 미치는 영향이 극히 작다.
- 해당 프로젝트 완공 후 지속적인 에너지를 소비하는 제품이나 재생 불가능한 자제의 투입이 필요한 유지관리는 극히 작거나, 또는 유지관리가 불필요하다.

부지 지반을 표토(表土, topsoil)로 덮고 이렇게 조성된 층에 식재를 하는 과거의 해결책은 두 가지 이유에서 더 이상 적절하지 않다. 첫째로, 순수한 표토는 귀하고 부지 밖 환경에 대해 고도의 영향을 미치는 비용이 많이 드는 자재가 되었다는 것이다. 다른 프로젝트에서 반입되는 표토는 더 이상 수용 가능한 관행이 아니다. 대부분의 경우, 몇 개의 다른 프로젝트의 표토를 가지고 의자 빼앗기(musical chairs)를 하는 것보다 해당 표토를 사용할 수 있도록 원 부지에 두는 것이 좋다. 두 번째이면서 더 중요한 이유는 잘 모르는 보조기층(補助基層, subbase) 자재 위에 표토나 어떤 자재를 층(層, layer)으로 포설(鋪設, spreading)하는 것은 현명하지 못한 관행이라는 것이다. 전체 토양 단면은 기존 여건과 식재 계획, 식생 구성과 조화되도록 설계되어야 한다. 설계 대안을 마련할 수 있는 기회는 집중적인 시료채취와 분석으로부터 확보한 정보에서 얻을 수 있을 것이다. 기존 부지 자재를 설계된 배합토의 자재로 사용하는 것은 퇴비화된 유기 폐기물과 광물성 자재와 같은 재활용된 자재 공급원을 함께 고려하여 개발되어야 한다. 이러한 모든 행동들은 복구활동이 환경에 미치는 영향을 크게 줄여줄 수 있을 것이다.

토양을 구성하는데 재활용이 가능한 자재를 사용하는 기술은 완전히 지속가능한 토양을 진지하게 고려할 수 있을 정도로 충분히 발전했다. 즉, 토양은 완전히 재활용 가능 자재로 구성되어 있고 재생이 불가능한 자원을 포함하고 있지 않다는 것이다. 이것이 제4장의 주제이다.

프로젝트 예산 중 토양 비용

토양 자재 설계와 시방서는 과거에는 흔히 비용을 절감할 수 있는 분야로 생각하고 있었기 때문에, 식물을 더 많이 심거나 조명과 화려한 구조물을 더 많이 설치하거나 더 큰 분수를 만드는 데 더 많은 예산을 배정해왔다. 이러한 계획이 통했던 것은, 해당 프로젝트가 "운이 좋아" 다른 프로젝트 진행과정에서 잘못 취급되지 않고 어느 정도 양호한 자연적인 표토를 구할 수 있어서, 표토가 쌌기 때문이다. 이로 인해 식재는 커다란 성공을 거두게 되었고, "왜 토양에 돈을 낭비하는가!"라는 잘못된 결론에 이르게 되었다.

경험에 의하면 우리는 토양에 더 많은 돈을 쓸 필요가 있다는 것이다. 이러한 영향은 부분적으로는 설계 고려사항에 의해 유발되고, 일부는 설계와 프로젝트 영역 외부의 요소와 지구적인 경제 영역의 요소에 의해 유발된다. 식물 구매 대비 토양에 대한 비율은 설명이 필요하다. 한 주목할 만한 식재 실패의 경우, 이 비율이 약 7.5:1이었다. 토양의 설계, 확보, 실험, 검사 비용은 해당 프로젝트 예산에서 더 높은 비중을 차지해야 한다. 앞으로의 비율은 3:1에 근접해야 할 것이며, 이를 위해 식물 예산을 줄이는 일은 없어야 할 것이다.

1.2 토양학자, 조경가, 기타 전문가 간의 상호작용

조경가가 토양학 및 현장에서 사용되는 용어에 대해 더 많은 지식을 가져야 한다는 것은 피할 수 없는 일이다. 식물 집단의 개별 식물이 뿌리를 뻗는 데 필요한 배지(培地, media)를 제공하는 것이 토양이기 때문에 성공과 실패는 조경가가 토양을 얼마나 잘 설계하고 구체화하는가에 달려 있다. 이 과업은 부지 평가와 토양의 세부 설계에 대해 주의를 기울이지 않으면 달성할 수가 없다. 세부 내용은 토양 설계에 대한 지식이 풍부한 조경가에 의해 작성될 필요가 있고, 관련 지식이 부족하면 해당 작업에 도시 토양을 전공한 토양학자를 참여시켜야 한다. 개별 조경가들이 구조물, 조명 등에 관련된 공학을 연구하거나 설계를 하는 해당 분야 기술자를 참여시키는데 망설여서는 안 되는 것처럼, 토양 설계에도 마찬가지다.

토양에 관해 더 많은 지식을 가짐으로써, 조경가는 어느 정도의 토양 설계와 해당 작업을 수행하는 토양학자와 이해할 수 있는 대화가 가능하고, 프로젝트 설계자와 기술자와의 상호 작용에서 해당 설계를 방어할 수 있게 된다. 설계된 토양에서 토양학자가 사용하는 많은 용어들은 토양 기술자가 사용하는 것과 꼭 같지 않더라도 비슷하다. 따라서 그 기술자는 해당 경관 설계에서 조경가가 달성하고자 하는 것이 무엇인가를 이해하고 알아챌 수 있다. 불행히도, 토목기술자와 건축가가 원하는 토양 특성은 조경가가 원하는 특성과 거의 정반대이다. 만약 조경가가 이들 개념과 용어에 대한 지식이 있으면, 원하는 결과를 얻는 데 더 큰 성공을 거둘 것이다.

만약 현장 실무자가 프로젝트의 계획 수립, 설계, 시공, 유지관리 모든 수준에서 성공적이기를 원한다면, 조경가가 토양의 진가를 인정하여 토양의 성질(性質, property)과 특성(特性, characteristic), 토양을 어떻게 설계할 것인가에 대해 더 잘 아는 것이 필수적이라는 것이 25년이 넘는 저자의 경관 프로젝트에 대한 자문 경험을 통해 얻은 결과이다. 이 책의 내용들이 이를 추구하는 데 도움이 되기를 희망한다.

제2장 부지 토양 평가와 해석 절차

예지(豫知, foreknowledge)가 힘이다.

2.1 서론

부지 평가(敷地評價, site assessment)는 식재 설계가 기존 기회를 활용하고 식재 작업의 결과에 영향을 줄 수 있는 문제를 회피할 수 있도록 자료와 정보를 제공하기 위해 부지 상태를 조사하는 것이다.

부지 평가는 식재의 설계와 방법론에 대한 적절한 접근 방법을 개발하기 위해 먼저 기존 상태를 조사할 필요가 있다. 이를 위한 수고와 세부 사항에 대한 수준은 "차창"(dashboard) 조사로부터 집중적이고 자세한 토양 시료채취와 함께 다양한 실험실 토양 분석에 이르기까지 그 폭이 넓다. 대부분의 식재 프로젝트의 노력은 이 범위의 중간쯤에 해당하여, 일부 토양 시료채취와 일부 실험실 분석이 이루어진다.

부지 분석용 예비 점검표(點檢表, check sheet)는 **표 2.1**을 참고하기 바란다. 이 점검표는 모든 유형의 부지에 적용될 수 있을 것이다. 해당 부지가 미개발된(undeveloped) 것인지 개발된(developed) 것인지가 확인되고 나면, 평가 과정이 달라지는데, 이는 가용한 자원 자료의 유형에서 차이가 나고, 이는 다시 유효한 평가를 위한 현장 시료채취의 유형과 강도, 자료 생성을 위해 요구되는 분석에 중대한 영향을 미치기 때문이다.

미개발된 또는 개발된 부지를 결정하는 것은 간단하고 쉽다. 미개발 부지(농업, 임업, 방목활동을 제외하고 교란되지 않은 부지)는 일반적으로 도시 경계 바깥에 있고 자연 토양과 식생을 그대로 가지고 있다. 지형(地形, topography)은 일부 과속적으로 침식된 경우를 제외하고 거의 교란되지 않았다. 반면 개발된 토지는 교란된 지형, 토양, 식생을 가지고 있으며, 어떤 형태로든 불결하거나 오염되어 있다. 따라서 미개발 부지는 진화의 자연적인 이력

표 2.1 부지 평가 개관 점검표

A. 부지 상태
  1. 자연 상태 또는 도시
  2. 노출
    (a) 완전 개방(360°)
    (b) 부분적:
      (1) 방위/향
      (2) 음/양지 비율
      (3) 바람
  3. 현장 사회기반시설
    (a) 기존 경계석, 기초 벽, 보도, 가로, 배관 표시, 지붕, 배수로
  4. 지표면
    (a) 피복(나지가 아닌 경우)
    (b) 지형
      (1) 경사 기울기와 형태(볼록, 오목, 복합)
  5. 식생
    (a) 없음
    (b) 있으면, 유형은:
      (1) 보존 필요?
      (2) 보존 불필요?
  6. 배수
    (a) 지표면
      (1) 방향 등
    (b) 지하수위 깊이
    (c) 개울, 강, 홍수 저류지 존재와 거리?
B. 토양 상태
  1. 유형
    (a) 자연적: 알려져 있는 경우 토양통(土壤統, soil series) (자연적이 아니면 다음으로)
  2. "조성된" 도시 토양
    (a) 단면 유형
      (1) 성토
      (2) 절토
      (3) 흙더미 또는 둔덕
    (b) 성토
      (1) 유형
        — 건설 폐기물
        — "흙" 성토
        — 준설
        — 폐기물(재, 선광 잔해, 광재(鑛滓, slag), 주물 모래, 광산 폐기물)
      (2) 성토 깊이(모재의 불연속면[不連續面, discontinuity]까지 등, 또는 자연 토양)
    (c) 절토
      (1) 기반암 또는 다른 불연속면까지 깊이
      (2) 불연속면 아래 물질의 유형
    (d) 흙더미 또는 둔덕
      (1) 불연속면 위 흙더미의 높이
      (2) 불연속면 아래 물질의 유형
  3. 토성(인공 물질을 포함한 조립 암편[粗粒岩片, coarse fragments] 함량에 따른 토성 등급)
  4. 배수 등급 또는 투수성
  5. 밀도 추정(답압?)
C. 부지 스케치

출처: Craul, 1992.

을 가지고 있는데 비해, 개발된 부지는 미개발 부지보다 훨씬 복잡한 인위적인 공사 이력을 가지고 있다. 많은 경우, 완전한 공사 이력은 알려져 있지 않다.

Urban(1992)은 요구되는 부지 변경을 확인하기 위한 3단계 절차를 제안한다. 1단계는 토양의 질(soil quality)을 확인하는 것으로, 이는 다음과 같은 4개 등급의 질을 기준으로 한다:

1. 정지되지 않고 답압되지 않은
2. 정지되지 않았지만 답압된
3. 정지되었지만 답압되지 않은
4. 정지되고 답압된

그는 용어 **정지된**(整地-, *graded*)을 해당 부지의 표토(A층)가 교란되거나, 제거되거나, 대체된 토양이라고 정의한다. **답압된**(踏壓-, *compacted*)은 용적밀도(容積密度, bulk density)가 1.6Mg/m^3 이상으로 압착된 토양으로 정의한다. 2단계는 도시화(都市化, urbanization)의 수준을 확인하는 것이다. 보다 구체적으로는, 포장된 면적 대비 식물 뿌리가 이용할 수 있는 개방된 토양 면적과, 해당 프로젝트 부지의 구조물이 점유하고 있는 구조물 대비 식재 부지를 변경할 수 있는 교목당 가용 자원의 양이다. 따라서 높은 사무실 건물이나 아파트 건물 옆의 작은 면적은 이용 강도(利用强度, intensity of use)가 높기 때문에, 교목당 대규모의 자원이 필요하다. 공사 후 불투수면(不透水面, impervious surface)의 구성비는 다음 5등급으로 나뉜다: (1) 15% 미만, (2) 15~50%, (3) 50~75%, (4) 75~90%, (5) 90% 이상. 3단계는 해당 부지의 최소 설계 기준을 확인하는 것이다. 도시는 개별 교목의 식재 구덩이의 크기에 대한 설계 기준, 주어진 토양 투과율(透過率, percolation rate)을 위해 요구되는 배수 개량, 그리고 기계적인 통기와 멀칭, 둔덕(berm) 위 식재, 심지(wicking) 설치를 포함한 통기 개량 등을 내포하는 토양 질/도시화 표면의 행렬(行列, matrix)로 되어 있다. 전체 과정은 상세 설계 서류로 이어지는 예비 계획수립 설계에 매우 유용하다. 상세설계 서류를 위한 세부 자료는 더욱 집중적인 시료채취, 토양 단면 명세, 평가 등에 의해, 그리고 일부 미개발 토지의 경우 해당 프로젝트 목적을 설명하는 행렬을 구축하여 확보한다. 지금부터 이에 대해 자세히 고찰하고자 한다.

2.2 자원 정보

일반적으로 미개발 부지에 관한 자료와 정보는 조사자가 자료 공급원을 알고 있으면 더 많이 구할 수 있다(Way, 1973). 지질, 수문, 지형 자료와 정보는 미국 지질조사국(USGS, U.S. Geological Survey)의 간행물과 지도로부터 얻을 수 있다. 사실 이들 자료의 대부분은 지리정보시스템(GIS, geographic information system)에 입력하기 위해 수치화(digitize)되어 있다. 지형은 수치 선형 지도(數値線形地圖, DLG/digital line graph)나 수치 표고 모델(數値標高-, DEM/digital elevation model)의 형태로 되어 있다. 그러나 면적이 제한적인 대부분의 조경 프로젝트에 적용하여 적절한 정확도와 정밀도를 확보하기에는 이들 자료 지점들이 너무 넓을 수도 있다. 실제 지형은 해당 사업의 토목조사(土木調査, engineering survey)에서 구할 수도 있다. 이 조사서의 등고선 간격(等高線間隔, contour interval)은 1~2피트(30~60cm) 정도로 좁을 것이다(대부분의 미국 조사자와 기술자가 아직 미터법 단위보다 야드파운드법 단위를 사용하고 있기 때문에 여기서는 야드파운드법 단위를 먼저 표시한다).

만약 실제 자료가 없는 경우, 지질보고서(地質報告書, geologic report)가 기반암(基盤岩, bed rock)의 유형, 이의 깊이와 구조를 제공하고, 지표지질(地表地質, surficial geology)을 추론할 수 있을 것이다(운적모재[運積母材, transported parent material] 지역, 즉 빙하작용을 받은 지역의 지표면에 있는 지질 물질[地質物質, geologic material]). 최신 보고서는 지표 지질에 관한 직접적인 정보를 제공할 수도 있다. 이러한 정보는 수문학적(水文學的, hydrologic) 토양학적(土壤學的, pedologic) 해석을 하는데 유용할 것이다.

현장 평가는 많은 양의 정보를 제공하는데(표 2.1) 특히 다른 정보 공급원이 드물거나 부족한 경우에는 더욱 그러하다.

토양 자료는 해당 카운티(county)의 토양 조사보고서로부터 얻을 수 있다. 이들 보고서는 과거 토양보호청(SCS, Soil Conservation Service)이었던 미국 농무부 자연자원보호청(NRCS, Natural Resources Conservation Service)에 의해 미국 전반에 걸쳐 발행되는데, 일부 지역은 아직 조사가 진행 중이다.

카운티 토양은 1:15,840에서 1:24,000 범위의 축척인 지도로 제작되며, 최근과 향후 제작될 모든 지도는 후자의 축척으로 제작된다. 이는 미국 지질조사국의 구획(區劃, quadrangle) 낱장과 같은 축척으로, 지도에 다른 자료를 중첩시킬 수 있는데, 특히 해당 토지 지도가 그 지역의 정사사진(正射寫眞, orthophoto)에 근거하는 경우 그러하다. 토양 조사 지도는 면적이 약 25에이커(10헥타르, 101,170m^2) 이상인 프로젝트에 주로 유용하다. 1:24,000 축척에서, 가장 작게 작도된 토양 단위는 약 6에이커(2.4헥타르, 24,281m^2)이다. 나타내는 최대 단위 수는 4개 단위를 약간 넘을 것이기 때문에 이 축척은 자세하지 않아서 면적이 25에이커(10.1헥타르, 101,171m^2) 미만에 대한 자세한 토양과 식재관련 계획을 수립하고 있는 조경가와 토양학자에게는 유용하지 않을 것이다. 이러한 소규모 프로젝트에 대해서는 특별한 세부 토양조사를 강력히 권고하며, 이 비용이 프로젝트 예산에 포함되어야 한다. 이를 위한 축척은 적어도 1인치 = 400피트(1:4800) 이상은 되어야 한다.

2.3 시료채취 설계

토양 상태는 경관 전반에 걸쳐 일정 수준의 변이성(變異性, variability)이 존재한다. 이 변이의 정도는 **그림 2.1**에서 보여주듯이 연속적(連續的, *continuous*)이거나 불연속적(不連續的, *discontinuous*)이거나 고립적(孤立的, *discrete*)일 수 있다. 연속적인 변이는 균일한 지형 경사에서처럼 변이 추세가 같은 방향으로 일관된 것을 말한다. 불연속적인 변이는 두 철형사면(凸形斜面, convex slope) 사이의 요형사면(凹型斜面, concave slope)과 같이 주어진 방

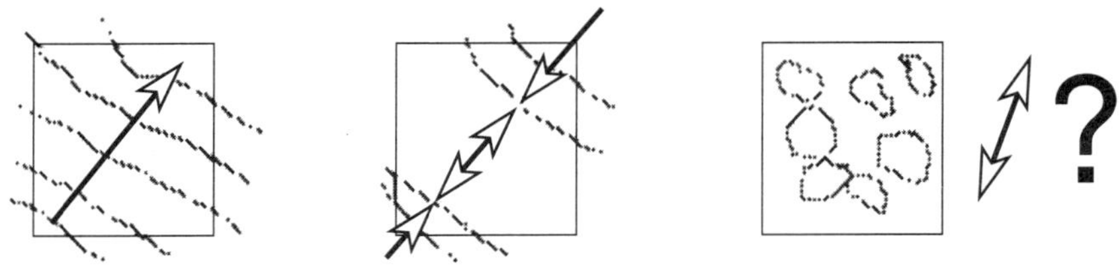

그림 2.1 경관에 걸친 토양 변이성의 유형.

향의 경사가 단절되는 변이를 말한다. 고립된(때로는 무리를 이룬/clustered이라고도 부름) 변이는 어떤 방향으로든 경사도가 없다. 지형적인 연속은 빙원 빙퇴석(氷原氷堆石, glacial moraine)이나 북부 활엽수림의 이쇄반층(易碎盤層, fragipan) 토양에서 발견되는 구덩이(pit)와 언덕의 기복(起伏, relief)이다. 북부 활엽수림의 경우, 교목 풍도(風倒, windthrow)의 오랜 역사에 의해 미세 기복 지형(微細起伏地形, microrelief)이 유발된다. 고립된 변이는 많은 개발된 도시 부지의 전형적인 유형이다.

관찰되고 측정된 구획 내 토양 성질과 특성은 동일한 유형의 변이성을 따르는 경향이 있는데, 이들 자료를 얻기 위해서는 변이성에 가장 "적합한" 시료채취 방법을 사용해야 한다. **그림 2.2**에서 그 방법들을 보여주고 있다.

무작위법(無作爲法, *random* method; A)은 변이성이 무작위라고 생각되거나 변이를 몰라서 변이성에 대한 지식을 얻기 위해 예비 시료채취를 할 때 유용하다. 체계적(體系的, *systematic*) 또는 격자(格子, *grid*) 방법(B와 C)도 변이성을 모를 때 유효하다. 이 방법은 선이 교차하는 곳이나 그 사이에서 시료를 채취한다. 방법 C의 경우, 일반적으로 더 많은 수의 시료를 채취하게 된다. 선상법(線狀法, *transecting* method)도 체계적인 방법이다. 이 방

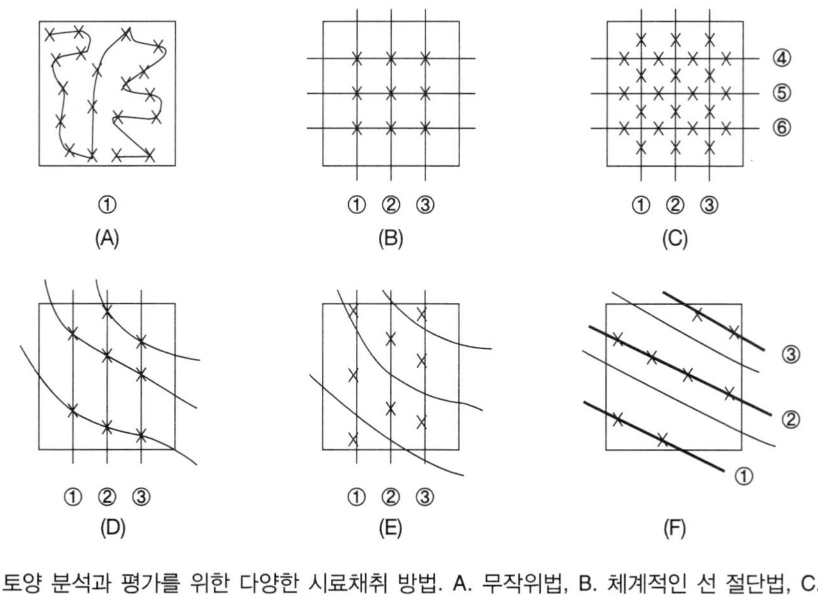

그림 2.2 토양 분석과 평가를 위한 다양한 시료채취 방법. A. 무작위법, B. 체계적인 선 절단법, C. 체계적인 간격법, D. 선 절단 선상법, E. 점 절단 선상법, F. 층화 선상법. x 표시된 선은 시료채취 조사선을 나타낸다.

표 2.2 주요한 토양 성질 분석을 위한 시료 채취 간격

토양 성질	시료채취 간격, m(피트)
토양 반응(pH)	1.5~21(5~69)
모래 함량	> 5~40(16~131)
위조점	0.6~32(2~105)
A층 깊이	< 2(6.5)

출처: Warrick 등, 1986.

법은 두 가지로 나눌 수 있는데, 하나는 선 절단법(D)이고 다른 하나는 점 절단법(E)이다. 두 방법 모두 경계 위치에 대한 지식을 요구한다. 지금까지 고찰된 시료채취 방법은 모두 해당 부지에 대한 전반적인 변이성의 기준을 제공한다. 만약 단위 내 변이성에 대한 지식이 필요하면, 층화법(層化法, *stratified* method; F)이 필요하다.

다음으로 시료채취 간격의 거리(밀도), 즉 시료채취 선이 얼마나 떨어져야 하는가에 대한 질문이 생긴다. 이론적으로, 시료채취 지점은 공간적 변이(空間的變異, spatial variation)의 반주기(半週期, half cycle) 이내인 것이 좋다. 토양 성질(土壤性質, soil property)은 공간에 걸쳐 최대치와 최저치가 변화하는 진폭(振幅, amplitude)을 가진 사인파(-波, *sine wave*)를 따르는 경향이 있다. 복합체조성토양(複合體組成土壤, complex soil) 지역에서는 집중적인 굴착과 자세한 토양 설명 없이는 해당 성질의 파장을 예측하기는 어렵다. Warrick 등(1986)은 일련의 조사연구에 나타난 결과를 바탕으로 시료채취 간격기준을 제시했다(**표 2.2**). 확실한 건 시료채취 밀도(시료채취 지점 사이의 간격)는 측정될 토양 성질에 달렸다. 이는 간격 거리의 가변성은 절충이 필요하다는 뜻이다. 또한 비용 대비 채취될 시료의 수에 관해서도 의문이 있을 수 있다. 시료의 수를 줄이는 한 가지 방법은 혼합하는 것이다. 상대적으로 균질한 지역 내에서 채취한 여러 시료는 실험실 실험과 분석을 위해 서로 섞어서 이차시료(二次試料, subsample)를 만든다. 이를 위해서는 혼합하기 전에 시료채취 지역을 적어도 균일한 지역이라고 생각되는 지역들로 구분해야 한다. 크기가 25에이커(10.1헥타르, 101,171m^2) 미만인 지역에 대해서는 간격이 50~100피트(15~30m) 정도면 된다.

2.4 토양 단면 평가

토양의 네 가지 물리적인 성질인 토성(土性, texture), 구조(構造, structure), 색상(色相, color), 밀도(密度, density)는 투수성(透水性, permeability), 배수(排水, drainage), 보수력(保水力, water holding capacity)을 고려한 도시 부지의 식재 가능성을 평가하기 위해 사용될 수 있다. 구조는 비 토양학자가 현장 토양 단면을 보고 기술하고 평가하기 어려운 성질이다. 도시 토양은 대부분의 경우 고도로 변형되고 파괴되었기 때문에 평가하는 것이 매우 어렵다. 따라서 이러한 과정은 토양의 배수와 통기(通氣, aeration), 밀도 순으로 보여주는 보다 분명한 성질인 토성과 색상에 한정된다(Urban & Craul, 1996).

현장 절차

1. 토성(土性, soil texture)은 **표 2.3**에서 보여주는 바와 같이 현장에서 가장 먼저 확인된다. 보다 광범위한 현장 절차가 Jones 등(1983)에 기술되어 있다. 적합성 확인을 위한 실험실에서의 입도 분포 확인은 ASTM D-422-63(부록 참조)을 사용하는 것이 좋다.

   토성이 확인되고 나면, 2단계에 기술된 바와 같이 토양과 산화·환원성인특성(酸化還元成因特性, redoximorphic feature)을 이용하여 배수성을 확인하는데, 과거에는 이를 모틀링(*mottling*, 반문/斑紋 형성)이라고 불렀다.

표 2.3 토성의 현장 확인

토성은 손가락 감각에 의해 현장에서 대략적으로 추정할 수 있다. 다음에 설명하는 것처럼, 흙을 한 줌 쥐고 덩어리를 만들거나 집게손가락과 엄지 사이에서 리본을 만든다. 이 방법이 모든 토성급을 완벽하게 구분하지는 못하지만 현장 목적상 유용한 경우가 많다.

사토(砂土, sand): 느슨하고 하나의 입자로 분리되어 있다. 모래의 개별 입자는 쉽게 볼 수 있고 느낄 수 있다. 건조한 것을 손에 쥔 후 풀어주면 허물어진다. 젖었을 때 압착하면 덩어리를 형성하지만 만지면 부서진다.

사양토(砂壤土, sandy loam): 모래를 많이 함유하고 있는 토양이지만, 어느 정도 응집할 수 있는 미사(微砂, silt)와 점토(粘土, clay)를 충분히 가지고 있다. 개별 모래 입자는 쉽게 볼 수 있고 느낄 수 있다. 건조할 때 쥐면 쉽게 부서질 수 있는 덩어리를 만들지만 젖어 있을 때 쥐면 조심스럽게 다루면 부서지지 않는 덩어리가 만들어진다.

양토(壤土, loam): 모래와 미사, 점토의 서로 다른 입자가 상대적으로 균등하게 혼합된 토양. 다소 모래 감촉이 있는 부드러운 느낌으로 꽤 매끄럽고 약간 가소성이 있다. 건조할 때 쥐면 조심스러운 취급에 견딜 수 있는 덩어리를 형성하고, 젖은 흙을 쥐어서 만들어진 덩어리는 꽤 자유롭게 취급해도 부서지지 않는다.

미사질양토(微砂質壤土, silt loam): 적정한 양의 가는 입자의 모래와 소량의 점토, 절반 이상의 입자가 미사 크기인 토양. 건조하면 딱딱하게 보이지만 그 덩어리는 쉽게 부서지고, 가루가 되면 부드럽고 밀가루 같다. 젖으면, 쉽게 뭉치고 반죽이 된다. 건조하든 축축해지든 자유롭게 취급해도 부서지지 않는 덩어리를 형성하지만, 물을 가해 엄지와 검지 사이에서 밀면 "리본(ribbon)"을 만들지 못하고 부서지는 모습을 보여준다.

식양토(埴壤土, clay loam): 건조하면 항상 단단한 덩어리로 부서지는 세립질토양(細粒質土壤, fine-textured soil). 젖은 토양을 엄지와 검지 사이에서 밀면 쉽게 부서지는 얇은 "리본"을 형성하지만, 자신의 무게를 가까스로 지탱할 정도이다. 젖은 토양은 가소성이 있고 더 높은 조작에도 견딜 수 있는 덩어리를 형성한다. 손에서 주무르면 쉽게 허물어지지 않고 크게 압착된 덩어리가 되는 경향이 있다.

식토(埴土, clay): 일반적으로 건조하면 매우 단단한 덩어리를 형성하고, 젖으면 가소성이 매우 높고 항상 끈적거리는 세립질 토양. 젖은 토양을 엄지와 검지 사이로 밀어내면 길고 유연한 "리본"을 형성한다. 특정 콜로이드(colloid) 함량이 매우 높은 일부 미세한 식토는 가루가 되기 쉽고 젖은 상태에서도 가소성이 떨어진다.

출처: Craul, 1992.

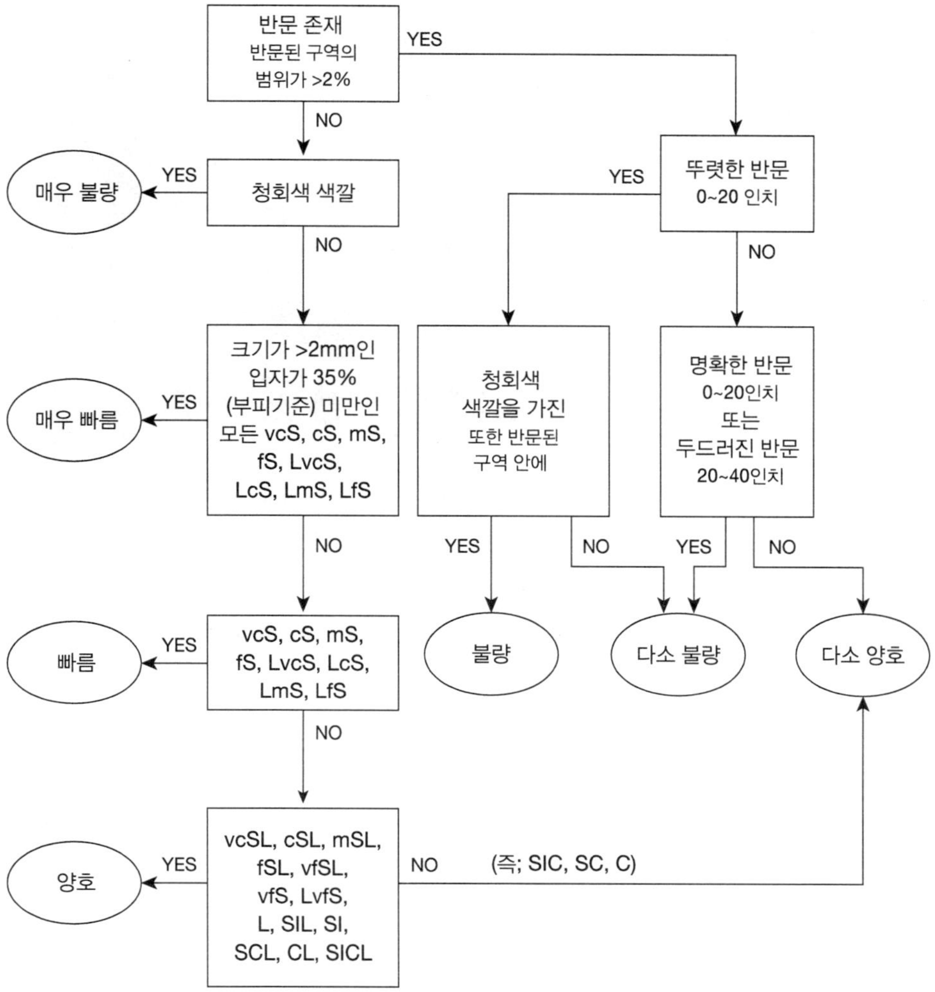

S = 모래 또는 사질(Sand, or Sandy)
SI = 미사 또는 미사질(Silt or Silty)
L = 양토 또는 양토질(LOAM or LOAMY)
C = 식토(CLAY)

vc = 매우 거친(very coarse)
c = 거친(coarse)
m = 중간(medium)
f = 세립(fine)
vf = 매우 세립(very fine)

보기:
vcS = 매우 거친 사질토(very coarse SAND)
LvfS = 양토질의 극세사토(Loamy very fine sand)
SICL = 미사질 식양토(SILTY CLAY LOAM)

그림 2.3 토양 배수성 확인 흐름도. (Jones 등, 1983에서 전재.)

2. 토양 단면의 **배수성**은, Craul(1992), Olson(1976, 1981), *National Soil Handbook*(Soil Survey Staff, 1992)에 기술되어 있는 바와 같이, 먼셀 색상표(-色相表, Munsell color chart)를 이용하여 색깔을 평가함으로써 확인된다. **그림 2.3**에 그려진 흐름도는 토양 모틀링을 토양 배수 등급과 연계한 것이다.
   (a) 모틀링(산화·환원성인특성): 토색(土色, soil color)은 먼셀 색상체계를 기반으로 기술된다(Olson, 1981). 이것은 각 페이지가 일련의 색칠된 조각판(chip)의 행렬(row and column)로 된 색의 색상(色相, hue), 명도(明度, value), 채도(彩度, chroma)로 구성되어 있다(**그림 2.4**). 각 페이지는 색상을 나타내는데, 가로줄

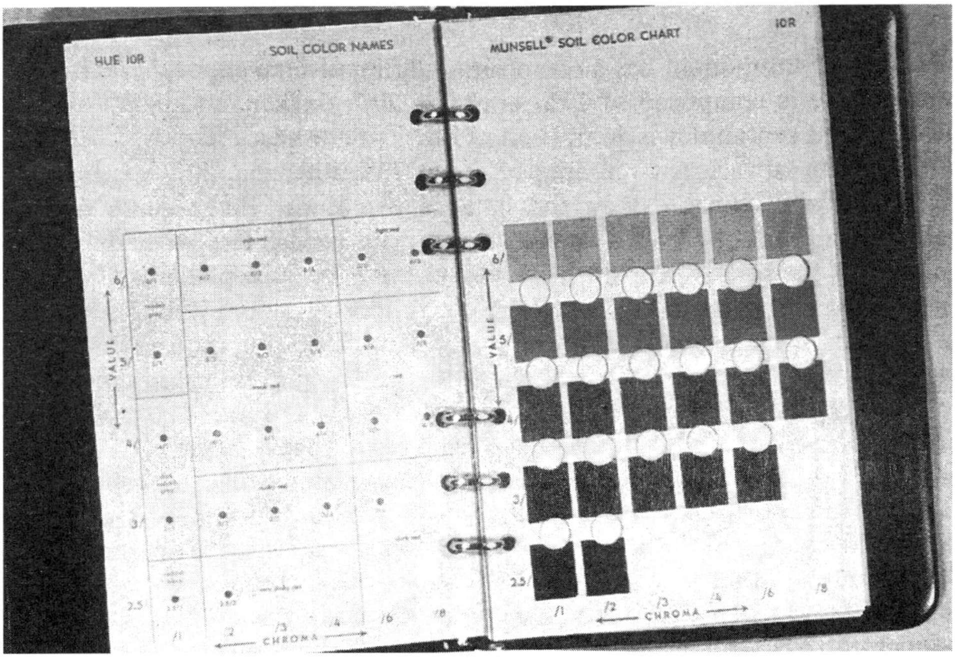

그림 2.4 먼셀의 토색첩.

(row)은 명도를, 세로줄은 해당 색상의 채도를 나타낸다. 토양의 기반, 행렬, 색깔은 먼저 색상표와의 비교를 통해 결정된다. 그 다음 같은 방법으로 반문(斑紋, mottle) 색깔이 확인된다. 반문 색깔이 확인된 후, 범위와 대비, 크기를 기준으로 모틀링의 평가가 이루어진다.

(1) 모틀링의 면적 범위(양)

  (a) 작음: 2% 미만

  (b) 보통: 2~20%

  (c) 많음: 20% 초과

  범위의 정도를 설명하기 위해, **그림 2.5**에서 예를 들어 보여주고 있다.

(2) 반문의 정도(대비)

  (a) 뚜렷한: 채도와 명도가 같다면 색상 5 단위(두 페이지); 색상 차이가 2.5 단위(한 페이지)이면 적어도 명도 4 단위 또는 채도 1 단위 또는 명도 2 단위.

  (b) 두드러진: 동일 색상과 채도 2~4 단위 차이, 또는 채도 1 단위나 명도 2 단위 이하 이면서 명도 3~4 단위 또는 색상 2.5 단위(한 페이지) 차이.

  (c) 흐릿한: 같은 색상과 채도 1 단위 또는 명도 2 단위 미만.

(3) 크기

  (a) 가는(fine): 5mm 미만

  (b) 중간(medium): 5~15mm

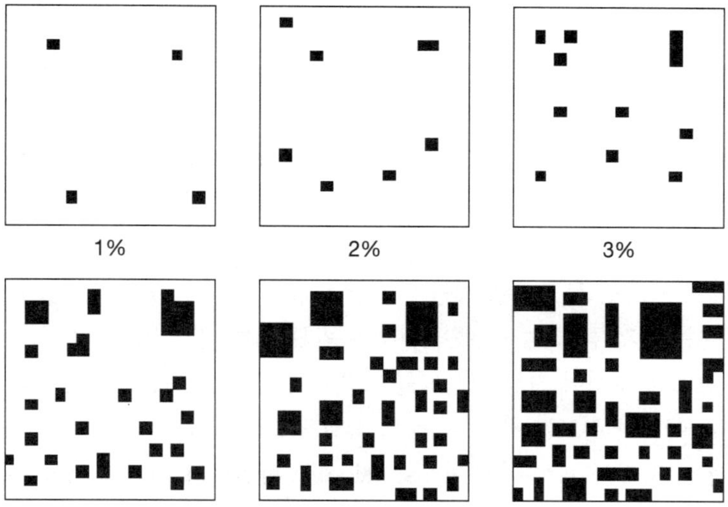

그림 2.5 반문의 비율을 추정하기 위한 피복 차트.

(c) 굵은(coarse): 15mm 초과

반문의 범위, 대비, 크기가 클수록 배수성(통기성)의 제약은 더 커진다. 연중 대부분이 포화된 층은, 일반적으로 강한 올리브회색(-灰色, olive gray)에서 회색을 띤다. 따라서 어느 정도 배수가 불량한 토양 단면에서는 상층에 몇 개의 희미하고 가는 반문이 있고 아래층으로 내려갈수록 많고 뚜렷하고 굵은 반문이 늘어날 것이다. 배수가 잘되는 하층토는 위쪽 107cm(42인치)에 반문이 없이 적갈색에서 황갈색 또는 올리브 갈색의 색상을 띨 것이다. 배수가 매우 불량하면 지표면에까지 반문형성이 될 수 있다. 표토(A층)의 색상은 유기물을 포함하고 있어서 어둡다.

(b) USDA 배수 등급

배수 등급(排水等級, drainage class)은 토양 단면에서 반문 형성까지의 평균 깊이를 기준으로 결정된다. Jones 등(1983)이 채택한 흐름도는 좋은 출발점이다. NRCS가 인식하는 등급은 **표 2.4**에 제시되어 있다.

표 2.4 반문 형성 깊이를 기준으로 한 USDA-NRCS 토양 배수 등급

반문까지의 깊이, cm(인치)	토양 배수 등급
15 (6)	배수 매우 불량
30 (12)	배수 불량
51 (20)	배수 다소 불량
81 (32)	배수 다소 양호
107 (42)	배수 양호
132 (52)	배수 다소 과도
> 152 (> 60)	배수 과도

3. 토양 **밀도**(密度, **density**)는 반문 형성의 증거가 존재하지 않거나 불분명한 경우, 배수성(또한 통기성)을 추론하는 데 사용될 수도 있다. 따라서 이는 토양 단면의 배수성을 확인하는 또 다른 방법이다. 일반적으로 토양의 밀도가 높을수록 토양을 통한 물의 이동이 더 느려지는데, 특히 포화된 상태, 즉 **포화 흐름**(飽和-, *saturated flow*)에서는 더욱 그러하다. 포화 상태의 토양은 일반적으로 수생식물(水生植物, hydrophyte)을 제외하고 대부분의 교목 수종에 유해하다. 그러나 토양 단면을 통한 투수와 포화 흐름이 빠르면 해당 토양은 문제를 야기할 만큼 오랫동안 포화되지 않을 것이다. **토양 단면의 배수는 최저 투수가능 층위만큼만 배수된다는 것을 항상 명심해야 한다.** 밀도의 변이는 어느 층이 투수성이 가장 낮은지를 보여주며 또한 투수성의 상대적인 정도를 나타낼 것이다. 이러한 정보는 세 가지 정도의 밀도로 정리된다.

투수성은, 평가자가 실제 값(actual value)을 확인하기 위한 노력을 하고자 한다면, 표준 침투실험(浸透實驗, percolation test)에 의해 확인될 수 있다. **표 2.5**의 자료는 사용의 편의를 위해 두 집단의 정보를 연결한 것이다.

NRCS(Soil Survey Staff, 1993)가 정의한 "높은(High)" 등급은 시간당 거의 13인치(33cm) 정도이다. 이 등급은 배수에서의 차이를 더 자세히 보여주기 위해 여기서는 다시 시간당 1~3인치(2.5~7.6cm), 시간당 3~6인치(7.6~15.2cm), 시간당 6~14인치(15.2~35.6cm)로 세분한다. 세분된 것은 **표 2.6**에서 확인할 수 있다. 토양 시방서에서는 흔히 1~3인치(2.5~7.6cm) 범위가 사용된다.

이러한 과정을 끝내고 나면 평가자는 구멍 몇 개를 뚫는 것보다 토양 상태에 대해 보다 나은 이해를 하게 된다. 그러나 만약 해당 식재 부지가 배수가 안 되거나 상식적으로 배수가 불량하다는 것을 보여주고 있다면, 왜 이런 고생을 할까? **여러분은 가끔 상식이 부족한 누구에게 그 상태를 입증할 필요가 있다!**

표 2.5 밀도, 토성, 투수성 간의 관계

용적밀도	토성 급[1]	투수성
높음: 1.46~1.72Mg/m^3	C, SIC, SICL, CL, SC	낮음
	SI, SIL, L, SCL	다소 낮음
	SL, LS, S	다소 높음
중간: 1.19~1.59Mg/m^3	SIC, C	낮음
	SICL, CL, SC	다소 낮음
	SI, SIL, L, SCL, ½ SL	다소 높음
	½ SL, LS, S	높음
낮음: 0.93~1.19Mg/m^3	½ SICL, SIC, C	다소 낮음
	SI, SIL, ½ SICL, CL, L, SC, ½ SCL	다소 높음
	SL, SCL, LS, S	높음

[1]정의는 그림 2.3의 각주 참조.

출처: Soil Survey Staff(1993)에 있는 자료를 편집함.

표 2.6 투수성 등급별 포화 흐름 속도

투수성 등급	포화 흐름 속도 cm/초	포화 흐름 속도 인치/시간
매우 낮음	$< 1.55 \times 10^{-7}$	< 0.0014
낮음	1.55×10^{-6}	0.0014~0.01417
다소 낮음	1.55×10^{-5}	0.01417~0.1417
다소 높음	1.55×10^{-4}	0.1417~1.417
높음	1.55×10^{-4}~3.74×10^{-4}	1.417~3.417
매우 높음	3.74×10^{-4}~7.02×10^{-4}	3.417~6.417
과고하게 높음	7.02×10^{-4}~1.55×10^{-3}	6.417~14.17
극단적	$> 1.55 \times 10^{-3}$	> 14.17

출처: Soil Survey Staff(1993)에 있는 자료를 변형함.

식재 가능성

일단 반문 형성 지점까지의 깊이와 해당 토양의 배수 등급이 확인되면, 식재 수종에 대한 대략적인 판단이 설 것이다. 분명 다양한 종(그리고 이들의 유전자형)과 이들의 재배종의 적응성 정도를 포함하여 최종적인 선택에 영향을 주는 요소가 많이 있다. 예를 들면, 적단풍(*Acer rubrum*, L.)은 자연 상태에서 습도와 배수 조건에 대해 폭넓은 적응성을 가지고 있어서, 습한 저지대 토양과 고지대 건조한 지역 모두에서 발견된다. 그러나 건조한 부지에 "습성(wet)"의 적단풍을 심는 것은 실패를 자초하는 것이다. 또한 식재에 가장 바람직한 토양은 중간 밀도, 다소 낮거나 높은 투수성, 보통 양호에서 양호한 배수 등의 조건을 갖춘 토양이다(**표 2.7** 참조). 만약 적절하게 개량된다면 다른 조합도 가능할 수 있다. 개량에 관해서는 제5장 "토양 시방서"에서 고찰될 것이다.

2.5 토양 실험과 분석

모든 프로젝트에 대해 모든 토양 분석을 실시할 필요는 없다. 해당 프로젝트의 계획된 용

표 2.7 도시 교목의 배수 등급에 대한 식재 지침

배수 등급	식재 권고
배수 매우 불량	식재 금지 - 세심한 배수 조치가 없으면!
배수 불량	습성 또는 친수성 수종만 식재
배수 다소 불량	습성과 일부 중생 수종
배수 다소 양호	습성의 중생 수종
양호	지역적으로 모든 중생 수종
배수 다소 과도	보다 건성의 중생 수종, 일부 건생 수종
배수 과도	건생 수종만 - 강수와/나 관수가 허용되지 않으면.

도, 토양의 이력, 설계된 식물 집단 등 이들 모두가 토양분석 필요성을 결정한다. 가장 유용한 분석이 **표 2.8**에 나열되어 있는데, 예를 들면 토양 반응(反應/reaction, pH)이 가장 유용한 토양 분석 중 하나이고 철(鐵, iron)과 망간(manganese)은 특별한 환경 하에서만 필요하다.

시료채취의 변이도와 올바른 방법에 관한 지식은 토양 분석에 관련된 비용을 크게 절감할 수 있다. 이 비용에는 토양 시료를 확보하기 위한 현장 작업, 토양 평가를 위해 충분한 정보를 확보하기 위한 시료의 수, 다양한 분석을 위한 실험실 비용 등이 포함된다. 상대적으로 균일한 토양 성질 특히 일부 물리적 성질인 경우 몇 개의 시료만 필요한 반면, 많은 화학적 및 생물적 성질은 고도의 변이를 나타낸다. 어떤 경우에는 시료를 혼합하는 것이 실험실 시료의 수를 줄이는 방법이 될 수 있다. 어느 정도의 측정치 변이는 혼합으로 상실될 수 있다.

오염된 부지의 실험과 분석은 더 많은 실험실 작업이 필요하고, 이는 비용이 많이 들고 오랜 시간이 걸린다. 만약 토양이 오염된 것으로 의심되면, 실험과 분석이 주요한 예산 항목이 되어야 한다. 또한 정화 책임에 대한 조항을 포함시켜야 한다. 일반적으로, 연방 법률에 의하면 소유자가 책임이 있는데, 오염을 유발한 소유자로부터 소유권을 넘겨받았다 하더라도 당시 소유자가 책임을 진다. 이를 비롯한 다른 문제도 프로젝트 작업이 시작되기 전

표 2.8 유용한 정보를 도출하기 위한 일반적인 토양 분석의 유용성 순위

토양 분석	유용성 등급
pH(토양 1 : 증류수 1)	100 (가장 유용함)
인	85
칼륨	85
나트륨흡착비(SAR)	85
교환성나트륨백분률(ESP)	85
유기물	75
황	30
마그네슘	35
망간(pH 7.5 초과)	40
망간(pH 7.5 미만)	15
철(pH 7.5 초과)	30
철(pH 7.5 미만)	15
질소(유기물로부터 추정)	40
질소(총질소)	50
질소(질산태 질소)	50
양이온교환용량(CEC)	60
알루미늄	40
가용성 염류(전기 전도도)	40

출처: Peck(1981)에서 추가 및 변형.

에 명확히 하고 합의해야 한다. 복구 부지(復舊敷地, restoration site)에 대한 오염 가능성은 매우 높다; 사실, 복구 부지는 달리 입증되지 않으면 오염되어 있다고 생각하는 것이 좋다. Bridges (1987)는 오염된 토지의 조사와 실험에 관한 지침을 제시한다.

표 2.1에 나열된 검사와 측정이 필요한 다른 토양 특성은 부지 평가에서 분석되어야 할 자료 모음의 일부이다.

2.6 복구 부지의 특성과 토양

버려진 부지나 철거되어 제거된 구조물이 있던 부지가 경관 프로젝트로 제안되면 몇 가지 부지와 토양 문제를 야기한다. 다음의 정의와 기술은 복구 부지의 특징에 대한 근간을 제공해준다.

Bridges(1987)는 복구 부지에 적용하기에 가장 유용한 버려진 땅에 대한 정의를 다음과 같이 제시한다:

> 채광이나 다른 산업 시설, 또는 특별한 주의를 기울이지 않은 도시 개발의 형태에 의해 피해를 입어서, 적절한 기간 안에 다시 효과적으로 사용될 가능성이 없고 그때까지 공적 불법방해(public nuisance)가 될 수 있는 토지.

그는 버려진 토지의 특징을 다음과 같이 제시한다:

(a) 비정상적이거나 복잡한 지형, 쓰레기 더미 옆 땅에 있는 구덩이까지
(b) 쌓아 놓은 물체로 인해 유발된 다양한 정도의 불안정한 상태, 노출되고 드러나고 함몰되고 침식된 토양
(c) 유독 물질의 존재
(d) 가로막히고 교란된 배수, 침수 가능성
(e) 다수 지주 또는 부재 지주
(f) 정상적인 기반시설에 의한 접근이 제한된 지역 내 위치
(g) 버려진 건물과 위해를 유발하는 방치된 상태의 다른 구조물
(h) 보기 흉함—붕괴된 건물, 노출되고 침식되는 토양, 조악한 식생
(i) 기반시설 부재—오래 전에 부지에서 철거되었을 가능성
(j) 침체된 상태의 주변 지역—열악한 주택환경 등

Smith(1985)는 오염된 토양의 정의를 다음과 같이 추가한다:

> 충분한 양이나 농도가 존재하는 경우 사람, 환경, 또는 때로는 다른 대상에게 직접 또는 간접적으로 피해를 유발할 수 있는 물질을 보유하고 있는 토지.

이 용어들은 토양에도 동일한 유효성을 가지고 적용될 수 있다. 또한 버려진 토지와 토양은

반드시 그렇지는 않지만 오염될 수 있고, 자연 토양도 버려지지 않았더라도 오염될 수 있다. 그러나 대부분의 버려진 토지는 오염되어 있기 때문에, 복구 프로젝트를 실시할 때에는 항상, 오염되어 있다고 예상하고, 먼저 예비 부지답사와 평가를 실시하는 것이 좋다. 해당 부지의 공사 이력이 예비 답사에서 가장 유용한 정보이다.

Haines(1981)는 오염된 토지를 8개 범주로 구분한다:

1. 확실하게 오염된 토지
2. 오염이 추정되는 토지
3. 오염 가능성이 있는 토지
4. 납이 함유된 페인트에 노출되었을 수 있는 옛날 주택 부지
5. 여러 오염 가능성이 있는 작은 부지로 구성된 복잡한 토지 이용 부지
6. 확실하게 오염되지 않은 토지
7. 알 수 없는 토지
8. 과거에 오염된 부지로 지금은 "민감한(sensitive)" 용도로 사용 중인 부지

오염될 가능성이 있는 토지와 토양을 평가하는데 어떤 절차가 존재할 수 있는데, Bridges (1987)가 이 과정에 도움이 되는 매우 유용한 흐름도를 제시한다(**그림 2.6**).

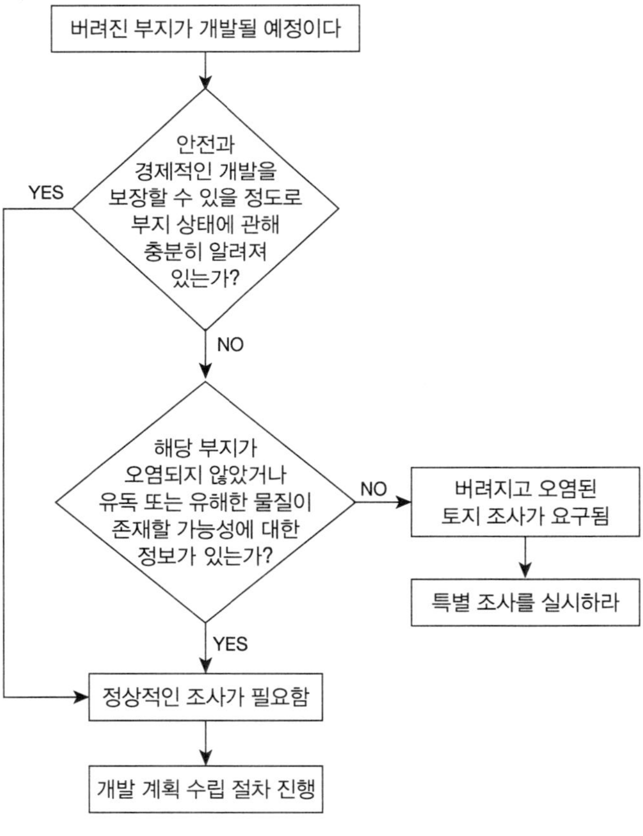

그림 2.6 오염된 토양의 조사와 평가를 위한 Bridges(1987)의 흐름도.

오염 상태에 대한 우려는 반드시 계획수립 과정의 아주 초기에 제기되어야 한다. 오염의 존재나 부존재와 이의 유형은 뒤이은 계획수립 과정에 중대한 영향을 미칠 것이다.

2.7 토양 해석 과정

토양도(土壤圖, soil map)는 이용자에게 직접적으로 유용성을 알려주지 않기 때문에 해석(解釋, interpretation)이라는 과정이 필요하다. 해석은 다음과 같이 정의할 수 있다(Aandahl, 1958):

> 토양조사 해석은 지도에서 분류되고 개략적으로 나타낸 것과 같이 토양의 특성, 질, 거동(擧動, behavior)에 관한 지식을 체계화하고 발표하는 것이다.

1. 해석될 토양의 구체적인 용도에 대한 명확한 정의. 해당 정보가 무슨 목적으로 어떻게 사용될 것인가?
2. 첫 번째 원칙에 의해 정의된 특정한 목적과 관련하여, 개별 토양 지도제작 단위에 대한 영향을 평가하기 위해 개별 적용 가능한 토양의 속성에 대한 정량적인 값(quantitative value)을 부여. 구체적인 용도와 관련하여 개별 토양의 속성에 대한 정량적인 값이 존재하지 않을 수도 있기 때문에 이 단계가 해석과정에서 가장 취약한 단계다.
3. 기존의 실증적인 자료, 과거의 관련된 연구, 해석하는 사람의 지식과 판단을 근거로 평가될 토양 속성 결정.
4. 해석은 토양의 한계와 능력에 대한 단순한 표현을 포함하여 주어진 지역 내 토양의 상대적인 분류가 되는 것이 좋다.
5. 해석에 사용되는 토양 속성 자료는 지도에 표시할 수 있는 것이 좋다.

토양도의 유형

이 장과 다른 자료(Craul, 1992)에서 일찍이 고찰된 전통적인 토양도에 더하여, 다른 자세하고 일반화된 지도도 작성될 수 있는데, 모식도(模式畵, schematic map)가 그 예들이다. 이들은 토양 형성과 관련된 요소에 관한 정보로부터 도출된 그래픽 표현이다. 이들은 일반적으로 자세한 토양조사 지도나 현장 지도제작으로부터 유래된 것이 아니다.

해석을 위해서는 포괄 토양도(包括土壤圖, generalized soil map)가 작성된다. 이 지도는 일부 정보의 재구성과 누락을 통해 보다 자세한 전통적인 토양조사 지도 Order 2인 1:24,000 축척을 이용하여 작성된다(**그림 2.7**—과거 축척인 1:20,000 지도). 해석에 사용될 지도에는 일반적으로 자세한 정보를 담을 필요가 없기 때문에 이 지도는 전체적인 특징만을 표시한다. 이들은 보다 이해하기 쉽고 보다 쉽게 사용할 수 있다. 따라서 이들은 알려진 지도제작 단위와 이들의 분포를 단순화한 것이다. 이들 포괄화된 지도는 몇 가지 범주로 나눌 수 있다. 그래픽 또는 제도상 포괄(制度上包括, *cartographic* generalization)은 원래의 지

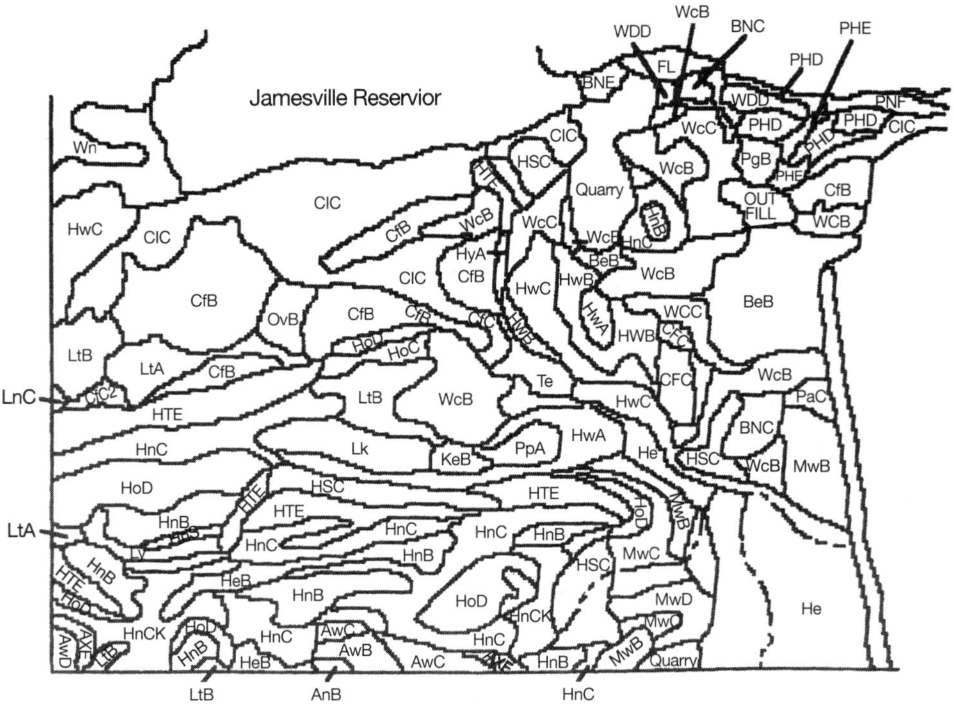

그림 2.7 자세한 전통적인 토양조사 지도인 축척 1:20,000의 Order 2. 축척 1:24,000에서도 세부 사항에서 큰 변화가 없다.

도 범례(地圖凡例, map legend)는 유지하면서 토양 경계를 생략하거나 선분의 형태를 조정한다. 분류상 또는 범주상 포괄(範疇上包括, *categorical* generalization)은 경계를 생략하고 분류학적으로 비슷한 인접 지도제작 단위를 결합한다. 이 두 포괄은 사실 기계적인 것이어서 기술적인 토양학 지식이 불필요하다. 공간상 포괄(空間上包括, *spatial* generalization)은 분류학적인 유사성과 관계없이 인접한 제도제작 단위를 지속적으로 연결하는 것이다. 이 기술은 토지 관리나 기술적으로 비슷한 이용을 위해 사용된다. 이 경우 1차 원천 지도의 원래 범례에 중대한 변화가 필요하기 때문에 해당 지역 토양 패턴(soil pattern)에 관한 기술적인 지식이 필요하다. 따라서 이 지도를 작성하기 위해서는 토양학자를 참여시키는 것이 좋다. 인접 토양이 주어진 토지 이용과는 완전히 다른 능력과 한계를 가지고 있을 수도 있다. 공간상 포괄은 속성과 특징에서 폭넓은 변이를 가진 토양 단위를 창출할 수도 있다. 이러한 한계는 공간상 포괄을 진행하기 전에 인식하는 것이 좋다. **그림 2.8**과 **2.9**의 두 지도는 모두 "상향(上向, upward)" 포괄되었는데, 남겨진 경계는 원본의 전통적인 Order 2 지도에 있는 것이다. 새로운 선이 전혀 추가되지 않았고, 원본의 선이 전혀 이동되지도 않았다. 이들은 모두 "실제(real)" 경계이다.

해석 목적을 위해 작성된 포괄화된 지도는 기술적인 지도를 제공하는 NRCS에 의해 제작되는 보다 자세한 전통적인 토양조사 지도와 구분하기 위해 기술적인(*technical*) 지도라고 부른다.

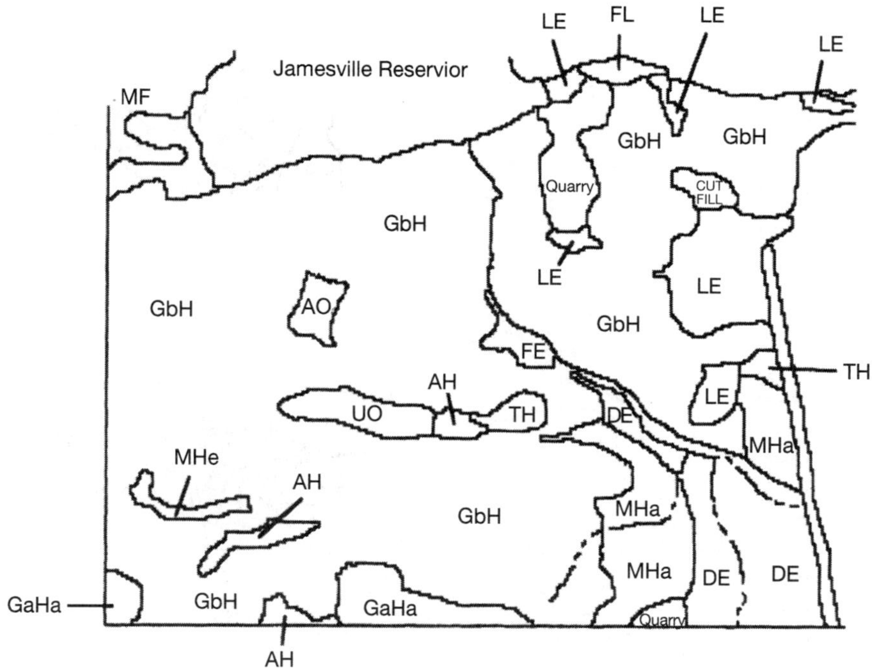

그림 2.8 그림 2.7의 *분류상* 포괄화된 지도. 포괄화 기준은 토양 아군(土壤亞群, soil subgroup) 범주이다. 범례: AH = Aeric Haplaqupts, AO = Aeric Ochraqualfs, DE = Dystric Eutrochrepts, FE = Fluvic Eutrochrepts, GaHa = Glossaquic Hapludalfs, GbH = Glossaboric Hapludalfs, LE = Lithic Eutrochrepts, MF = Mollic Fluvaquents, MHa = Mollic Hapludalfs, MHe = Mollic Haplaquepts, TH = Typic Hapludolls, UO = Udollic Ochraqualfs.

일단 어떤 지도가 포괄화된다면, 해석 목적을 위해 요구되는 정보는 상실되거나 부분적으로 누락되어서는 안 된다. 따라서 해석에서 추구하는 토양 거동(土壤擧動, soil behavior)에 영향을 주는 이들 토양과 부지 요소에 관한 지식을 가지고 있는 것이 중요하다. 몇 가지 토지이용을 위한 토양 거동에 영향을 주는 요소에 대한 개관은 뒤에서 다룬다.

해석을 위한 직접적인 요소가 일부 지도에 표시되지 않더라도, 해당 정보는 지도제작 단위와 관계가 있고 카운티 토양조사보고서에 첨부된 표에서 확인할 수 있다.

몇 가지 토지이용 사례에 대한 주요 해석적 요소

다양한 토지이용 하의 토양 거동을 해석하는데 주요 토양 요소를 설명하기 위한 몇 가지 해석 지침 사례를 선정했다. 해석을 위해 참고할 수 있는 다른 지침이 많이 있지만 이들을 모두 다루기에는 공간적인 제약이 있다. NRCS의 *National Soils Handbook*(Soil Survey Staff, 1992)이 이 지침을 위한 적절한 출처이다. 여기서는 조경가에게 가장 큰 유용성을 가진 해석을 선발하였다. 이들 지침은 토양조사 지도의 토양 지도제작 단위에 해석을 적용하기 위한 기준을 제공한다.

현장 폐기물 처분. 많은 주택부지는 도시 가장자리와 그 이상으로 떨어져 위치하고 있어서

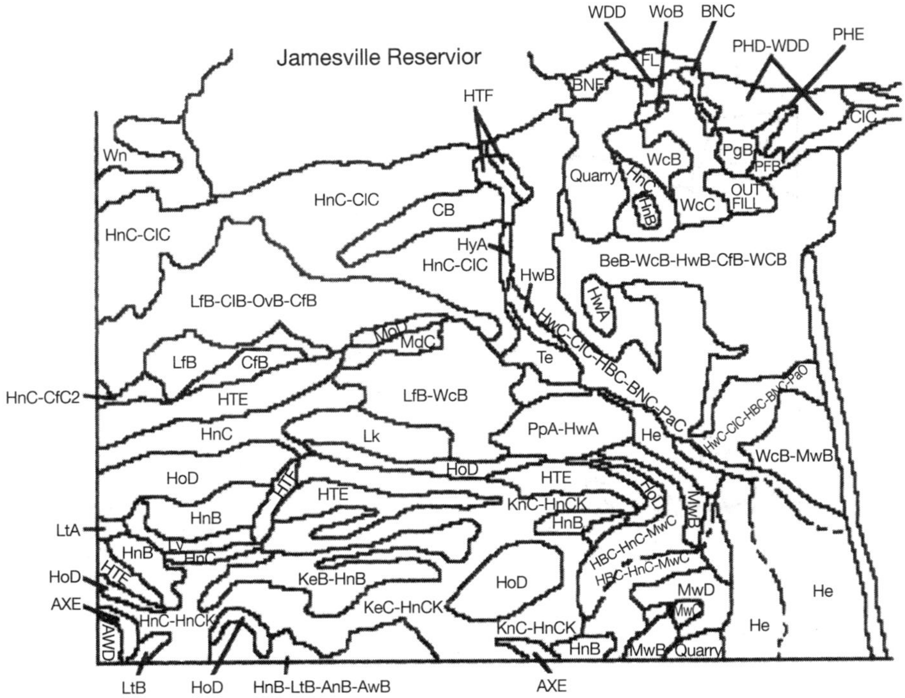

그림 2.9 그림 2.7의 *공간적으로* 포괄화된 지도. 경사등급(A, B, C, D)이 공간 매개변수이다.

하수도에 접근할 수가 없다. 따라서 현장 폐기물 처분 능력이 지방 정부의 건축허가에 결정적인 요소가 된다. 이때 중요한 요소는 투수성(透水性, permeability) 등급, 수리전도도(水理傳導度, hydraulic conductivity), 투과율(透過率, percolation rate), 지하수위까지의 깊이, 침수 가능성, 경사도(傾斜度, slope gradient), 경암(硬岩, hard rock)까지의 깊이, 돌이나 바위가 들어 있는 정도 등이다. 이들 등급과 제약적 특징(制約的特徵, restrictive feature)에 대한 전체 목록이 **표 2.9**에 나열되어 있다.

높은 지하수위, 얕은 기반암, 또는 평지에서 완만하게 경사진 지반의 치밀한 토양 등으로 인해 방해받지 않고 물을 흡수할 수 있는 토양의 능력이 이 토지이용에서 주된 고려사항이다. 돌, 바위, 얕은 깊이는 공사를 방해하고, 침하 또한 공사와 유지관리를 어렵게 한다. 과도한 경사는 내리막 지역에 대한 유출수의 측방삼출(側方滲出, lateral seepage)과 지표화(地表化, surfacing)를 유발할 수 있다.

농업. 농지(農地, agricultural land) 특히 경작지(耕作地, cropland)는 배수가 양호하고, 구조적으로 안정되어 있고, 비옥한 토양을 가진 평지 또는 경사가 완만한 토지라는 특징이 있다. 건초 수확과 목초용 토지는 경작과 토지 관리에 덜 유리한 특징을 가지고 있다. 불행히도, 좋은 농지는 대부분의 다른 토지이용에도 "좋기(good)" 때문에 다른 토지이용들과 격렬하게 경쟁하게 되고, McHarg(1969)를 비롯한 많은 사람들이 주장한 바와 같이 현명한 농사용지와 토지 다양성보다는 압도적인 경제적 고려로 인해 결국에는 비농업적 용도로 전

표 2.9 현장 폐기물 처분을 위한 토양 해석 등급

토양 속성	구분			제약적인 특징
	약간	중간	심각	
USDA 토성	—	—	얼음	영구 동토층
총 침하 (인치)	< 12	12~24	> 24	침하
침수	없음	드문	가끔~빈번	침수
기반암까지의 깊이 (인치)	> 72	40~72	< 40	바위까지 깊이
고결화된 경반층까지의 깊이 (인치)	> 72	40~72	< 40	고결화된 경반
웅덩이	—	—	+	웅덩이
높은 지하수위까지의 깊이 (피트)	> 6	4~6	< 4	습함
투수성(24~60인치) (인치/시간)	2.0~6.0	0.6~2.0	< 0.6	느린 투수
투수성(24~60인치) (인치/시간)	—	—	> 6.0	불량한 여과
투과성 (분/인치)	< 45	45~60	> 60	느린 투과
경사 (%)	< 8	8~15	> 15	경사
중량퍼센트 3~10인치 (40인치까지의 가중평균)	< 25	25~50	> 50	왕자갈이 너무 많은
중량퍼센트 > 10인치 (40인치까지의 가중평균)	< 5	5~15	> 15	돌이 너무 많은

환된다.

토양의 농업적 거동에 영향을 미치는 요소는 지표 변경인자(地表變更因子, surface modifiers), 배수 등급, 경사도, 반응(pH), 돌과 바위 혼합 등급, 지하수위까지의 깊이, 기반암까지의 깊이 등의 토성이다. 이에 관한 전체 목록은 이들의 등급, 제약적인 특징과 함께 **표 2.10**에 나열되어 있다.

극한적인 토성을 가진 토양들은 비옥도(肥沃度, fertility)와 보수력이 낮거나 경작하기에는 가혹한 이경성(易耕性, tilth)과 높은 답압 가능성을 가지고 있어서 농작물 생산에 심각한 제약이 있을 수 있다. 유효수분(有效水分, available water), 유기물 함량, 점토 활성(粘土活性, clay activity) 등도 비옥도와 생산성 수준을 나타낸다.

쓰레기 매립지. 쓰레기 매립지는, 재활용과 매립에 대한 대안이 많아지면서 중요성은 감소하고 있다. 그러나 여전히 주요한 토지 용도로 어느 정도의 쓰레기 매립은 앞으로도 계속 필요할 것이다.

토지용도로서의 쓰레기 매립장에 영향을 미치는 요소로는 지하수위까지의 계절적인 깊이, 토양 배수 등급, 침수 가능성, 투수성, 경사도, 토성, 기반암까지의 깊이, 돌과 바위 함량 등급 등이 있다. **표 2.11**에 전체 목록과 이들의 등급과 제약적인 특징이 제시되어 있다.

표 2.10 농업용 경작지를 위한 토양 해석 등급

토양 속성	구분 약간	구분 중간	구분 심각	제약적인 특징
USDA 토성	—	—	얼음	영구 동토층
토성(지표층)[1]	—	—	COS, S, LCOS	과도한 사질
토성(지표층)[1]	—	—	SC, SIC, C	과도한 점토질
돌 함량 등급[2]	0, 1	2, 3	4, 5	돌이 너무 많은
경사, %	< 8	8~15	> 15	경사
높은 지하수위까지 깊이, 피트	> 2.5	1.5~2.5	< 1.5	축축함
기반암까지 깊이, 인치	> 40	20~40	< 20	바위까지 깊이
고결된 경반층까지 깊이, 인치	> 40	20~40	< 20	고결된 경반층
배수 등급[3]	WD, MWD	SWEXD, SWD	EXD, PD, VPD	배수
유기물, %	> 1	0.5~1.0	< 0.5	낮은 비옥도
점토 활성, CEC/clay[4]	> 0.24	0.16~0.24	< 0.16	낮은 비옥도
나트륨흡착비(SAR)[5]	< 4	4~13	> 13	과도한 나트륨
염도, dS/m	< 8	8~16	> 16	과도한 염
토양반응, pH(0~40인치)	5.0~8.5	4.0~5.0	< 4.0	과도한 산성
토양반응, pH(> 40인치)	—	< 4.0	—	과도한 산성
토양반응, pH(> 40인치)	—	—	> 8.5	과도한 알칼리성
유효수분함량, 인치/인치	> 0.10	0.05~0.10	< 0.05	건조

[1]토성 분류: C = 식토(clay), COS = 조사토(coarse sand), LCOS = 양질조사토(loamy coarse sand), SC = 사질식토(sandy clay), SIC = 미사질식토(silty clay), LFS = 양질세사토(loamy fine sand), LVFS = 양질극세사토(loamy very fine sand), S = 사토(sand), FS = 세사토(fine sand), VFS = 극세사토(very fine sand), SIL = 미사질양토(silt loam), SI = 미사토(silt), L = 양토(loam).

[2]돌 함량 등급

0등급: 돌이 없거나 거의 없어 경운을 방해하지 않음. 돌이 지표면의 0.01% 미만 피복.

1등급: 경운을 방해할 정도의 돌이 있지만, 간작 작물(間作作物, intertilled crop) 시도가 불가능하지는 않음. 직경 1피트(30cm)인 돌이 30~100피트(9~30m) 간격으로 나타나 있고 지표면의 0.01~0.1%를 피복하고 있음.

2등급: 간작 작물 시도가 불가능할 정도로 충분한 돌. 건초나 목초지로는 가능. 직경 1피트의 돌이 5~30피트(1.5~9m) 간격으로 나타나고 지표면의 0.1~3%를 점유하고 있음.

3등급: 모든 기계사용이 불가능할 정도의 돌. 야생 초지나 숲으로 사용됨. 직경 1피트의 돌이 2.5~5피트(0.8~1.5m) 간격으로 나타나고 지표면의 3~15%를 점유하고 있음.

4등급: 모든 기계사용이 불가능할 정도의 돌. 불량한 목초지나 임업에 제한적으로 이용. 직경 1피트의 돌이 2.5피트(0.8m) 이하 간격으로 존재하고, 지표면의 15~90%를 점유하고 있음.

5등급: 돌이 노출된 지표면의 90% 이상을 점유하고 있어 거의 돌로 덮인 토지.

[3]배수성 등급: EXD = 배수 과도(excessively drained), SWEXD = 배수 다소 과도(somewhat excessively drained), WD = 배수 양호(well drained), MWD = 배수 다소 양호(moderately well drained), SWD = 배수 다소 불량(somewhat poorly drained), PD = 배수 불량(poorly drained), VPD = 배수 매우 불량(very poorly drained).

[4]점토 활성: CEC/clay 비율 = CEC(양이온교환능력), $cmol^+/100g$을 토양 100g 내 점토 무게로 나눈 값.

[5]나트륨흡착비: $SAR = Na^+/([Ca^{2+} + Mg^{2+}]/2)^{1/2}$

출처: 저자의 등급 부여.

표 2.11 쓰레기 매립 부지를 위한 토양 해석 등급

토양 속성	구분			제약적인 특징
	약간	중간	심각	
침수	없음	드묾	자주, 가끔	침수
기반암(단단)까지 깊이, 인치	—	—	< 72	바위까지 깊이
기반암(무른)까지 깊이, 인치	—	—	< 72	바위까지 깊이
고결된 경반층(얇은)까지 깊이, 인치	—	< 72	—	고결된 경반층
고결된 경반층(두꺼운)까지 깊이, 인치	—	—	< 72	고결된 경반층
투수성(바닥층), 인치/시간	—	—	> 2.0	삼출
투수성(바닥층), Aridisol이고 Salorthid 또는 Aquic 아군이 아니면, 모든 Aridic 아군, Aquic 아군을 제외한 모든 Torric 대군	조금이라도	—	—	삼출
웅덩이	—	—	조금이라도	웅덩이
높은 지하수위까지 깊이, 뚜렷한, 피트	—	—	< 6	축축함
높은 지하수위까지 깊이, 주수위, 피트	> 4	2~4	< 2	축축함
경사, %	< 8	8~15	> 15	경사
USDA 토성	—	—	얼음	영구 동토층
토성(가장 두꺼운 층 10~72인치)	—	CL, SC, SICL	SIC, C	과도한 점토질
토성(가장 두꺼운 층 10~72인치 Oxisols, Oxic 아군, 고령토성 광물)	—	SIC, C	—	과도한 점토질
토성(가장 두꺼운 층 10~72인치)	—	LCOS, LS, LFS, LVFS	COS, S, FS, VFS	과도한 사질
통일된(가장 두꺼운 층 10~72인치)	—	—	OL, OH, PT	과도한 부식질
중량 퍼센트 3~10″ (72″까지 가중평균)	< 20	20~35	> 35	과도한 왕자갈
10″초과 가중 퍼센트 (72″까지 가중평균)	< 5	5~15	> 15	과도한 돌
나트륨흡착비	< 4	4~13	> 13	과도한 나트륨
토양 반응, pH(모든 깊이)	—	—	< 3.5	과도한 산성
염도, dS/m(모든 깊이)	< 2	2~4	> 4	과도한 염

[1]정의와 등급은 표 2.10의 각주 참조.

출처: Soil Survey Staff, 1992.

표 2.12 휴양용 토양 해석 등급[1]

토양 속성	구분			제약적인 특징
	약간	중간	심각	
USDA 토성	—	—	얼음	영구 동토층
토성 변경인자(지표면)[2]	—	STV, BYV, CB, FL	STX, BYX, CBX, FLX, CBV, FLV, CNX	과도한 왕자갈
토성(지표층)	—	—	SC, SIC, C	과도한 점토질
토성(지표층; Tor, Ust, Arid, Xer, Oxi 아목, 대군, Oxisols 아군)	—	SC, SIC, C	—	과도한 점토질
토성(지표층; 기타)	—	LCOS, VFS, LFS, LS	COS, S, FS	과도한 사질
토성(지표층, < 20″의 가는 입자 자재)	—	LCOS, VFS	—	과도한 사질
토성(지표층; Tor, Arid, 또는 Xer 아군과 대군)	—	SIL, SI, VFSL, L, 재	—	먼지가 많은
경사, %	< 2	2~6	> 6	경사
웅덩이	—	—	조금이라도	웅덩이
높은 지하수위까지 깊이, 피트	> 2.5	1.5~2.5	< 1.5	축축함
침수	없음, 드묾	가끔	자주	침수
돌 함량 등급	0, 1	2	3, 4, 5	과도한 돌
중량 퍼센트, 2mm~3″(지표층)	< 10	10~25	> 25	과도한 자갈
통일된(지표층)	—	—	PT	과도한 부식질
기반암까지 깊이, 피트(>2% 경사, 인치)	> 40	20~40	< 20	바위까지 깊이
기반암까지 깊이, 피트(≤2% 경사, 인치)	≥ 20	—	< 20	바위까지 깊이
고결된 경반층까지 깊이(>2% 경사, 인치)	> 40	20~40	< 20	고결된 경반층
고결된 경반층까지 깊이(≤2% 경사, 인치)	> 20	—	< 20	고결된 경반층
투수성(0~40″, 인치/시간)	> 0.6	0.06~0.6	< 0.06	느린 투수
투수성(0~40″; Tor, Ust, Arid, Xer, Oxi 아군, 대군, Oxisols 아군).	≥ 0.2	< 0.2	—	느린 투수
나트륨흡착비(SAR)	< 4	4~13	> 13	과도한 나트륨
염도(지표층), dS/m	< 4	4~8	> 8	과도한 염
토양 반응(pH)	—	—	< 3.5	과도한 산성

[1]정의; 표 2.10의 각주 참조.

[2]토성 변경인자: BYV = 호박돌이 매우 많은(very bouldery), BYX = 호박돌이 극히 많은(extremely bouldery), CB = 왕자갈이 많은(cobbly), CBV = 왕자갈이 매우 많은(very cobbly), CBX = 왕자갈이 극히 많은(extremely cobbly), CNV = 각편상 자갈이 매우 많은(very channery), FL = 판석질(flaggy), FLX = 극히 판석질(extremely flaggy), FLV = 매우 판석질(very flaggy), STV = 돌이 매우 많은(very stony), STX = 돌이 극히 많은(extremely stony).

출처: Soil Survey Staff, 1992.

휴양. 휴양(休養, recreation)은 대부분의 경우 연중 이용과 보행자 통행을 의미한다. 그러므로 해당 토양은 답압 내성이 있어야 하고 배수가 잘 되어야 한다. 이를 위한 중요한 요소들은 지표 변경인자, 경사, 웅덩이가 발생할 가능성, 지하수위까지의 깊이, 침수 가능성, 돌 함량 등급, 기반암까지의 깊이 등의 토성이다. **표 2.12**에 전체 목록과 이들의 등급과 제약적인 특징이 제시되어 있다.

급격하게 교란된 토지. 어떤 제안된 프로젝트는 급격하게 교란된 지역을 대상으로 할 수도 있다. 이들 지역으로는 과거의 광산 폐기물 더미, 제련소 광재(鑛滓, slag) 더미, 석회암 채석장 바닥, 자갈과 모래 채취장, 고속도로 토취장(土取場, borrow pit), 기타 생산가공 폐기물 처리장 등이 있다. 버려진 부지가 당면하는 문제는 잠재적인 오염문제뿐만 아니라, 해당 부지 물질의 물리적인 특성이 식재 프로젝트용으로는 매우 바람직하지 않을 수도 있다. 등급과 제약요소들은 **표 2.13**에 제시되어 있다. 이런 유형의 부지에 대한 프로젝트용 지속가능한 토양의 설계는 결론이 거의 뻔하다. 지속가능한 토양의 설계는 제5장에서 고찰될 것이다.

표 2.13 급격하게 교란된 토지를 위한 토양 해석 등급[1]

토양 속성	구분			제약적인 특징
	약간	중간	심각	
나트륨흡착비(SAR)	< 4	4~13	> 13	과도한 나트륨
염도, dS/m	< 8	8~16	> 16	과도한 염
토양 반응, pH (0~40″)	5.0~8.5	4.0~5.0	< 4.0	과도한 산성
토양 반응, pH (> 40″)	—	< 4.0	—	과도한 산성
토양 반응, pH (> 40″)	—	—	> 8.5	과도한 알칼리성
유효수분함량, 인치/인치	> 0.10	0.05~0.10	< 0.05	건조한
침식 계수 (*K*)	< 0.35	> 0.35	—	쉽게 침식
바람 수식성 그룹(WEG)	—	—	1, 2	토양 날림
토성	—	SCL, CL, SICL	C, SIC, SC	과도한 점토질
토성	—	LCOS, LS, LFS, LVFS	COS, S, FS, VFS	과도한 사질
중량 퍼센트, 3~10″	< 25	25~50	> 50	과도한 호박돌
중량 퍼센트, > 10″	< 5	5~15	> 15	과도한 돌
층 두께, 인치	> 40	20~40	< 20	얇은 층
유기물, %	> 1	0.5~1.0	< 0.5	낮은 비옥도
점토 활성, CEC/점토	0.24	0.16~0.24	< 0.16	낮은 비옥도
탄산칼슘당량(CCE), %	< 15	15~40	> 40	과도한 석회

[1]정의: 표 2.10의 각주 참조.

출처: Soil Survey Staff, 1992.

결과물 또는 해석 지도

해석 지침 기준이 각 지도제작 단위에 적용되고 나면, 각 단위에 대한 등급부여의 결과물인 포괄적인 해석 또는 기술적인 지도가 만들어진다. 통상적인 순서는 토지 이용에 대한 등급부여에 색깔을 칠하는 것이다. 전통적인 색채 배합은 완화할 필요가 없어서 제약이 없거나 거의 없는 적합한 토지는 녹색(green), 해당 토지 이용을 위해 어느 정도의 제약을 완화시킬 필요가 있는 적합한 토지는 노란색(yellow), 특정한 토지 이용에 부적합한 토지는 붉은색(red)을 적용하는 것이다. 마지막 사례의 경우, 완화가 현재 상태 하에서 경제적으로 또는 환경적으로 불가능하거나 타당성이 없는 것이다.

해석과정의 사례

해석과정(解釋過程, interpretation process)을 보다 잘 이해할 수 있도록 두 부분으로 이루어진 사례를 소개한다. 첫째 부분은 카운티 보고서의 다양한 해석용 표를 근거로 하는 해석을 보여준다. 둘째 부분은 해석 행렬(行列, matrix)을 개발하기 위한 지침을 사용하여 "맨 처음부터"(from scratch) 이루어진 해석을 다룬다. 두 사례에 대한 해석지도(解釋地圖, interpretation map)는 이들의 변이가 이미 고찰하고 보여준 것과 비슷하기 때문에 여기에 소개하지 않는다.

과정. 단계는 다음과 같다:

(a) 적절한 카운티 토양 조사보고서로부터 관심 있는 지역 내에 있는 토양 지도제작 단위의 목록을 작성한다(**표 2.14**의 첫 세로줄; **그림 2.7**은 관심 있는 해당 지역이다).

(b) 이 사례에서처럼 현장 폐기물 처분에 대한 독자적인 해석을 해야 한다면, 특정한 해석 목적에 대한 토양 거동에 영향을 미칠 수 있는 토양 특성을 위쪽(**표 2.14**의 첫 가로줄)에 나열한다. 만약 카운티 토양 조사보고서를 이용한다면, 해당 보고서의 해석 표로부터 직접 그 등급을 확보하고 단계 (d)로 넘어간다.

(c) 이들 특성을 개별 토양 지도제작 단위에 나열한다(**표 2.14**의 가로세로 행렬). 이들 자료는 해당 토양 조사보고서가 제공하는 토양통(土壤統, soil series) 설명, 그리고 관련 공학 표에서 얻는다. 독자적인 해석을 위해서는 NRCS에서 다른 자료를 얻을 수도 있다.

(d) 이들 등급을 지침으로부터(표 2.9나 토양 조사보고서로부터) 특성 행렬에 적용한다.

(e) **표 2.15**에서 보여주는 바와 같이, 단계 (d)로부터 해석 행렬을 도출하고 작성한다.

(f) 전반적으로 부여된 등급은 토양 지도제작 단위에 지정된다(표 2.15의 여섯 번째 세로 칸). 여기서 NRCS는 "최악의 시나리오(worst-case scenario)"를 채택하고 있다는 것을 명심해야 한다. 이는 어떤 토양 지도제작 단위가 심각한 제약의 특성을 하나라도 가지고 있으면 해당 단위는 "심각(severe)" 등급을 받게 된다. 이러한 과정은 항상 현실적이지 않지만 토양 조사보고서를 사용하는 사람에게 경고를 주는 의

표 2.14 현장 폐기물 처분을 위한 선택된 토양 지도제작 단위 특성[1]

토양도 단위	배수성 등급[2]	기반암 깊이, 인치	침수	투수성 인치/시간	경사, %
Angola-Darien(AnB)	약간 불량	30	없음	< 0.2	3~8
Aurora(AwC)	다소 양호	30	없음	0.06~0.2	8~15
Aurora-Farmington(AXE)	약간 과도	30	없음	0.06~0.2	25~35
Benson(BeB)	약간 과도	18	없음	0.6~2.0	3~8
Benson-Wassaic-Rock crop(BNC)	과도	12	없음	0.6~2.0	8~15
Benson-Wassaic-Rock crop(BNF)	과도	12	없음	0.6~2.0	> 35
Cazenovia(CfB)	양호	> 40	없음	< 0.2	3~8
Cazenovia(CfC)	양호	> 40	없음	< 0.2	8~15
Cazenovia(CfD)	양호	> 40	없음	< 0.2	15~25
Herkimer(He)	양호	> 40	드묾	0.6~2.0	0~3
Fluvaquents	가변적	가변적	빈번	가변적	0~8
Honeoye(HnB)	양호	> 40	없음	< 0.2	3~8
Honeoye(HnC)	양호	> 40	없음	< 0.2	8~15
Honeoye, very stony(HSC)	양호	> 40	없음	< 0.2	8~15
Honeoye-Lansing(HoD)	양호	> 40	없음	< 0.2	15~25
Honeoye-Lansing-Ontario(HTE)	양호	> 40	없음	< 0.2	25~35
Honeoye-Lansing-Ontario(HTF)	양호	> 40	없음	< 0.2	> 35
Howard(HwA)	양호	> 48	없음	0.6~2.0	0~3
Howard(HwB)	양호	> 48	없음	0.6~2.0	3~8
Howard(HwC)	양호	> 48	없음	0.6~2.0	8~15
Howard gravelly(HyA)	양호	> 48	없음	0.6~2.0	0~3
Kendaia(KeB)	약간 불량	> 40	드묾	< 0.2	3~8
Lakemont(Lk)	불량	> 40	없음	< 0.2	0~3
Lima(LtA)	다소 양호	> 40	없음	< 0.2	0~3
Lima(LtB)	다소 양호	> 40	없음	< 0.2	3~8
Lyons(Ly)	불량	> 40	없음	< 0.2	0~3
Madrid(MdC)	양호	> 40	없음	0.6~2.0	8~15
Mohawk(MwB)	양호	> 40	없음	0.6~2.0	3~8
Mohawk(MwC)	양호	> 40	없음	0.6~2.0	8~15
Mohawk(MwD)	양호	> 40	없음	0.6~2.0	15~25
Ovid(OvB)	약간 불량	> 40	없음	0.06~0.2	3~8
Palatine(PaC)	양호	30	없음	0.6~2.0	8~15
Palmyra(PgA)	양호	> 40	없음	0.6~6.0	0~3
Palmyra(PgB)	양호	> 40	없음	0.6~6.0	3~8
Palmyra-Howard(PHD)	양호	> 40	없음	0.6~6.0	15~25
Palmyra-Howard(PHE)	양호	> 40	없음	0.6~6.0	25~35
Teel(Te)	다소 양호	> 40	빈번	0.6~2.0	0~3
Wassaic(WcB)	양호	30	없음	0.6~2.0	3~8
Wassaic(WcC)	양호	30	없음	0.6~2.0	8~15
Wayland(Wn)	매우 불량	> 40	빈번	0.06~0.2	0~3

[1]지침 특성은 표 2.9 참조.
[2]표 2.9에서는 등급이 부여되지 않았지만, 여기서는 추가적인 정보로 제공됨.

표 2.15 해석 행렬[1]

토양 지도 단위	기반암 깊이	침수	투수성[2]	경사	전반적 등급	제약 요소
Angola-Darien(AnB)	심각	약간	심각	약간	심각	얕고, 느린 투수
Aurora(AwC)	심각	약간	심각	보통	심각	얕고, 느린 투수, 경사
Aurora-Farmington(AXE)	심각	약간	심각	심각	심각	얕고, 느린 투수, 경사
Benson(BeB)	심각	약간	보통	약간	심각	기반암까지 얕음
Benson(BNC)	심각	약간	보통	보통	심각	기반암까지 얕음
Benson(BNF)	심각	약간	보통	심각	심각	얕고, 가파름
Cazenovia(CfB)	보통	약간	심각	약간	심각	느린 투수
Cazenovia(CfC)	보통	약간	심각	보통	심각	느린 투수
Cazenovia(CfD)	보통	약간	심각	심각	심각	느린 투수, 경사
Fluvaquents	가변적	심각	가변적	약간	심각	잦은 침수
Herkimer(He)	보통	보통	보통	약간	보통	침수 가능, 보통 투수
Honeoye(HnB)	보통	약간	심각	약간	심각	느린 투수
Honeoye(HnC)	보통	약간	심각	보통	심각	느린 투수
Honey, very stony(HSC)	보통	약간	심각	보통	심각	느린 투수
Honeyoye-Lansing(HoD)	보통	약간	심각	심각	심각	느린 투수, 경사
Honeyoye-Lansing-Ontario(HTE)	보통	약간	심각	심각	심각	느린 투수, 경사
Honeyoye-Lansing-Ontario(HTF)	보통	약간	심각	심각	심각	느린 투수, 경사
Howard(HwA)	보통	약간	보통	약간	보통	
Howard(HwB)	보통	약간	보통	약간	보통	
Howard(HwC)	보통	약간	보통	보통	보통	
Kendaia(KeB)	보통	보통	심각	약간	심각	느린 투수
Lakemont(Lk)	보통	약간	심각	약간	심각	느린 투수
Lima(LtA)	보통	약간	심각	약간	심각	느린 투수
Lima(LtB)	보통	약간	심각	약간	심각	느린 투수
Lyons(Ly)	보통	약간	심각	약간	심각	느린 투수
Madrid(MdC)	보통	약간	보통	보통	보통	
Mohawk(MwB)	보통	약간	보통	약간	보통	
Mohawk(MwC)	보통	약간	보통	보통	보통	
Mohawk(MwD)	보통	약간	보통	심각	심각	경사
Ovid(OvB)	보통	약간	심각	약간	심각	느린 투수
Palatine(PaC)	심각	약간	보통	보통	심각	얇은 토심
Palmyra(PgA)	보통	약간	약간	약간	보통	
Palmyra(PgB)	보통	약간	약간	약간	보통	
Palmyra-Howard(PHD)	보통	약간	약간	심각	심각	경사
Palmyra-Howard(PHE)	보통	약간	약간	심각	심각	경사
Teel(Te)	보통	심각	보통	약간	심각	빈번한 침수
Wassaic(WcB)	심각	약간	보통	약간	심각	얇은 토심
Wassaic(WcC)	심각	약간	보통	보통	심각	얇은 토심
Wayland(Wn)	보통	심각	심각	약간	심각	침수, 느린 투수

[1]등급은 표 2.9 참조.

[2]최악의 시나리오에 따라, 등급부여에 투수성 범위의 최소 한계가 적용됨.

미가 있다. 보다 만족스러운 방법은 다양한 요소에 가중치를 주어 이들의 등급을 부여하는 것이다. 이렇게 하면 심각한 등급은 누적된 가중 등급이 미리 정한 문턱값(threshold)을 초과할 때에만 적용될 것이다. 이러한 과정의 변형은 이제 NRCS도 사용하고 있다. 제약적인 특징은 보통 또는 심각한 등급을 가진 토양을 위해 제시된다(표 2.15의 마지막 세로 칸). 제약적인 특징은 해당 토양을 목적으로 하는 이용에 적합하도록 만드는데 요구되는 완화 행위(緩和行爲, mitigative action)에 대한 실마리를 제공한다. 어떤 확실한 경우에는, 완화행위를 취할 수 없어서 제안된 이용을 포기하고 대안적인 이용을 선택하기도 한다. 제약적인 상황이 심각한 경우에는, "기술적 전격전(技術的電擊戰, *technological blitzkrieg*)"을 시행하기보다 해당 부지를 그대로 두는 것이 최선이다. "Mother Nature(1970년대 미국 마가린 광고 여주인공 – 역자 주)를 놀리기 위한" 시도는 항상 파괴적이고 심각한 경제적 및 환경적 결과를 가져온다.

(g) 이렇게 세부적인 토양도에 3색(**그림 2.10**에서는 세 가지 음영) 범례를 적용하면 해석 지도가 된다.

심각 등급이 부여된 토양 지역이 해당 지역의 대부분을 덮고 있는 것을 볼 수 있다. 이 경우, 이 지도는 계획수립자와 현지 공무원들에게 해당 지역에 대한 개발계획이 일부 토지 이용과 제외된 일부 지구지정 대안에 대해 극도의 주의를 가지고 수행되어야 한다는 경고를 보낸다. 현장 폐기물 처분은 세부적인 현장 토양과 지형 점검을 통해 구획별로 평가될 수 있다. 잠재적인 여과지(濾過地, filter field site)로 바람직한 여건은 만약 해당 구획이 충분

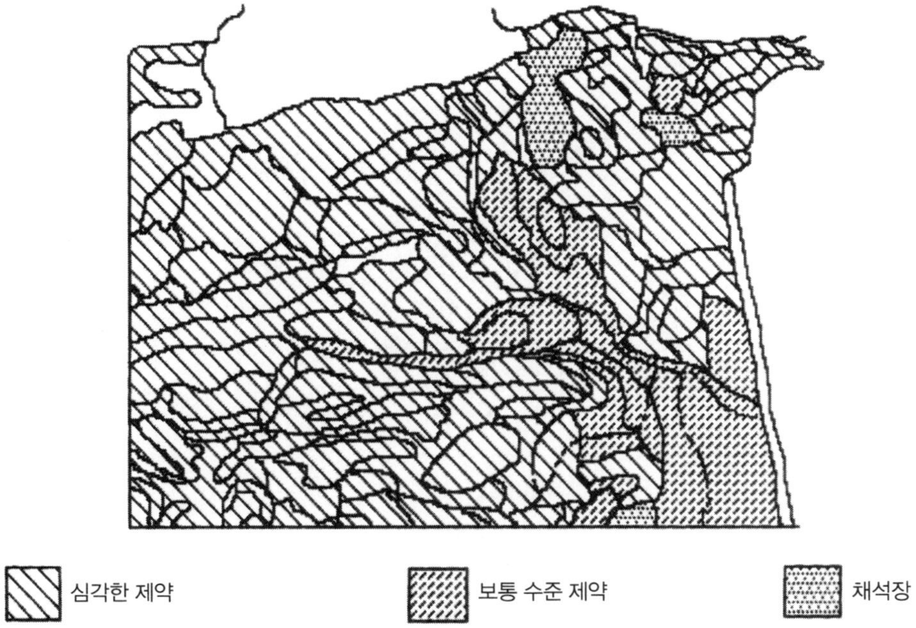

그림 2.10 그림 2.7 토양 지역에 대한 현장 폐기물 처분 설명 지도.

한 면적을 가지고 있고 토양과 지형 여건에 다양성이 있다면 위치를 표시할 수 있을 것이다. 분명히 해당 구획이 클수록 바람직한 여과지 여건을 위한 다양성과 가능성이 더 클 것이다. 이러한 여건에 대해 예외적인 경우는 토양과 지형 모두가 극단적으로 균일하거나(일반적으로 평탄하거나 균일한 경사) 전체 지역이 기반암이나 지하수위까지의 깊이가 얕은 경우이다. 이런 경우 집단주택과 같은 대안을 고려하는 것이 좋다(Craul, 1992). 실제로 이 지역은 낙농장(酪農場, dairy farm)에서 평균 3,000제곱피트(279m^2)의 주택을 가진 2에이커(8,094m^2) 크기의 대지로 전환되었다. 해당 지역 대부분의 지역에 하수도와 상수도가 설치되었다. 하수도 서비스 바깥의 경우, 몇 군데 여과지가 건설 5년 만에 그리고 한 곳은 6개월 안에 실패로 끝났다.

요약하면, 부지 평가는 해당 부지가 가지고 있는 물리적인 기회와 문제가 무엇인가를 알아가는 필요한 과정이다. 해당 과정은 자연 토양과 상대적으로 교란되지 않은 경관에 대해 개발될 지역 내에서 이루어지는 행동의 한 흐름이다. 이 과정이 오염이 발견될 가능성이 있는 복구 부지를 포함하는 도시나 교란된 토양을 대상으로 하는 경우 보다 집중적인 행위의 흐름을 밟을 것이다. 부지 평가로부터 얻는 정보가 자세하고 믿을만하면 할수록 설계 과정에 도움을 줄 것이고 설계 성공의 정도를 높여줄 것이다.

제3장 부지의 생물물리학적 분석

. . . 조경은 효과적인 햇빛 설계와 융화되어야 한다. 이를 위해 요구되는 것은 식물 소재의 다양성과 역동적인 속성을 인식하는 것이다. 태양, 건물, 교목의 역동적인 상호작용을 인식하는 빛과 열 공급원으로서의 태양을 이용하기 위한 전략이 있어야 한다.

Ralph N. Knowles(1981)의 저서 '*Sun Rhythm Form*'에서

3.1 서론

식물은 어떤 환경 하에서든 자연적으로 유발되는 일정한 수준의 스트레스를 경험한다. 이는 햇빛의 부족, 혹은 뿌리에 대한 물, 양분과 산소의 부족으로 인해 일어날 수 있다. 아니면 바람, 얼음, 눈, 화재, 인간으로부터의(잔디를 깎는 사람, 자동차와 함께 우리들 중 일부 장난꾸러기일 수도 있다) 물리적인 손상으로 인한 식물의 상해에 의해 유발된 스트레스, 또는 환경오염의 영향일 수도 있다. 병이나 해충의 공격에 의해 유발된 스트레스는 스트레스의 일차적인 원인일 수 있고, 가뭄이나 뿌리의 질식 등으로 인한 스트레스에 의해 유발된 이차적인 것일 수도 있다.

이들 스트레스 모두는 도시 환경에 존재한다. 이들 중 가장 흔한 것은 가뭄, 열, 산소 부족과 이들의 복합, 또는 물리적인 손상에 기인할 가능성이 높다. 어떤 경우에는, 해당 식물이 한 가지 스트레스의 영향으로 약화되어 다른 형태의 스트레스에 더욱 감수성이 되기도 한다. 일반적으로 어떤 식물, 특히 교목(喬木, tree)을 "부검(剖檢, autopsy)"을 통해 조사해 보면, 이의 죽음에 몇 가지 요소가 얽혀 있음을 나타내는 증거가 발견되며, 해당 교목의 생애(life history)에 대한 자세한 정보 없이는 죽음의 직접적인 원인을 확인하기가 어렵다.

도시환경에 대해 우리가 알고 있는 지식은, 간혹 해당 환경의 물리적 여건이 전혀 "식물 친화적"이지 않다는 사실을 명확히 한다. 건물의 외벽, 도로 표면, 그리고 열발생원(熱發生源; 교통수단과 산업단지 등)에 의해 증강된 일사(日射)는 제한된 공기의 흐름과 결합되

어 북반구 도시에서 여름에는 용광로를, 겨울에는 냉동고를 만들어낸다. Smeltz(1998)는 위성 영상(衛星映像, satellite imagery)에 탐지된 바와 같이, 도시개발로 인해 지표면 온도가 크게 상승했음을 보여주는 펜실베이니아 주립대학 기상학과의 연구를 인용한다. 이 연구에 의하면 1987년부터 1996년까지 펜실베이니아 체스터(Chester) 카운티 전체 지역의 평균 상승률은 36%였다. 그중 주립공원을 둘러싸고 있는 지역의 상승률은 109%였다. 수목들은 뜨거운 지표면에 의해 둘러싸여 있고, 대부분은 물과 양분 공급이 불충분하거나 심지어는 뿌리 전개가 뿌리에 산소 공급을 제한할 수 있는 제한된 공간에 위치해 있다(Craul, 1992; Thrope 등, 1978).

도시지역에서 만족스러운 수목 생장의 기본적인 요구조건을 충족시킬 수 있는 성공적인 경관설계를 확보하기 위해서는, 제시된 프로젝트의 물리적 환경을 검토할 필요가 있다. 이 장에서는 제2장에서 다룬 지하 경관보다는 지상 경관을 더 집중적으로 다룰 것이다. 그러나 전자도 완전히 무시할 수는 없어서, 논의 자체도 결국에는 바람직한 식물 집단에 필요한 물을 공급하기 위해 적절한 토양이나 관수 시스템 설계로 이어진다. 때로는 정교한 물리적인 설계를 통해 한계를 극복하고자 노력하는 것보다 해당 토양 고유의 특성에 식물 군집을 맞추는 것이 더 현명한 판단이다. 조경가의 눈에 1년도 안 된 프로젝트에서 시들거나 죽은 식물이 보이는 것보다 더 기분 나쁜 일은 없다.

도시 환경은 지상 약 1m 이내 또는 식물과 구조물의 표면에서 발생하는 기온, 습도, 바람, 복사에 의해 가장 크게 영향을 받는 미세 환경(微細環境, microenvironment)이라고 할 수 있다. 이들 네 가지 기후 요소는 국립해양대기청(NOAA, National Oceanic and Atmospheric Administration, 이전에는 '미국 상무부 소속의 기후청')이 표준 1급 기상관측소에서 측정한다. 그러나 대부분의 현대식 관측소는 공항이나 다른 공공시설에 위치하고 있어서, 대도시나 소도시 내에서 발견되는 미기후를 나타낸다고 할 수 없고, 특정한 프로젝트 부지에 대해서는 더욱 정확한 정보가 될 수 없다. 이러한 문제에 대한 해결방안은 해당 부지에 대한 생물물리학적(生物物理學的, biophysical) 분석이다.

3.2 부지 열 수지

지구 표면에서 일어나는 열 교환(熱交換, heat exchange)에는 몇 가지 구성요소가 작용한다. 열 교환이 식물과 교목에 관련이 있다는 것을 상정하기 전에 이들 구성요소와 이들이 열 교환에 대한 기여를 먼저 고찰할 필요가 있다. 열 교환은 네 가지 유형의 에너지 수송(energy transport)에 기반을 둔다. 이들은 **대류**(對流, *convection*), **전도**(傳導, *conduction*), **복사교환**(輻射交換, *radiative exchange*), **잠열 전달**(潛熱傳達, *latent heat transfer*)이다(Campbell, 1977; Rose, 1966). 대류는 공기의 움직임에 의해 열이 전달되는 현상이다. 전도는 한 집단 내 또는 한 물체나 집단으로부터 서로 접촉하고 있는 다른 물체나 집단으로 열이 전달되는 것이다. 복사교환은 복사(장파 또는 단파)에 의한 에너지의 전달로 후자는 (단파) 태양으로부터의 직사 복사(直射輻射, direct beam radiation)에 해당한다. 복사 에너지 교환에서 분자는 불필요하다. 잠열 전달은 물의 증발이나 응축(凝縮, condensation)에 의해 에너지(열)를 상실하거나 얻는 것이다.

증산작용이 없는 포장된 지표면에서는, 식물의 수분 손실은 해당 부지의 열부하(熱負荷, heat load)에 달렸다. 대부분의 부하 증가는 주로 태양 복사와 기타 도시 열 발생원으로 인해 일어난다. 이러한 현상은 도시 교목에게 흔한 상황이기 때문에, 열 수지(熱收支, heat budget) 방법이 부지 분석과 최종적인 증발산(蒸發散, evapotranspiration) 계산에서 선호된다(Craul, 1992).

복사

지구 환경에서 복사는 단파(短波, short-wave; 0.3~4μm)와 장파(長波, long-wave; 4~80μm)로 나눌 수 있다. 대부분의 태양 복사와 이와 관련된 것은 단파 범위에 속하는데 비해, 지면의 공급원에서 방출되는 복사는 장파 범위에 속한다.

태양 복사는 지구의 표면에서 교환되는 에너지 대부분에 대한 공급원이다. 이는 한 지역의 기후와 그날그날의 날씨를 결정한다. 따라서 이것이 부지의 열 수지에서 가장 중요한 요소가 되고, 기타 요소는 기여자(寄與者, contributor)들이다. 교목에 도달하는 복사는 몇 가지 형태를 띤다. 이들은 **그림 3.1**에 표시되어 있는데, 여기서

S_p = 직달일사(直達日射, direct solar radiation; 표면에 직각)
S_d = 수평면 산란일사량(水平面散亂日射量, diffuse sky irradiance)

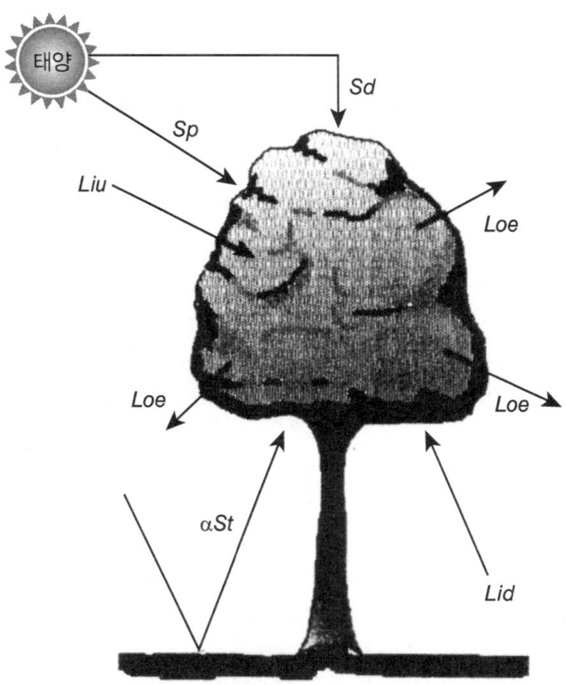

그림 3.1 개별 교목의 복사 구성요소. (Campbell, 1977에서 전재.)

S_t = 해당 표면에 대한 총 단파 일사량
L_{oe} = 해당 물체의 각 측면에 대한 장파 방출
L_{iu} = 상향 표면에 대한 장파 일사량
L_{id} = 하향 표면에 대한 장파 일사량
α = 물체 아래 표면의 알베도(albedo)

복사수지(輻射收支, radiation budget)는 **표 3.1**에 더 자세해 설명되어 있다. 여기서는 주로 좁은 온도 범위(우주에 비해)를 가진 지표면에 초점을 맞추기 때문에, 단파와 장파 복사만을 고려한다. 다양한 복사 구성요소를 차례로 다룬 다음 다시 열 수지의 주제로 되돌아올 것이다. 총복사(總輻射, net total radiation)는 나중에 잠재증발산량등식(潛在蒸發散量等式, potential evapotranspiration equation)을 푸는데 복사 매개변수(媒介變數, parameter)가 된다.

직달일사. 직달일사(直達日射) 에너지(direct solar beam energy; S_p)는 지구 표면에 대한 복사(단파) 에너지의 일차 공급원이기 때문에, 이와 지표면에 대한 관계를 가장 먼저 다룬다. 태양은 지구로부터 굉장히 먼 거리에 있고 지구보다 훨씬 크기 때문에, 태양의 광선은 카메라 렌즈를 통과하는 빛처럼 한 점으로부터 또는 한 점으로 집중되는 것이 아니라 평행한 것으로 간주된다. 대기의 외부 경계에서 받아지고 광선 통로에 수직인 복사 S_{po}는 $1.36 kW/m^2$이다. 복사 에너지는 광선이 대기권을 통과하면서 감소하므로 수직면이 받는 복사(S_p)는,

$$S_p = a^m S_{po} \tag{3.1}$$

가 된다. 계수 a는 대기투과율(大氣透過率, atmospheric transmission coefficient)을 나타낸다. 이는 매우 맑은 날에는 0.9, 흐리거나 스모그가 낀 날은 0.6, 전형적으로 맑은 날은 0.84이다. 지수 m은 대기 노정(大氣路程, optical air-mass) 수치로, 경사행로(傾斜行路, slant-path) 거리에 대한 태양 광선의 천정행로(天頂行路, zenith-path) 길이의 비율(해당 각도의

표 3.1 복사 수지

방향	파장 단파 복사	장파 복사	총 복사
우주로부터 하향: 직달일사	직접 단파[1]	—	—
대기로부터 하향	산란된 단파[1]	하향 장파	총 하향
지구 표면으로부터의 상향[2]	반사된 단파	상향 장파	총 상향
합계	총 단파	총 장파	총 총계

[1]일반적으로 측정할 시 통합됨.
[2]여기서는 어떤 물체 아래 표면뿐만 아니라 모든 표면을 포함한다. 그림 3.8 참조.
출처: Reifsynder & Lull, 1965에서 전재.

할선)이다. 이 지수는 태양의 각도가 10° 미만일 때에만 유효하다. 지형 고도에 대한 보정은 m을 $(P/P_0)/(\sin Ø)$로 대체하여 사용할 수도 있는데, 여기서 P는 현지 대기압이고, P_0는 해수면 기압이다.

입사복사(入射輻射, incident radiation). 평면(平面, flat surface)에 도달하는 복사 에너지의 양은 태양 광선의 평행한 성질 때문에 해당 표면에 균등하게 분포된다. 해당 표면이 태양 광선에 대해 수직일 때 단위 면적당 해당 복사 에너지는 최대가 된다. 만약 해당 표면이 직각으로부터 기울어지면 동일한 양의 에너지가 더 넓은 면적에 걸쳐 분산되기 때문에 단위 면적당 에너지는 감소하게 된다(**그림 3.2**). 해당 지역에 걸친 면적의 확산에 유의하라. 이 관계는 다음 공식으로 표현될 수 있다.

$$S_b = S_p \sin \phi \tag{3.2}$$

여기서 S_b는 경사면 일사량으로 단위는 kW/m^2이며, S_p는 태양 광선(beam) 복사이고, ϕ는 태양 광선과 수평면(水平面, horizontal surface) 사이의 각도다(태양각/太陽角, sun angle이라고 정의됨). 이 각도는 높이를 알고 있는 물체에 대한 그림자의 길이를 측정하여 길이에 대한 높이의 아크탄젠트(arctangent, 역탄젠트)를 구함으로써 쉽게 현장에서 구할 수 있다. 태양각의 영향은 위도가 높아짐에 따라 지표면에 나타난다. 적도에서는, 지표면이 태양 광선에 대해 수직이어서 지구의 해당 영역에 가장 많은 양의 직달 일사량(direct solar incident radiation)이 주어진다. 위치가 적도로부터 양 극(極, pole)으로 이동함에 따라 위도가 높아지고, 태양 광선에 대한 표면 입사가 더 예리해진다.

반대로, 태양 광선과 지표면에 대해 수직인 선 사이의 각도가 커지며 모든 주어진 지점에서 위도와 동일하게 된다. 따라서 단위 면적당 입사복사는 감소한다. 태양 광선이 통과해야 하는 대기의 양도 위도가 높을수록 증가하여 경사면 일사량은 더욱 감소하게 된다. 이러

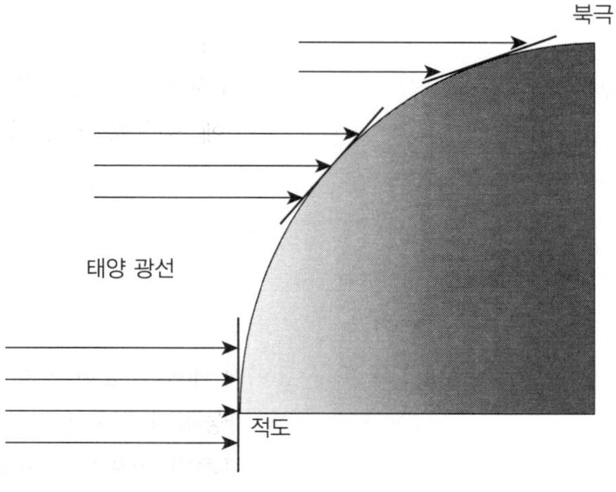

그림 3.2 지구의 위도에 걸쳐 분포되는 수직과 기울어진 표면에 대한 경사면 일사량.

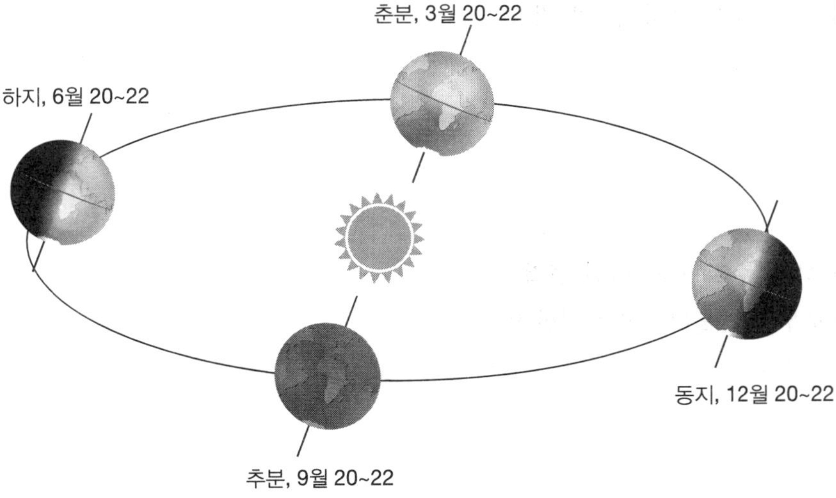

그림 3.3 지구의 계절적인 위치와 기울기.

한 현상이 극지방의 날씨가 춥고 적도지방이 더운 한 가지 이유가 된다. 이러한 상황은 경사진 지형에서도 발생한다.

태양 복사의 계절적 영향. 지구의 축이 수직으로부터 기울어져 있기 때문에 태양각은 지구가 태양 주위를 회전함에 따라 변한다. 지구의 축은 수직으로부터 23.5° 기울어져 있다. 지구는 1 태양년(太陽年, solar year)에 두 번 태양에 대해 수직이 된다(**그림 3.3**). 이 위치는 춘분(春分, vernal equinox; 3월 20~22)과 추분(秋分, autumnal equinox; 9월 20~22)에 해당되며(북반구와 남반구가 반대가 됨), 두 지점은 서로 180° 반대이다. 이 지점에 대해 90°인 지점이 하지(夏至, summer solstice; 6월 20~22 – 낮이 가장 긴 날)와 동지(冬至, winter solstice; 12월 20~22 – 낮이 가장 짧은 날)다. 하지에 지구의 축은 태양을 향해 23.5° 기울어지고, 동지에는 태양으로부터 23.5° 멀리 기울어진다. 지구표면에 대한 태양의 시위치(視位置, apparent position)는 **그림 3.4**에 도해되어 있다. 태양은 춘/추분에는 적도 바로 위에 위치하고, 북반구의 하지에는 북회귀선(北回歸線, Tropic of Cancer)인 23.5° 북쪽에 위치한다. 이 위치는 남반구에서는 동지가 된다. 북반구의 동지는 태양의 위치가 남회귀선(南回歸線, Tropic of Capricorn)인 적도로부터 23.5° 남쪽에 있을 때이다. 이 날은 남반구에서는 하지가 된다. 또한 이 시기는 북반구의 북극권(北極圈, Arctic Circle) 위에서는 극야현상이 있고 남극권(南極圈, Antarctic Circle) 위에서는 백야현상을 볼 수 있다. 북반구의 하지에는 반대 상황이 전개된다.

시간의 흐름으로 계절이 바뀜에 따라 지구 표면에 대한 태양 복사의 효과는 앞서 고찰한 태양각 효과에 의해 분명해진다. 태양이 지구 표면에 대해 이동하는 계절적인 궤적은 사인파(-波, sine wave) 패턴을 따라가기 때문에 예측 가능하며 연중 어느 날이든 정오의 태양각을 계산할 수 있다. 낮에 특정 시간의 태양각을 구하기 위해서는, 일출(日出, sunrise)과 일몰(日沒, sunset)까지 태양의 뜨고 지는 것도 고려해야 한다.

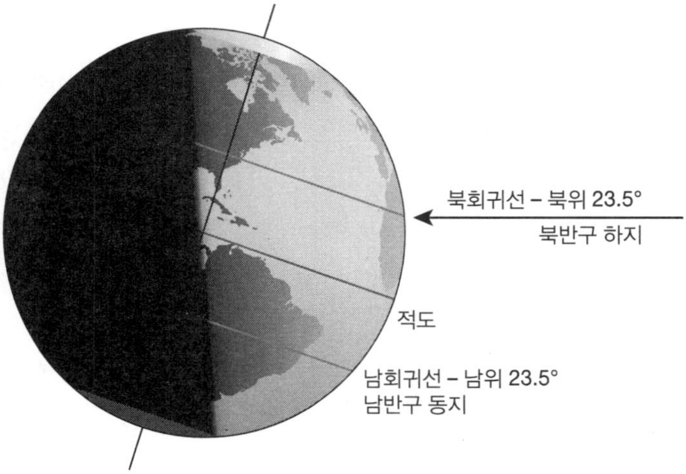

그림 3.4 춘/추분과 동/하지에 지구표면에 대한 태양의 위치.

일주기(日週期, daily cycle). 매일 태양이 뜨고 지는 것 또한 예측 가능한 경로를 따른다. 일출부터 일몰에 이르는 경로는 **그림 3.5**에 도해되어 있다. 추가로 이 경로에 겹쳐진 것은 일출과 일몰 지점의 방위각(方位角, azimuth; 수평 방향)의 변동이다. 이들 지점은 북위 23.5°로부터 남위 23.5°로의 변동으로 인해 날마다 변한다. 따라서 태양은 춘/추분에 해당하는 날에만 정동(正東, due east)에서 떠서 정서(正西, due west)로 진다. 북반구에서 여름에는, 이 지점이 동과 서의 북쪽에 위치하고, 겨울에는 동과 서의 남쪽에 위치한다.

주어진 일자의 주어진 시간에 대한 태양각에 영향을 주는 모든 여건을 설명하기 위해서는 일련의 기하학적 공식에 입력해야 하는 데이터 세트가 필요하다. 해당 데이터는 해당 날짜와 시간, 그리고 해당 위치의 위도와 경도가 포함된다. 당해 위치에 대한 시간별 태양각

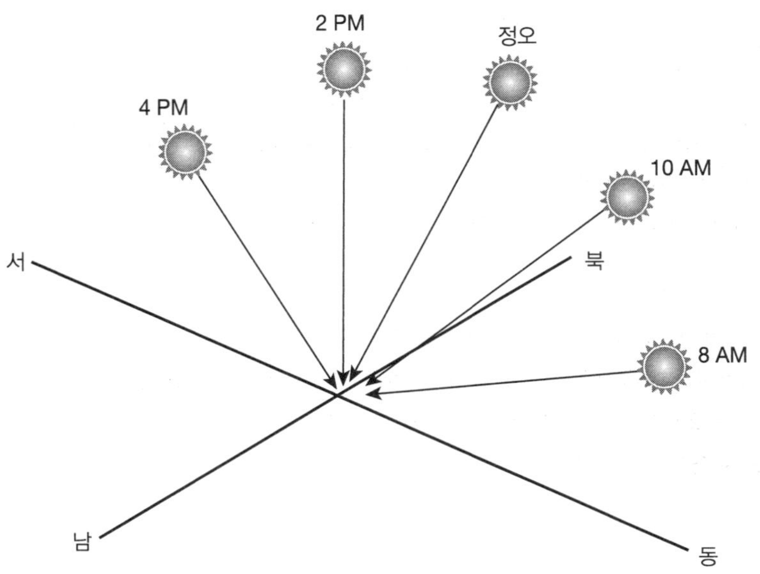

그림 3.5 태양의 일일 또는 낮 동안의 경로.

을 구하기 위해서는 계산이 필요하다. 다음 예시는 계산 방법을 설명한다.

예시. 북위 42° 2′ 19.2″ 서경 76° 01′ 54.6″($W\lambda$ = 서경, $E\lambda$ = 동경)에 위치한 집에 대한 1995년 5월 11일 미국 동부 표준시 10시의 태양각을 구하고자 한다. 5월 11일자 표에 의하면, GHA^0 = 180° 54′ 05.3″; 5월 12일 GHA^{24} = 180° 54′ 33.6″; $Decl\ \delta^0$ = 17° 42′ 04.8″; $Decl\ \delta^{24}$ = 17° 57′ 32.0″이다.

모든 각도는 앞으로의 계산을 위해 상응하는 십진법 수치로 환산되어야 한다. 대부분의 공학 계산기나 컴퓨터는 이러한 기능을 가지고 있다.

$$\begin{aligned} GHA &= GHA^0 + (GHA - GHA^0 + 360)\ (UT1/24) \\ &= 180°\ 54'\ 05.3'' + (180°\ 54'\ 33.6'' - 180°\ 54'\ 05.3'' + 360)\ (1400/24) \\ &= 180.9014722 + (180.909333 - 180.9014722 + 360)\ (0.583) \\ &= 30.7973525 = 30°\ 47'\ 50.5'' \end{aligned} \tag{3.3}$$

$$\begin{aligned} LHA &= GHA - W\lambda \\ &= 30°\ 47'\ 50.5'' - 76°\ 01'\ 54.6'' \\ &= 30.7973525 - 76.0318333 \\ &= -45.23448083 + 360 \\ &= 314.7655192 = 314°\ 45'\ 55.9'' \end{aligned} \tag{3.4}$$

$$\begin{aligned} Decl\delta &= Decl^0 + (Decl^{24} - Decl^0)\ (UT1/24) \\ &= 17°\ 42'\ 04.8'' + (17°\ 57'\ 32.0'' - 17°\ 42'\ 04.8'')\ (1400/24) \\ &= 17.7013333 + (17.9588889 - 17.7013333)(0.583) \\ &= 17.85148821 = 17°\ 51'\ 05.4'' \end{aligned} \tag{3.5}$$

$$\begin{aligned} AZ &= \tan^{-1}\frac{-\sin LHA}{\cos\phi\tan\delta - \sin\phi\cos LHA} \\ &= \tan^{-1}\frac{-0.7099946}{(0.74269309 \times 0.3320564) - (0.66963197 \times 0.70420706)} \\ &= \tan^{-1} - 3.0554406 \\ &= -71.8775025 + 180^{*} = 108.1224975 = 108°\ 07'\ 21''^{*} \end{aligned} \tag{3.6}$$

$$\begin{aligned} h &= \sin^{-1}(\sin\phi\sin\delta + \cos\phi\cos\delta\cos LHA) \\ &= \sin^{-1}[(\sin 42.03866667 \times \sin 17.85148821) \\ &\quad + (\cos 42.03866667 \times \cos 17.85148821 \times \cos 314.7655192)] \\ &= \sin^{-1}(0.2052762 + 0.4978291) = 0.7031053 \\ &= 44.6766753 = 44°\ 40'\ 36.03'' \end{aligned} \tag{3.7}$$

*180°를 더하는 것은 **표 3.2**에서 필요한 교정이다.

표 3.2 방위각 교정

LHA가	교정	
	AZ가 양수일 때	AZ가 음수일 때
0~180°일 때	180°	360°
180~360°일 때	0°	180°

따라서 1995년 5월 11일 오전 10시에는 태양이 방위각 180° 07′ 21″(북쪽은 0°)와 해당 지리적인 위치에 대해 수평선으로부터 44° 40′ 36.03″의 높이에 위치하게 된다(**그림 3.6**).

다행히도, 구입할 수 있는 다양한 컴퓨터 소프트웨어 프로그램(예, Specular *infini-D*와 *3D-Studio-Vis*)이 있고, 인터넷에 태양각과 소구획의 음/양 패턴을 계산할 수 있는 프로그램도 있다.

경사와 향이 표면이 받는 태양 복사에 미치는 영향. 그림 3.1과 3.2의 복사 구성요소가 보여준 바와 같이, 태양 광선에 직각이 아닌 표면이 받는 복사의 양은 직각인 표면에 비해 적을 것이다. 태양 광선을 정면으로 마주하고 있는 표면은 태양 광선으로부터 빗나가 있는 표면보다 더 많은 복사를 받을 것이다. 북반구에서 북쪽을 향한 경사 지면의 태양각은 음수일 것이다(**그림 3.7**). 정오에 서쪽이나 동쪽을 향하는 경사와 같이 직각 경사의 지표면은 중간 정도의 복사량을 받을 것이다. 동쪽을 향한 경사는 정오 전에 더 많은 직달일사(直達日射, direct radiation)를 받고 서쪽을 향한 경사는 정오 후에 직달일사를 받을 것이다. 그러나 이 두 경우에 받는 양(일사량)은, 해당 시간대에 태양 광선이 지구 대기의 두꺼운 층을 통과해야 하기 때문에 정오에 받는 것보다는 적다. 만약 태양 광선 각도가 낮거나 경사가 가파르면, 이들 표면은 정오에 직달이사를 받지 못할 수도 있다. 북쪽을 향한 경사는 매우 적은 직달일사를 받는데, 이는 일반적으로 중/저위도에서 한여름에 발생하며, 겨울철에는 이러한 경사는 직달일사를 받지 못할 수도 있다. 구조물의 수직 벽도 직달일사에 유사한 영향을 미

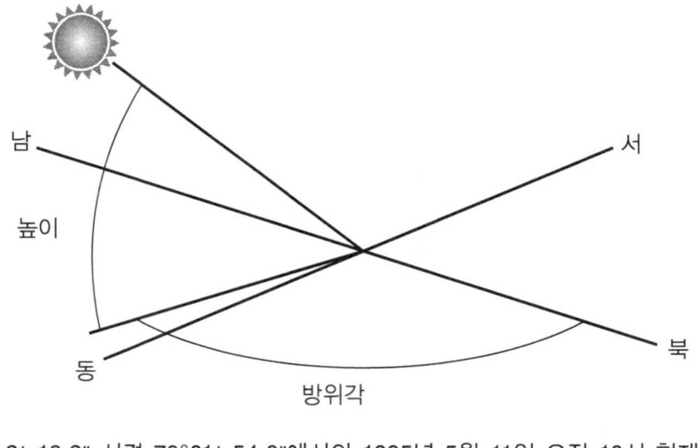

그림 3.6 북위 42° 2′ 19.2″ 서경 76°01′ 54.6″에서의 1995년 5월 11일 오전 10시 현재 태양각. 방위각은 108° 07′ 21″이고 높이는 44°40′ 36.03″이다.

(a) **일몰 시 경사면** (b) **정오의 경사면** (c) **일출 시 경사면**

그림 3.7 경사와 향과 관련된 몇 가지 지면의 태양각 상황. (a), (b), (c)의 북쪽은 위쪽이다.

친다. 정오에는 일출이나 일몰 때보다 더 많은 경사 표면이 조명을 받는데, 이는 정오에 태양의 각도가 더 높기 때문이다. 또한 복사 강도(flux)는 정오에 더 크다.

산란일사(散亂日射, diffuse sky radiation). 대기를 통과한 일사는 다양한 가스와 수증기 분자에 의해 부분적으로 산란된다. 산란된 복사(그림 3.1의 S_d)는 결국 지구의 표면에 도달하는데, 흐린 날 지표면에 도달한 빛은 모두 확산일사(擴散日射, diffused solar radiation)이다. 이르거나 늦은 낮에 직달일사가 없는 마당이나 산 계곡에서 받는 빛은 주로 확산일사다. 분명히 이 일사의 에너지 수준은 직달일사의 에너지보다 훨씬 낮다. 이는 복사난방(輻射煖房, radiant heating) 효과에 미치는 영향보다 광합성에 더 중요하지만, 여전히 복사평형(輻射平衡, radiation balance)에서도 고려되어야 한다. 대기굴절(大氣屈折, atmospheric refraction) 효과로 인해 이 빛이 나타내는 스펙트럼(spectrum)의 적색 부분으로 이동하기 때문에, 붉은 일출과 일몰, 눈 덮인 산의 "알펜글로우"(alpenglow, 산꼭대기의 아침놀) 현상이 나타난다. 산란일사는 다음과 같이 계산할 수 있다.

$$S_d = 0.5\ S_{po}(1 - a^m)\sin\phi \tag{3.8}$$

여기서 S_d는 kW/m^2로 나타내는 산란일사이고, S_{po}는 kW/m^2로 나타내는 직달일사이고, a는 대기 투과율이며, m은 대기노정 수치이다. 구름 낀 날의 산란복사(散亂輻射, diffuse radiation)는 약 146~292kW/m^2이며, 이는 맑은 날 정오 강도의 ¼에서 ½ 정도이다. 구름이 태양을 가리면 $S_t = S_d$이다. **표 3.3**은 다양한 태양각에 대한 산란복사를 나타낸다.

지표면의 총 단파 복사. 지표면이 받는 복사(그림 3.1의 S_t)는 직달일사와 수평면 산란일사량을 합한 것, 즉 $S_t = S_b + S_d$이다. 이 에너지의 일부는 흡수되고 일부는 반사된다. 각각의 비율은 태양각과 표면의 알베도와 관계가 있다. 표면에 의해 흡수된 에너지의 양은 다음 공식으로 계산될 수 있다.

$$S_a = S_b\ (1 - a)\sin\phi \tag{3.9}$$

여기서 S_a는 표면에 의해 흡수된 복사 또는 흡수율, S_b는 입사복사(入射輻射, incident radiation), a는 표면의 알베도, ϕ는 태양각이다. 이 등식은 표면이 받은 열의 양과 이로 인한 표

표 3.3 태양각에 따른 수평면에 대한 산란일사

태양 각 (도)	산란복사 (kW/m²)
5	20.4
10	40.8
20	68.0
30	88.4
40	95.2
50	102.0
60	102.0
70	108.8
80	108.8
90	108.8

면 온도 변화를 보여준다. 여기서는 표면 물체 내 열 전도는 무시되었다.

표면의 알베도. 표면이 받는 입사복사는 흡수되고 반사되는데, 반사된 복사의 비율을 알베도(또는 반사율/reflectivity)라고 부른다. '*albedo*'라는 용어는 일반적으로 전체 태양 광선의 스펙트럼이나 가시적인 부분과 같은 특정 분광대(分光帶, spectral band)의 반사된 부분을 말하는데 비해, '*reflectivity*'는 일반적으로 특정한 단색 반사에 한정된다(Reifsynder & Lull, 1965). 다양한 물질의 알베도는 표면의 색깔과 거칠기에 따라 다르다. 가장 단순한 대비는 같은 거칠기를 가진 흰색과 검은색 표면 사이의 알베도이다. 흰색은 검은색보다 더 큰 알베도를 가지고 있고, 매끈한 표면은 거친 표면보다 더 큰 알베도를 가지고 있다. 그러나 색깔이 지배적인 요소인 것으로 보인다. 식생은 밝은색 포장에 비해 상대적으로 낮은 알베도를 가지고 있다. **표 3.4**는 일부 흔한 물질의 알베도를 나열하고 있다.

흡수율와 방사율. 흡수율(吸收率, absorptance; 일부 저자는 *absorptivity*로 표시함; Campbell, 1977)은 주어진 파장에서 입사복사에 대해 물체에 의해 흡수된 파장의 비율로 정의된다. 검은 물체는 이에 가하진 모든 복사를 흡수하여 흡수율이 1이 되는 반면, 거울은 이에 가하진 모든 복사를 반사하여 흡수율이 0이 된다. 방사율(放射率, *emittance*; 보다 구체적으로는 *emissivity*)은 표면에 의해 방출되는 특정 파장에서 흑체(黑體, black body)에 의해 방출되는 파장의 비율이다. 이 용어는 표면 가열을 평가하기 위해 표면에 적용된다. 복사의 흡수와 방출은 해당 물체 내의 원자나 분자의 에너지 상태 변화와 동일한 과정을 따른다. 복사의 흡수는 에너지가 다른 파장의 복사나, 열과 같이 다른 어떤 형태의 에너지로 변형되는 결과를 가져온다. 물체에 의해 흡수된 태양과 지표면의 파장에 있는 에너지의 대부분은 자신을 해당 물체의 온도로 나타내는 열에너지(thermal energy)로 전환된다. 따라서 복사는 물체의 온도를 높인다. 지표면 온도에서 대부분의 불투명한 고체의 경우, 흡수율은 흡수하는 물체의 온도에 대한 의존도가 매우 약하다.

표 3.4 다양한 물질의 알베도

물질	알베도
토양, 건조	0.08~0.35[1]
모래, 건조	0.35~0.75
모래, 젖은	0.20~0.30
벽돌	0.30~0.65(유약을 바른 경우)
화강암	0.45
사암	0.27~0.46
석회암	0.50~0.65
콘크리트, 건조	0.17~0.27
아스팔트	0.05~0.10
잔디	0.21~0.24
침엽수림	0.16 (0.10~0.20)
활엽수림	0.18 (0.05~0.15)
습지림	0.12
툰드라	0.15~0.30
개방수역	0.05~0.09
신선한 눈	0.75~0.95
오래된 눈	0.40~0.70

[1]토색에 따라 다름: 어두운 표토는 0.05~0.15, 밝은색의 건조한 토양은 0.32.

출처: Campbell, 1977; Marsh, 1991; Mazria, 1979; Reifsnyder & Lull, 1965; Rose, 1966에서 편집함.

대기로부터의 장파 복사. 대기는 지표면 물체와 표면에 도달할 수 있는 장파 복사를 생산한다. 대기의 방사율은 다음 등식으로 나타낼 수 있다.

$$\varepsilon_A = 0.72 + 0.005T_a \tag{3.10}$$

여기서 ε_A는 대기의 방사율이고, T_α는 절대 대기 온도인 Kelvin이다. 구름은 1의 방사율을 가지기 때문에 구름이 있으면 대기의 방사율은 맑은 하늘의 방사율보다 더 높다. 따라서 다음 등식과 같다.

$$\varepsilon_{AC} = \varepsilon_A + C(1 - \varepsilon_A - 4\Delta T/T_a) \tag{3.11}$$

여기서 ε_{AC}는 구름 낀 하늘의 방사율, ε_A는 맑은 날의 방사율, C는 구름에 덮인 하늘의 비율, ΔT는 T_α와 구름 낀 온도 간의 차이다. 이제는 대기로부터의 장파 복사를 구하기 위해 스테판-볼츠만(Stefan-Boltzmann) 공식을 적용한다.

물체로부터의 장파 복사. 모든 물체는 자신만의 온도를 가지고 있다. 비(非)생물체의 내부 온도는 매우 낮고, 표면 온도는 복사 에너지(輻射-, radiant energy) 같은 외부적 요인에 의해 결정된다. 물체의 흡수율은 해당 물체 표면의 거칠기에 의해 결정된다. 방사율도 마찬가지로 자신의 온도와 함께 표면의 거칠기에 따라 결정된다. 살아 있는 유기체는 스스로의 생화학적 활동으로 인해 더 높은 내부 온도를 보이고, 마찬가지로 복사 에너지도 방사한다. 두 경우 모두 방사되는 복사는 주로 장파이고, 단파 방사의 양은 미미하다.

수목의 수관(보다 구체적으로는 잎이나 침엽)의 경우, 해당 물체로부터의 방사는 측면, 위쪽 표면, 아래쪽 표면으로 세분화된다. 상하 두 표면은 햇빛이 비치는 표면과 그늘진 표면이고, 측면은 태양이 일(日)별 및 계절별 경로를 따라감에 따라 다양한 각도로 햇빛이 비치거나 그늘지게 된다. 만약 수관의 형태가 원추형이라고 가정하면, 측면효과(側面效果, side effect)는 감소할 것이다. 반면 수관이 정육면체나 역원추형이면 측면효과는 강화될 것이다.

모든 물체로부터의 장파 복사는 다음과 같은 스테판-볼츠만 법칙을 따른다.

$$\Phi = e\delta T^4 \tag{3.12}$$

여기서 Φ는 물체가 방출하는 장파 복사(W/m^2)이고, e는 방사율로 표에서 구해지고, δ는 스테판-볼츠만 상수(5.6697×10^{-8} W/m^2)이고, T는 해당 물체의 절대 온도(Kelvin)이다. Φ는 “불완전한 흑체”에 대해서는 항상 1보다 작다.

표면은 온전히 자신의 온도에 의해 정해진 비율대로 에너지를 밖으로 방사한다. 표면에 대한 복사수지는 대개 하늘과 다른 표면으로부터 받은 복사의 상대적인 양에 의해 결정된다. 한 물체로부터 다른 물체로의 복사 전달은 다음 식으로 표시된다(McAdams, 1954).

$$dW_{1\to 2} = \frac{I_1\, dA_1 \cos\beta_1\, dA_2 \cos\beta_2}{r^2} \tag{3.13}$$

여기서 I_1은 표면에 직각인 dA_1으로부터의 복사유동밀도(輻射流動密度, radiation flux density; W/m^2)이고, $\cos\beta_1$은 두 표면 간의 복사 각도(1에서 2로)이고, $\cos\beta_2$는 표면 dA_2로부터 dA_1으로의 각도이고, r은 두 표면 사이의 거리 m이다. dA_1을 떠나는 총 복사는 위 dA_1 전체 반구(半球, hemisphere)에 걸친 등식을 통합함으로써 확인할 수 있고, 마찬가지로 해

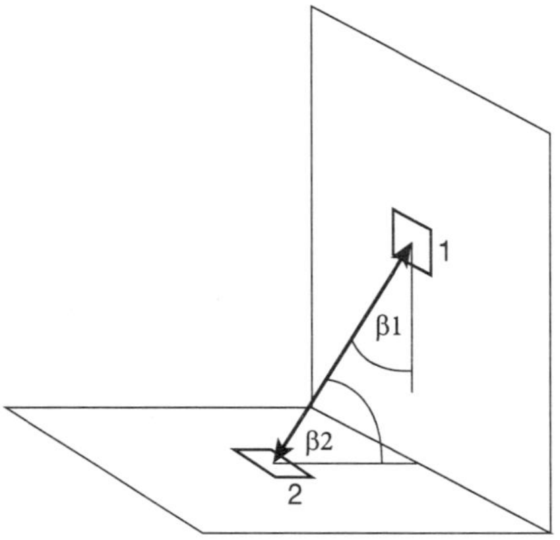

그림 3.8 방사하는 두 표면 사이의 코사인(cosine) 관계.

당 반구의 특정 부분이 받는 복사도 적절한 식의 통합을 통해 확인할 수 있다. 이 관계는 **그림 3.8**에 설명되어 있다.

위요경관 내 복사

수직 또는 수평면이 교목과 같은 특정 물체를 향해 방사하고 교목에 의해 받아지는 복사의 양은 해당 표면의 경계와 교목의 위치 사이의 각도를 분석하여 알 수 있다. 이는 단순히 건물 외벽이나 벽과 같은 한정된 표면에 코사인 법칙(-法則, cosine law)을 적용한 것이다. 이 주제는 Franger(1970)에 의해 빠짐없이 자세하게 설명되었다. 그는 이를 가열되거나 냉각된 방 안에서 앉아 있거나 서있는 사람의 평균 복사 온도(平均輻射溫度, mean radiant temperature)를 계산하는 데 적용하였다. 이처럼 변형된 분석은 표면으로부터 방출되어 교목에 도달하는 모든 열로부터 교목의 평균 복사 온도를 계산하는 것을 가능케 한다.

평균 복사 온도. 각도 계수(角度係數, angle factor)에 대한 이러한 접근을 이해하기 위해서는 평균 복사 온도의 개념으로부터 시작할 필요가 있다. 이는 앞서 언급한 McAdams(1954)의 열전달(熱傳達, heat transmission) 방법과는 다른 접근으로서 적용에서 보다 포괄적이다. 위요경관 내 주어진 지점에 있는 물체에 대한 평균 복사 온도는 해당 물체로부터 동일한 복사 열 손실을 유발하는 에워싸고 있는 검은색 물체의 균일한 온도로 정의된다. 평균 복사 온도는 지점에 따라 차이가 클 수 있기 때문에 공간 내 물체의 위치를 알고 있어야 한다. 이 접근은 장파 복사를 다루고 있다는 것을 명심해야 한다.

정상적인 장파 복사의 경우, 흡수율과 방사율이 동일하며, 물체의 방사율은 평균 복사 온도에 영향을 미치지 않는다. 흐린 날이나 완전히 그늘진 것과 같이 모든 표면이 균일한 온도를 가지고 있는 공간의 경우, 방사율은 평균 복사 온도에 영향을 미치지 않는다. 만약 햇빛이 비치고 그늘이 지는 벽과 같이 표면 내에 중대한 기온 차이가 있으면, 방사율은 위요경관 내 다양한 표면의 평균 복사 온도의 영향력에 상대적인 영향을 미칠 것이다.

이 분석 과정은 몇 가지 가정이 있다:

1. 교목은 등온하고 온도 $T_1, T_2, \ldots, T_N$ (K)를 가지고 있는 N개의 표면으로 이루어진 위요경관 안에 위치해 있다.
2. 상응하는 방사율은 $\varepsilon_1, \varepsilon_2, \ldots, \varepsilon_N$이다.
3. 교목과 표면들 사이의 각도 계수는 $F_{T-1}, F_{T-2}, \ldots, F_{T-N}$이다.
4. 어떤 표면이 등온이 아닌 것으로 나타나면, 이는 더 작은 등온 표면으로 세분된다.
5. 개별 표면은 방사율과 흡수율을 동일하게 하기 위해 회색이라고 가정한다.
6. 모든 표면으로부터 방사되고 반사된 복사는 램버트의 코사인 법칙(Lambert's cosine law)에 따라 산란되어 분포한다.

비금속 표면에서 방사되고 반사된 복사는 방향이 분명하지 않기 때문에, 이들의 합인 라디오시티(radiosity) B만 분석해도 충분하며, 이는 다음과 같이 정의된다.

$$B = \varepsilon\sigma T^4 + \rho H \tag{3.14}$$

여기서 H = 단위 시간과 단위 면적당 표면에서 받는 입사복사 에너지

ρ = 반사율(反射率, reflectance)로, 회색 물체의 반사율은 $1 - \varepsilon$와 같다.

ε = 해당 표면의 방사율

σ = 스테판-볼츠만 상수

T = 해당 표면의 절대 온도

라디오시티는 복사 에너지가 표면을 떠나는 속도다: 등식 (3.14)에서 오른쪽의 첫 항은 해당 표면이 방사한 복사이고, 둘째 항은 반사된 복사이다.

가정 1에서 6까지와 라디오시티 개념에서 다뤄진 것을 모두 고려하면, 다음과 같은 등식이 유도될 수 있다:

$$\varepsilon\sigma T^4_{mrt} - T^4_T = \varepsilon_t[B_1\ F_{T-1} + B_2F_{T-2} \ldots + B_NF_{T-N}] - \varepsilon_T\sigma T^4{}_T \tag{3.15}$$

여기서 ε_T는 교목 수관의 방사율이고, T_T는 교목 수관의 외곽 온도이다. Franger가 지적한 것처럼, T_T가 T_{mrt}에 영향을 미치지 못하므로,

$$T^4{}_{mrt} = \frac{1}{\sigma}(B_1F_{T-1} + B_2F_{T-2} + \ldots + B_nF_{T-N}) \tag{3.16}$$

위요경관 안에 있는 모든 표면에 대한 라디오시티는 개별 표면에 대한 방사와 온도를 알고 있으면 계산할 수 있다. 대부분의 건축 자재는 반사되는 에너지를 압도하는 높은 방사율을 가지고 있어서, 반사되는 에너지는 계산에서 배제할 수 있다. 따라서 등식 (3.16)은 다음과 같이 단순화시킬 수 있다.

$$T^4_{mrt} = T^4_1F_{T-1} + T^4_2F_{T-2} + \ldots + T^4_NF_{T-N} \tag{3.17}$$

만약 둘러싸는 표면 사이에 온도 차이가 상대적으로 작다면, 등식 (3.17)은 다음과 같이 선형으로 만들 수 있을 것이다.

$$T_{mrt} = T_1F_{T-1} + T_2F_{T-2} + \ldots + T_NF_{T-N} \tag{3.18}$$

등식 (3.18)은 흐린 날이나 에워싸고 있는 벽이 완전히 그늘진 경우에 사용하는데 비해, 등식 (3.17)은 맑은 날이나 벽의 표면 온도에 큰 차이가 있을 때 사용해야 한다.

일사 온도가 높기 때문에, 주변과의 복사 교환은 주변의 온도에 다소 독립적이다. 그러나 일사를 받지 않는 교목의 평균 복사 온도는 반드시 결정되어야 한다. 다행히 우리는 T_{umrt}가 대기온도와 동일하다고 가정할 수 있다. 분명 교목과 이를 에워싸고 있는 물체는

태양의 단파 복사에 의해 영향을 받기 때문에 이는 총 열분석(熱分析, thermal analysis)에는 포함되어야 한다. 다음으로 복사를 받는 교목의 평균 복사 온도를 산출하기 위해 등식 (3.19)을 사용한다.

$$\varepsilon_T \sigma A_{\text{eff}}(T_T^4 - T_{mrt}^4) = \varepsilon_T \sigma A_{\text{eff}}(T_T^4 - T_{umrt}^4) - A_T \alpha_{ir} q_{ir} \tag{3.19}$$

여기서 A_{eff} = 교목 수관의 효과적인 복사 면적(輻射面積, radiation area)

a_{ir} = 교목 수관의 흡수율

q_{ir} = 태양의 일사량 유동밀도(放射照度流動密度, irradiance flux density), kcal/m^2/hr

A_T = 태양에 대해 수직인 평면에 투영되는 교목 수관의 면적, m^2

투영 면적 계수. 교목 수관의 효과적인 복사 면적 A_{eff}는 교목 수관을 수평으로 보는 총 면적이다(**그림 3.9**의 a). 조사되는 교목의 면적 AT는 해당 시간의 태양각의 면적이다(**그림 3.9**의 b). 분명히 후자는 태양각이 변하기 때문에 계절에 따라 그리고 나날이 변할 것이다.

비율 $f_T = A_T/A_{\text{eff}}$는 태양각이 수관의 조사표면(照射表面, irradiated surface) 대 총 복사 면적에 미치는 영향을 나타낸다. 태양 고도 각이 작은 대략 0~45°에서는, f_T가 거의 1이 되고, 태양의 높이가 더 높아지면 f_T는 감소한다.

총 복사 면적을 계산할 때에는 교목 수관의 형태도 고려해야 한다. **그림 3.10**은 몇 가지 흔한 수관형을 보여준다. 태양각이 바로 위에 있으면, 총 수관 복사 면은 대부분의 경우 원형이다. 구(球)형의 수관은 모든 태양 높이에 대해 구형의 조사 표면을 가질 것이다. 타원형과 포물선형은 낮은 태양 높이에서 유지되고 높이가 위로 높아짐에 따라 구형과 유사하게 축소되고 변형될 것이다. 변형은 태양각이 수관 표면의 역 경사와 동일할 때 일어난다. 원추형 수관에서는, 조사되는 형태가 낮은 태양 높이에 대해서는 삼각형이다. 이렇게 되면 태

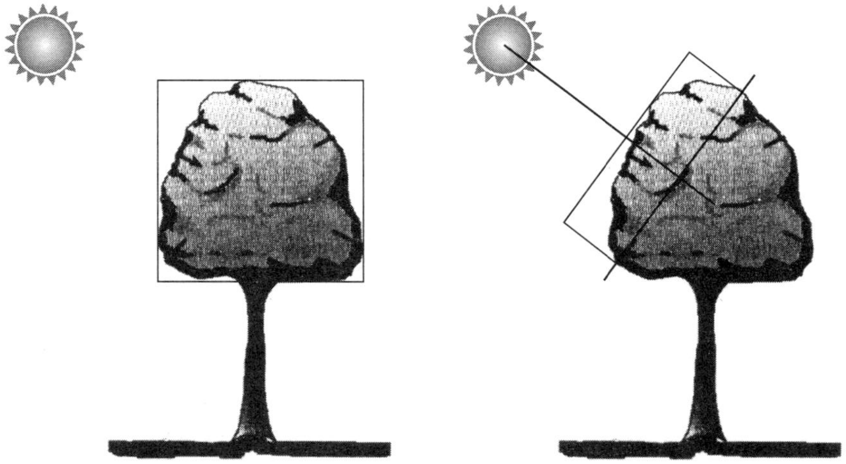

그림 3.9 교목 수관의 효과적인 복사 면적(a)과 조사되는 면적(b).

그림 3.10 몇 가지 교목 수관형. (a) 구형, (b) 타원형. (c) 원추형, (d) 역삼각형, (e) 포물선형.

양의 높이가 증가함에 따라 조사되는 삼각형 면적이 더 작아지고 원형으로 변형된다. 역 원추형과 역 삼각형의 복사면적은 역 원추형과 역 삼각형이다. 태양이 위에 있으면 그 면적은 다른 경우와 마찬가지로 원형이 된다. 이러한 형태에 대한 면적 공식은 **표 3.5**에 나열되어 있다.

각도 계수. 에워싸고 있는 표면은 일반적으로 직사각형으로, 복사교환의 각도 계수(角度係數, angle factor)는 교목과 수직적/수평적 직사각형 사이이다. 여기서 후자는 하늘과 지표면이 될 것이다. 알려진 위치에 있는 교목에 대한 적절한 직사각형은 **그림 3.11**에서 보여준다. 교목과 전체 표면사이의 각도 계수는 다음과 같다.

$$F_{T-A} = \frac{1}{2\pi^2} \int_{x/y=0}^{x/y=a/c} \int_{z/y=0}^{z/y=b/c} \int_{\alpha=0}^{\alpha=2\pi} \frac{f_p}{\left[1 + \left(\frac{x}{y}\right)^2 + \left(\frac{z}{y}\right)^2\right]^{3/2}} d\left(\frac{x}{y}\right) d\left(\frac{z}{y}\right) da \qquad (3.20)$$

F_{T-A}는 교목이 수직축(垂直軸, vertical axis)을 따라 회전하면, 교목과 직사각형 사이의 각도 계수의 평균값을 나타낸다(Fanger, 1970). 등식 (3.20)은 a/c와 b/c 비율의 배열을 위해

표 3.5 다양한 교목 수관형의 면적 결정 공식

수관형	면적 공식
구형	$A = \pi r^2$
타원형	$A = \pi ab$
원추형(삼각형)	$A = \frac{bh}{2}$
역삼각형	$A = \frac{h(a + 2b)}{4}$
포물선형	$A = \frac{4}{3}ab$ 또는 $\frac{4ab}{3}$

두 도표로 축소되었다(**그림 3.12**). 그림 3.11에 대한 각도 계수의 계산은 **표 3.6**에서 확인할 수 있다.

입사복사. 입사 장파 복사 H_i는 방사된 복사와 다른 표면으로부터 반사된 복사로 구성되어 있기 때문에, 라디오시티를 다시 활용할 수 있다. 따라서

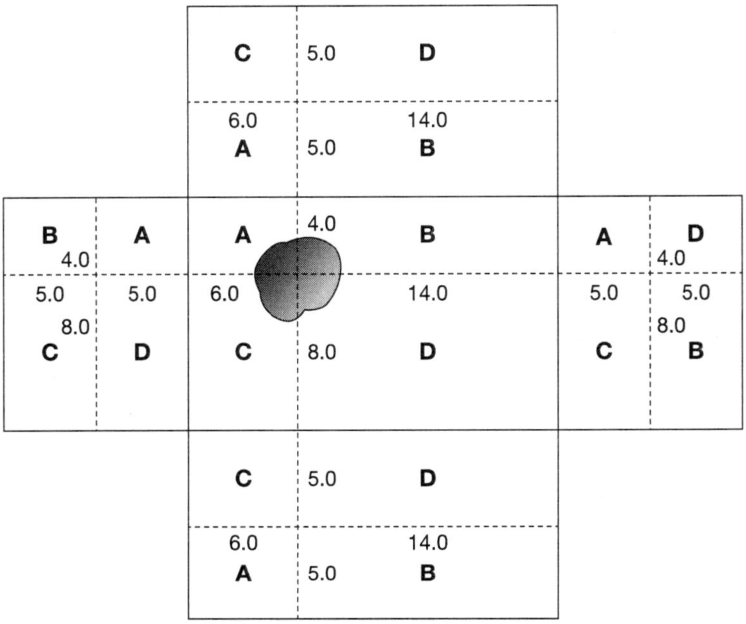

그림 3.11 위요경관 내 알려진 위치의 교목에 대한 각도 계수 도해.

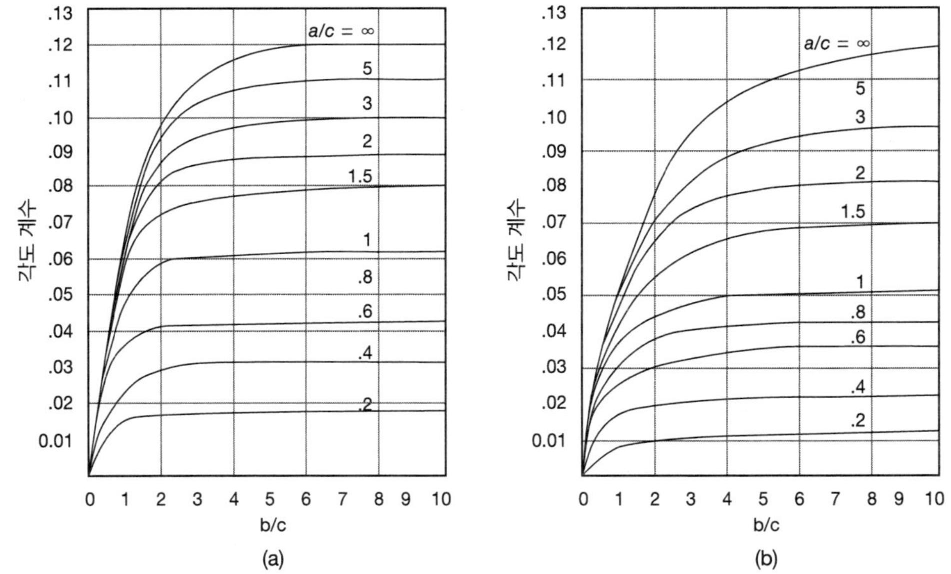

그림 3.12 교목과 수직 직사각형(a) 그리고 수평 직사각형(b) 사이 각도 계수의 평균값 그래프. (Fanger, 1970을 재구성.)

표 3.6 그림 3.10에 대한 각도 계수 계산

북쪽 벽	$F_{T-ABCD} + F_{T-A} + F_{T-B} + F_{T-C} + F_{T-D}$		
	F_{T-A}	$(b/c,\ a/c) =$	(1.25, 1.50): 0.063
	F_{T-B}		(1.25, 3.50): 0.081
	F_{T-C}		(1.25, 1.50): 0.063
	F_{T-D}		(1.25, 3.50): 0.081
			0.288
동쪽 벽	$F_{T-ABCD} + F_{T-A} + F_{T-B} + F_{T-C} + F_{T-D}$		
	F_{T-A}	$(b/c,\ a/c) =$	(0.36, 0.29): 0.006
	F_{T-B}		(0.36, 0.57): 0.011
	F_{T-C}		(0.36, 0.57): 0.011
	F_{T-D}		(0.36, 0.29): 0.006
			0.034
남쪽 벽	$F_{T-ABCD} + F_{T-A} + F_{T-B} + F_{T-C} + F_{T-D}$		
	F_{T-A}	$(b/c,\ a/c) =$	(0.63, 0.75): 0.034
	F_{T-B}		(0.63, 1.75): 0.048
	F_{T-C}		(0.63, 0.75): 0.034
	F_{T-D}		(0.63, 1.75): 0.048
			0.164
서쪽 벽	$F_{T-ABCD} + F_{T-A} + F_{T-B} + F_{T-C} + F_{T-D}$		
	F_{T-A}	$(b/c,\ a/c) =$	(0.83, 0.67): 0.034
	F_{T-B}		(0.83, 0.67): 0.034
	F_{T-C}		(0.83, 1.33): 0.048
	F_{T-D}		(0.83, 1.33): 0.048
			0.164
지면	$F_{T-ABCD} + F_{T-A} + F_{T-B} + F_{T-C} + F_{T-D}$		
	F_{T-A}	$(b/c,\ a/c) =$	(0.80, 1.2): 0.027
	F_{T-B}		(0.80, 2.8): 0.040
	F_{T-C}		(1.2, 1.6): 0.044
	F_{T-D}		(1.6, 2.8): 0.062
			0.173
하늘	$F = \sin^2[(\arctan d/2h)] = \sin^2\left(\arctan \frac{16\text{m}}{2 \times 10\text{m}}\right) = 0.390$		

$$B_i = \varepsilon\sigma T_i^4 + \rho_i H_i \tag{3.21}$$

여기서 ρ_i는 표면 A_i의 반사율이다. 만약 둘레에 다른 표면 A_j가 있다면, 모든 표면으로부터 A_j에 도달하는 기여는 다음과 같이 합으로 표시된다.

$$H_i = \sum_{j=1}^{N} B_j F_{A_i-A_j} \tag{3.22}$$

그리고 등식 (3.21)은 다음과 같이 된다.

$$B_i = \varepsilon_i\sigma T_i^4 + (1 - \varepsilon_i)\sum_{j=1}^{N} B_j F_{A_i-A_j} \tag{3.23}$$

등식 (3.23)은 위요경관 내에 있는 N 개의 표면의 각각에 대해 표시되어야 하기 때문에 일련의 등식이 만들어진다. A_i의 경우, 총 복사열 교환이 아래 공식에 의해 결정되어 둘레 표면에 대한 공식의 두 번째 열로 이어진다.

$$q_i = \frac{\varepsilon_i}{1 - \varepsilon_i}(\sigma T_i^4 - B_i) \tag{3.24}$$

방사율이 높기 때문에 반사는 일반적으로 무시될 수 있다. 이를 제외하고 등식을 선형화하면 이 시리즈의 기본 등식은 다음과 같이 된다.

$$q_i = \varepsilon_i \sigma \sum_{j=1}^{N} \theta_{ij}(T_i - T_j)F_{A_i-A_j} \tag{3.25}$$

여기서

$$\theta_{ij} = \frac{T_i^4 - T_j^4}{T_i - T_j} \tag{3.26}$$

만약 흐린 날이나 완전히 그늘진 것처럼 표면 간의 기온 차이가 매우 작으면, θ_{ij}는 하나의 고정된 값으로 설정될 수 있다. 그러나 만약 그 차이가 크면 θ_{ij}는 개별적으로 계산되어야 한다. **표 3.7**이 일부 θ_{ij}의 값을 제공하고 있다.

라디오시티는 단파 복사에도 쓰일 수 있다. 단파 라디오시티 B^*에 대한 등식은 다음과 같이 쓰고, 에워싸고 있는 표면에 대한 일련의 등식을 만들어 낸다.

$$B_i^* = (1 - a_i^*)\sum_{j=1}^{N} B_j F_{A_i-A_j} \tag{3.27}$$

만약 표면 중 한 개 이상이 "방사자(emitter)"라면, 이 열의 적절한 등식은 추가 항에 의해 확장될 것이다. 등식 (3.27)이 속한 시리즈로부터 라디오시티를 확정한 다음, 각 표면에 흡수된 단파 복사는 다음 등식으로 계산한다.

$$q_i^* = a_j^* \sum_{j=1}^{N} B_j^* F_{A_i-A_j} \tag{3.28}$$

표 3.7 θ_{ij}**에 대한 일부 값**

	t_i (°C)					
t_j (°C)	0	10	20	30	50	100
0	0.81	0.86	0.91	0.96	1.07	1.38
10	0.86	0.91	0.96	1.01	1.12	1.44
20	0.91	0.96	1.00	1.06	1.17	1.50
30	0.96	1.01	1.06	1.11	1.23	1.56
50	1.07	1.12	1.117	1.23	1.35	1.70
100	1.38	1.44	1.50	1.56	1.70	2.08

출처: Fanger, 1970.

이제 단파 복사와 장파 복사를 각 표면에 대해 다음과 같이 통합할 수 있고, 이는 또 다른 일련의 등식을 만든다.

$$q_{ri} = q_i + q^*_i \tag{3.29}$$

이제 대류열전달(對流熱傳達, convective heat transfer)을 고려해야 한다. 단위 시간당 단위 면적당 표면으로부터의 대류열손실(對流熱損失, convective heat loss)은 다음 식과 같다.

$$q_{ci} = h_{ci}(t_i - t_a) \tag{3.30}$$

여기서 h_{ci}는 대류열전달계수이고, t_a 대기 온도이다. 공기 속도가 낮고 자유대류(自由對流, free convection)가 발생하면, 대류열전달계수는 다음과 같은 일반적인 공식으로 계산할 수 있다.

$$\mathrm{Nu} = c(\mathrm{Gr} \times \mathrm{Pr})^n \tag{3.31}$$

여기서 Nu는 넛셀수(-數, Nusselt number), Gr은 그라스호프수(-數, Grashof number), Pr은 프란틀수(-數, Prantl number)이고, c와 n은 상수이다. 이들 상수는 외적 조건을 위해 반드시 도출되어야 한다. 무층류(無層流, laminar-free) 대류의 경우, $c = 0.54$이고, $n = 1/4$이다. 천이상태(遷移狀態, transient condition)가 우세할 때에는 다른 접근이 필요하다.

표면에서 열전달은 표면에 대한 전도(傳導, conduction)에 의해서도 발생한다. 여기서 다루는 상황에서 장파 복사는 벽 내의 전도에 의해서라기보다는 표면에 도달하는 외부 복사에 의해 유발되는 주간의 표면 온도에 의한 결과에 가깝다. 주간의 열은 대기 온도가 표면 온도보다 높을 때 표면에서 떨어져서 전도된다. 야간의 표면 온도는 주로 대기 온도가 표면 온도보다 낮을 때, 표면을 통한 열전도에 의해 결정된다. 이는 낮 동안 저장된 열의 양에 의한 것이며 벽 자재의 열용량(熱容量, heat capacity)과 부피와 관련이 있다. 여기서는 대부분의 경우, 스테판-볼츠만(Stefan-Boltzmann) 등식인 등식 (3.12)가 적용된다.

스카이뷰 팩터(skyview factor). 어떤 물체가 받는 복사와 물체에 의해 위의 반구 전체에 방사된 복사의 비율이 뷰 팩터(view factor) F이다(**그림 3.13**). 물체는 복사를 부분적으로

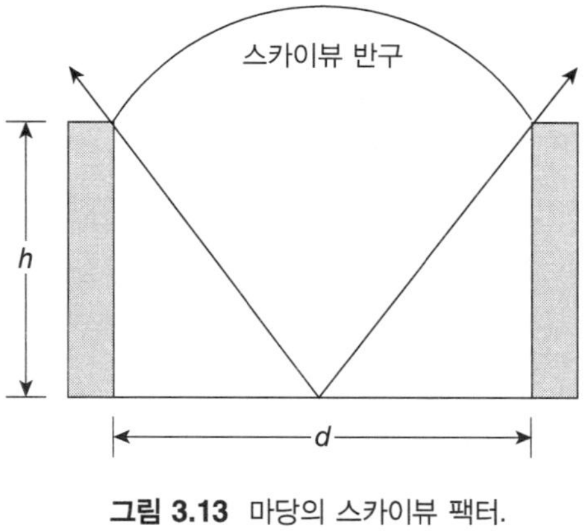

그림 3.13 마당의 스카이뷰 팩터.

하늘로부터, 그리고 부분적으로 건물 외벽과 같이 이를 에워싸고 있는 물체로부터 받는다. 두 공급원 사이의 비율은 개구부의 직경 d와 에워싸고 있는 물체나 벽의 높이 h와 관련이 있다. 수목이 열린 하늘로부터 받는 복사의 비율은 다음 식으로 나타낼 수 있다.

$$F = \sin^2[\arctan(d/2h)] \tag{3.32}$$

F의 역수는 벽이나 에워싸고 있는 물체의 뷰 팩터이다. 만약 유효 대기 온도와 벽 온도를 알고 있다면, 교목에 들어오는 복사는 앞서 주어진 바와 같이 스테판-볼츠만 법칙에 의해 계산될 수 있다. 이 계수는 개구에 있는 모든 물체의 장파 복사 분석에 적용된다. 뷰 팩터는 뜰 전반에 걸쳐 일정하고 위치에 따라 달라지지 않는데, 이는 주된 물체와 이의 이웃 사이 위쪽 하늘의 모든 수직적인 각도는 여각(餘角, complementary)이고 전체 합이 동일하기 때문이다. 불완전한 임관(林冠, forest canopy)에 독립적으로 서 있는 교목인 경우, Waggoner & Reifsynder(1961)에 의해 설명된다.

복사 에너지 수지(방사수지). 주어진 위치에서의 복사 에너지(輻射-, radiant energy)는 증강되거나 감가되어 복사 수지 또는 균형을 야기한다. 예를 들면, 교목은 균일한 온도를 가진 위요경관(건물 외벽이나 뜰 안에)에 의해 둘러싸여 있고, 해당 교목은 주변 물체와 열평형(熱平衡, thermal equilibrium) 상태에 있다. 교목은 스스로의 흡수율과 입사복사를 통해 열을 얻고, 스스로의 방사율과 온도에 의해 열을 잃는다. 만약 흡수율이 방사율보다 크거나 작으면, 해당 교목은 열의 증가나 손실을 보일 것이다. 흡수율과 방사율이 동일하기 때문에(열역학 제2법칙), 교목은 주변 환경과 균형 상태를 유지할 것이다. 따라서 주변의 열이 변하면 해당 교목의 열도 변하므로, 해당 교목의 열부하(熱負荷, heat loading)는 그 교목이 존재하는 환경의 열부하라고 결론지을 수 있다. 열부하는 총 복사와 대략 일치하며, 다음과 같이 나타낼 수 있다.

$$R_n = 2L_{oe} - a_s S_i(1 + a) - a_L(L_{iu} + L_{id}) \tag{3.33}$$

여기서 R_n은 단위가 kW/m^2인 순 복사, a_s는 단파 흡수율, S_i는 총 단파 복사, L_{oe}는 물체 각 측면의 장파 복사, L_{iu}는 물체 위쪽의 장파 복사, L_{id}는 아래면 장파 복사, a_L은 장파 흡수율, a는 물체 아래 표면의 알베도이다.

평균 복사 온도(平均輻射溫度, mean radiant temperature)를 개별 교목에 적용하기 위해서는 등식 (3.33)에 제시된 바와 같이 수관을 구성요소로 세분화할 필요가 있다. 교목의 수관은 빛을 받는 부분과 받지 않는 부분, 아래와 측면의 그늘진 부분 등으로 세분화되어 총 5~6부분으로 구분된다. 이를 반영한 등식은 몇 항이 추가된 등식 (3.33)과 비슷할 것이다.

요약하면, 직달일사는 지구 표면에 걸친 움직임과 대기 여건과 장애물에 의해 어떻게 영향을 받느냐에 따라 복잡하다. 산란일사는 뷰 팩터에 의해 감소되지 않는 한 전체 하늘로부터 비롯된다. 장파 일사는 물방울, 이산화탄소, 기타 기체에 따라 다르다. 지면으로부터의 단파 복사의 양은 물체의 알베도에 따라 다르다. 표면으로부터의 장파 복사는 개별 온도, 방사율, 입사되는 장파 복사에 대한 반사율에 영향을 받지만, 이는 결합되어 전체 에너지 수준을 결정한다.

수목의 수관에서 잎 사이에 개별적으로 그리고 집단적으로, 더불어 다양한 층 사이에서 일어나는 에너지 교환은 너무 복잡하여 이 장의 범위 내에서 고찰하는 것은 불가능하며, 이에 대해서는 Campbell(1977)이 자세히 설명한다. 그러나 이 수지에 관여하고 있는 다른 교환 표면은 덜 복잡하여 비교적 쉽게 평가될 수 있어서 이 다음에 다뤄진다.

3.3 도시 교목의 열 스트레스

개별 교목이나 교목 집단의 열 스트레스(熱-, heat stress)를 자세히 살펴보는 것은 특정한 부지에 대한 증발산(蒸發散, evapotranspiration) 평가에 대한 유효한 접근 방법일 것이다. 이러한 접근은 토양의 유형과 한 번 비가 온 후 다음 비가 올 때까지 식물을 유지하는 데 필요한 양에 대해 더욱 명확히 한다. 이는 도시 환경 하의 개별 교목의 실제 수분 이용을 확인하는 것에 현실적인 어려움이 있기 때문에, 간접적인 접근방식이 된다. 권고되는 첫 단계는 **그림 3.14**와 **3.15**에서 보여주는 것처럼 다양한 도시 열-스트레스 여건을 인식하는 것이다.

주변이 트인 하나의 교목(그림 3.14)은 일사와 수관 온도를 냉각시키는 공기의 흐름과 알베도가 낮은 잔디 표면으로부터 반사되는 열에 노출되어 있다. 공기 흐름(氣流, air flow)은 수관으로부터 수분을 빼앗아 대기의 증기압(蒸氣壓, vapor pressure)을 낮추고 증발산을 높임으로써 수관으로부터 수분을 뺏어간다. 도시 환경에서 이런 상황이 되면 비교적 시원하게 된다.

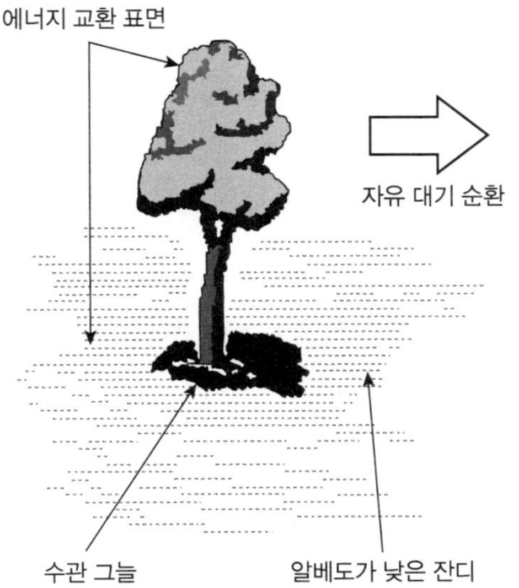

그림 3.14 잔디밭에 개방되어 자란 교목의 열 상황. (Craul, 1994.)

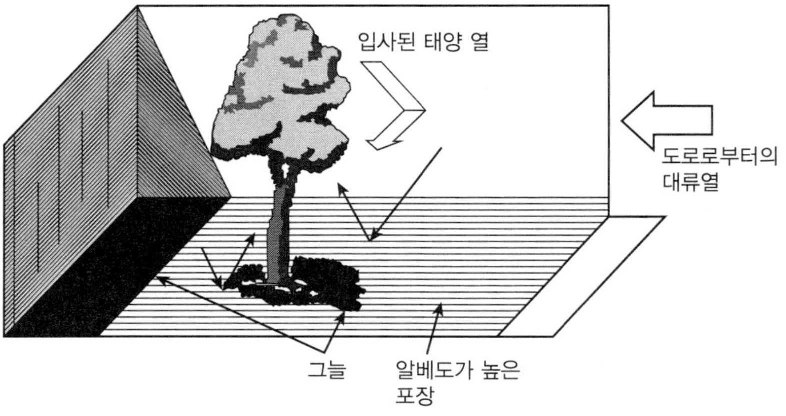

그림 3.15 에워싸여서 고립된 교목. (Craul, 1994.)

에워싸인 한 그루의 교목(그림 3.15)은 직달일사에 더하여 수관 아래 포장과 건물 외벽으로부터 반사된 복사에 노출되어 있다. 열은 도로로부터 난기류(亂氣流, turbulent air)에 의해 운반될 수 있는데, 도로는 위요경관보다 더 높은 여름 기온을 가지고 있을 가능성이 높다. 따라서 수관 온도는 맑은 여름날에 높다. 포장 아래 토양 온도도 여기서는 높은 수준에 달할 수 있다. 보통 수준의 바람에 의한 온도 하락은 극히 미미하다. Waggoner & Reifsnyder(1961)가 지적한 바와 같이, 태양 에너지는 교목 사이 개방된 토양(표면)을 데우는 데 사용된다. 상향의 장파 복사가 너무 높아서 순 복사는 폐쇄된 교목 임분의 복사보다 더 작을 수 있다. 그러나 잎이 햇빛이 비치는 표면으로부터 반사된 에너지를 차단함에 따라 개방된 교목에서 엽면적 단위당 증발산이 더 클 수 있다. 숲(**그림 3.16**)은 폐쇄된 임관을 가지고 있어서(그림에서 보여주듯이 폐쇄된 임관에서는 수관이 서로 접촉하거나 섞인다) 수관 아래 표면을 그늘지게 한다. 에너지 교환(경계 층)은 독립된 교목처럼 전체 수관 주변에서 일어나기보다는 위쪽 수관에서 일어난다. 따라서 수관의 온도는 내려간다. 만약 자연적인 환경이라면, 토양 표면의 낙엽이 멀칭 자재 역할을 하여 토양을 냉각시킨다. 수간이 위치한 공간은 임관의 위쪽보다 공기 흐름이 느리지만, 온도는 수관이 만드는 그늘에 의해 낮아져서 해당 숲에서 가장 서늘한 부분이 된다. 개별 교목에 대한 스트레스는 각각의 상황에 따라 차이가 크기 때문에 지하 경관은 서로 다를 것이다. 각각의 상황에 대해 자세한 내용은 설명이 필요하다.

수목 스트레스 탐지

수목 스트레스는 다양한 방법에 의해 탐지될 수 있는데, 한 가지 간접적인 방법은 천연색 적외선사진(color infrared photography)을 이용하는 것이다. 이 이미지들에서 건강한 교목의 잎은 밝은 진홍색(magenta)처럼 보이며, 스트레스를 받고 있는 교목은 회색이고, 중간 정도의 스트레스를 받고 있는 교목은 부분적으로 회색이다(Estes, 1983). 안타깝게도 천연색 적외선 필름은 비싸고, 불안정하고(냉동 상태로 저장해야 한다), 빛에 매우 민감하고, 현

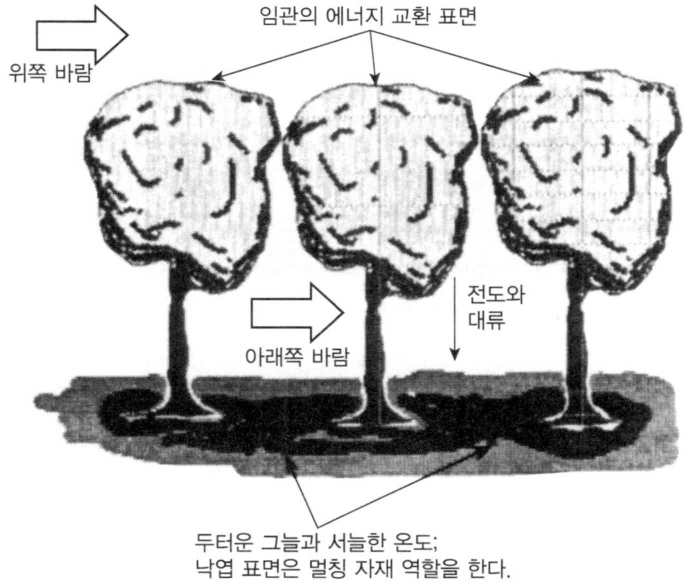

그림 3.16 교목 수풀. (Craul, 1994.)

상하는 데 매우 비싸다. 저자가 알기로는 70 또는 35mm 적외선 필름을 현상하는 실험실은 미국 전체를 통틀어 한 곳뿐이다.

수분 스트레스(水分-, moisture stress)는 목부의 수액 압력 측정값으로부터 확인할 수 있다(Bassuk & Whitlow, 1985; Waring & Cleary, 1967). 교목 내에서 뿌리부터 잎까지의 물기둥(水柱, water column)은 대부분의 시간 동안 장력(張力, tension) 하에 있다(음의 수분 포텐셜, *Y*). 잎의 장력은 일반적으로 새벽이나 토양이 증산 요구를 충족하기에 충분한 속도로 적정한 수분을 공급하거나 기공이 닫히면 토양 장력과 균형 상태(그러나 규모에서는 여전히 더 크다)에 있다(Hillel, 1980). 가장 큰 장력은 잎이나 침엽에서 탐지된다. 토양 습도와 잎의 증산 스트레스가 다르기 때문에 물기둥 전체를 통해 장력의 변이가 나타난다. 현장 측정을 위해서는 특수한 장비와 부착된 잎을 여러 번 관찰해야 하기 때문에, 보통의 도시 설계 상황 하에서는 일반적으로 현실적이지 못하다.

이를 포함하여 다른 여러 이유 때문에, 대부분의 경우 기술의 내재적인 한계에도 불구하고 잠재증발산량(潛在蒸發散量, potential evapotranspiration)을 추정하는 것이 선호된다.

3.4 증발산

증발산(蒸發散/ET, evapotranspiration)은 토양 표면으로부터의 증발(蒸發, evaporation)과 식물 잎으로부터의 수증기 증산(蒸散, transpiration)에 의한 수분 손실로 정의된다. 증산되는 물의 원천도 토양이기 때문에 두 손실을 개별적으로 측정하는 것은 어렵다. 오히려 복사, 대기 온도, 습도와 바람을 포함하여 증발산에 영향을 미치는 기후 요소들은 더 쉽게 측정된다. 따라서 이들 관계를 나타내는 등식을 사용해야 한다.

증발산의 정확한 추정은 어렵고 항상 문제가 따른다(Federer, 1970). 그러나 생육기의 중요한 시기에 대해 상당히 정확한 기후 요소 자료를 가지고 주의 깊게 측정하거나 계산하면 대략적인 추정이 가능하다.

잠재 증발산량(ET_o)

잠재 증발산량(潛在蒸發散量, potential evapotranspiration)의 국제표준이 유엔 식량농업기구(FAO, Food and Agricultural Organization)에 의해 채택되었다. 이는 용기에 담긴 토양에 지속적으로 관수가 되는 12cm(약 5인치)로 깎은 페스큐(fescue, 잔디의 일종)로부터의 수분 손실량이다. 페스큐가 선정된 것은 이것이 교목이나 관목보다 광범위한 농작물을 대표하기 때문이다.

바람은 개방된 잔디에 비해 교목의 ET에 덜 중요하다. 이 차이는 두 경계층과 관련이 있다. 잔디 위 경계층은 보다 연속적이고 단순한 현상을 보이는 데 비해 교목 수관 주위나 위의 경계층은 더 복잡하고 변이가 심하다. 지표면 증발은 교목에게는 적용되지 않는다. 기공 제어(氣孔制御, stomatal control)가 교목과 관목에서는 더 중요한데, 기공은 습도가 낮거나 수관의 온도가 높으면 닫힐 것이다. 기공 활동(민감성)은 대부분의 경우 높은 증발산 수준에서 교목의 수분 손실을 완화시킬 것이다. 교목 증발산량은 높은 증발산 수준에서 변이가 크다.

잠재 증발산량을 계산하는 방법은 세 가지가 있다. 이는 수분보전(水分保全, water conservation) 등식, 유동(流動, flux) 등식, 열수지(熱收支, heat budget) 등식이다. 이들 중에서 우리에게 가장 유용한 것은 마지막 등식으로, 다음과 같다.

$$\lambda E_p = \frac{s}{s + \gamma}(R_n + G) + \frac{\gamma}{s + \gamma} f(u)(\rho'_{va} - \rho_{va}) \tag{3.34}$$

여기서 λ = 증발의 잠열

E_p = 잠재 증발산

γ = 열역학적 건습구습도계(乾濕球濕度計, psychrometer) 상수($\rho c_p/_\lambda$)

s = 포화-증기-밀도 곡선의 기울기

R_n = 순 방사조도(放射照度, radiant flux density)

G = 열 저장률(熱貯藏率, heat storage rate), 측정치 또는 추정치

$f(u)$ = λ/r_H로 펜만 등식(Penman equation)의 실증적인 바람 함수, 여기서 r_H는 합리적 열 수송(熱輸送, heat transport) 저항성

ρ'_{va} = 포화-물-수증기 밀도, 공기

ρ_{va} = 물-수증기 밀도, 공기

온도의 함수인 s, $s/(s + \gamma)$, $\lambda/(s + \gamma)$는 도표 자료에서 얻을 수 있고, 필요한 매개변수는 R_n, G, $f(u)$, ρ_{va}이다. G의 일평균은 0으로 가정할 수 있고, 작물의 경우 낮 시간 값은

$0.1R_n$으로 가정할 수 있다. 만약 $f(u)$의 일평균이 지표면 2m 위에서 초당 미터(m/s)이면, $f(u) = 5.3(1 + u)$이다.

실 증발산량(ET_a)

잠재 속도에 따른 지속적인 증발은 오직 개방된 수역(open-water)의 표면에서만 일어날 것이다. 지표면과 식물에서 수분 손실의 제약은 일부 시간을 제외하고 잠재적인 수준이 발생하지 못하도록 한다. 제약을 받는 증발산 수준을 실제 또는 비잠재 증발산량이라고 부른다. 많은 표면의 물수지(-收支, water budget)에서 잠재 증발산량 추정치보다 실증발산량(實蒸發散量, actual evapotranspiration)이 더 중요하다.

식물의 기공이 과도한 스트레스 하에서 닫힐 수 있기 때문에 실증발산량은 잠재 증발산량보다 적다. 이러한 생리적인 반작용은 식물을 심각한 건조로부터 보호하고 식물체 내 수분 균형을 유지하기 위한 노력이다. 토양 수분의 심각한 저하, 낮은 습도로 인한 높은 증발 요구, 강한 일사, 강한 바람 등은 기공의 폐쇄를 유발할 것이다. Campbell(1977)은 실증발산량을 추정하는 최선의 접근방식은 수분 손실 속도보다 수분 공급 속도를 고려하는 것이라고 주장한다. 토양 건조와 식물에 의한 수분 추출의 성공적인 컴퓨터 시뮬레이션이 가능하게 되었다. 잠재 증발산량의 일부로 실증발산량을 표현하기 위한 다른 시도도 이루어졌지만, 이는 토양이나 토양/식물 시스템이 수분 손실을 제어하면 기대치에 미치지 못한다. 이는 도시 상황에서 흔한 경우이다. 성공적인 모의실험은 지표면을 피복하고 있는 작물과 불투수성 표면에 의해 덮인 토양으로 고립되지 않은 식물에 적용되어 왔다. 후자의 경우, 여기에서 다루는 바와 같이, 잠재 증발산량을 추정하기에 보다 적절하여 식재 설계에 적용할 수 있다. 물론 이는 보수적인 접근이다.

기후 자료로부터의 증발산량 추정

잠재 증발산량은 미국 국립해양대기청(NOAA, National Oceanic and Atmospheric Administration)이 수집하고 집계해놓은 평균 기상자료를 이용하여 추정할 수 있다. 대부분의 관측소는 일일과 월 기온의 평균과 극한값, 이슬점(dew point), 상대 습도, 풍향과 풍속, 강수량, 구름량, 평균 기압(氣壓, barometric pressure), 평균 증기압차(蒸氣壓差, vapor pressure deficit) 등의 자료를 발표한다. 일부 1급 관측소는 일조시간(日照時間, sunshine duration), 평균 직달일사, 순 복사, A형 용기 잠재 증발산량 등을 발표한다. 가장 좋은 종합적인 측정치는 대학교와 연구소에서 측정한 값이다. 그러나 수집된 자료가 항상 대중에게 제공되거나 편리한 형태로 주어지는 것은 아니다.

비록 많은 자료를 구할 수 있다고 하더라도, 이 방법을 활용하는 데는 두 가지 심각한 제한이 따른다. 하나는 추출한 평균값들이 방대한 양의 자료를 처리하여 얻어졌으나 특정 지역에 대해 정확한 생물물리적 상황을 반영하지 못할 수도 있다는 것이다. 두 번째 이유이자 보다 중요한 이유로는, 보고하는 관측소와 특징을 파악하고자 하는 부지가 서로 멀리 떨어져 있어서 관측 지점과 기상학적으로 크게 다를 수 있다는 것이다.

최선의 접근은 이 장의 앞부분에서 제안한 바와 같이 연중 며칠 간격으로 해당 부지에 대한 기후 요소를 측정하는 것이다.

3.5 음/양 관계

햇빛과 그늘 관계에 영향을 주는 벽면이 있는 부지의 복사 수준을 확인하기 위해서는, 생육기와 이외 기간의 계절적 변이에 대한 해당 부지의 일일 태양각(太陽角, sun angle)을 계산하거나 측정할 필요가 있다(**그림 3.17**).

양지와 음지. 조경계획에는 교목과 벽 구조물 등 특정 물체가 사용된다. 프로그램은 이 물체의 경도-위도 좌표와 날짜를 확인한 다음, 해당 일자의 태양각을 구하여 해가 비치는 동안의 햇빛-그늘 관계를 나타낼 것이다. 구름이 낀 정도와 산란복사는 고려되지 않는다.

태양각은 시간의 변화에 따른 양지와 음지의 면적대비를 도해화하기 위해 필요하다. 해당 정보는 식물 식재지가 받는 복사량을 계산하기 위해 필요하다. 음/양지의 면적, 위치, 지속 시간은 하루 중 시간뿐만 아니라 계절에 따라 달라진다(**그림 3.18**, **3.19**). 음/양 분석을

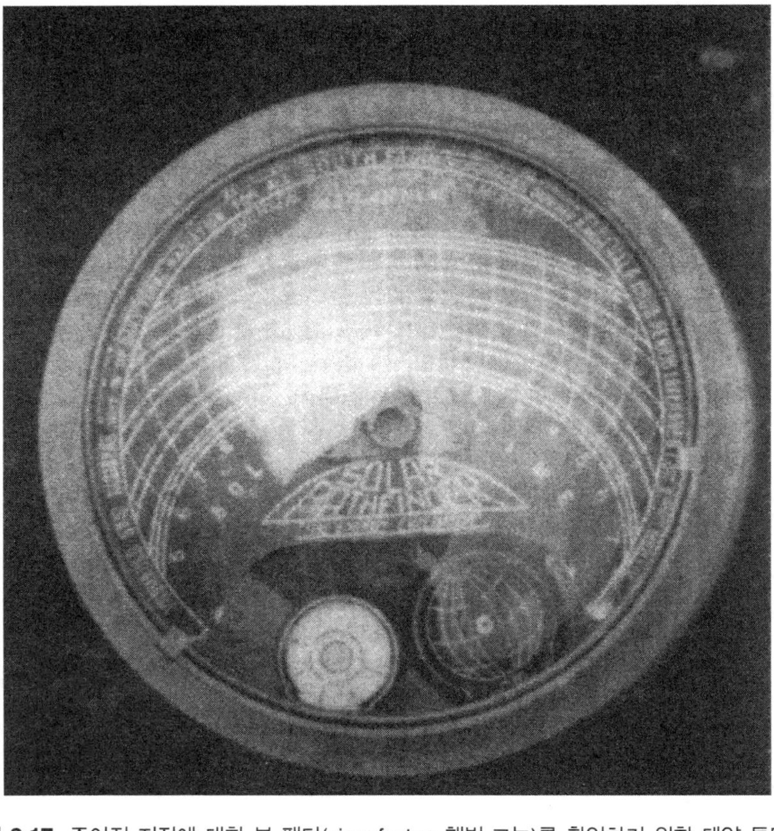

그림 3.17 주어진 지점에 대한 뷰 팩터(view factor; 햇빛-그늘)를 확인하기 위한 태양 투명도.

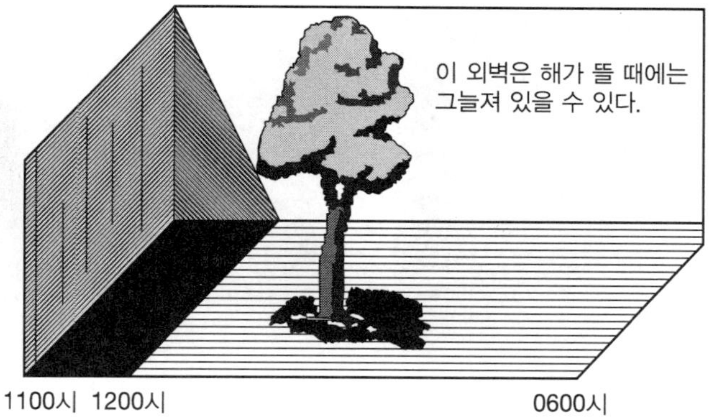

그림 3.18 오전 6시부터 정오까지 단순화시킨 누적된 일사.

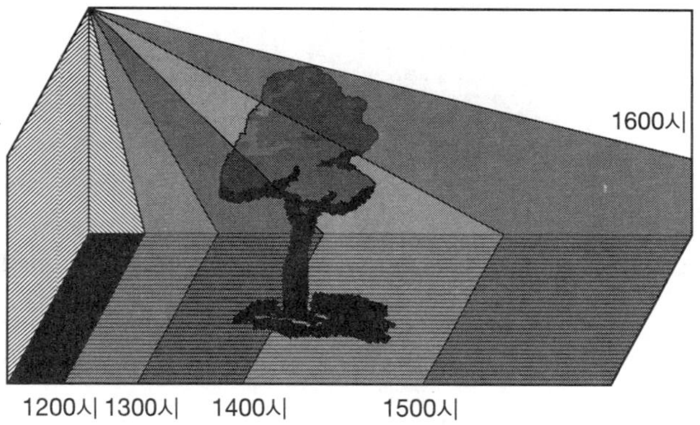

그림 3.19 정오부터 오후 4시까지 단순화시킨 누적된 오후 그늘.

위해서는 방대한 양의 계산을 해야 하기기 때문에 과거에는 일반적으로 중요한 며칠만을 선택했다. 그러나 이제 필요하다면 컴퓨터가 한 해의 모든 날에 대해 시간별 분석도 가능하게 한다.

3.6 부지의 잠재 증발산량 계산

컴퓨터 기반 부지 모델을 만들어라

첫 단계는 컴퓨터에 해당 사업 부지의 축소 모형(縮小模型, scale model)을 만드는 것이다. 모델은 구조물의 배치와 함께 구조물들의 크기와 높이를 보여주어야 한다. 더불어 모델의 방위상의 방향을 올바르게 보여주는 것 또한 중요하다(**그림 3.20**). 제안된 식생(식재 계획과 이의 식물 군집)은 해당 부지에 정확하게 위치시켜 비율에 맞게 그려야 한다.

구조물의 외벽(facades/objects)과 지면을 덮고 있는 물질에 대해서도 표기해야 하며, 후자의 경우 포장되었는지, 나지인지, 식생(유형: 잔디, 목본의 지피, 멀칭 자재 등)으로 피복되어 있는지를 구분해야 한다. 다양한 표면 자재에 대한 알베도는 이때 정해져야 한다.

(a)

(b)

(c)

그림 3.20 약 북위 42° 춘분 날 10시에 위치한 그늘진 마당: (a) 3-D 광경, (b) 평면도, (c) 동쪽 관점.

계산 과정

시간별 태양각과 만들어지는 양지/음지 면적을 계산하라. 계산을 위해서는 부지 위치에 대한 위도와 경도와 1에서 365 사이의 숫자로 표현된 한 해에서 그날의 날짜가 필요하다. 이러한 자료가 입력되면 프로그램은 일조시간 동안에 시간별로 자료를 처리하여 각 시간에 대한 음/양 이미지를 확보하고, 나중에 나머지 자료와 합성하여 일일 자료 모음을 만들 수 있도록 보관할 것이다. 이미지는 나중에 사용하기 위해 음지-양지 사이의 경계 변화 진행을 확인할 수 있을 정도로 반투명해야 한다. 시간별로 차이가 나는 지역은 저장되어 추후 해당 시간의 복사량을 계산하기 위해 사용된다. 양지/음지 구분은 수직 표면에도 마찬가지로 적용되기 때문에 평면 위에 3차원적 구성이 필요하다. 만약 복사가 추가적인 날에도 필요하다면 프로그램을 해당 일수만큼 구동할 필요가 있다.

음지/양지에 대한 태양열 가열 확인. 모든 표면을 포함하여 양지에 대한 태양열 가온은 직달일사 계산으로부터 얻는다. 계산은 하루 동안 햇빛의 경과에 따른 시간별 태양 영역(領域, segment)에 대해 이루어진다. 따라서 다양한 수준의 가열 및 냉각 능력을 가진 일련의 햇빛 조각들이 생긴다(그림 3.19). 조각은 각각 상이한 물질(다른 알베도)로 구성된 흡수 표면과 서로 다른 지상각(地上角, ground angle)을 가지고 있을 수 있다. 계산은 시간별로 개별 표면적과 누적되는 열부하에 대해 이루어져야 한다. 그늘이 생긴 기간 동안에 그늘진 표면으로 인한 열 손실 또한 계산된다.

하루 종일 그늘진 상태에 있는 지역은 산란 복사와 대류에 의해 가열되는 것으로 취급해야 한다. 그늘진 건물 외벽을 통한 열전도가 해당 프로젝트의 식생 환경에 상당한 양의 열을 제공할 가능성은 낮다.

계산 방법은 다음과 같다:

A. 수직 직달 단파 일사:

$$S_p = a^m S_{po}$$

여기서, $S_{po} = 1.36$ kW/m^{2}이다. 이 공식에 대한 자료 입력은, a값은 전형적으로 맑은 날은 0.84, 매우 맑은 날은 0.90, 스모그가 많은 날은 0.60이고; m값은 1°는 57.30, 5°는 11.4, 10°는 5.76이고, 각도가 10°를 초과하면 의미가 없어서 무시될 수도 있다.

B. 직접 입사 단파 복사:

(1) 수평면:

$$S_b = S_p \sin \phi$$

여기서 태양각인 $\phi = h$로 태양각에서 계산되고 수평면에 적용된다.

(2) 수직 또는 비수평면: 두 각도가 관련되기 때문에 보다 복잡한 등식이 적용되어야 한다. 이들 두 각도는 **그림 3.21**에서 보여주는 바와 같이, 태양각 ϕ와, 태양의 방위각과 물체 표면의 방위각 간의 차이 각도인 φ이다.

$$S_b = S_p \sin \phi \sin \varphi$$

모든 표면의 분석은 매우 복잡한 계산 배열을 보여준다. 해당 프로그램은 당해 프로젝트에 대한 계산을 완료하기 위해 방대한 양의 입력 자료를 요구한다. 자료 입력은 주로 해당 프로젝트 설계의 컴퓨터 구성으로부터 도출된다.

C. 수평면 단파 일사:

$$S_d = 0.5S_{po}(1 - a^m) \sin \phi$$

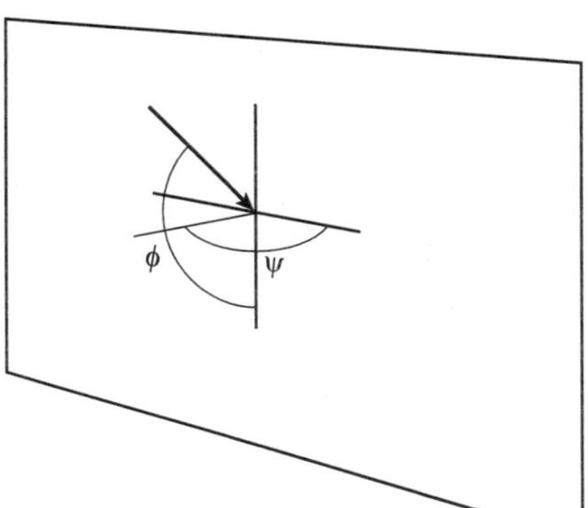

그림 3.21 수직 벽에 대한 복잡한 직달일사 각도.

D. 수평면 장파 일사:

(1) 하늘이 맑을 때:

$$\varepsilon_A = 0.72 + 0.005T_a$$

이고

(2) 하늘이 흐릴 때:

$$\varepsilon_{AC} = \varepsilon_A + C(1 - \varepsilon_A - 4\Delta T/T_a)$$

이면

$$\Phi = \varepsilon_A \sigma T^4 \text{ 또는 } \Phi = \varepsilon_{AC} \sigma T^4$$

E. 육상의 장파 복사:

(1) 지표면으로부터:

$$\Phi = \varepsilon \sigma T^4$$

(2) 물체 표면으로부터: Fanger(1970)의 평균 복사 온도(平均輻射溫度, mean radiant temperature)가 이 단계에서 적용되는데, 여기에는 지표면과 스카이뷰가 포함된다.

프로젝트 표면의 햇빛 영역은 모든 단계를 요구하는 것에 반해 그늘진 영역은 C에서 E단계까지만 필요하다.

주간 풍속, 대기 온도, 증기압을 구하라. 시간별로 관측된 풍속, 대기 온도, 증기압은 시간별 ET_o를 구하기 위해 조각보(patchwork)의 각 영역에 대한 ET_o 등식에 입력될 매개변수들이다.

미기상학적 자료는 특정 연구 부지가 아닌 위치에 대해서는 구하기가 매우 어렵기 때문에 해당 자료를 직접 확보할 필요가 있다. 최근 수용 가능한 정확성을 가진 계기의 가격이 내려가서, 계획 부지에 간헐적인 간격으로 꽤 복잡한 계기장비 세트를 설치할 수 있게 되었다. 지속적인 관측이 최상의 자료 공급원이지만 비용이 많이 들어서 많은 프로젝트에서 받아들이지 못하고 있다. 따라서 중요한 계절 시기 동안에 대한 관측이 권장되는데, 이 시기는 춘/추분과 동/하지다. 이들의 중간값은 일반적으로 대기 온도와 일사의 시간 경과 특성을 나타내는 사인파(-波, sine wave) 곡선으로부터 안전하게 추정될 수 있다. 풍속과 증기압 자료는 변이가 크고 예측하기 어렵다. 불행히도 이 방법은 북반구의 7월이나 8월과 1월이나 2월과 같은 극한 기온이 발생하는 시기를 놓치고 있다. 간단한 해결방법은 해당 지역에 대한 기후 자료(氣候資料, climatological data)에 의해 예측되는 예상 극한 기간 동안 4일의 기온, 풍속, 증기압에 대한 측정치로 보완하는 것이다.

연중에 지속되지 않는다면 관측 기간은 일반적으로 매년 4개 절기상의 일자와 다른 중요한 시기를 중심으로 7일 정도이다. 이 간격은 계절 내 기후 요소에 가장 중대한 영향을 미치는 두 기후 주기, 즉 7일 주기 내의 3일 주기를 대신할 것이다.

해당 지역의 잠재 증발산량을 계산하라. 다음으로 일별 ET_o를 구하기 위해 ET_o의 평균값을 구한다. 순 복사(純輻射, net radiation)는 각 관심 위치(즉, 개별 교목 위치)에 대한 시간별 음/양 영역을 구한 다음 하루 값을 평균하여 산출된다. 이 평균값은 국지적인 측정치나 발표된 기후 자료의 추정치로부터 확보된 평균적인 기후 자료와 함께 잠재 증발산 등식에 대입된다. 이렇게 산출된 ET_o는 각 위치에 적용되고, 해당 위치에 대한 토양과 관수 시스템을 설계하는 데 사용될 수 있다. 그 공식은 앞서 정의된 구성요소로 된 다음의 공식을 반복한다.

$$\lambda E_p = \frac{s}{s + \gamma}(R_n + G) + \frac{\gamma}{s + \gamma} f(u)(\rho'_{va} - \rho_{va})$$

3.7 설계 토양의 동적 수분 관계

우리는 여전히 교란되거나 설계된 도시 토양 단면에서 물의 보존과 흐름에 관해 확실히 이해하지 못하고 있다. 이들 토양의 수리적 성질(水理的性質, hydraulic property)은 알려진 토양의 수분관계(水分關係, water relations)를 이용하여 추정하는 것을 허용하지 않는다. 따라서 설계 토양은 그 자체로 연구되어야 한다. 지금으로서는 일반 토양 물리학을 도시 상황에 유효하게 적용할 때에는 먼저, 이것이 모든 상태를 설명하고 해결하고 예측할 수 없다는 것을 이해할 필요가 있다. 제기된 문제의 일부는 다음과 같다: 한정된 공간에 있는 토양이 교목의 뿌리에 의해 얼마나 빨리 건조해지는가; 설계된 단면 내 몇 개 층의 수리전도도(水理傳導度, hydraulic conductivity)는 어떠한가; 만약에 존재한다면, 습윤 전선(濕潤前線, wetting front)은 관수를 하거나 비가 올 때 단면을 통해 어떻게 아래로 내려가는가? 이들을 비롯한 기타 질문에 대한 대답은 제4, 7, 8장에서 다룬다.

앞선 과정에서 확보한 잠재 증발산량은 제8장의 관수 설계 과정에 다시 언급될 것이다.

3.8 경관 설계에서의 태양 주기 이용

Knowles(1981)는 특정 프로젝트의 일조 봉투(*solar envelope*)와 이를 건물과 경관 설계에 결합하는 것과 관련하여 몇 가지 적절하고 타당한 발상을 제안한다. 그는 일조 봉투를 해당 프로젝트에 일사가 가용되며 인접 부지를 침해하지 않는 공간이라고 정의한다. 이는 "태양의 상대적인 움직임으로부터 파생된 범위 이내로 개발을 규제하는 용기(容器, container)"다. 이 구역 내에서 개발하면 가장 중요한 낮 시간에 주변에 그늘을 지우지 않는데, 이는 시간의 흐름과 건물의 제약에 의해 한정된다. 그의 주된 생각은 건물이 태양의 주기를 고려해야 하며, 마찬가지로 건물 바깥의 조경도 동일한 관점에서 설계되어야 한다는 것이다. 현재 우리들의 건축적인 접근은 대부분 태양 주기를 활용하지 않는다. 따라서 건물은 '고

그림 3.22 Jefferson식 격자(a)와 Spain식 격자(b)의 대비. (Knowles, 1981에서 전재.)

정'(static)되어 있기 때문에 경관은 하루의 가장 중요한 시기에 태양에 노출되거나 그늘 하에 있어 식물 집단에게 너무 뜨겁거나 그늘지게 된다.

가로 격자에서의 그늘과 햇빛

Jefferson식 가로 격자(街路格子, street grid)와 Spain식 가로 격자 사이의 대비(**그림 3.22**)는 도시환경에서 태양 패턴의 차이를 보여주는 재미있는 사례이다. 이러한 대비는 가로에 식재된 교목의 예상 생장에 중대한 함의를 가진다. 이는 같은 시 구획 내의 동일한 수종의 생장이 균일하지 않은 것에 대해 확실한 이유를 제공한다. 물론 토양 차이와 같은 다른 이유도 있지만 태양 패턴의 차이는 이를 능가한다.

요약하면, Knowles의 비교에 의하면 Jefferson식 격자의 동서방향 길은 북반구에서 겨울 내내 그늘지고, 남북방향 길은 한낮 동안 햇빛이 비치면서 데워질 것이다(**그림 3.23**). 여름

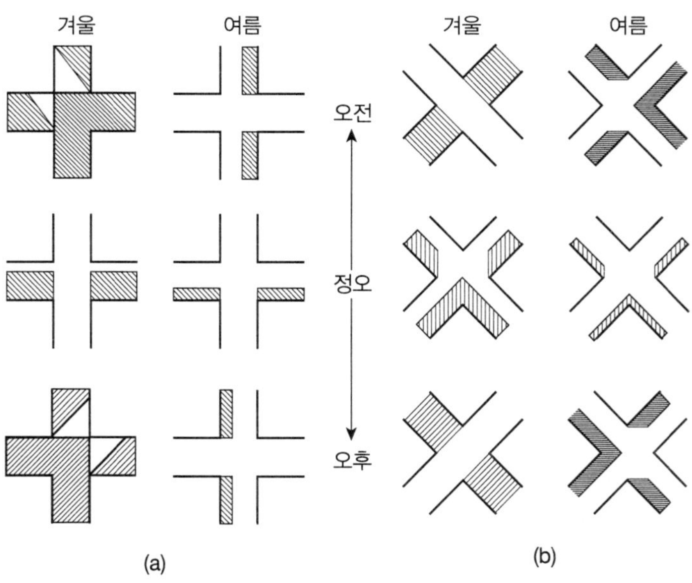

그림 3.23 Jefferson식(a)과 Spain식(b) 격자 패턴의 일별, 계절별 음양 관계. (Knowles, 1981에서 전재.)

에는 햇살이 아침에는 정 동쪽에서 비추고 오후에는 서쪽에서 비추며 한낮에는 거의 머리 위에 있을 것이다. 따라서 동서방향 길은 한낮에는 그늘이 거의 없고 아침과 오후에는 그늘이 훨씬 적을 것이다. 남북방향 길은 오전과 오후에는 그늘지지만 한낮에는 햇빛에 완전히 노출될 것이다. Spain식 격자의 경우, 모든 길이 오전 9시부터 오후 3시 사이의 어느 시점에서는 일부 직접적인 햇빛과 열을 받는다. 모든 길은 일부 그늘지지만 좁아서 동서방향 가로보다는 더 많은 양의 햇빛을 받는다. Spain식 격자는 여름에 늦은 오전에서 이른 오후까지 짧은 시간을 제외하고 하루의 대부분 동안 어느 정도 그늘을 제공한다. 스페인식 건물 외벽의 열주(列柱, colonnade) 또는 베란다(veranda) 건축 양식은 이러한 효과를 증폭한다. Knowles가 지적한 것처럼, 길의 배치는 토지 이용과 계획수립 의사결정에 거의 고려되지 않는다.

식재와의 관계

가로 식재. 교목 생장이 가로(街路, street)의 배치와 인접한 구조물의 높이에 따라 가로의 한 쪽과 다른 쪽에서 상이하다는 것을 말해주는 연구결과는 충분히 많다(Bassuk & Whitlow, 1985). 북쪽 지방에서는 구조물의 높이보다 수고가 낮은 교목이 동서방향 가로의 남쪽에 식재되어 있으면 겨울 동안 햇빛을 거의 받지 못하거나 한낮에 몇 시간만 받을 수 있는 반면, 북쪽에 식재되어 있으면 남쪽에 위치한 구조물의 높이와 가로의 폭에 따라 부분적으로 또는 하루 종일 햇빛을 받을 수 있을 것이다. 일반적인 비율은 **그림 3.24**에서 보여주고 있다. 분명, 휴면기(休眠期, dormant season)에 햇빛은 생육기(生育期, growing season)만큼 결정적이지 않지만, 일부 낙엽교목(落葉喬木, deciduous tree)은 겨울에 수피를 통해 광합성(光合成, photosynthesis)을 수행한다.

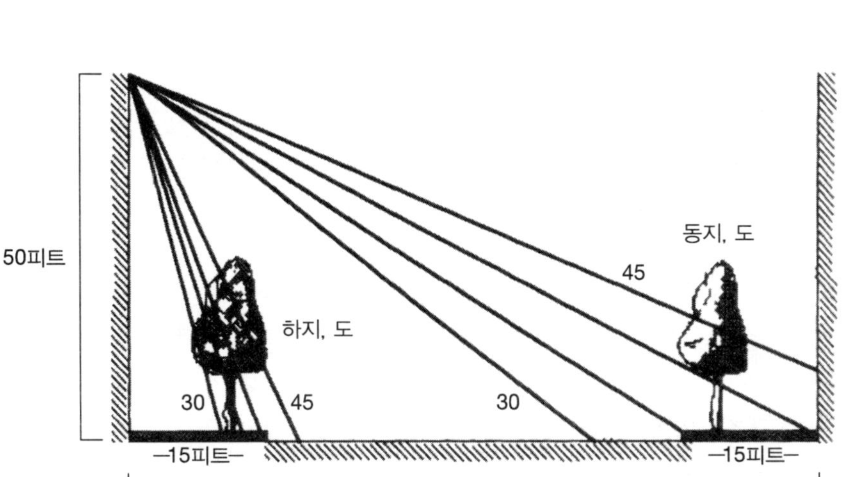

그림 3.24 경도 70° 위도 30, 35, 40, 45°에서의 하지와 동지의 거리/높이 음양 비율.

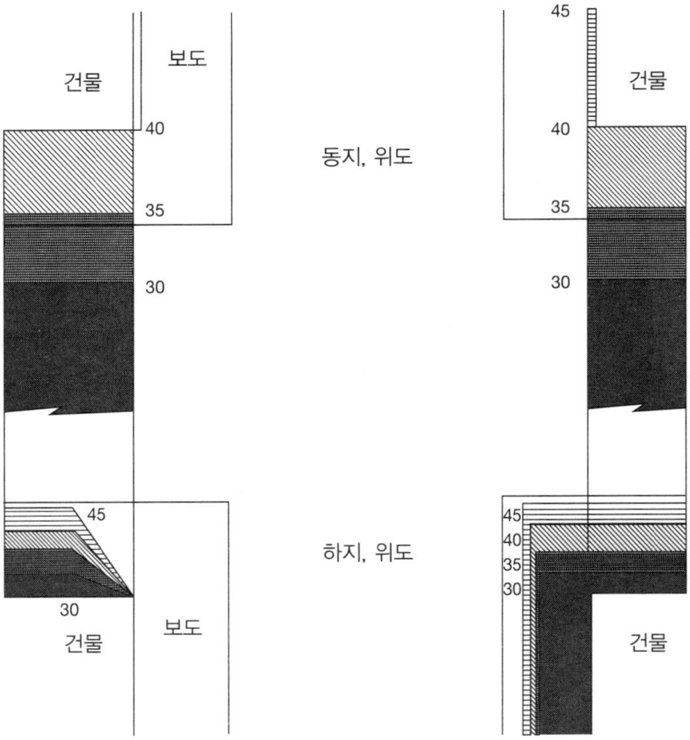

그림 3.25 동서방향 가로(Jefferson식 격자)에서 몇몇 위도에 대한 여름과 겨울 태양각 내에서의 교목대비 구조물 높이 비율. 그림 3.24와 같은 상대 척도.

그림 3.24는 (이 그림에 직접 보여주지는 않지만) 높이 50피트(약 15m) 이상의 건물로부터 10피트(약 3m) 이내에 식재된 수고 15피트(약 4.5m) 교목은 4개 위도 모두에서 하지에 그늘 속에 있을 것임을 보여준다. 또한 하지의 태양각 자료는 북위 30°에서 100피트(약 30m) 높이 건물이 춘/추분에 50피트(약 15m) 건물과 동일한 그늘을 지운다.

햇빛의 상태는 여름에 바뀐다. 동서방향 가로의 북쪽에 식재된 교목은 하루 종일 햇빛을 받고 남쪽에 식재된 교목은 하루의 대부분 동안 햇빛을 받을 수도 있다.

Spain식 격자는 가로의 배열이 달라 다른 비율의 상황을 보여준다. 이들의 차이는 남북방향 가로를 나타내는 **그림 3.26**에서 확인할 수 있다.

부지 내 식재. 프로젝트 레이아웃과 식물 배치를 설계할 때에는 구조물이나 다른 교목에 의해 드리워지는 그늘을 고려해야 한다. 부지 내 식재는 일반적으로 해당 식물이 구조물 외벽 가까이에 식재되기를 요구하기 때문에, 구조물에 의해 그늘지는 지역이 가장 중요한 요소이다. 만약 구조물의 면적이 해당 프로젝트 면적에서 아주 작은 비율을 차지하고 크게 높지 않다면, 식재 지역의 상당한 부분이 많은 양의 햇빛을 받을 것이다. 네 가지 구조물 벽에 대한 거리/높이 비율(distance/height ratio)의 일부가 **그림** 3.24, **3.25**, 3.26에 제시되어 있다. 확실히 구조물의 배치가 해당 프로젝트 구역 내의 음/양 상황을 결정하는 데 중요한

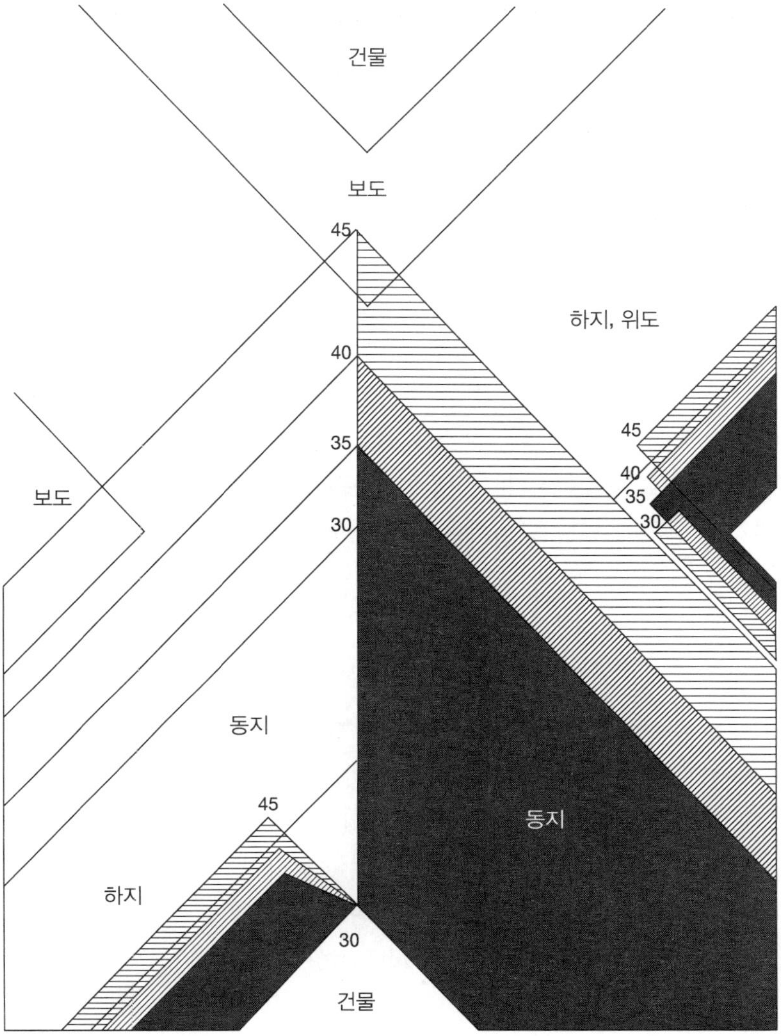

그림 3.26 남서-북동 방향 가로(Spain식 격자)에서 몇몇 위도에 대한 여름과 겨울 태양각 내에서의 교목대비 구조물 높이 비율. 상대 척도는 그림 3.24와 동일하다. 건물 높이는 50피트(약 15m), 보도 폭은 20피트(약 6m), 가로의 폭은 60피트(약 18m)이다.

역할을 한다. Knowles(1981, *Sun Rhythm Form* 133~135페이지)는 일조 봉투 내에서의 구조물과 현장 식재 사이의 관계를 고찰하고 있는데, 보다 자세한 내용을 알고 싶은 독자는 해당 책자의 본문을 참고하기 바란다.

교목에 의한 그늘을 확보하는 것이 식재지에 교목을 도입하는 주된 목적 중 하나인데, 이때 수관형(樹冠形)과 교목 배치가 그늘의 공간적 배분에 영향을 미친다(Kuuluvainen & Pukkala, 1987). 가장 큰 공간적인 그늘은 성숙한 미국느릅나무(*Ulmus americana*, L.)의 수관처럼 우산 같이 수평으로 펼쳐진 수관에 의해 드리워진다. 원추형의 영국참나무(*Quercus robur*, L.)나 다양한 원추형 시더(cedar)와 같이 밀도가 낮거나 좁은 수관을 가진 교목인 경우, 그늘의 크기에 미치는 영향이 제한적일 것이다. 또한 원추형 교목이 무작위로 분포되어 있는 경우의 총 그늘 크기도 체계적인 배치에서와 크게 다르지 않다. 수관의 총 수평 투영 면적이 큰 임분에서는, 효과적인 햇빛 차단과 그늘 투영을 위해 교목의 공간 배치가 체계적이어야 한다.

3.9 증발산량 예시

고립된 교목

그늘이 없는 개방된 공간에 존재하는 고립된 교목은 하루 종일 직달일사에 의해 가열되기 쉽다. 해당 교목 위 전체 하늘로부터의 단파와 장파 천공 복사와 지표면으로부터의 장파 복사는 여기에 가세하는 또 다른 복사 요소들이다. 따라서 장파 복사 계산은 하늘과 지표면으로부터의 복사만으로 단순화한다. 바람, 기온, 증기압의 기상학적 영향이 구조물이나 건물 외벽이 복사의 상황에 영향을 미치는 것보다 훨씬 크고 직접적인 영향을 미친다(그림 3.14).

숲

교목으로 된 숲은 수관이 서로에게 미치는 그늘 효과, 경계면(境界面, boundary surface) 역할을 하는 임관(林冠, crown canopy)의 형성, 아래쪽의 수간 공간 등으로 인해 보다 복잡하게 된다(그림 3.16). 효과적인 복사 면적은 숲의 임관이 된다. 이는 개별 교목 수관과 동일한 방법으로 세분화되지만 물론 이에 비해 면적이 넓다. 숲 주변의 지표면 물질이 균일하지 않기 때문에 지면 복사는 더 복잡해진다. 숲 아래는 잔디나 포장으로 덮여 있지 않으면 하층식생이거나 적어도 임상의 원기(原基, rudiment)가 될 것이다.

가로

가로에 식재된 교목은 개별 교목의 복잡한 배열로 취급되어야 한다. 직접적인 단파 입사복사(入射輻射, incident radiation)는 교목에 따라 다양한데(**그림 3.27**) 이는 건물과 다른 장애물에 의해 드리우는 그늘 때문이다. 나아가, 건물 외벽으로부터 받는 장파 복사의 양은 이들의 각도 계수(角度係數, angle factor)에 따른 위치에 따라 다르다. 바람, 습도, 기온 차이도 있을 것이라고 예상해야 한다. 가로의 배열이 물리적인 환경에 가장 큰 영향을 미친다는 것은 분명하다.

3.10 결론

도시지역에서 교목 생장에 적합한 여건을 제공하기 위해서는, 교목이나 다른 식물이 자라게 될 환경에 대해 더 많은 주의를 기울여야 한다. 해당 환경이 미치는 영향이 측정되어야 하며 그 다음에는 균일한 생장을 달성할 수 있도록 필요한 경우 뿌리 전개에 적합한 양의

그림 3.27 교목이 식재된 동서 방향 도로.

토양과 관수에 관한 준비를 할 수 있다. 식재 프로젝트의 모든 교목을 동일한 것으로 취급하기보다 개별적인 것으로 취급해야 한다. 이 접근에 대한 예외는 생장과 발달의 다양성이 바람직한 결과일 때 발생한다. 그러나 미학이나 식생 다양성은 여전히 조경가로 하여금 모든 식생 구성요소가 만족스럽거나 최적 생장에 필요한 여건을 제공할 것을 분명히 하도록 요구한다. 이 장에서 살펴본 내용들은 조경가와 도시 임업가(都市林業家, urban forester)가 원하는 결과를 얻는데 하나의 지침을 제공한다.

제4장 도시의 지속가능한 토양 단면 설계와 시공

4.1 서론

토양형태(土壤形態, soil morphology)는 다양한 물리적, 화학적, 생물적 특성을 가진 일련의 층(層, horizon)으로 구성되어 있다. 이들은 대부분의 경우 식물 생장에 도움이 되는 속성을 제공한다. 또한 보수력, 비옥도, 배수와 통기, 답압 저항성과 토양 강도 등과 같은 각 단면에 대한 특성의 전반적인 일습(一襲, set)을 제공하는 층들 사이에 중요한 관계와 상호작용이 있다. 주어진 일습의 환경적인 여건 하에서 창출되는 토양 단면 유형에 대한 지식을 활용하면 프로젝트와 이를 위해 설계된 식생 집단의 여건을 충족시킬 수 있도록 토양을 설계할 수 있다는 결론에 이르게 된다. 이렇게 토양을 구체적으로 설계하면 경관 설계가 성공적이고 오래 지속될 가능성이 크게 높아진다.

Spirn(1992)이 정확하게 지적한 바와 같이, 대부분은 아니지만 많은 미래의 경관 프로젝트는 이전에 도시 구조물과 시설에 의해 점유된 부지에 위치할 것이다. 이들 부지는 일반적으로 도시 토양을 내포하고 있기 때문에, 도시 부지의 바람직하지 못한 여건에 의해 나타나는 문제들에 대한 잠재적인 해결 방안에 관한 지식을 가지고 있지 않으면 안 된다. 해당 부지에 대한 토양은 설계자가 가용한 자재를 고려하여 설계되어야 한다. 일반적으로 가용한 대안은 세 가지가 있다:

1. 다른 곳에서 표토(表土, topsoil)를 반입한다.
2. 토양 개량제(土壤改良劑, soil amendment)로 기존 토양 자재(土壤資材, soil material)를 변형한다.
3. 표토나 전체 토양 단면을 설계한다.

이들 대안의 각각은 장점과 일부 특유의 단점을 가지고 있는데 이에 대한 자세한 사항은 이 장에서 고찰될 것이다. 그러나 첫 번째 대안은 표토가 개발될 해당 지역에서 발생하여 마지막에 해당 토양 위를 덮지 않는 한 고려되기 어렵다. 이렇게 하기 위해서는 "표토를 저장해두어야" 한다. 그리고 이 토양이 해당 식생 집단과 부지 요구를 충족하는가를 확실히 하기 위한 분석이 필요하다. 자연 경관으로부터 표토를 의도적으로 반입하는 것은 찬성하지 않는다.

이 고찰은 토양 설계의 일부 일반적인 원칙, 그리고 뒤이어 시공과 설치에 관한 세부 사항을 다룬 후에 마지막으로 제12장의 토양 설계 의사결정 과정으로 이어질 것이다.

4.2 토양 모델

생태계(生態系, ecosystem)는 극상(極相, climax)이나 정상 상태(定常狀態, steady state)를 향해 성숙해감에 따라 질서가 증가하거나 엔트로피(*entropy*)가 감소된다. 이러한 진행은 우주에 존재하는 개방 시스템의 그것과 반대이다. 엔트로피 또는 질서는 감소하는 경향이 있고 이는 더 큰 무질서로 이어진다.

어떤 생태계를 설계할 때에는, 경관 설계자가 시간의 흐름에 따라 상대적으로 안정된 생태계인 극상이나 정상 상태 시스템을 얻기 위해 노력하는 것이 바람직하다. 이를 통해 해당 설계의 유지관리와 복구를 최소한으로 유지시킴으로써 비용을 절감하고 보다 오래 지속되는 설계가 될 수 있게 한다. 주어진 경관 환경에 대해 성숙한 토양에 선구(先驅, *pioneer*) 식생 군집을 포함하는 식물 설계는 시간이 흘러감에 따라 변화할 것이고 이는 유지관리를 더욱 어렵게 할 것이다. 생태계의 엔트로피와 정상 상태의 원칙과 같은 원칙이 토양 설계에도 적용되어야 하며, 그렇지 않으면 시간이 지남에 따라 문제들이 발생할 것이다.

설계 토양에서 고려되어야 하는 토양 자재는 다음과 같다:

1. 조직(組織, fabric): 해당 토양의 광물질 골격이나 매트릭스; 모래, 기존 토양 물질, 또는 유리("지속가능 토양 설계"에 있는 내용 참조).
2. 유기 자재(有機資材, organic component): 구조적인 개량제, 토양 미생물에 대한 에너지 공급원, 보호 기능의 표면 층(멀칭); 퇴비화된 유기물질.
3. 공극 공간(구조적) 개량제: 토양의 구조를 보존하거나 향상시키기 위해 그리고 경량화 자재로 옥상 적용을 위해 필요하고; 소결되어 분쇄된 규조토(硅藻土, diatomaceous earth)와 같은 무기질 또는 제조된 합성 물질.

이들 자재의 유형과 비율은 해당 프로젝트 부지에 존재하는 여건, 그리고 정상 상태 원칙과 함께 식생 군집에 의해 결정된다.

토양을 설계하는데 관련된 가장 큰 문제는 해당 토양에 적합한 조직의 물리적 여건을 창출하는 것이다. 자연 토양은 토양 생성 작용(土壤生成作用, pedogenic process) 중에 구조를 형성한다(Buol, Hole, and McCracken, 1989). 그러나 설계된 도시 토양을 창출하는

데 사용되는 물질은 자연적인 구조적 특성을 제공하지 못한다. 구성요소의 하나로 사용되는 자연적인 표토조차도 굴착, 운반, 재포설 작업으로 인해 자기 구조의 대부분을 상실한다(Craul, 1992). 구조 형성 과정은, 구조적인 속성을 창출하는 대체물을 찾기 위해 많은 시도가 있었음에도 불구하고, 설계되거나 만들어진 토양에서 재현하는 것은 어렵다. 구조적인 특성을 제공하는 토양 개량제에는 다양한 합성 중합체(예, VAPAM), 규조토류의 토양 제품, 소성 플라이 애시(燒成-, sintered fly ash), 팽창된 점판암(粘板岩, slate)과 혈암(頁岩, shale), 질석(蛭石, vermiculite), 펄라이트(perlite) 등이 있다. 완벽하게 만족스러운 대체재는 없지만, 이들 모두는 특정 적용에는 유용하다. 그러므로 설계 토양의 토성은 상대적인 구조의 결핍을 보상하는 적절한 공극 공간, 배수, 답압 저항 요구를 제공하는 사질성 토성의 범위를 벗어나지 않는 것이 최선이 되는 경향이 있다.

이들 요소 중 어떤 것을 사용하느냐는 전적으로 가용성과 적합성에 달려 있다. 가용성(可用性, availability)은 시장조사에 의해 결정된다. 다행히도 재활용 자재에 대한 관심과 요구의 증가와 함께 이들 자재 공급이 시간이 경과함에 따라 늘어나고 있다. 대부분의 지역에서 운송이 주된 비용을 차지하겠지만, 적합한 대체재 부족으로 상쇄될 수도 있다. 이들 자재의 적합성(適合性, suitability)은 제조과정이 세분화되고 표준 규격이 개발됨에 따라 향상되고 있다(Craul & Switzenbaum, 1996). 마지막으로, 해당 프로젝트의 제한된 공간 내에서 토양 단면을 설계하고 실제로 건설하는 데는 지혜가 필요하다.

자연 토양 단면

도시 토양의 설계와 시공을 이해하기 위해서는 자연 토양 단면(自然土壤斷面, natural soil profile)과 이들의 층위(層位, horizon)를 잘 알 필요가 있다. 적절한 자연 토양 단면은 다양한 상황에 대한 도시 토양 설계를 위한 모델로서의 역할을 할 수 있다.

토층 개요. 과거에는 조경가가 깊이가 얼마이든 관계없이 동질적인 토양을 명시하는 경향이 있었다. 약 18인치(45cm) 정도의 특정 최소 토양 두께 이하에서는 동질적인 토양이 만족스러울 수도 있다. 그러나 대부분의 적용에서 더 깊은 토심이 필요하기 때문에 전체 깊이에 대해 표토와 같은 질의 자재를 명시할 이유는 없다. 이는 비용이 많이 들 뿐만 아니라 불필요하다. 즉 자연 토양에서와 같이 토양 깊이(단면)을 층으로 나누는 것이 더 좋은 접근 방법이다.

이상적인 단면. 식생으로 덮인 토양 단면은 기본적으로 다양한 분해 단계에 있는 유기 물질로 구성된 표면에 놓인 유기물층(有機物層, organic horizon; *O*층)이 있다(**그림 4.1**). 다음으로 혼합된 부식질과 함께 주로 광물성 입자로 구성된 위쪽 또는 지표면 광물층인 표토 또는 *A*층(*A horizon*)이 있다. 이의 두께는 토양에 따라 차이가 매우 크고 어떤 경우에는 전혀 없을 수도 있다. 이 층 아래에는 용탈된 *E*층(*E horizon*)이 나타날 수도 있다. *B*층(*B horizon*) 또는 심토(心土, subsoil)에 이어 몇 개의 전이층(轉移層, transitional horizon)

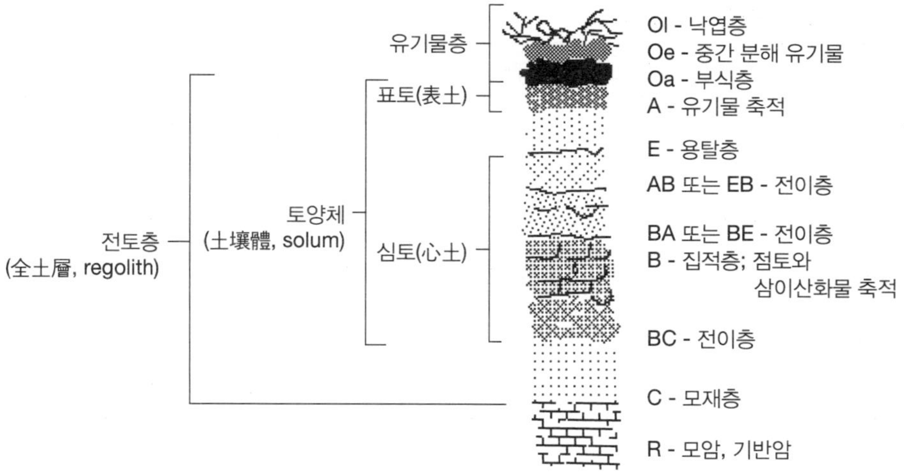

그림 4.1 이상적인 토양 단면.

이 나타날 수 있다. *C*층(*C horizon*) 또는 모재(母材, parent material)는 토양 단면을 형성하는 상대적으로 풍화되지 않은 물질이다. 기반암(基盤岩, bed rock)은 해당 단면의 바닥에 놓여 있을 수도 없을 수도 있다. 어떤 토양은 여러 층에 대해 서로 다른 모재를 가진 모재의 불연속성(lithologic discontinuities)을 형성할 수도 있다. 이러한 상태는 충적토(沖積土, alluvial soil)나 빙적토(氷積土, glaciated soil)에서 흔하다.

도시 토양의 설계에서 주된 관심은 이상적인 단면 중 다음과 같은 몇 가지에 한정되어 있다(제11장):

(a) 노출된 토양 응용에서 유기물 층을 모방하는 멀칭 자재
(b) 거의 모든 응용에 대해 주된 뿌리 전개 배지(培地, medium)로서 A층(표토)과 매우 흡사하게 설계된 지표층
(c) 수목 안정성을 위해 추가적인 뿌리 전개 토량(rooting volume), 그리고 표토를 보완하는 양분과 수분 저장 기능을 제공하는 심토
(d) 모재 역할을 대신하는 더 깊은 도시 단면에서의 배수 층

보다 복잡한 적용에서 층의 설계 배열은 O, A, B, C가 될 것이다. 가장 단순한 배열은 얇고 동질의 표토 또는 모두 A층 자재가 될 것이다. 이상적인 단면에서 누락된 층은 도시 토양 설계에서 일반적으로 필요하지 않고, 깊이 제한이 이들을 포함시키지 못하게 할 수도 있다. 전이층의 누락은 층 간의 경계면 유발로 인한 문제를 야기할 수도 있지만 이러한 불리한 점은 이 장의 뒤에서 고찰될 적절한 설계와 시공 기술로 극복될 수 있다.

토양 형성 과정. 경관에서 토양이 어떻게 형성되었는가를 아는 것은 해당 토양 단면을 이해하는데 효과적인 접근방법이다. 지구 표면의 어디에서든 일어날 수 있는 토양 형성(土壤形成, soil forming) 과정은 다섯 가지가 있다. 이 과정들이 장소에 따라 어떻게 다른가에 대

표 4.1 다섯 유형의 토양단면 형성 과정

과정	단면에서의 효과
용탈	물과 산에 용해되는 화합물이 제거됨; 아래로 침전될 가능성이 높음
물질의 전위 (레시베작용/lessivage)	물질의 물리적인 이동과 축적
새로운 화합물의 합성	토양생성작용으로부터 물질 형성
유기물 순환	유기체에 의한 탄소화합물의 합성과 분해
구조 형성	1차 토양 입자가 토양조직(土壤組織, soil fabric)으로 집성

해서는 바로 뒤에서 다룰 것이다.

표 4.1은 토양 단면 내에서 일어나는 다섯 가지 토양 형성 과정을 간단하게 설명하고 있다. 수용성(水溶性, water soluble)과 희산(稀酸, dilute acid) 용해성 화합물의 **용탈**(溶脫, *leaching*)은 물이 중력과 모세관력(毛細管力, capillary force)에 반응하여 토양을 통해 침투함에 따라 발생한다. 이들 화합물은 단면의 위쪽 층으로부터 제거되어 더 낮은 층에 침전될 것이다. **전위**(轉位, *translocation*)는 단면 내에서 입자와 물질이 용해 없이 한 곳에서 다른 곳으로의 물리적인 이동이다. 전위는 어떤 방향으로든 일어날 수 있지만 현저하게 수직 방향이다. 이 과정은 토질공학(土質工學, soil engineering)의 "파이핑 현상"(piping)과 비슷하지만 규모에서 덜 극단적이다. **새로운 화합물 합성**(*synthesis of new compounds*)은 토양에 사는 미생물에 의한 생화학적 과정과 무기물이 새로운 화합물로 붕괴되고 분해되는 과정의 결과이다. 양분, 열 에너지, 물을 방출하고 부식질이라는 잔유물을 남기는 탄소 순환(炭素循環, carbon cycle)을 통한 식물 잔해로부터의 **유기물 순환**(*cycling of organic matter*)도 자연에서는 보다 중요한 순환의 하나이다. **구조 형성**(構造形成, *formation of structure*)은 토양의 일차 입자인 모래, 미사, 점토가 입단(粒團, aggregate)이나 토괴(土塊, ped)로 뭉쳐서 토양의 이경성(易耕性, tilth of soil)과 공극 공간의 형성에 필요한 구조적인 형태를 형성하는 것이다.

토양 형성 인자. 토양은 위치에 따라 단면의 특징에 변이가 크다. 공간적인 차이를 이해하기 위해서는 다음 다섯 가지 인자를 살펴보아야 한다: 해당 지역의 기후, 해당 부지에서 발견되고 토양의 형성에서 시간이 경과함에 따라 관여하는 유기체(식생), 해당 토양이 유래한 모재, 해당 토양 부지에서 나타나는 지형, 해당 과정이 그 부지에서 유효함을 유지했던 시간. **표 4.2**는 토양 형성에서 능동적인 인자(active factor)와 수동적인 인자(passive factor)를 제시하고 있다. 이에 따르면, 강우나 기온과 같은 기후는 지구 맨틀(mantle)의 수동적인 모재에 대한 물리적, 화학적 풍화(風化, weathering)와 유기체 활동에 의한 생화학적 과정에 필요한 물과 에너지를 제공하거나 이들의 결핍을 유발한다. 모재 상황은 지형이 향, 노출,

표 4.2 토양 형성 인자

인자	매개변수	관련 활동
기후	강우, 기후	능동적
식생	유기물, 유기체	능동적
모재	구조, 영양분	수동적
지형	노출, 배수	변경자
시간	지속기간, 나이	통합자

배수, 경사 위치에 미치는 영향에 의해 변경된다. 시간은 이들 모든 인자의 통합자로서, 해당 과정이 발생하는 시간이 길수록 기후와 유체의 영향이 더 강하게 된다.

이러한 고찰이 토양학을 전공하는 학생들에게 더 적합할 것처럼 보이지만, 미국 북동부 지역을 위한 설계 토양은, 미국 남서부에 적용하기 위해서는 북동부 식생과 토양, 그리고 충분한 관수를 함께 활용해야 한다는 것을 조경가가 인식하기 위해 중요하다. 식생과 토양은 주어진 기후 지역이나 지대에 적합하게 설계되어야 한다고 강하게 주장되고 있다. 따라서 건생식물(乾生植物, xeric plant)은 관수가 거의 없거나 전혀 없는 건조지토양(乾燥地土壤, xeric soil)에 식재되어야 한다는 것은 당연하다.

자연적인 단면의 예. 몇 가지 주요 자연적인 단면을 간단히 설명하는 것이 도시 토양의 설계를 위한 모델을 제공하는 데 도움이 된다. 토양 단면이 주어진 지역에 대한 토양 형성 인자들 하에 자연적으로 형성되었다면, 특정 식생을 위해 그 단면을 모방하기 위한 시도를 하지 않을까? 모든 자연적인 토양이 설계된 토양의 모델을 반드시 만족시키지 않기 때문에 해당 토양을 그 설계에 "맞추기" 위해서는 일부 변경이 필요한 것은 당연하다. 설명될 단면은 **그림 4.2**에서 보여주고 있다.

포드졸화(漂白化, podzolization; 스포도솔/Spodosols)

1. 삼림(森林, forest) 식생이 있는 서늘하고 습한 기후 하에서 발생한다. 용탈로 철분의 전위가 광범위하게 발생하고 주요 단면을 부식산화시킨다. 용탈된 층(E)은 색깔이 회색에서 거의 백색이다. 집적층(Bs)에는 녹처럼 적갈색을 띤다. 구조가 거의 발달하지 않는다.
2. 유기물은 분해가 천천히 되거나 거의 되지 않기 때문에 토양 표면에 축적되는 경향이 있고, 분해된 것은 지표 무기물층(無機物層, mineral horizon)에 혼합된다. 유기물층 특히 Oa층이 뚜렷하다.
3. 대부분 곰팡이가 압도적으로 우세하고 방선균류(放線菌類, actinomycetes)와 지렁이는 거의 없다; 개미, 진드기(mites), 지네와 노래기, 들쥐와 생쥐가 존재한다. 침엽수(針葉樹, conifers)에는 일반적으로 외생균근(外生菌根, ectomycorrhiza)이 풍부하다.

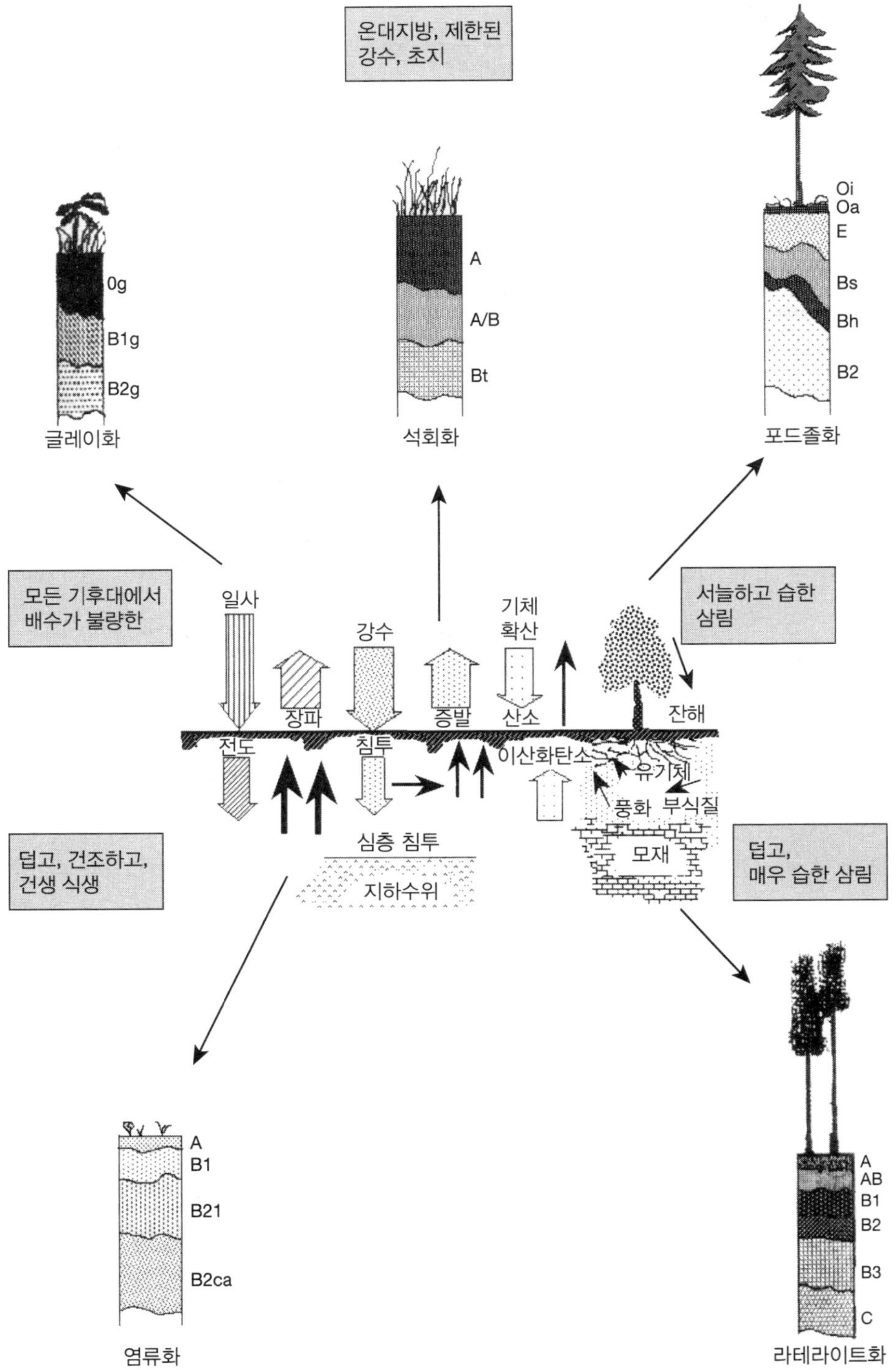

그림 4.2 다양한 기후와 식생 계통 하에서의 서로 다른 단면 형성.

질소고정 뿌리혹은 일반적으로 찾아보기 어렵다.

4. 에너지 유입은 상대적으로 높지만 분해에 의한 확산이 거의 없이 축적된 바이오매스(biomass) 상태로 저장된다.
5. 토양은 산성화되기 쉽고, 가용성 양분(可溶性養分, soluble nutrients), 특히 칼슘, 인, 붕소와 같은 일부 미량원소(微量元素, micronutrient)의 공급이 제한적이고, 질산화작용(窒酸化作用, nitrification)이 제한되어 암모늄태 질소(-態窒素, ammonium nitrogen)가 많다. pH는 일반적으로 모재의 기원에 따라 토양이 깊어질수록 낮아진다. 지배적인 무기 잔유물은 이산화규소(silica)이다.
6. 집약적인 생산을 위해 시비와 석회 혼합이 필요한 중간 정도의 농업적 가치가 있고, 적응된 수종에게는 양호한 삼림 토양.
7. 주로 사질 토성에 기반을 둔 미국 동부의 전형적인 호산성(好酸性, acidiphilous) 식생용으로 설계됨.

석회화(石灰化, calcification; 몰리솔/Mollisols과 알피솔/Alfisols)

1. 온난에서 더운 기후대, 피복 식생으로 초지나 사바나(savanna)가 있는 반건조(半乾燥, semiarid) 기후에서 발생한다. 용탈은 비가 오는 동안에만 일어나고 용해성 화합물은 전체 단면에서 거의 제거되지 않고 심토로만 이동된다. 이 층은 색깔이 회색을 띤다. 포드졸화나 라테라이트화(laterization)에서처럼 완전히 제거되기에는 강우가 불충분하다. 모재가 석회질 성분이 매우 높은 습한 지역에서 나타날 수 있지만 삼림은 초지와 경쟁한다. 화재는 확실한 인자이다. 삼림으로 적절한 강수가 있는 곳에서는, 용탈의 정도가 더 크고 축적된 탄산염(炭酸塩, carbonate)까지의 깊이가 초지 아래인 경우보다 더 깊다.
2. 잔디가 근원까지 죽기 때문에 매년 많은 양의 유기물이 순환된다. 토양 표면에 축적되는 것은 거의 없다. 유기물층은 계절성을 띄는 경향이 있다. 분해는 빠르고 지표면 무기질토양(無機質土壤, mineral soil)에 혼합됨으로써 완료된다.
3. 매우 광범위한 유기체, 특히 세균(細菌, bacteria)이 존재한다. 지렁이, 개미 등도 풍부하고, 외생균근과 질소고정 뿌리혹도 풍부하다. 이는 완전히 다양화되어 있고 활발한 토양 소우주(小宇宙, microcosm)의 가장 좋은 예이다.
4. 고도의 에너지가 생물체로 유입되어 일부는 표토에 혼합된 부식질에 축적되지만 대부분은 분해되어 소멸된다.
5. 토양은 많은 양의 용해성 영양분, 특히 칼슘, 마그네슘, 인(상대적으로) 등이 풍부한 중성에서 알칼리성이다. 유리 탄산염(遊離炭酸鹽, free carbonate)이 심토에 축적될 수 있고, pH는 토양이 깊어질수록 증가한다.
6. 세계에서 가장 생산성이 높은 토양의 일부가 여기에 속한다. 주된 우려의 원인은 집약 농업(集約農業, intensive agriculture)으로 인한 침식이다.

7. 진달래과(Ericaceae) 식물을 제외한 폭넓은 식생을 지원할 수 있지만, 토양 구조 설계와 유지관리가 어려운 것이 단점이다.

라테라이트화(laterization; 옥시솔/Oxisols과 울티솔/Ultisols)

1. 전형적으로 우림(雨林, rainforest)을 포함한 삼림 식생을 가진 덥고 습한 기후. 다양한 모재에서 발생한다.
2. 생물체는 생태계의 살아 있는 부분에 축적된다. 유기물은 매우 빠르게 분해되어 지표면에 축적되지 않는다. 대부분의 뿌리는 영양분이 집중 강우로 용탈되기 전에 흡수하기 위해 지표면에 또는 지표면 가까이에 존재한다.
3. 모든 유형의 유기체 군집이 존재한다. 무척추동물(無脊椎動物, invertebrate)은 온대지방 무척추동물에 비해 크기가 더 큰 경향이 있다.
4. 대부분은 살아 있는 생물체에 간직되기 때문에 생태계에서 순환되는 에너지의 양은 작지만, 순환 속도는 매우 빠르다.
5. 용탈과 용해가 집중적으로 일어남에도 불구하고, 토양 pH는 상대적으로 높게 유지되는데, 이는 유기물 순환에서의 염기(鹽基, base)와 모재 무기질로부터 풍화된 염기가 빠르게 방출되기 때문이다. 화학적인 과정은 거의 모든 토양 이산화규소를 제거하기에 충분할 정도로 집중적으로 이루어진다. 고도로 산화된 토양 환경으로 인해 밝은 붉은색이 뚜렷하다.
6. 과거에는 유해한 영향이 거의 없이 원주민에 의해 화전농업(火田農業, *slash and burn agriculture*)으로 이용되었다. 농사의 집약도가 증가함에 따라 생태계 영양분은 더 이상 삼림 피복에 보존되지 못하고 빠르게 용탈되어 사라지고 있다.
7. 대부분 영구적으로 층화된 식생이 필요하며, 지피도 상층 임관에 의해 보호되어야 한다. 분명히 식생은 열대성이다.

염류화(鹽類化, salinization; 애리디솔/Aridisols)

1. 비가 거의 오지 않는 건조한 지역에서 주로 발생한다. 토양은 일반적으로 비가 오는 동안에만 일어나는 화학적인 작용과 함께 물리적인 작용에 의해 형성된다. 초기 토양은 모래 성분이 많거나 돌이 많은(돌이나 바위) 경향이 있다. 많은 토양이 사막 포도(砂漠鋪道, *desert pavement*)라고 불리는 자갈로 된 지표층을 나타낸다. 따라서 피복 식생은 다육식물이 드문드문하게, 또는 침엽수나 수분을 매우 효율적으로 사용할 수 있는 목본식물로 되어 있다. 물과 양분에 대한 경쟁은 엄청나게 심하다.
2. 이러한 생태계에서는, 성기고 흩어진 식생 때문에, 유기물 순환이 거의 안 된다. 지표면에 유기물이 쌓이지 않고 표토에 혼합되는 것이 거의 없기 때문에, 표토는 밝은색이다(오크릭 층/*ochric* horizon). 나머지 층도 색깔이 창백한 경향이 있다. 대부분의 잔해는 날아가 버릴 것이다.

3. 유기체 개체수와 활동은 가용한 에너지 공급원이 거의 없기 때문에 풍부하지 않다. 일부 유기체는 이렇게 가혹한 여건에 특별히 적응되어 서늘한 밤 동안 응축되는 이슬을 활용할 수 있는 지표면에 군집을 형성한다.
4. 에너지 순환은 매우 낮은 수준과 느린 속도로 이루어진다.
5. 토양은 칼륨(potassium), 나트륨(sodium), 황(黃, sulfur), 칼슘, 그리고 일부 마그네슘 등의 축적으로 강알칼리성을 띠는 경향이 있다. 식물은 이처럼 가용성 염류(可溶性鹽類, soluble salts)의 축적에 적응되어야 한다.
6. 만약 농업용으로 사용된다면 거의 항상 민물(fresh water)로 관수를 해주어야 한다. 관수를 해주면 토양은 생산적이겠지만 많은 경우 과도한 이용으로 황폐화되고 있다.
7. 여기에 대한 최선의 계획은 자생 식생을 이용하는 것이다. 경관 식생에 대한 관수는 많은 지역에서 바람직하지 못하다.

글레이화(gleization, 많은 히스토솔/Histosols과 다른 목/Order의 아퀵/Aquic이나 하이드릭/Hydric 토양군/Members)

1. 피복하고 있는 식생은 자신의 뿌리가 불량한 통기성(침수)에 적응하거나 뿌리가 지표면에만 발생하는 종으로 구성된다. 불량한 배수는 기후(습한)와/나 경관의 위치(범람원/氾濫原, floodplain; 저지/低地, depression; 긴 산록경사면/山麓傾斜面, footslope)에 의해 유발될 수 있다. 이들은 지하수면이 지표면 가까이에 위치하고 있으면 어떤 기후대에서도 발생할 수 있다.
2. 유기물 순환이 느려서 대부분의 유기물이 살아 있는 생물체에 축적되거나 주로 침수되는 광물질 위에 두꺼운 층으로 **큐물로스**(*cumulose* – 그 자리에서 자라서 축적된) 물질로 존재한다.
3. 혐기성(嫌氣性, anaerobic) 미생물이 회색으로 된 토양에 지배적이지만, 종종 호기성(好氣性, aerobic) 여건이 발생할 수 있는 위쪽 부위에는 호기성 미생물이 존재한다. 일반적으로 유기체가 자신의 에너지를 산화된 화합물의 무기적 환원(還元, reduction)으로부터 얻는 곳에는 환원 상태가 존재한다. 이들 화합물에는 철, 망간, 구리, 황, 질소 등이다. 회색의 층에는 노랑, 회색, 청록색이 지배적이다. 일부 습지 상황에서 가장 낮은 부위는 거의 청색일 수도 있다.
4. 주로 환원 상태이기 때문에 에너지 순환 속도는 매우 느리다. 지방산(脂肪酸, fatty acid), 에스테르(ester), 알코올(alcohol) 등과 같은 저에너지 화합물이 생산된다. 에너지의 대부분은 퇴적된 물질에 저장되어 있다.
5. 토양 pH는 일반적으로 강산성이고 영양분은 풍부하지 않거나 가용성 형태로 존재하지 않는다. 미량원소는 유독한 농도로 존재할 수도 있다. 질소의 많은 부분이 혐기성 세균에 의해 휘발(탈질화/脫窒化, denitrification)된다.
6. 특별히 적응된 식물들만 여기에 생존한다. 배수가 되고 비료를 적절하게 제공하면, 매

우 생산적인 흑니(黑泥, muckland)가 될 수 있다. 그러나 이 흑니의 침강과 산화는 해당 토양을 농업용으로 사용할 수 없게 퇴화시키기 때문에 방치하여 결국 습지로 되돌아갈 것이다.

7. 설계 대안은 습지용도로 제한된다. 이제 개발된 습지가 아니면 대부분은 연방법과 주법에 의해 규제되고 있다.

4.3 토양 설계

표토 문제와 설계 토양의 필요성

표토로 부지 토양을 덮고 여기에 식재를 하는 것과 같은 과거의 해결방안은 두 가지 주된 이유 때문에 더 이상 적절하지 않다. 첫째로 진짜 표토가 드물고 해당 부지 외부환경에 큰 영향을 미치는 비싼 자재가 되었기 때문이다. 다른 프로젝트로부터 표토를 받는 것은 더 이상 불가능한 관행이 되었다. 대부분의 경우, 그 프로젝트 표토는 여러 다른 프로젝트 사이의 토양과 의자 빼앗기(musical chairs) 놀이를 하는 것처럼 돌려쓰는 것보다 원 부지에 사용하기 위해 보존하는 것이 좋다. 두 번째이면서 가장 중요한 이유는 알지 못하는 보조기층(補助基層, subbase) 위에 표토나 어떤 물질을 한 층 포설하는 것이 현명하지 못한 작업이라는 것이다. 따라서 전체 토양 단면은 기존 여건과 식재 계획, 이들 식생에 적합하도록 설계하는 것이 좋다. 대안을 설계하기 위한 기회는 집중적인 시료채취와 분석에 의해 수집된 정보를 활용함으로써 잡을 수 있다. 설계된 배합토 자재의 하나로 기존 부지 물질을 사용하는 것은 퇴비화된 유기 폐기물과 같은 재활용 자재와 무기 자재의 공급원과 함께 고려되는 것이 좋다. 이러한 모든 행동들은 복구활동이 환경에 미치는 영향을 현저하게 줄여줄 것이다.

토양 단면에서의 설계 토양 층위

자연적인 단면의 층위는 어김없이 표토인 A층; 심토인 B층; 모재인 C층으로 되어 있다. 각 층위는 추가적인 층위로 세분될 수도 있다. 이들은 수직적인 변화에서의 전통적인 여건이나 어떤 지배적인 토양생성 요소가 존재했음을 나타낸다.

표토(表土, topsoil). 설계 토양은 표토 층이 필요하다. 이 층위는 뿌리에게 최적의 생장 여건을 제공한다. 이는 다음과 같은 특성을 가지고 있어야 한다:

(a) 밀도가 낮고 공극률이 높으면서 침하될 만큼 가볍지 않은 1.2~1.4Mg/m^3 정도
(b) 중간에서 높은 비옥도(肥沃度, fertility)
(c) 적어도 시간당 2인치(5cm) 정도의 높은 침투율(浸透率, infiltration rate)
(d) 무게 기준으로 15%를 초과하지 않는 중간에서 높은 유기물 함량
(e) 적어도 4~6인치(10~15cm)의 적절한 두께

유기물 함량은 무게 기준으로 15%를 초과하지 않아야 한다는 것에 유의하라. 이 비율은 유기물의 입자 밀도에 따라 차이가 있겠지만 부피 비율 기준으로 약 33% 또는 1/3에 상당한다. 대부분의 유기물 공급원이 약 0.22Mg/m^{3}의 용적밀도를 가지고 있다. 점토 함량에서와 마찬가지로 이 경우도 "좋은 것을 너무 많이 먹으면 당신을 죽일 것이다!" 유기물 비율이 1/3을 초과하면 침하되어 결국은 뭉쳐질 가능성이 매우 높다. 이렇게 되면 지표 층위인 표토일지라도 배수가 되지 않아 침수되고 이로 인해 거의 모든 식물의 고사를 초래할 것이다. 화분이나 온실 배합토는, 물리적인 상태나 배수에 대한 요구사항이 경관과 완전히 다르기 때문에, 경관 적용 용도로는 적합하지 않다.

입자 패킹. 설계 토양 혼합의 침하나 답압을 방지하기 위한 유기물 개량제의 임계 부피를 이해하기 위해서는 입자 패킹(粒子-, particle packing) 개념을 살펴보아야 한다.

설계 토양의 기본 모체로 사용되는 분류되지 않은 모래는 단립구조(單粒構造, single grained structure)라고 부른다. 즉, 입자들은 별개의 독립된 실체로 움직이고, 개량제나 토양 유기체의 활동, 뿌리 활동, 습윤과 건조, 동결과 해빙의 물리적인 과정에 의해 시간이 흘러감에 따라 추가적인 구조 발달이 없으면 거의 뭉쳐지지 않는다(Craul, 1992). 이는 토양 설계자가 유의해야 하는 주된 설계 토양의 초기 물리적인 상태이다.

패킹의 첫 경우는 최소 밀도와 최대 공극의 패킹으로 입방 패킹(立方-, *cubic* packing)이다. 개별 입자는 세 개의 직교하는 축에 여섯 개의 인접 입자와 접촉하고 있고 6이라는 배위수(配位數, *coordination number*)를 가진다. 용적밀도(容積密度, bulk density)는 $\pi\rho_s/6$(ρ_s는 고체 입자의 밀도로, 일반적으로 2.65Mg/m^{3}로 간주됨)이고, 공극률(孔隙率, porosity)은 구(球, sphere)의 직경에 관계없이 47.6%로, 용적밀도는 약 1.39Mg/m^{3}이다. 그러나 자연에서는 6개의 접촉을 가지는 패킹은 발생하지 않으며 비현실적이다. 보다 자연적인 패킹은 아마 3면(*pyramidal*)이나 4면(tetrahedral)일 가능성이 높을 것이다. 이들 두 후자는 동일한 밀도와 공극률을 가지며, 4면 패킹은 12배위이고, 용적밀도는 $\pi/3\sqrt{2}$ 또는 1.97Mg/m^{3}이고, 공극률은 25.95%이다. 입방과 4면의 중간 패킹은 공극률이 39.54%인데, 이 패킹 유형도 자연에서는 비현실적일 가능성이 높다.

만약 모래가 입자의 직경이 다양하여 크기(직경)가 균일하지 않으면, 패킹은 앞서 설명한 배위를 따르지 않는다. 입자 직경의 배열에 따라서는 배위수가 30 이상이 되고 공극률이 20% 미만이 될 수도 있다. 모래 입자가 고르게 분포하면, 특히 세사(細沙, fine sand)와 극세사(極細沙, very fine sand)를 임계구성비(臨界構成比, critical percentage)로 함유하고 있는 경우, 자체 답압(踏壓, compaction)이나 외력(外力, external force)에 의한 답압이 발생하는 경향이 있다. 이 물질의 밀도가 더 높기 때문에 유기물 개량제가 차지할 수 있는 공극 공간이 더 적어서 침하(沈下, settlement) 피해가 발생할 가능성이 더 높아진다.

모래 입자는 자연 상태에서 완전한 구형이 아니고, 둥근 모양의 다각형에서 날카롭게 각진 형태일 수 있다. 후자의 경우, 입자의 배열이 패킹을 결정하기 때문에 예측하기 어렵게 된다. 그러므로 여기서는 다른 정보가 없는 경우에 매우 유용한 일부 모델 정보에서 고찰하지만, 자연상태와 완전히 일치하지는 않는다.

유기물 개량제를 균일한 모래에 혼합하는 것은, 특히 개량제 입자 직경의 대부분이 모래 기반의 직경보다 작다면, 개량제의 부피는 패킹 유형의 공극률보다 크지 않는 것이 좋다. 따라서 유기물 개량제는 최대치로 30~35%를 초과하지 않는 것이 좋다. 침하나 답압을 방지할 수 있는 보다 보수적인 값은 20%에서 25% 사이가 될 것이다.

유기물은 시간이 지남에 따라 분해되기 때문에 개량제 혼합이나 멀칭에 의해 보충되지 않으면 설계 토양 층위가 줄어들 수 있다는 것을 명심해야 한다. 시간의 경과에 따라 유기물을 추가해 주는 것이 초기에 과도한 양을 혼합하는 것보다 낫다. 온실의 용기 토양은 전혀 다른 상황이기 때문에 여기에 권장되는 비율은 도시 토양 설계에 적용할 수 없다.

심토(心土, subsoil). 이 토양 층위는 추가적인 보수력, 양분, 식물 지지에 필요한 강도 등을 위해 대규모 토양 부피를 제공한다. 이는 다음과 같은 특성을 가지고 있는 것이 좋다:

(a) 중간 정도인 1.4~1.6Mg/m^{3}의 밀도
(b) 적어도 중간 정도의 비옥도
(c) 적어도 시간당 1인치(2.5cm) 정도의 적정 투수율
(d) 무게 기준 약 2~3% 수준의 낮은 유기물 함량
(e) 최소 12인치(30cm)의 적절한 두께

모재(母材, parent material). 이 층위는 추가적인 뿌리 전개 부피나 토양 강도를 가지는 것이 바람직할 때 도입된다. 또한 해당 단면의 배수를, 특히 암거배수(暗渠排水, underdrainage)와 관련하여, 제고하기 위해 특정한 층이 필요할 때에도 도입된다. 또한 어떤 배수 구조의 막힘을 방지하기 위한 여과장치로도 사용될 수 있다. 이는 다음과 같은 최소한의 특성을 가지고 있는 것이 좋다:

(a) 밀도가 높으면서 공극률이 높은 것으로, 일반적으로 거칠거나 매우 거친 모래
(b) 낮은 비옥도
(c) 빠른 투수력
(d) 유기물 함량은 불필요함
(e) 최소 두께는 배수 요구에 의해 결정됨

이들 특성을 확보하는 방법은 제5장에 자세히 설명되어 있다.

일반적으로 설계 토양은 중상에서 상 수준의 투수율(透水率, permeability) 계수 *k*(제2장의 표 2.5와 2.6)를 가진 중간 수준의 용적밀도를 가지고 있다. 토성은 미사질 양토, 양토, 사질식양토, 사양토, 양질사토로부터 사토까지 범위가 넓다. 그러나 과도한 답압 감수성과 배수를 방지하기 위해서는 미사질양토와 사토질 토성은 즉시 거부된다. 수용이 가능하기 위해서는, 미사질양토와 양토는 높은 비율의 내수성 입단(耐水性粒團, water stable aggregate)을 가지고 있을 필요가 있고(Craul, 1992), 사토는 유기물 함량이 중간 수준이 되어야 할 것이다.

층위 간 "조화". 앞서 제시된 바와 같이, 설계 토양에서 일부 전이층(轉移層, transitional horizon)을 배제하는 것은 비용을 절감하기 위해서는 바람직하지만, 층위 간에 급격한 속성 변화를 창출하여 잠재적인 경계면과 파이핑 현상의 발달로 이어질 수 있다(Craul, 1992; Holtz & Kovacs, 1981). 일부 자연 토양 단면이 매우 급격하게 변함에 따라 경계면과 관련된 문제를 나타낸다. 좋은 사례가 이쇄반층(易碎盤層, fragipan; Bx) 바로 위에서 일어나는 배수와 뿌리 침투 방해이다.

경계면. 자연 층위 내 전이층의 존재와 미묘한 수직적인 토성, 구조, 밀도의 변화는 경계면(境界面, interface) 발달을 방지한다. 자연적인 토양 단면은 "위로부터 아래로" 점진적인 변화를 나타낼 가능성이 높다. 보정계수(補正係數, compensating factor)도 점진적인 변화에 기여한다. 예를 들면, 바람직한 구조 발달의 정도를 높이면 B층에서 점점 더 가는 토성과 점점 더 낮은 유기물 함량으로 변화시키는 것을 대체할 수 있다. 설계 토양에서는 상당한 두께의 층위와 엄청난 돈과 노동력을 투입하지 않고는 한 층위 안에 미묘한 변화를 창출하는 것은 거의 불가능하다. 토성, 공극 공간 분포, 밀도에서의 적절한 변화는 설계 토양 단면에서 가장 바람직한 것이다.

한 층위로부터 다른 층위로 토성, 구조나 밀도, 또는 이들 모두의 급격한 변화는 물의 흐름에 대한 급속한 위축을 유발할 수도 있다. 경계면 위의 주수(宙水, perched water)는 이로 인한 흔한 결과이다. 가장 심각한 사례는 여과 직물(濾過織物, filter fabric)에 의해 분리되지 않았음에도 불구하고 자갈층 위 토양에 물이 고이는 것이다(**그림 4.3**a). 공기는 자갈층 토양의 바닥에 있는 물을 위쪽 방향으로 압력을 가할 것이다. 토양의 작은 공극으로부터 자갈의 매우 큰 공극으로의 뚜렷한 변화는 물기둥(water column)을 "단절"시킨다. 따라서 토양수(土壤水, soil water)는, 토양이 경계면 위의 수압고(水壓高, hydraulic height)가 대기압을 초과하는 수준으로 포화되기 전에는, 자갈층으로 들어갈 수 없게 된다. 이 높이는 적어도 몇 인치(10cm 이상)에 달할 수도 있다. 어떤 경우에는 전체 층위가 포화되지 않으면 물이 자갈층으로 흘러들어갈 수 없다. 포화된 부위에서 자라는 뿌리가 모두 혐기성 상태에 놓이게 되는 것은 말할 필요가 없다.

층위 간 용적밀도의 뚜렷한 대비는 앞서 설명한 토성 차이와 같은 효과를 나타낸다. 즉, 아래의 밀도가 높은 층위에서 물이 정체되어(뿌리 신장도 마찬가지로) 위쪽 밀도가 낮은 층위가 포화상태가 된다. 식물의 뿌리는 산소 부족으로 고통을 받을 뿐만 아니라, 경사진 토양에서는 토양수의 적재중량(積載重量, loading weight)이 경계면에서의 파괴를 유발하여 땅꺼짐(slumping)이나 회전 사태(回轉沙汰, rotational failure)로 이어질 수 있다.

마찬가지로 세립질 토성(細粒質土性, fine texture) 층위 위의 조립질 토성(粗粒質土性, coarse texture) 층위에서도 같은 상황이 발생한다(**그림 4.3**b). 조립질 층위의 투수성이 세립

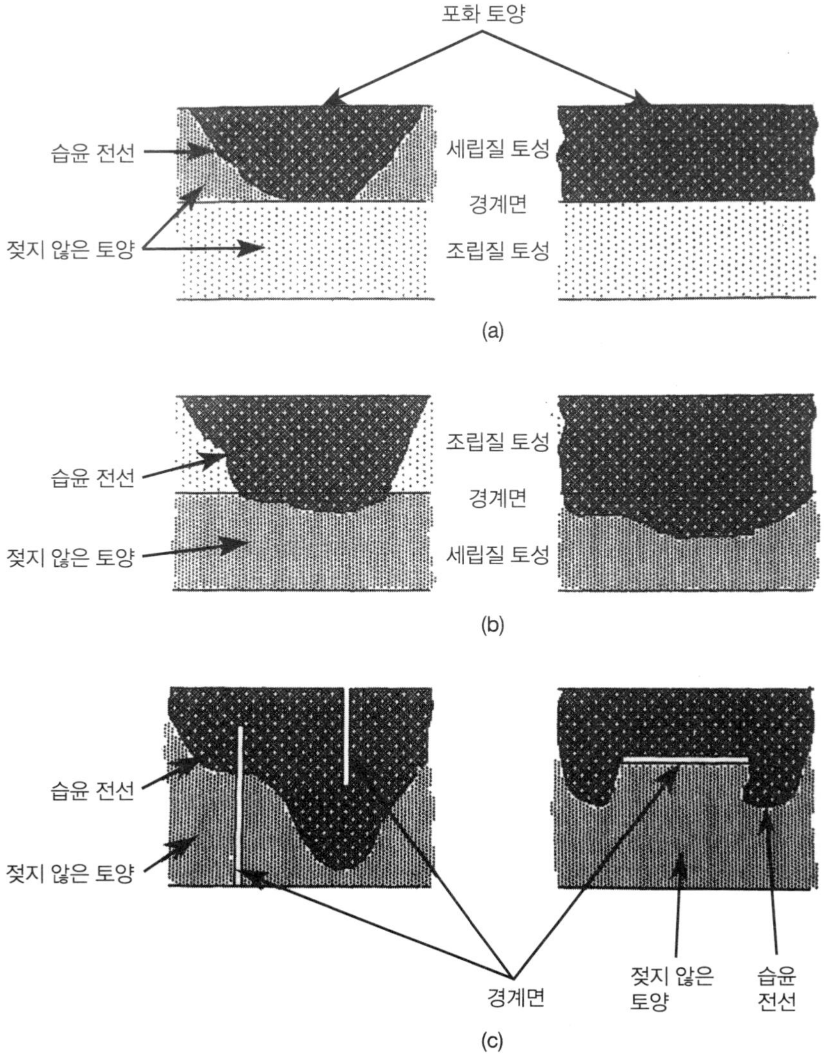

그림 4.3 토양 경계면. (워싱턴주립대학교 W.H. Gardner에서 전재.)

질 층위보다 높기 때문에 물의 흐름이 조립질 층위를 통해 빠르게 흐르지만 세립질 층위에 도달하면 어느 정도 정체하게 된다. 이 물은 조립질 층위에서 "다시 차올라" 충분한 물이 적용된다면 포화될 수도 있다. 세립질 층위는 천천히 젖게 되어, 만약 지표에서 충분한 물이 적용되지 않으면, 젖지 못하고 상대적으로 건조하게 유지될 것이다. 이러한 상태는 **그림 4.4**에서 보여주고 있다.

그림 4.3c는 지표면과 연결되거나 연결되지 않은 수직적인 경계면과 조립 물질의 파묻힌 수평 층이 습윤 전선(濕潤前線, wetting front)의 움직임에 미치는 영향을 보여준다.

지표면으로부터 24에서 36인치(60에서 90cm) 이상 아래에 있는 경계면은 18인치(45cm)처럼 지표면에 가까운 것보다 불량한 생장여건을 훨씬 덜 유발한다. 경계면의 급변, 즉 인접 층위의 물리적인 성질 간 대비도 이의 영향을 결정한다: 대비가 클수록 경계면 효과가

그림 4.4 워싱턴 DC 소재 John F. Kennedy Center의 상식된 브래드포드(Bradford) 콩배나무 식재지 토양 단면의 불완전한 습윤.

크다.

경계면 예방. 경계면이 생기는 것은 두 가지 방법으로 예방할 수 있다. 첫째로 경계면 양쪽에 대한 물리적 성질의 차이가 작도록 인접 층위를 설계하는 것이다. 이론적인 사례에 불과한데, 세립질 사양토와 바로 아래 층위의 양토 사이에 놓인 표토가 매개체가 될 수 있지만 분명 만족할 만한 것은 아니다. 이 표토가 중간 정도의 유기물 양, 아마 무게 기준으로 10% 미만에서 낮으면 약 4% 정도만 가지고 있으면 된다. 다음의 낮은 층위는 더 거친 입자가 될 것이다. 최소차(最小差, minimum difference) 개념은, 위에 있는 주수로 인한 배수와 뿌리 전개 문제를 제기하지 않도록 충분한 깊이에 있어야 하는 배수층(排水層, drainage layer)을 제외하고, 모든 경계면에 적용된다.

두 번째 방법은 토양을 쌓는 동안 이루어진다. 한 토양 자재를 다른 토양 자재 위에 놓을 때 섞어주지 않으면 경계면이 형성되는데, 이러한 경계면이 아닌 전이층이 창출될 수 있도록 층위 간 회전경운(回轉耕耘, rototilling)으로 두 층위의 토양을 섞어준다. 자세한 과정은 이 장의 뒤쪽에 있는 "시공과 설치"에 설명되어 있다.

이들 두 절차를 준수하면 심각한 경계면이 형성될 위험은 거의 없다. 이들 절차는 두 Boston Commons의 광장(Parade) (Boston Commons 공원 서쪽에 조성된 지하 주차장과 지상 잔디밭) 프로젝트에 적용되었다. 이들 프로젝트에 대한 자세한 내용은 제12장에 제시되어 있다.

"파이핑" 요인. 이는 토양 미립자(미사와 점토일 가능성이 높고 때로는 매우 가는 모래도 가능)가 물의 흐름에 의해 한 층위에서 다른 층위로, 또는 토양에서 배수로 방향으로 단면을 통과해서 이동하는 것이다. 파이핑은 어떤 면에서 토양학적 과정에서 점토 피막(큐탄/cutan)으로 발생하는 **박토**(剝土, *stripping*)와 비슷하다. 두 과정은 모두 단면 내 토성의 급격한 변화를 유발하여 아래 층위에 있는 미세 공극이나 배수로 위의 여과직물을 막게 된다. 댐(dam)과 제방(堤防, embankment) 공학에서는, 파이핑이 흙으로 된 구조물에서 토양이 포화되었을 때 유발되어 실질적인 수로를 만듦으로써 최종적인 파괴로 이어질 수 있다. 층위의 토성과 배열은 설계된 단면에서 파이핑을 예방할 수 있도록 주의 깊게 계획되어야 한다.

토양은 투수율(透水率, permeability) 계수 k가 10^{-4}cm/sec일 때 파이핑에 발생할 가능성이 가장 높다(Holtz & Kovacs, 1981). 이 값은 낮은 동수경사(動水傾斜, hydraulic gradient) 하에 있는 투수성 토양과 배수가 불량한 토양 사이 경계면에 가까운 값이기도 하다. k값 1.0cm/sec은 층류(層流, laminar flow)와 난류(亂流, turbulent flow) 사이 경계면에 가까운 값이고, 10^{-7}cm/sec보다 작으면 불투수성 토양의 투수성을 나타낸다.

D_{10}(ASTM D-422-63의 입도분포곡선에서 체를 통과한 중량 백분율의 10%에 해당하는 mm 입자직경)을 이용한 실증적인 공식에서, "유효입경"(有效粒徑, effective grain size)은 0.1에서 3.0mm 사이의 D_{10}을 가진 순수 모래(*clean* sand) (5% 미만이 No. 200 체를 통과하는)에 적용할 수 있으며, 이는 다음과 같으며.

$$k = CD_{10}^2$$

여기서 k는 cm/sec로 표시되며, D는 mm로, C는 평균이 1로 0.4에서 1.2로 다양하다. Holtz & Kovacs(1981)는 순수 모래의 k값은 1.0에서 10^{-3}cm/sec 범위로, 극세사와 다른 일반 토성은 10^{-3}에서 10^{-7}cm/sec 범위라고 제시한다. 동수경사가 동일하게 접근하여 파이핑과 침식으로 이어지면 임계상태(臨界狀態, critical condition)가 발생할 수 있다. 불행하게도 많은 토양의 경사는 대부분의 현장 상황에서 거의 동일하다. 여기서 의미하는 것은 단면의 각 층위에 대한 투수성 계수는 10^{-4}cm/sec보다 큰 것이 좋고, 한 층위에서 다음 층위 사이에 차이가 크지 않으면서 동일하지도 않아야 한다는 것으로, 이는 한 층위에서 다음 층위 사이 k값은 차이가 있는 것이 좋다는 것을 의미한다(**그림 4.5**). 파이핑의 위험은 유기물 함량이 높거나(약 50% 가까이 또는 그 이상) 다른 세립질의 함량이 높은(극세사, 미사와/나 점토의 총량이 약 35% 이상) 상태에서 투수성이 높을 때 발생한다. 투수성 계수가 낮고 세립질 구성비가 낮은 표토를 사용하는 것이 배수로가 막히고 표토로부터 심각한 이동이 발생하는 것을 막을 수 있는 방법이 될 수도 있다. 이는 모재층이나 배수층과 함께 심토(心土, subsoil)가 수분, 양분, 역학적인 안정성을 위해 필요한 추가적인 뿌리 전개 부피를 제공함과 동시에 보호용 여과장치(濾過裝置, filter)로서의 역할을 하도록 하기 위해서다.

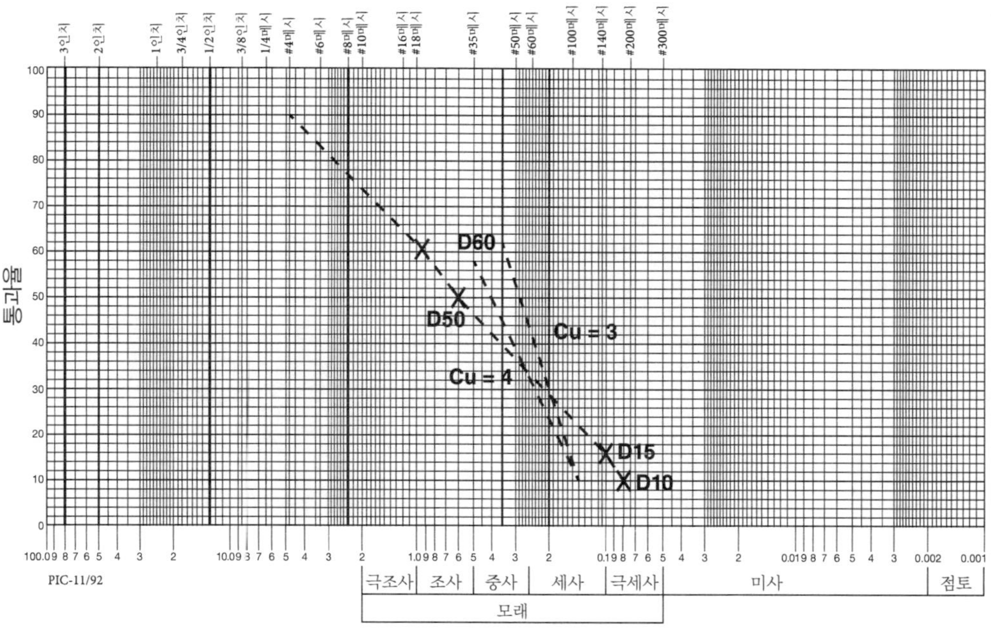

그림 4.5 주어진 토양 자재에 대한 D_{10}, D_{15}, D_{50}, D_{60}을 보여주는 입도분포곡선. 체의 크기는 상단에 나열되어 있고, mm로 표시된 직경은 바닥에 나열되어 있다. 왼쪽 수직선인 *y*축은 다양한 체를 통과한 총 무게의 구성비이다.

Holtz & Kovacs(1981)는 보호성 여과장치에 필요한 요구조건 4가지를 다음과 같이 제시한다:

1. 여과자재(濾過資材, filter material)는 여과자재와 인접 구조를 붕괴시키는 수압(水壓, hydraulic pressure)이 쌓이지 않도록 하기 위해 단면에서 여과자재 위의 물질보다 투수성이 더 좋은 것이 좋다.
2. 설치된 여과자재의 공극은 위쪽의 자재 입자가 여과자재를 통과해서 보호용 여과시스템을 막히게 하고 파손하는 것을 방지하기에 충분할 정도로 작아야 한다.
3. 보호용 여과자재의 층은 해당 여과자재 전반을 통해 모든 입자 크기가 고루 분포할 수 있도록 충분한 두께여야 한다.
4. 여과자재 입자는 충분히 작은 구멍이나 천공, 또는 필요하면 더 거친 추가적인 여과지대에 의해 배수 배관으로 이동하지 않아야 한다.

최소 요구조건은 이미 개발된 천으로 된 여과재 중 일부에 의해 충족될 수 있을 것이다. 이 자재는 구멍이 뚫린 PVC 배관 둘레를 감싸거나, 일부 기술자들이 선호하는 바와 같이, 여과 직물로 감싼 배관 바깥을 중간에서 굵은 자갈로 덮어주는 것이다.

보호용 여과자재에 대한 입도변화(粒度變化, gradation) 요구조건은 **표 4.3**에 제시되어

표 4.3 여과자재에 대한 입도변화 요구

여과자재 특성	R_{15}	R_{50}
균일 입자 크기 여과자재, C_u = 3에서 4	—	5~10
다단계(graded) 여과자재, 약간 둥근 입자	12~40	12~58
다단계(graded) 여과자재, 각진 입자	6~18	9~30

R_{15} = 여과자재의 D_{15}/보호되어야 하는 자재의 D_{15}

R_{50} = 여과자재의 D_{50}/보호되어야 하는 자재의 D_{50}

주: 여과자재의 최대 크기는 76mm(3인치) 미만이 좋다. 자갈 함량(No. 4 초과)이 10%를 초과하고 세립질(No. 200 미만)이 10%를 초과하는 경우에는 입자 크기가 No. 4 미만인 기자재를 여과자재 경계용으로 사용하라. 여과자재는 세립질이 여과자재로 그리고 배수 배관 안으로 과도하게 이동하는 것을 방지하기 위해 No. 200 미만 크기의 입자를 5% 이상 함유해서는 안 된다. 여과자재와 기자재의 입도분포곡선은 더 가는 크기의 범위 내에서 대체로 비슷한 것이 좋다.

C_u는 균일성 계수로 입자크기 단계를 나타내는 척도이다. 숫자가 작을수록 입자의 크기가 더 균일하거나 입자 크기의 분포 범위가 더 좁다.

출처: Holtz & Kovacs, 1981.

있다. 첫 비율인 R_{15}는 보호될 자재의 작은 입자가 해당 여과자재의 구멍을 통과하지 못하도록 하고, 두 번째 비율인 R_{50}은 여과자재 내부의 침투력(浸透力, seepage force)이 적절하게 작아지도록 한다. 여러 층(층위)을 사용함으로써 해당 토양의 여과효과가 향상된다.

그림 4.5의 점 X들은 각각 0.08, 0.095, 0.62, 1.03mm인 10%, 15%, 50%, 60%에서 더 가는(통과하는) 토양에 대한 입자 직경을 표시한다. 표 4.3에 표시된 비율을 계산하기 위해서는, 두 자재(여과자재와 보호되어야 하는 자재) 각각을 입도분포곡선에 표시한 다음 이의 직경을 수작업으로 구하고 공식으로 연결시켜야 한다. 입도분포곡선을 반복하고 재반복하는 것은 두 자재를 “맞추기(fitting)” 위해 필요할 수 있다. 맞춤 여과재의 경우, 그림 4.5에 나타낸 바와 같이, 이 곡선은 No. 4와 No. 200 메시(mesh) 체 사이의 점선에 의해 시작되고 종료되어야 하며, 두 점 사이의 경사는 표시된 바와 같이 C_u = 3 또는 C_u = 4 선을 따라야 한다. 점으로 된 사선에 의해 그려진 직사각형 내의 시그모이드 곡선(sigmoid curve)은 최종적인 결과이다. 입도분포 분석에 대한 다양한 기준은 제5장에서 더 자세히 고찰될 것이다.

앞선 고찰에 대한 간단한 예시가 반복 과정의 설명을 위해 도움이 될 것이다. **그림 4.6**은 제시된 식재 토양과 연결된 배수-여과 층위에 대한 입도분포를 보여준다. 그림 4.6의 굵은 곡선은 식재 토양이고, 점으로 된 곡선은 배수-여과 층위이다. 두 곡선 사이의 관계는 표 4.3에서 R_{50} 비율 칸의 균일 입도 여과 장치의 값을 따른다. 배수지(配水地, drainage area)는 대략 C_u = 3을 가진다.

층위 두께. 설계 토양이 효과적이기 위해서는 층위는 최소 두께가 필요하다. 설계 토양에서 일반적으로 표토 두께가 가장 중요하다. 표토 층위 두께는 적어도 4인치(10cm), 만족스럽기

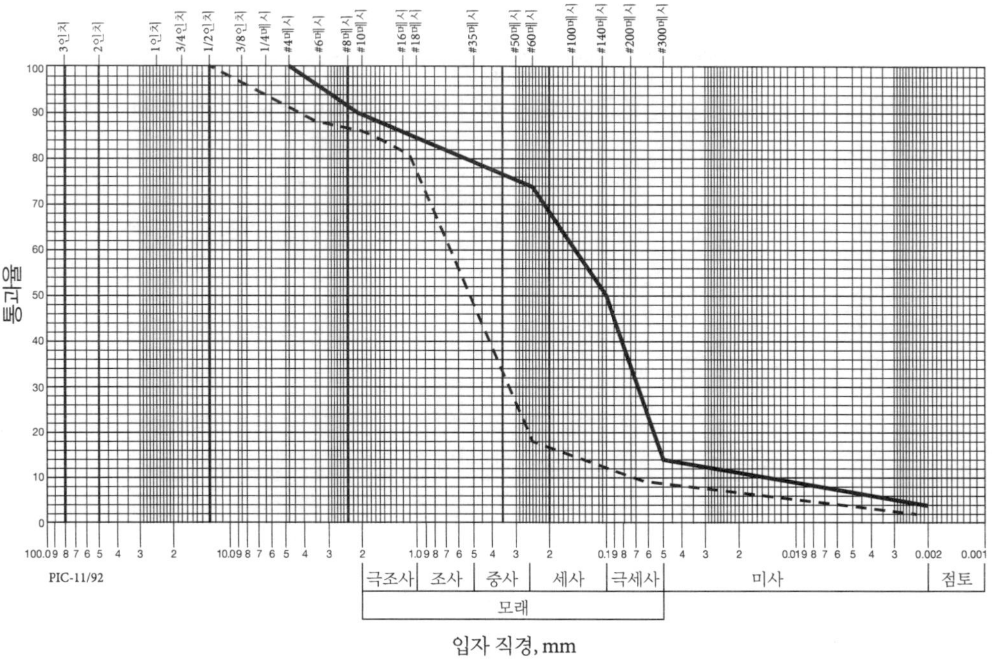

그림 4.6 식재 토양과 이의 배수 여과 층위에 대한 입도분포곡선.

위해서는 최소 6~8인치(15~20cm)가 되어야 하고, 최적 수준은 12~18인치(30~45cm)가 되어야 한다. 일부 표토 시방서는 24인치(60cm)의 두께를 요구하기도 한다(제12장 참조).

표토. 표토(表土, topsoil) 두께는 대개 식생 집단의 구성과 부지 구획의 용도, 즉 화초(花草, bedding plant), 지피, 교목, 통행이 빈번한 잔디 지역 또는 식물의 혼합 등에 따라 다르다(제11장). 일반적으로 표토는 일년생을 사용하는 화초에 대해서는 두께가 12~16인치(30~45cm)로 다소 두꺼운 것이 좋다. 반면, 다년생이나 목본의 관목을 사용하는 경우에는, 표토가 더 얇을 수도 있다. 이러한 권고는 교목에 대해서도 동일하게 적용될 수 있다. 교목이 더 깊은 뿌리를 가진다는 것만으로 표토가 가장 깊은 뿌리만큼 깊어야 한다는 것을 의미하는 것은 아니다. 교목은 자연 삼림에서와 같이 가는 실뿌리(feeder root)의 요구를 충족시키기 위해서는 약 6인치(15cm)의 두께만 있으면 된다(Craul, 1992).

심토. 심토(心土, subsoil)의 두께는 주로 해당 식생 집단의 보수력과 고착 요구를 충족시키기 위해 요구되는 토양 깊이(부피)의 크기에 의해 결정된다. 심토는 관수가 어려운 경우처럼 일부 사례에서는 24~36인치(60~91cm) 정도로 두꺼울 수도 있다. 반면, 6인치(15cm) 보다 얇지 않은 것이 좋은데, 이 경우 또 다른 층위를 조성하는 비용이 생략되기 때문에, 그 차이를 추가적인 비용을 거의 부담하지 않고 표토로 보충할 수도 있다.

모재 또는 배수층. 세 번째 토양 층위가 "여과층"으로 사용될 수도 있지만 해당 단면의 바닥에서 배수층(排水層, drainage layer)으로 설계되는 경우가 더 많다. 두께는 보통 최소 6인치(15cm)이며, 여과층 설계가 더 두꺼운 층을 요구할 때에는 12인치(30cm)가 될 수도 있다. 일반적으로 더 큰 두께는 불필요한데, 두께가 6인치(15cm)보다 얇으면 배수층의 유효성이 떨어진다.

설계 토양 단면의 장점과 단점. 설계 토양 단면은 심근성 수종에게 가장 큰 도움을 준다. 이 단면은 이들 수종의 생장 요구조건을 가장 잘 충족시킨다. 이는 자연적인 상태의 모방으로, 표토는 세근을 위한 최적의 배지를 제공하고, 심토는 추가적인 생육환경을 제공하고, 모재나 C층은 배수와 여과층 보호 역할을 한다.

설계된 단면의 단점은 보다 집중적인 계획수립과 자재에 대한 실험, 그리고 매우 복잡한 일습의 시방서가 필요하고, 각 층은 개별적인 시방서가 필요하다는 것이다. 이 장의 뒤에 고찰될 시공 절차는 더욱 복잡하다. 그리고 후자는 조경가가 현장에서 보다 매일매일의 주의가 필요하다.

분명히 설계 토양 단면은 비용이 더 들어간다. 이들 비용은 복잡한 설계 과정, 정교한 시방서 작성, 요구되는 다양한 공급원의 자재와 이들의 실험, 보다 복잡한 설치 작업과 보다 세심한 감독과 확인이 필요하기 때문이다. 그러나 이에 대한 보상은 성공적인 설계로 더 긴 수명을 보장할 가능성이 높다는 것이다.

동질 토양

동질 토양(同質土壤, homogeneous soil)은 깊이에 있어서의 제한된 변이를 제외하고 3차원 공간에서 차이가 없는 등방성(等方性, isotropic)인 토양이다. 이는 층위로 구분되어 있지 않다. 토성, 유기물 함량, 용적밀도, 투수성, 기타 특성이 전반적으로 어느 정도 동일하다. 단면 바닥으로부터의 배수는 그 아래에 있는 자재나 설치된 암거배수(暗渠排水, underdrainage)에 달렸다.

최종적인 설계는 간단하지만, 적합한 토성, 유기물 함량, 모든 구조 개량제를 선택하는데 많은 주의를 기울여야 한다. 위쪽 부분은 표토의 속성을 제공해야 하고 아래쪽 부분은 심토의 속성을 제공해야 하기 때문에 이러한 작업은 사실 절충 설계(약 18인치/45cm 이하로 얕지 않으면)이다. 그리고 깊이가 18~20인치(45~50cm) 이상이 되면 설계하기 어렵고, 깊이가 36~48인치(91~122cm) 이상인 동질 토양은 오늘날 토양 기술로는 구현하는 것이 불가능하다.

또한 고유의 동질성 때문에, 이 토양은 설계 토양 단면이 아닌 아래에 놓인 자재의 배수 특성에 더 좌우되는데, 이는 자신의 배수층을 가지고 있다. 물론 필요하면 배수층을 동질 토양 아래에 조성할 수 있지만, 그렇게 되면 동질성이 상실되거나 적어도 감소하게 된다. 따라서 암거배수는 동질적인 토양 설계에서는 매우 복잡 미묘하다. 이러한 사실은 배수시설이 없는 동질적인 단면에서의 수분 분포를 살펴보면 더욱 분명하다. Harris(1983)는 적

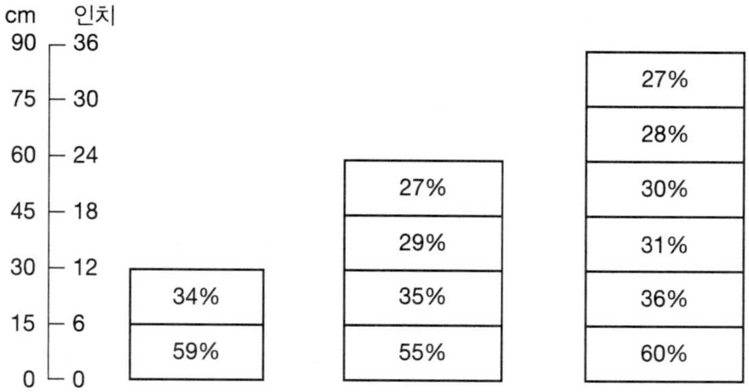

그림 4.7 다양한 높이의 동질 토양에서의 수분 분포. (Harris, 1983 재구성.)

절한 도해를 제공하고 있다(**그림 4.7**). 각 세로 칸의 바닥에 표시된 구성비는 공극 공간이 포화에 가깝다는 것을 나타내고 있음에 유의할 필요가 있다. 따라서 이 칸 아래에서 접하고 있는 배수층은 수분율(水分率, moisture percentage)이 떨어질 것이다.

동질 토양 설계 기준은 일부 가볍게 개량된 표토의 성질을 따른다. 특정 단면의 표토에 비해 토성은 다소 더 거칠고 유기물 함량은 다소 작을 것이다. 또한 설계 토양은, 그럴 가능성이 낮은 표토에 비해, 침하와 답압을 방지하기 위해 구조적인 개량제를 포함해야 할 필요성이 더 높을 수 있다.

동질 단면의 장점과 단점. 토양 설계는 하나의 시방서를 요구하고, 대부분의 시공에서 사용되는 단(壇, lift)을 사용하는 경우를 제외하고 설치하기 쉽다. 이는 얕은 설치와 단순한 식생에 가장 적합하다.

설계 토양은 다양한 식생 집단의 모든 종에 최적의 토양 여건을 제공할 수는 없을 것이다. 어떤 부류는 잘 자랄 것이고 다른 부류는 그렇지 못할 것이다. 개량제는 항상 지표층만이 아닌 전체에 첨가해야 한다. 비록 단순하지만 이 설계는 설계 토양 단면에 내재되어 있지 않은 일부 문제를 유발할 것이다. 균질성은 동수경사가 단면 전반을 통해 동질한 곳을 향하는 경향이 있어서 세립자들이 바로 배수 시스템으로 이동하기 때문에 파이핑 문제를 야기할 가능성이 있다. 물리적인 균질성은 설계된 단면과 비교하여 침하되거나 침강될 가능성을 더 높인다.

다양한 적용을 위한 단면

최종적인 설계 단면은 많은 요소에 따라 달라질 수 있다는 것은 앞선 고찰에서 분명해졌다. 이들 요소는 식재와 관련된 다음과 같은 **부지 상황**(*element situation*)들이다: 개방, 경계석 옆, 포장된 광장 또는 보도; 통행이 있는지의 여부; 식생 집단의 구조; 기초나 구조물 위; 관수 여부 등.

다양한 단면 적용은 제11장에 제시되어 있는데, 이는 조경가가 도시 토양에 대한 계획을 수립하고 설계하는 데 유용한 지침이 될 것이다.

4.4 지속가능 토양

지속가능 토양(持續可能土壤, sustainable soil)은 다음과 같이 정의할 수 있다:

> 지속가능 토양은 완전히 재활용 가능한 제품으로만 구성되거나 버려진 토양과의 혼합으로 된 것으로, 후자는 보완 없이는 사용할 수 없는 것이다. 지속가능 토양은 재생 불가능 자원을 거의 포함하고 있지 않는다.

우리는 아직 지속가능성의 모든 기준을 충족시킬 정도로 기술이나 경제성을 확보하지 못하고 있다. 그래도 만약 버려진 토양이 특정 시방서를 충족한다면 배합토의 일부로 사용할 기회가 있기 때문에, 정의에 포함시킨 것이다.

설계 토양에 사용될 수 있는 지속가능한 요소의 일부 사례는 다음과 같은 것이 있다 (Craul, 1994b):

- 강 준설이나 모래 채취장에서 나온 모래나 재활용되는 빻은 유리
- 하수 슬러지에서 유래된 부숙된(腐熟-, composted) 유기물, 선별된 도시 정원 폐기물, 식품 가공 찌꺼기 등
- 선별된 광미사(鑛微砂, mine tailing), 기저부 빙하 표석 점토(基底部氷河標石粘土, basal glacial till) 등과 같이 다른 용도가 없는 버려진 토양 자재
- 골재 플랜트(骨材-, aggregate plant)에서 나온 탈수된 세정물, 특정 굴뚝의 재 등

지속가능한 토양 설계

식물 생장을 위한 생물학적 요구조건을 충족시키고, 답압에 견딜 수 있고, 일반적인 자연 토양이 요구하는 유지관리를 초과하는 추가적인 유지관리 부담이 없는 다양한 혼합물로 구성된 제제(製劑, formulation)를 만들 수 있다. 이 토양은 보다 적절한 층위의 층으로 시공되어 해당 프로젝트의 목적에 적합한 모방된 자연 토양 단면이 될 것이다.

다른 공급원의 광물성 자재와 함께 혼합 자재로 사용되면, 표토가 될 수도 있다. 광물성 자재는 이의 유용성을 보장하기 위해 자세히 기술되어야 하며 최종 혼합물의 특성을 예측할 수 있도록 일관된 자료를 제공해야 한다. 이러한 유형의 시방서는 오랫동안 토질 기술자가 사용해왔기 때문에 이 부분에 대한 시방서 작성은 구체적이어야 한다. 그러나 조경가와 원예가가 원하는 최종 제품의 특성은 토목 기술자가 원하는 것과 완전히 다르다. 따라서 정량화된 토목 시방서는, 시방서의 기준 목록이 동일하더라도, 정량화된 경관 시방서와 다르다.

시공된 표토의 제제는 다양한 변수를 고려하여 마무리되어야 한다. 이들 변수에는 혼합 자재들의 물리적 및 화학적 특성과 혼합 토양의 경관 적용에 대한 조화 등이 포함된다. 후자의 상태는 지형, 토양의 물리적 및 화학적 특성과 배수성, 기반암이나 기저에 있는 지각의 지질물질, 이의 깊이 등에 의해 결정된다.

무기 자재. 무기 자재(無機資材, mineral component)는 해당 토양의 일차조직(一次組織, primary fabric)을 형성한다. 이는 모래, 미사, 점토 입자로 구성된다. 유기물도 일차조직에 기여하는 요소지만 별도로 개량제로 분류된다. 여기에는 구성 성분, 크기(직경 분포), pH, 양분 함량, 양이온 교환 용량(陽-交換容量, cation exchange capacity), 공급원 등이 포함된다.

무기 자재에는 해당 배합토의 구조를 향상시키기 위한 세부 자재도 포함될 수 있다. 세부 광물 자재에는 부석(浮石, pumice), 규조토(硅藻土, diatomaceous earth), 소성 플라이애시(sintered fly ash), 팽창된 점판암(粘板岩, slate) 등이 있다. 이들 제품은 배합 토양의 공극 공간을 증대시킴으로써 해당 배합토양의 보수력과 배수성을 높여줄 뿐만 아니라 답압에 대한 저항성도 높여준다(Craul, 1997).

무기 자재에 명시되어야 하는 다양한 성질에는 토성이나 입자 크기 분포, 반응(pH), 자연 토양이 배합에 사용되는 경우 유기물 함량, 영양분 함량, 용해성 염, 돌과 파편 함량, 오염물질 농도 등이 있다.

유기 자재. 과거에는 썰거나 체로 친 초탄(草炭, peat moss)이 매우 만족스러운 유기물 공급원이었다. 이제 이 자재는 비싸지고, 토탄지(土炭地, peat bog) 채굴의 환경적인 영향에 대한 우려 때문에 공급이 감소하고 있다. 이제 농사와 도시 모두에서 나오는 부숙된 유기 폐기물과 같은 대체재가 가용해지고 있다(Composting Council, 1996; Hornick 등, 1979). 그러나 처리나 제조에 관해 공표된 구체적인 표준이 없고, 다양한 자재가 폭넓게 시장에서 판매되어 왔다(Craul & Switzenbaum, 1996). 일부 자재는 재산권적 정보(財産權的情報, proprietary information)로 고유의 구성을 가진 상표명을 가지고 있고, 일부는 농업 연구소와 대학교의 연구에 의해 문서화되어 있지만, 이들의 구성은 재산권으로 남아 있다. 유기적 자재의 규격은 표준이 개발되기 전까지 적절한 유기물의 확보를 보장할 수 있도록 자세하고 충분히 제시되어야 한다. 이를 위해 다음의 요소들이 고찰된다.

유기적 자재에 명시되어야 하는 성질에는 탄질비(炭窒比, carbon/nitrogen ratio), 안정성, 성숙도, 냄새, 무기물과 유기물 함량, 분말도(粉末度, fineness), 반응(pH), 양이온 교환 용량, 양분 함량, 중금속 함량, 잔류 농약(殘留農藥, pesticide residue) 가능성 등이 있다 (Craul & Switzenbaum, 1996).

가용한 유기물의 다양성이 문제를 야기한다: 대부분의 생산자들은 짧은 시간 동안 사용할 수 있는 제한된 양의 재고만을 가지고 있다. 따라서 건설 공사의 시공 단계 기간과 같이 짧은 시간 안에 많은 양이 필요한 프로젝트는 단일 공급자로부터 필요한 양을 모두 확보하기 어렵고 비슷한 원료를 확보할 수 있는 다른 공급자를 구하는 것도 쉽지 않을 것이다. 비슷하거나 거의 동일한 원료를 몇 공급자로부터 구할 수는 있겠지만 위치가 분산되어 있어서 수송비가 비싸지게 될 수도 있다. 때로는 최상의 원료를 충분히 확보한다는 차원에서 거액의 수송비 예산 책정이 정당화될 수도 있다. 따라서 해당 프로젝트를 완료하는 데 필요한 충분한 양을 확보하기 위해서는 다른 공급자로부터 동일하지는 않지만 몇몇 비슷한 원료를 구하도록 하는 것이 필요할 수도 있다. 분명한 것은 표준 자재의 생산만이 향후 이러한 심각한 문제를 제거할 수 있을 것이다.

생물 자재. 토양 유기체는 스스로 문제를 해결할 수 있다는 생각 때문에, 대부분의 경우 생물 자재(生物資材, biological component)가 완전히 무시된다(Craul, 1997). 상대적으로 척박한 자재에 대한 접종(接種, inoculation)은 시간이 경과함에 따라 발생한다. 많은 경우, 이러한 자연적인 과정이 발생하지만, 그렇지 않고 이러한 과정이 일어나지 않거나 방해되면 영양 결핍이나 직접적인 병리적 영향으로 식생 집단의 조기 소멸이 유발될 수도 있다. 지속가능 토양의 출현으로, 유기적 자재로 퇴비를 사용함으로써 토양 유기체가 증가하는 데 기여할 수도 있을 것이다. 다른 한편으로는, 배합 토양의 생물적 상황을 확인하여 필요하면 접종하는 것도 좋은 전문적인 작업이다. 균근(菌根, mycorrhizae), 유익한 세균(근류균 속/根瘤菌屬, *Rhizobium* spp.) 등과 같은 다양한 유기체는 성공적으로 토양에 접종되어 오고 있다.

어떤 교목을(또는 자연적인 환경으로부터 다른 식물을) 삼림으로부터 농장을 거쳐 도시 환경으로 이식하는 것은 일부 중요한 토양 미생물(微生物, microorganisms)을 배제시킬 수도 있다. 식물의 건강에 가장 중요한 것들 중 하나가 균근이다(Marx, 1997). 처음에는 척박한 토양에 있는 교목의 뿌리에서만 발견되었으나, 근대의 현미경 기술로 이제 이들은 거의 모든 식물에서 발견되었다. 균근은 식물의 뿌리에 공생적으로 살아가는 곰팡이 집단으로, 자신들이 필요한 탄수화물을 기주(寄主, host)로부터 얻으면서, 자신들의 증대된 흡수 표면적과 독특한 대사과정(代謝過程, metabolic process)을 통해 더 많은 양의 영양분, 식물 생장 화합물, 그리고 수분을 기주에게 공급한다. 뿌리에 균근이 있을 때와 비교하면, 균근이 없는 경우 같은 크기의 뿌리를 만들기 위해 100배의 광합성 산물(光合成産物, photosynthate)을 사용한다. 반면 해당 교목이 생산한 총 광합성 산물 15%만 균근을 먹여 살리는 데 사용된다.

균근에는 두 유형이 있다. **외생균근**(外生菌根, *ectomycorrhizae*) (주로 모래밭버섯/*Pisolithus tinctorius*)은 확인된 첫 집단인데, 이는 이들이 뿌리 외각에 연속적인 균초(菌鞘, sheath)로 나타나고 육안이나 휴대용 확대경으로 탐지할 수 있기 때문이다. 이들은 2000이 넘는 종에서 발생하며, 소나무, 참나무, 너도밤나무, 가문비나무를 포함한 교목에만 발생한다. 균근의 효과는 내건성 제고, 뿌리 병 억제, 뿌리의 젊음을 유지하는 것 등이다. 교목의 건강을 유지하기 위해서는 뿌리가 스스로 계속 갱신해야 하기 때문에 마지막 기능이 중요하다. 이 균근 집단은 먼지버섯(puff ball)과 다양한 버섯 형태의 지상부를 통해 유성생식(有性生殖, sexual reproduction)한다. 포자는 바람, 새, 소동물 등을 통해 전파된다. 두 번째 집단은 내생균근(內生菌根, *endomycorrhizae*) 또는 흔히는 VAM(Vesicular Arbuscular Mycorrhizae)으로 이루어진다. 이 집단은 포도나무, 잔디, 콩과식물, 사막 식물(沙漠植物, desert plant), 장과식물(漿果植物, berry)과 같은 농작물, 관상식물, 또는 원예작물, 그리고 단풍나무류, 사과나무류, 감귤나무류, 커피나무류, 복숭아나무류, 회양목류, 산딸나무류, 산사나무류, 향나무류, 장미류, 가막살나무류와 같은 목본식물에 발생한다. 이 집단은 토양 내에서 포자에 의해 생식하며 토양 동물(動物, fauna)에 의해 전파된다. VAM은 외생균근처럼 실험실에서 배양될 수 없기 때문에 이들은 멸균 상태에 있는 식물의 뿌리에서 배양된 다음 추출되어 접종된다.

균근의 접종은 농장에서 실생묘(實生苗, seedling stock)에, 혼합된 토양에, 또는 식재 후 해당 토양에 각각 접종할 수 있다. 접종을 비료와 결합시켰을 경우 식물의 활착과 생장에 매우 유익한 것으로 나타났다(Marx, 1997).

도시 토양이나 설계된 지속가능 토양은 토양 유기체 구성과 농도가 상대적으로 낮을 수 있기 때문에 대부분의 경우 토양에 대한 접종을 고려하는 것이 권장된다. 관련된 문헌을 살펴본 바에 의하면, 식재 후 접종이 가장 믿을 만한 순서인 것으로 보인다(Marx, 1991; Marx 등, 1997; Smiley 등, 1997). 그러나 포장된 지역에 식재하는 경우, 토양을 혼합하는 동안 접종하는 것이 가장 좋은 순서인 것으로 보인다. 시방서와 절차는 제5장과 부록에 각각 제시되어 있다.

실험과 분석

이들 재료에 대한 집중적인 실험과 분석, 검사가 필요한 이유는 다음과 같다:

- 이들 재료의 화학적 물리적 구성은 일반적으로 알려져 있지 않고 변이가 클 가능성이 높으며, 이들은 인간 활동에 인접하여 사용되고 수체(水體, water body)로 흘러들어갈 수 있는 땅에 존재할 수도 있다.
- 이들 재료는 복구 목적과 함께 설계에 포함되는 모든 식생과 양립될 수 있어야 한다.

그러므로 자세한 시방서가 제공되어야 하고 엄격한 적합성이 강제되어야 한다. 따라서 이들 재료의 사용은 무계획적일 수 없다. 표준 실험 방법은 부록에 제시되어 있다.

지속가능 토양의 비용

경험에 의하면 우리는 토양에 더 많은 돈을 쓸 필요가 있는 것으로 나타났다. 이 영향의 일부는 설계 고려사항에 의해 유발되고, 일부는 설계와 프로젝트 영역의 외부 요소들과 경제성 영역의 요소들에 의해 유발된다. 식생 비용 대비 토양 비용의 비율은 설명이 필요하다. 한 유명한 식재 실패의 경우 그 비율이 약 7.5:1이었다. 토양의 규격을 정하고, 이를 확보하고, 실험하고, 검사하는 비용은 프로젝트 예산에서 더 큰 비중을 차지하는 것이 좋다. 앞으로의 이 비율은 3:1에 접근할 수도 있는데, 이 비율을 이러한 수준으로 낮추기 위해 식물 예산을 삭감하는 일은 발생하지 않기 바란다.

지속가능 토양의 미래

이들 재료를 지속가능 토양으로 사용했을 때 이들 재료의 효과에 관한 자료와 정보는 많지 않다. 따라서 적절한 표준과 지침을 수립하고 조경가, 계획수립가, 공무원, 재료 생산자들이 보다 폭넓고 보다 종합적인 사용을 위한 비용/편익(費用/便益, cost-benefit) 자료를 개발하기 위해서는 실증 연구(實證硏究, empirical research)와 예비 연구(豫備硏究, pilot study)가 수행되어야 한다.

4.5 도시 토양 단면의 시공과 설치

토양 설계에서 시공과 설치의 중요성은 많은 경우 매우 과소평가되고 있다. 작업은 경관 건설업자의 일시적인 기분에 맡겨지는 경향이 있는데, 이들은 일반적으로 이러한 과정을 가장 간편하고 시간을 절약하는 방법으로 수행하기 위한 시도를 할 것이다. 이 선택의 결과는 언제나 성공적인 프로젝트를 위해 필요한 적절한 결과를 가져오는 것은 아니다. 토양 설치를 위한 시방서는 세심하게 개발되어야 하고 수목을 식재할 때와 같이 유심히 감수되어야 하는데, 사실 이 두 토양 설치와 수목 식재는 같이 고려되어야 한다. 자세하게 명시된 토양이 주의 깊게 취급되고 설치되면 프로젝트 성공 가능성은 크게 향상된다는 것이 저자의 경험이다. 향상된 성공의 증거는 거의 죽지 않고 활기찬 생장을 통해 이식 충격으로부터 빨리 회복하는 것으로 거의 즉시 나타나며, 해당 프로젝트 수명에 걸쳐 지속된다. 죽은 식재 개체의 부단한 교체는 식재와 토양 설계에 대해 좋은 징조가 아니다. 분명 무언가 잘못되었다("장작더미 안 어딘가에 스컹크가 있다").

시공과 설치 단계의 세부사항은 설치될 예정인 토양의 설계와 유형에 크게 영향을 받는다.

반입된 표토

이러한 진행이 권장되지는 않지만, 표토를 사용하지 않는 개발이 진행되고 있는 지역으로부터 표토가 반입될 수 있는 상황이 있을 수 있다. 이 경우 해당 표토의 사용을 고민하기에 앞서 토성, 유기물 함량, pH, 오염물질 가능성 등에 대한 분석이 필요하다. 이들 분석, 특히 토성 분석은 해당 표토가 기초 자재가 될 현장 자재와의 양립 가능성을 확인하기 위해 필요하다. 토성은 급격한 차이가 나지 않는 것이 좋은데, 즉 모래를 점토 위에 놓아서는 안 되고 반대도 마찬가지다.

기반 또는 현장 자재도 배수, pH, 토성, 오염물질에 대한 분석이 이루어져야 한다. 흔한 문제는 특히 복구 부지(復舊敷地, restoration site)의 현장 자재에 대한 배수인데, 이 부지는 한 가지 극단적인 경우로 균일하게 답압되어 있을 수 있고, 다른 극단은 다져진 렌즈와 느슨한 잔해가 혼합되어 고도로 층화되어 있을 수도 있다.

만약 현장 자재가 기초 자재로 수용가능한 것으로 나타나면, 적용될 반입된 표토의 깊이는 가용한 양과 식생 집단에 달렸다. 앞서 언급한 바와 같이, 대부분의 적용에서 최소 6인치(15cm)가 되는 것이 좋지만, 일년생이나 다년생 식재 상(植栽床, planting bed)은 더 두꺼운 것이 좋다. 만약 현장 자재의 배수가 불량하면, 답압된 층을 관통하는 물길(water pathway)을 창출하거나 배수 시스템을 설치하여 배수성을 향상시켜야 한다. 답압된 층을 관통하여 단면의 배수성이 좋은 부분인 아래쪽으로 구멍을 뚫고 자갈로 채우는 것은 하나의 간단한 해결방안이다. 배수에 관한 보다 자세한 것은 제7장을 참고하라.

현장 기초 자재를 먼저 느슨하게 하면 표토의 효과가 향상되고 잠재적인 경계면이 제거된다. 그 다음 먼저 3인치(8cm)의 표토층을 놓고 느슨하게 된 현장 기초 자재와 경운한 다음 해당 표토의 나머지를 조심스럽게 쌓는다.

현장 자재의 개량

어떤 경우, 현장 자재를 간단한 개량만으로 만족스러운 식재 토양으로 만들 수도 있다. 개량제로서 수용 가능한 기준은 중간 내지 사질 토성, 양호한 배수성, 적절한 깊이, 오염물질이나 폐기물 부재, 극단적인 pH 등이다. 일반적인 결핍은 유기물이다. 표토를 만들기 위해 개량제와 부숙된 유기물을 섞어주면 이러한 요구를 충족한다.

유기적 개량 과정은 설명이 필요하다. 표토 반입의 경우와 마찬가지로, 먼저 현장 자재가 느슨하게 되어야 하고 그 다음으로 표면 위를 3인치(8cm) 두께의 유기물 층으로 덮는다. 이 자재를 현장 자재와 완전히 혼합될 때까지 회전 경운하거나 원판 써레질을 한다. 두 번째 3인치 층으로 표면을 덮은 다음 다시 완전히 회전 경운한다. 회전 경운에 의한 완전한 혼합은 서로 직각이 되도록 두 방향으로 경운하면 가장 잘 이루어진다. 이 과정은 국립공원청(National Park Service)이 워싱턴 DC 지하철 시스템의 건설 부지로 사용된 연방 토지를 복구할 때 성공적으로 수행되었다(개인적인 전언; J. C. Patterson, National Park Service).

적절한 성분과 양의 시비는 현장 자재에 내재하는 영양 결핍을 극복할 수 있다. 혼합된 토양도 전통적인 방법으로 식재된다.

완전히 설계된 토양

완전히 설계된 토양(totally designed soil)은 몇 개의 층위로 된 전체 단면이나 두께가 수 피트인 동질의 토양이 설계되고 그렇게 설치된다는 것을 의미한다. 시공과 설치의 대안적인 방법은 두 가지가 있고, 이들을 분리하여 고찰한다. 설계 토양은 다양한 자재로 이루어져 있고 혼합되어야 한다.

혼합. 바람직한 토양 구성을 얻기 위한 자재의 혼합은 필요한 토양의 양과 가용한 장비에 따라 몇 가지 방법으로 수행될 수 있다. 재료들은 먼지가 나지 않을 정도로 약간 습기가 있을 때 가장 잘 혼합되는데, 그렇다고 젖어 있을 때에는 혼합하지 않는 것이 좋다. 어떤 방법이든 제품의 지속적인 검사가 필요하다.

콘크리트 혼합기나 볼 분쇄기. 만약 소량의 혼합된 토양이 필요하면, 표준적인 콘크리트 혼합기(concrete mixer)나 볼 분쇄기(ball mill)가 대규모 노동력 없이 적절한 혼합을 제공한다. 때로는 5회전이 균일한 혼합을 제공한다. 자재의 입자 크기와 수분 함량은 혼합의 용이성을 결정한다. 전면 적재기(front-end loader)를 사용하는 경우 균일하게 혼합되지 않는 것으로 확인되었으며, 제품에 섞이지 않은 구성 요소의 덩어리가 흔하게 발견되어 반품의 원인이 된다.

원통 분쇄기 또는 혼합기. 원통 분쇄기(tub mill) 또는 혼합기(混合機, mixer)는 직경이 적어도 몇 피트인 원통을 가진 큰 기계이다. 더 큰 분쇄기는 대형 디젤 엔진이 끄는 트레일러에 고정되어 있다. 분쇄 용량은 수 입방 야드가 될 수 있고, 이 장비는 많은 양의 잘 혼합된 자재가 필요할 때 사용되며, 균일성이 양호하다.

일렬로 늘어놓기. 넓은 면적이나 도로변과 같이 긴 거리에 걸친 프로젝트에 대해서는, 도로 그레이더(grader)나 앵글 불도저(angle-bulldozer)를 이용하여 이랑 혼합(windrow mixing)을 수행할 수 있다. 개별 토양 자재를 덤프트럭을 이용하여 이랑으로 나란히 놓는다. 이랑들이 서로 평행하도록 놓기 때문에 그레이더로 각 자재를 일렬로 늘어놓을 필요가 있다. 이들 구성 요소들은 균일한 혼합을 얻을 때까지 한 이랑을 다른 이랑 위에 뒤집고, 먼저 한쪽으로부터 실시한 다음 다른 쪽으로부터 뒤집는 방법으로 혼합한다. 작업자의 기량이 결과물의 품질을 결정한다. 이는 넓은 면적이 있어야 하고 가능하면 현장에서 실시된다. 이 방법은 저자가 한 대규모 프로젝트(107에이커/43헥타르)에서 채택하여 만족할 만한 결과를 얻은 적이 있다(제12장 참조).

토양 단면. 토양 단면은 자재들이 적절한 순서로 그리고 수평으로 연속되도록 하기 위해 층위로 설치될 때 가장 잘 조성된다. 층위의 두께와 불연속성 존재의 변이 폭이 넓으면 설계 토양에서는 수용할 수 없다.

포설 과정에서의 자재 쌓기와 답압의 차이 때문에, 정확한 층위 두께를 얻기 위해 한 번에 재료의 전량을 쏟아 붓고 펼치는 것보다 토양을 4~6인치(10~15cm)의 단(*lift*)으로 늘어놓는 것이 현장 자재의 균일성을 더 높게 확보할 수 있다. 만약 층위 자재들을 현장에서 혼합할 필요가 있으면, 층으로 늘어놓은 다음 한 번에 한 단씩 자재들을 혼합하는 회전경운을 하는 것이 균일한 혼합과 적절한 순서 확보를 용이하게 한다. 이 과정을 시간 낭비로 생각할지 모르지만 저자는 이 기술을 또 다른 프로젝트에 성공적으로 활용했다(제12장 "Boston Commons 주자장 위 광장" 참조). 이때 층위 사이의 단을 혼합하는 것이 특히 중요한데, 낮은 층위의 위쪽 또는 마지막 단과 높은 층위의 첫 번째 또는 가장 낮은 단이 이에 해당한다. 이러한 작업은 두 층위 사이의 경계면을 없애주고 특성이 다른 두 집단 사이의 전이대를 형성한다. 단면은 수직적인 순서로 쌓는다.

균질 토양. 균질 토양(均質土壤, homogeneous soil)은 적어도 두 가지 다른 방법으로 설치할 수 있다. 한 가지 방법은 설치하기 전에 자재들을 혼합하여야 한다.

단으로 쌓기. 이는 균질 토양이 두꺼울 때 사용하는 방법으로, 두께가 적어도 18인치(45cm) 이상이며, 일반적으로 몇 피트이다. 앞서 언급한 바와 같이 자재의 균일한 분포와 균일한 답압을 확보하기 위해 설계된 단면 내에서 자재를 4~6인치(10~15cm) 단으로 쌓는다. 자재가 현장에서 혼합된다면, 자재들이 단으로 혼합될 수 있는데, 이렇게 되면 단면 내 비균일 재료가 증가하여 단면의 균질성이 다소 파괴될 위험이 있다. 세부 사항에 주의를 기울이고 경계를 게을리 하지 않으며 지속적인 점검이 필요하다.

식물과 토양의 동시 배치. 어떤 경우에는, 균질 토양의 상층부와 식재 식물을 동시에 배치하는 것이 유리할 수도 있다. 이 방법은 토양을 최종 높이까지 쌓은 다음 최종 높이 위를 돌아다니면서 굴착하여 수목을 식재하는 것보다 권장된다. 이 방법의 주된 장점은 최종 높이 재료가 제자리에 배치되고 나면 더 이상의 통행이 없다는 것과 실제로 시간을 절약할 수 있다는 것이다. 이러한 작업이 가능하기 위해서는 몇 가지 조건이 충족되어야 한다: (1) 토양이 적어도 가장 깊은 근분(根盆/root ball, 일반적으로 교목) 아래까지 채워져 있어야 한다; (2) 이 높이의 토양이 보행과 차량 통행에 견딜 수 있고 과도하게 답압되어 있지 않아야 한다; (3) 최종 높이까지 채워질 나머지 토양은 동질적이어야 한다. 근분이 깊은 교목은 다짐 전 거친 지면에 바로 앉히고, 다져진 토양으로 된 기초는 근분의 크기가 작은 관목과 소교목을 식재하기 위해 조성된다(제12장 “Battery Park City South Cove, New York” 참조). 근분이 놓이면 토양을 근분 주의의 최종 높이까지 채운다. 적어도 근분 높이의 1/3에서 1/2까지 근분 주변에 부분적으로 흙을 채우고 기계적으로 다져주어 해당 근분을 안정시킨다. 지피는 식생의 일부인 경우 해당 지역이 성토된 후 최종 높이에 식재된다.

이 방법은 앞선 세 가지 조건이 충족되면 설계 토양 단면에 적용될 수 있다.

설치 순서

토양 설치는 식물도 마찬가지인데, 토양과 식물 모두를 보호하는 방향으로 수행될 수 있다. 이 개념은 이어지는 작업에 의해 토양과 식재 수목이 교란되거나 손상되지 않도록 식재 지역의 가운데에서 출발하여 바깥을 향해 작업을 수행하는 것이다. 작업 인력과 장비가 부지 위를 왕래하는 것은 좋지 않고 돈과 시간이 낭비된다. 만약 접근이 제한된 좁고 긴 지역이라면, 안쪽 끝에서 시작하여 바깥을 향해 작업하라. 접근에 문제가 없으면, 중간에서 시작하여 양쪽 끝을 향해 작업하라. 이 방법은 너무 뻔하고 사소한 것처럼 보이지만, 얼마나 많은 프로젝트 작업이 이러한 상식을 활용하지 않고 있는지를 보면 놀랄 것이다.

작업이 성공적으로 완료되기 위해서는 모든 토양 재료와 식재 수목이 준비된 상태에 있어야 한다.

토양 시험

토양이 배치되고 설치가 완료되면 다양한 시험을 수행하는 것이 좋다. 이들 시험은 주로 용적밀도, 층위들의 투수율, 토성, 유기물 함량, pH 등이다. 보다 자세한 사항은 제5장과 부록에 제시되어 있다.

4.6 내건조경 설계

건조한 기후에서의 식재는 다소 도전과 위험을 제기한다. 첫 번째 도전은 관수(灌水, irrigation) 요구를 최소화하는 것이다. 적합한 건생식물(乾生植物, xeric plant)에 해당하는 종을 선정하는 것이 관수 요구를 크게 줄여준다. 모두 자생의 건생식물로 된 집단은 관수 요구를 제거해주기도 한다(**그림 4.8**). 반면, 습윤온대지역(濕潤溫帶地域, humid temperate region)일지라도, 관개수(灌漑水, irrigation water)가 필요한 곳에서는 다른 방법보다 관수 효율이 높은 관수 설계를 사용할 수도 있다. 세계의 많은 지역에서 민물(fresh water)이 매우 경쟁적인 자원이 되어 가고 있고, 이러한 상황을 물의 공급이 자연적으로 부족한 반건조(半乾燥, semiarid) 및 건조(乾燥, arid) 지역으로 한정할 필요는 없다는 것을 명심해야 한다. 습한 지역마저도 가뭄의 간격이나 물 공급의 오염으로 인해 물 부족을 경험한다.

그림 4.8 내건조경. 캘리포니아주 브렌트우드.

습윤온대지역에서의 특별한 노력으로 창출된 의도적인 내건조경(耐乾造景, xeriscope)의 사례는 얼마든지 있다. 이들은 자연적인 내건조경과는 식재와 관리에서 다른 접근이 필요하며, 여기서는 다루지 않는다.

기후대

이 지역은 연간 강우량이 일반적으로 15인치(380mm) 미만이고 6인치(152mm)에 불과할 수도 있다. 여름철 대기온도는 90°F(32°C)를 넘고 상대 습도는 낮다. 겨울철 기온은 남쪽 지방에서는 온화하지만 북쪽 온대지역에서는 매우 추워 토양이 동결될 수도 있다. 맑은 날이 많아서 일사량이 매우 많다. 건조한 경관은 일반적으로 바람이 많이 분다. 따라서 잠재증발산량(潛在蒸發散量, potential evapotranspiration) 수준이 높다.

식생 집단

지속가능하기 위해서는 식생 집단은 수분 효율적인 수종, 강한 일사 수준과 바람, 알칼리성 토양, 가끔은 잦은 서리까지도 견딜 수 있는 종이어야 한다(Perry, 1992). 우점종(優點種, dominant species)과 재배종에는 다양한 다육성 종(선인장 등), 야자수, "건조에 잘 견디는"(hard) 구과식물(예, 피논소나무, 향나무류), 상록과 낙엽성 참나무류, 유칼리나무 등이 있다. 대부분의 종들에 대한 식재 기술은 앞서 고찰한 전통적인 방법을 따른다. 야자수는 예외적인 것으로 이들의 식재는 Harris(1991)에서 다루고 있다.

건조지 토양

반건조지와 사막지역 토양은 애리딕 수분상(-水分相, aridic moisture regime)과 제릭 수분상(-水分相, xeric moisture regime)을 나타낸다. 애리딕 수분상은 대부분의 연도에서 절반 이상의 시간이 건조한 것으로 정의되고, 관수 없이는 작물을 재배하기에는 불충분한 수분을 가지고 있다(Buol 등, 1989). 제릭 토양(-土壤, xeric soil)은 여름에 건조하고 겨울에 습하다. 저장된 토양 수분이 봄이나 초여름에 이르기까지 작물을 키우는 데 적절해야 하며, 그렇지 않으면 관수가 필요하다.

건조 경관 토양의 A층은 유기물 함량이 낮고 얇으며 느슨한 자갈이나 돌멩이로 된 사막포도(砂漠鋪道, desert pavement)로 덮여 있는 것이 특징이다. 이는 풍식(風蝕, wind erosion) 작용으로 세립질 토양이 사라졌기 때문이다. 지표면 유기물 층이 없고, 토성은 사질화되기 쉽고, 층위는 약한 입상(粒狀, granular)이나 단립구조(團粒構造, crumb structure)이다. 심토는 토양이 여름에 건조해짐에 따라 깊은 균열로 인해 형성되는 각주상(角柱狀, prismatic) 또는 주상구조(柱狀構造, columnar structure)이다. 고지의 지표면 가까이에는 유리탄산(遊離炭酸, free carbonate) 층이 발생한다. 토양 반응은 일반적으로 알칼리성에서 강알칼리성이다(pH > 7로, 8 또는 9, 때로는 10까지 접근).

건조지 식재에서는 멀칭 자재로 유기물보다 사막 자갈을 사용할 것을 권고한다(**그림**

그림 4.9 멀칭 자재로서의 사막 포장. 애리조나주 투싼(Tucson).

4.9). 이는 멀칭의 효과를 제공할 뿐만 아니라 자연적인 건조지 경관의 미적인 속성에도 더 적합하다. 또한 이는 해당 지역의 전형적인 강한 뇌우(雷雨, thunderstorm) 하에서도 강한 내식성(耐蝕性, erosion resistance)을 나타낸다.

제5장 토양 시방서

토양은 구체적이어야 하고, 공급원은 자세히 조사되어야 하고, 자재는 시험되고 분석되어야 하고, 식물 집단이나 식재 수목처럼 주의 깊게 취급되고 시공되고 유지관리 되어야 한다.

— P.J. Craul, 1994년 6월 22일 로스앤젤레스
J. Paul Getty Fine Arts Center 건립을 위한 토양 시방서 발표에서.

5.1 서론

식재 부지에 사용하기 위한 토양 시방서(土壤示方書, soil specification) 작성에는 두 가지 상반되는 고려사항이 있다. 그 중 하나는 구체화된 토양을 식생 집단의 구성요소 요구에 맞추기 위한 고려이다. 단순한 식생 집단은 단순한 토양 시방서를 의미한다. 다양한 식생 집단에는 복잡한 토양 시방서가 작성되어야 하는데 이것이 두 번째 고려사항이다. 하지만 과거에는 시방서를 단순화하기 위해 이러한 노력이 적용되는 경우가 드물었다. 단순화된 시방서는 시공업자의 적응성과 조경가의 검사와 수용을 용이하게 한다. 이는 또한 토양 혼합을 단순화시키고, 필요한 경우, 토양 자재의 부지 내외에서의 취급을 더욱 용이하게 하기 때문에, 비용을 크게 절감할 수 있다. 프로젝트 설계에 다양한 식생 집단이 포함되어 있는데 토양 시방서는 획일적이고 단순하게 작성되었다면, 해당 식생 집단의 일부 구성요소에 대해 식재 배지로서의 요구를 충족시킬 수 없을 것이다. 이러한 구성요소들은 성공적으로 자라지 못하거나 죽을 수도 있어서, 해당 프로젝트 전반에 대한 성공률에 차이가 클 것이다.

자연 경관을 관찰해보면 주로 토양 특성 그리고 이와 관련된 지형적인 매개변수의 변화에 따라 중규모(中規模, mesoscale; 2~2,000km) 거리를 기준으로 식생 분포의 변이를 보여준다. 국지적 또는 미규모(微規模, microscale; 2km 미만)에서는, 햇빛, 열, 물, 영양소에 대한 개별 유기체 간 경쟁의 변화에 의해 변이가 발생한다. 따라서 자연적인 식생 집단 내의

종 분포는 토양의 이러한 변이에 따라 바뀔 것이다. 그리고 식물 군집은 더 먼 거리에 걸쳐 토양 변화가 종의 생장에 강하게 영향을 미치면 자연스럽게 바뀔 것이다. 이러한 관찰을 통해 유추한 결론은 서로 다른 식물 종은, 일부 종과 겹치기도 하면서, 다른 토양 여건에 적응된다는 것이다. 바꾸어 말하면 같은 토양에서 많은 종이 발생하지 않는다는 것이다. 기본적인 식물 생태학 분야로 변환되어 결국에는 경관 생태학을 구성하는 이러한 현상으로부터 원예가와 조경가는 많은 교훈을 얻어야 한다.

과거에는 많은 실무자들이 토양에 대해 '우리는 우리의 요구를 충족시킬 수 있는 무언가를 구체화할 수 있다'라는 태도가 지배적이었는데, 이는 간단한 것으로 시비와 관수를 해주면 토양 특성의 모든 결핍은 극복될 수 있다는 것이었다. 이러한 유지관리 작업은 해당 프로젝트의 설계 수명(設計壽命, design life)에 걸쳐 가용하지 않을 수도 있는 에너지와 자재의 투입을 요구한다. 그리고 이는 대부분의 경우 비용이 많이 드는 육체노동을 요구하고, 이 설계는 결국 악화될 수밖에 없다. 수목 고사의 원인을 확인하는 일을 수행하기 위해 원예가나 수목관리전문가(樹木管理專門家, arborist)를 부르게 되는데, 실무를 담당하고 있는 수목관리전문가, 임업가, 원예가, 곤충학자, 해충학자, 농경가(農耕家, argonomist), 토양학자(가장 마지막에 호출됨)들 사이의 공통적인 의견은 도시 식생 악화와 고사의 약 80%는 주로 토양의 또는 토양과 관련된 문제의 탓으로 돌린다! 나아가 오늘날에는 불필요한 관수를 위한 물의 사용을 줄이고 토양에 비료 투입을 축소하는 것을 더 크게 강조하고 있다. 이러한 목표들은 해당 프로젝트의 설계단계의 초기에 수행하는 철저하고 구체적인 토양 시방서를 통해 확보한 철저한 토양 설계에 의해 달성될 수 있다.

표준 시방서

어떤 나라의 일부 지역에서는 표준 건설 시방서가 다양한 행정 당국이나 전문 집단에 의해 공표된다. 토양 시방서도 일반적으로 이들 표준에 포함된다. 그러나 불행하게도 토양 시방서는 공학적인 관점에서 작성되어 있기 때문에 조경가가 적용하기에는 부적합하다. 여기에 제시된 것은 미국의 양 극단적인 두 사례이다.

남부 캘리포니아에 대한 공공시설 공사를 위한 표준 시방서, 1991년판. (BNI Publications, Inc. 출판)

212-1조의 212-1.1.1항에서 212.1.1.2항까지의 조항은 다음과 같은 표토 시방서를 제공한다.

212-1.1 표토

212-1.1.1 일반 사항. 표토는 여기에 명시된 바에 따라 Class A(반입된), Class B(선발된), Class C(분류되지 않은)로 지정되어야 한다. 기술자는 사용에 앞서 표토의 적합성을 확인해야 한다. 표토는 비축이 명기되어 있지 않으면 발생원으로부터 자신의 위치로 이동되어야 한다.

212-1.1.2 Class A 표토. Class A 표토는 시공업자에 의해 선정되고 여기에 명시된 요구조건을 충족하는 공급원이 해당 프로젝트의 경계 밖에 있어야 한다. 기술자는 해당 자재가 요구사항을 충족시킨다는 것을 확인하기 위해 필요하다고 생각되는 점검과 실험을 수행할 수 있다.

적어도 계획된 사용 15일 이전에 제안된 표토 공급원은 승인을 위해 기술자에게 제출되어야 한다. 시공업자는 승인을 받기 위해 주(州, State)에 농업토양평가기관으로 등록된 시험 기관에서 발급한 제안된 공급원이 이들 시방서와 부합한다는 것을 기술한 서면 보고서를 첨부한 서면 요청서를 첨부해야 한다. Class A 표토는 잘 부서지는 사양토 특성과 상대적으로 동일한 구성과 구조를 가지고 있고, 뿌리, 흙덩어리, 가장 큰 직경이 1인치를 초과하는 돌, 굵은 모래 덩어리, 유독한 잡초, 나무토막, 가지나 낙엽 등이 없어야 한다. 이는 선충(線蟲, nematode)이나 다른 바람직하지 않은 곤충, 식물 병원체에 감염되어 있지 않아야 한다.

Class A 표토는 다음과 같은 추가 요구조건을 충족해야 한다:

(1) 입도 한계. 모래 50~80%, 점토 최대 20%, 미사 최대 30%. 모래, 점토, 미사 입도 한계는 ASTM D 422에 규정된 것을 준수해야 한다.
(2) 투수율. ASTM D 2434, Calif. Test 220, 기타 승인된 방법에 따라 실험했을 때 시간당 0.5인치 이상 2인치 이하가 되어야 한다.
(3) 농업적인 적합성. 표토는 명시된 식물의 생장을 유지하는 데 적합해야 한다.

매사추세츠주 공공사업부의 고속도로와 교량에 관한 표준 시방서, 1988년 판.

M1조—토양과 반입 자재(搬入資材, borrow material)에 관한 M1.05.0, M1.06.0, M1.07.0 항은 다음과 같다.

M1.05.0 양토 반입

반입되는 양토(borrow loam)는 심토, 폐기물이나 기타 이물질이 혼합되지 않고 비옥하고 잘 부서지고 해당 현장에 전형적인 자연적인 표토로 구성되어야 하고, 배수가 잘 되는 경작 가능 부지에서 확보되어야 한다. 이는 사질과 점토질 성질을 나타낼 수 있도록 모래, 미사, 점토의 혼합물이어야 한다. 이는 그루터기, 뿌리, 중점토, 직경이 1인치보다 큰 돌멩이, 덩어리, 거친 모래, 유독한 잡초, 막대기, 기타 불순물이 상당한 수준 없어야 한다.

터깎기(stripping)에 앞서, 해당 양토는 공급원에서 작물이 건강하게 자라고, 잔디 기타 식생 생장이 존재하고 있다는 것을 보여줌으로써 배수가 상당히 양호하고 유독한 양의 산성 물질이나 알칼리성 물질을 함유하고 있지 않다는 것을 입증해야 한다. 양토는 오븐 건조 시료(oven dry sample)의 연소에 의한 손실을 통해 확인된 바에 따라 4% 이상 20% 미만의 유기물을 함유하고 있어야 한다. 실험 시료는 온도 230° ± 9°F에서 항량(恒量, constant weight)으로 오븐 건조되어야 한다.

M1.06.0 피트 반입

피트(peat) 반입은 해당 프로젝트 지역으로부터 또는 기술자에 의해 의도하는 목적에 적절하게 부합된다고 상세히 기술되거나 지시된 바에 따라 사용될 외부 공급원으로부터 확보된 자재로 구성되어야 한다.

반입 피트는 다음 요구사항을 따라야 한다:

1. 유기물 함량 최소 25%
2. 산도 pH 4.0~7.0
3. 수분 흡수 능력 최소 250%
4. 가용성 염 지수 최대 100%

M1.06.1 가공된 식재 자재

가공된 식재 자재는 해당 프로젝트 경계 내 또는 다른 곳에서 공급되고 적합한 유형의 심토와 혼합되어 적정한 양의 섬유상 물질(fibrous material)을 함유한 적합한 유기 토양으로 구성되어 있고, 단단한 덩어리, 목재 잔해 등이 없는 동질 자재로서 자연적인 양토(壤土, loam)의 대체재로 만족스러울 정도로 식물 생장을 지원할 수 있는 능력이 있어야 한다.

이 자재는 다음과 같은 요구조건을 충족해야 한다:

가용성 염 지수(可溶性鹽指數, soluble salt index)*	최대 100%
산도	pH 4.0~7.0
유기물 함량†	10~20%

	통과하는 무게 구성비	
체 명칭	최소	최대
1/2	100	—
No. 50§	45	74
No. 200	20	40

§이 요구조건은 섬유상 물질의 양이 수용 가능한 시험 절차를 불가능하게 하는 경우 적용되지 않을 수 있다.

*증류수 5 단위에 오븐 건조된 자재 1단위의 비율로 희석하여 RD15 SoluBridge 전기전도측정기와 같은 유형으로 측정하여 확인.

†유기물 함량은 오븐 건조된 자재의 연소로 인한 손실로 확인된다. 실험 시료는 온도 230° ± 9°F에서 항량(恒量, constant weight)으로 오븐 건조되어야 한다.

M1.07.0 표토와 식재 가능한 반입 토양

표토와 식재 가능 반입토양은 비옥하고, 잘 부서지고, 자연적인 표토로 구성되어야 하며, 그루터기, 뿌리, 점토, 직경 1인치를 초과하는 돌멩이, 유독한 잡초, 막대기, 목재 잔해 등이 없어야 한다.

공사 프로젝트로부터 표토를 벗겨내기 전에, 해당 표토는 배수가 양호하고 식물 생장을 지원할 수 있음을 나타내는 건강한 작물, 잔디, 기타 식생 생장이 발생하고 있음을 보여주어야 한다. 표토로 분류된 자재는 해당 프로젝트 경계 안에서만 통용될 수 있다.

이들 시방서는 몇 가지 이유에서 완전히 만족스러운 것은 아니다. 입도 한계가 충분히 구체화되어 있지 않고, 표토가 아닐 수도 있고, "잘 부서지고 양호한 배수"에 대한 정의가 불충분하고, 자재 공급원이 구체적으로 명시되어 있지 않다. 또한 저자가 검토한 표준이 토양 단면 설계에 전혀 언급되어 있지 않다. 이들 표준은 전체 자재의 수직적인 동질성을 추정하는 경향이 있다. 지금부터 이러한 점들을 자세히 고찰하고자 한다.

모래로 분류된 것도 USDA 분류(**표 5.3**)를 보면 다섯 가지로 세분되어 있고 이들의 입경 폭도 매우 넓다. 극조사(極粗砂, very coarse sand)로부터 극세사(極細砂, very fine sand)에 이르는 범위(2~0.05mm)의 이들 등급은 뿌리 전개와 식물 생장, 설치 시 수동적 또는 능동적 답압에 대한 감수성에 중대한 영향을 미친다. 시방서는 토양의 입도 분포, 특히 모래 세분류에 대해 보다 구체적이어야 하며, 체의 크기와 각 체를 통과하는 비율이 모든 토양 배합에 대해 명시되어야 한다.

토양구조(土壤構造, soil structure)는 공극률(孔隙率, porosity)과 통기 정도, 배수성, 용적밀도, 보수력(保水力, waterholding capacity)의 특성에 강한 영향을 미치는 물리적인 토양 성질 중 하나이다. 현장에서, 교란되지 않은 토양은 어느 정도 이러한 자연적인 구조를 가지고 있을 것이다. 반면 교란된 토양은 거의 항상 크게 감소된 정도의 구조를 가지고 있을 것이다(Potter 등, 1988). 사질토양은 고도의 구조를 가지고 있지는 않지만, 큰 평균 공극 크기는 잘 발달된 자연 구조에 존재하는 대공극(大孔隙, macropore) 상실을 보상하는 경향이 있다. 그러므로 사질성 토성은 모든 토양 공사작업에서 발생하는 굴착, 적재, 운반, 비축, 포설 과정에서의 토양 구조 손실을 보상하기 위해 거의 항상 명시된다. 유기물과 농업용 부석(浮石, pumice)과 같은 무기 다공질 재료의 추가도 추가적인 공극률을 제공하고 해당 토양을 "가볍게" 만든다.

표준 시방서는 규정된 바와 같이 균일성을 보장하지 않는다. "이쇄성 사질양토"(易碎性沙質壤土, friable sandy loam)는 넓은 범위의 토양 성질과 상태를 포함하고 있어서 특정 프로젝트에서는 사용하는데 만족스럽지 못할 수도 있다. "이쇄성"이라는 용어는 주어진 수분 함량, 일반적으로 포장용수량(圃場容水量, field capacity)에서의 토양의 물리적 상태를 구체적으로 나타낸다. 불행히도 이쇄성은 서로 다른 토양 사이에서, 사양토 내에서도, 변이의 폭이 매우 넓다. 문제들을 토론하기 좋아하는 사람은 없겠지만 예시는 제시되어야 한다. 전국적인 탐색을 통해 확보한 전형적인 빅토리아풍 정원 표본을 기반으로 넓이 4.2에이커(약 17,000m^2)인 스미스소니언협회(Smithsonian Institution)의 Enid A. Haupt Garden이 1987년 조성되었다. 이들 표본에는 50년 된 회양목과 다른 대형 표본 중에서 대형 목련과 한 쌍의 47피트(약 14m)의 은행나무가 포함되어 있었다. 식재 비용은 약 3백만 달러이고, 2~6피트(0.6~1.8m) 깊이로 펼치는 "자연적인 이쇄성 토양"의 추정 비용은 약 20만 달러이다. 이들 표본 수목들은 첫 생육기에 심각한 스트레스 증상을 나타내었다. 토양학 및 농업관련 실무자와 연구자로 구성된 전문가 팀에 의해 수행된 조사에 의하면, 해당 토양이 답압되고 배수가 불량하며 혐기성인 것으로 나타났다. 해당 자재는 준설토(浚渫土, dredged material)와 늪지대 유기물 토양을 혼합했을 가능성이 있다. 스미소니언 원예가들은 그 때부터 해마다 기계적인 통기, 화단 바닥 토양의 일부 교체, 기타 개선 작업을 통한 토양 개량을 위해 바쁜 시간을 보내왔다. 그럼에도 불구하고 주된 표본의 일부는 교체되어야 했다.

농업적인 적합성은 기준이 정의되고 제안된 식생을 위해 평가되지 않으면 애매한 용어이다. 이는 단지 농작물의 생장에 대한 상대적인 적합성을 나타낼 뿐이다. 일반적으로 이

기준은 토양 반응(pH), 양분 농도(養分濃度, nutrient concentration), 유기물 함량, 가용성 염 함량, 필요한 경우 적용될 적합한 관개용수의 평가와 함께 성공적인 식물 생장을 방해하는 자연적인 화합물의 농도 등을 포함하는 것이 좋다. 분명한 것은 이 기준의 권장할만한 목적이 확실한 "쓰레기"(junk)가 프로젝트의 토양으로 사용되는 것을 예방하는 것이다.

무기 자재와 유기 자재를 모두 포함하는 토양 고상(土壤固相, solid phase)이나 구성요소는 다른 성질과 특성에 깊은 영향을 미치기 때문에, 이는 해당 토양의 행렬(行列, matrix)을 형성하는 것 이상이다. 이는 고유의 비옥도와 부분적으로는 보수력, 배수성 정도, 밀도를 결정한다. 토성(土性, soil texture)은 토양 자재(土壤資材, soil material)의 모래, 미사, 점토 입자의 구성비(또한 입도 분포를 이르는)를 가리키는 토양학 용어이다. 이들 특성에 영향을 미치는 다른 토양 성질은 구조(構造, structure)인데, 이는 고형 입자의 집단 정도와 패턴으로 정의된다. 구조는 일반적으로 교란된 토양에서는 파괴되거나 크게 감소하기 때문에 어떤 보정하는 요소가 적용되어야 한다. 보정은 유기물이나 소성 플라이 애시, 팽창된 점토, 부석 등과 같은 인공 개량제를 추가함으로써 확보할 수 있다.

토양 설계는 토성을 명시하는 것으로부터 시작하는 것이 가장 좋다. 때로는 기본적인 모체로서 단일 토성으로 시작한 다음, 식재지 토양 단면 시공에서 식재에 대한 다양한 토양 요구조건을 충족시키는 개량제로 이를 조정하는 것이 가장 쉬운 방법이다. 이는 좁은 면적에 걸쳐 얕은 깊이에서 중간 정도 깊이의 균일한 토양 단면에 적합하다. 옥상(屋上, roof-top) 적용도 이 계획에 포함될 수 있다. 넓은 면적에 걸쳐 있거나 크게 차이가 나는 미기후하에 있는 다양한 식물 집단과 함께 토양 깊이와 부피에서 변이가 큰 모든 식재에 하나의 토성을 지정하는 것은 현명하지 못할 것이다.

우리의 목적은 단면의 깊이가 18인치(45cm) 이상인 경우 다른 개량제를 적용하는 것과 함께 기본 모체를 변화시켜 "표토", "심토", "모재"로 이루어진 자연적인 토양 단면을 모방하는 것이다. 토성 변경은, 토성 변경의 방향에 따라, 거친 모래나 점토(또는 비석/沸石, zeolite)를 추가함으로써 달성된다. 보수력, 용적밀도, 배수성도 이에 따라 조절된다. 소성 플라이 애시, 부석, ISOLITE®나 TURFACE®와 같은 세라믹 제품은 토성 변경과 함께 또는 토성 변경 없이 토양의 특성을 추가적으로 변경하기 위해 사용된다.

어떤 유형의 유기물이 포함된 토양 개량제는 비옥도 향상과 함께 앞서 기술된 개량에도 기여한다. 때로는 효과적인 개량을 확보하기 위해서는 과도한 양의 유기물 추가가 필요할 수도 있지만, 과도한 양의 유기물(일반적으로 부피 기준으로 30% 초과)은 몇 가지 문제를 야기한다. 이는 토양이 침하되기 쉽고, 비가 온 뒤 또는 관수한 후 오랜 기간 동안 해당 토양이 젖은 상태가 유지될 정도로 보수력을 높일 수 있다. 이렇게 되면 기체가 토양 속으로 그리고 토양으로부터 밖으로 이동하는 것을 감소시켜 불리한 통기 상태를 유발함으로써 토양 유기체에 의한 분해가 현실적으로 억제될 수 있다. 많은 삼림 토양은 잘 발달한 구조와 함께 유기물 함량이 무게 기준으로 4~5%(부피 기준으로 약 10%)에 불과하다. 유기물 추가는 도시 토양의 비옥도를 높여준다. 시간이 경과함에 따라, 처음 파괴된 토양은 이들 교란된 토양에서 다양한 정도의 자연적인 구조가 발달한다. 과도한 유기물 함량으로 인한 문제를 극복하기 위해서는 해당 토양을 가볍게 만드는 무기 자재를 해당 기본 모체에 대한 개량제로 사용한다.

비옥도와 토양 반응(pH)은 폭넓은 양분유효도(養分有效度, nutrient availability)를 제공하기 위한 혼합 과정 중에 조정될 수 있다. 다양한 식생에서 개별적인 식재에 대한 국지적인 조정은 설치 후에 시공업자에 의해 또는 일상적인 유지관리에서 고객에 의해 개별 식생의 필요에 따라 적용될 수 있다. 후자의 경우 설치 후 유지관리 항목에 명시될 필요가 있다.

5.2 토양 시방서 작성

대부분의 프로젝트 식생 집단에 대해 조경가와 원예가는 상당한 시간과 생각을 투입하고 있다. 식물은 색상, 질감의 농담, 크기, 꽃이 피는 시기, 이들의 가용성과 비용을 기준으로 선정된다. 이들은 학명과 품종, 줄기의 직경, 용기의 크기 등으로 표시된다. 토양은 일반적으로 비옥하고, 배수가 잘 되고, 잘 부서지는 자연적인 표토, 대략적인 비용과 함께 필요한 토양의 양과 같이 간단하게 나열된다. 일반적으로 식생 집단에 더 많은 예산을 할당하기 위해 토양은 가능하면 싸게 확보하기 위해 노력한다. 이에 따라 토양학자 입장에서는 한 프로젝트에 두 주요 자재에 적용되는 시방서의 정도와 비용 배분이 극히 불공평하다고 느끼게 된다. 그럼에도 불구하고, 대부분의 조경가들은 해당 프로젝트의 지속적인 성공을 위해 필요한 뿌리 발달 배지로 양호한 토양이 중요하다는 데 동의할 것이다. 앞으로 조경가의 요구를 충족시키기 위한 토양 시방서 작성을 자세히 고찰하고자 한다. 일부 용어는 토목기술자가 사용하는 것과 동일하고 일부는 토양학자가 특별히 사용하는 것이다. 이들이 서로 현명하게 의사소통을 할 수 있도록 이들 세 전문가 집단 사이의 간극을 연결하기 위한 시도가 이루어진다. 이러한 노력을 통해, 모든 프로젝트에 대해 개별 그룹의 요구를 더 잘 인식하여 세 전문가 그룹 모두에게 성공적인 프로젝트를 설계하고 설치하는 데 도움을 준다.

우리는 식물 집단의 요구를 충족하고 도시 토양 여건 때문에 예상되는 문제를 극복할 수 있는 토양을 설계하고 구체화할 수 있어야 한다. 그럼 수용가능하거나 만족스러운 토시 토양의 특성이 무엇인가에 대한 질문이 나온다. **표 5.1**에 나열된 바람직한 특성을 충족시키기 위해 다음 요소들이 명시되어 있다. 많은 경우 시방서의 결과적인 특성은 설계의 본질과 프로젝트 부지 여건상 부득이 하게 이들 기준의 타협일 수도 있다는 것을 이해해야 한다. 타협은 바람직한 기준으로부터 너무 크게 벗어나지 않아야 하는데, 그렇지 않으면 바람직하지 못한 특성으로 귀결될 것이다. 따라서 훌륭한 과학적인 판단을 해야 한다. 많은 사람들이 타협에 대한 한계를 인식하지 못함으로써 자신과 자신의 고객에게 문제를 유발하는 것도 이 때문이다. 만약 한 기준에 대해 약간의 타협이 일어난다면, 문제가 발생하지 않을 수도 있지만, 만약 한 범주가 토성과 같은 중요 기준에 대해 커다란 타협이 발생하거나 여러 범주에서 보통 수준의 타협이 이루어진다면, 상호작용에 의해 심각한 문제로 이어질 수 있다. **표 5.1**의 기준이 토양 시방서의 구성요소가 된다는 것은 분명하다.

표 5.1 교목 식재에 제한이 없는 토양의 바람직한 토양 특성

토양 속성 또는 특성	바람직한 기준
토성	사양토에서 미사질 식양토; 적절한 구조를 가지고 있고, 한계를 가진 극단적인 모래나 점토를 포함하고 있지 않은 것이 좋다.
구조	과립상, 단립(團粒, crumb), 세립의 반각괴상구조(subangular blocky); 느슨하거나 단립(單粒, single-grained)과 괴상(塊狀, massive)은 제한이 있다.
용적밀도와 공극률	값이 1.1~1.4Mg/m^3 사이로 1.60Mg/m^{3}을 초과하지 않는 것이 좋다. 대공극률이 부피 기준으로 적어도 15%는 되는 것이 좋다.
식물 가용 보수력	부피 기준으로 15~25%
침투율(浸透率, infiltration rate)	2~10cm/시간
배수성	양호에서 약간 양호한 배수; 지표 50cm 이내에서 산화·환원성인특성(redoximorphic feature, mottling)이 없을 것.
유기물 함량	무게 기준으로 적어도 1~5%
토양 유기체	지렁이 분비물, 녹조류 대증식, 개미 집 등과 같은 토양 유기체 활동의 증거가 풍부하고, 낙엽의 물리적 분해.
pH	5.0~7.5; 양 극단은 피하는 것이 좋다.
양이온교환용량	5~25cmol$^+$/kg (meq/100g)
양분 함량	대부분의 교목 종에 대해 적정 함량의 질소, 인, 칼륨; 양분의 심각한 제한이나 불균형이 없을 것. 미량원소에도 동일하게 적용됨.
가용성 염류	200ppm 미만, 600ppm은 조심. 해빙염 영향 하에서 나트륨 영향은 나트륨 흡착비(-吸着比, SAR/sodium adsorption ratio)와 교환성 나트륨비(交換性-比, ESP/exchangeable sodium ratio)를 측정함.
오염물질	사람이 쓰는 물건이나 유독한 화합물이라고 알려진 물질이 포함되어 있지 않을 것.

출처: Craul, 1985, 1992.

5.3 광물성 자재

광물성 자재(鑛物性資材, mineral component)는 토양의 일차적인 조직을 구성한다. 이는 모래, 미사, 점토 입자로 구성되어 있다. 유기물도 토양 조직에 기여자이지만 개량제로 별도로 명시된다. 여기서는 구성, 크기(직경) 분포, pH, 양분 함량, 양이온교환용량, 공급원에 대해 살펴본다. 자연 토양이 자재로 사용되지 않고 제조된 토양이 설계되었다면, 유기물은 개량제로 취급된다.

표 5.2 토성에 의해 영향을 받는 토양 특성

특성	토성 분류			
	사토	양토	미사질양토	식토
수분 상태에 의한 식별	느슨한	접착력이 있는	지문이 나타남	반짝이는 줄무늬
투수율	과도	양호	보통	보통에서 불량
유효수분	낮음	중간	높음	중간에서 높음
경운성	용이	용이	중간	어려움
강우유출 가능성	낮음	낮음에서 중간	높음	중간에서 높음
수분 분리성	높음	중간	중간	낮음
운반성	낮음	중간	높음	높음
풍식성(風蝕性)	높음	중간	낮음	낮음
보비력	낮음	중간	중간	높음
답압성	낮음	중간	중간에서 높음	높음

출처: Craul, 1992.

토성

토성(土性, soil texture)을 처음 거론하는 이유는 토성이 용적밀도, 배수성과 보수력, 답압에 대한 저항성, 고유의 비옥도와 같은 다양한 물리적 토양 속성에 영향을 미치기 때문이다(**표 5.2**). 이는 몇 가지 방법으로 나타낼 수 있다: 미국 농무부 토성분류(USDA texture classes), 통일토양분류법(USCS, Unified soil Classification System), 입도 분포. 이들 각각은 모두 장단점이 있다.

이중에서 미국 농무부 토성분류가 중요한데, 이는 조경가에게 관심이 있는 대부분의 식물 생장 연구, 특히 농업, 조림, 원예 연구들은 토성이 실험 요소인 경우 이들 분류에 근거를 두고 있기 때문이다. 토성 분류에 적용되는 입자크기 분류는 **표 5.3**에 제시되어 있다. 이 방법의 단점은 기술적이라기보다 주로 의미론적이다. 토목과 건축 전문가들은 USCS를 선

표 5.3 USDA 입자 크기 등급

토양 구분	직경 범위, mm	미국 표준 체 크기 (No.)
극조사(very coarse sand)	2.00~1.00	10
조사(coarse sand)	1.00~0.50	18
중사(medium sand)	0.50~0.25	35
세사(fine sand)	0.25~0.10	140
극세사(very fine sand)	0.10~0.05	300
미사(silt)	0.05~0.002	—
점토(clay)	< 0.002	—

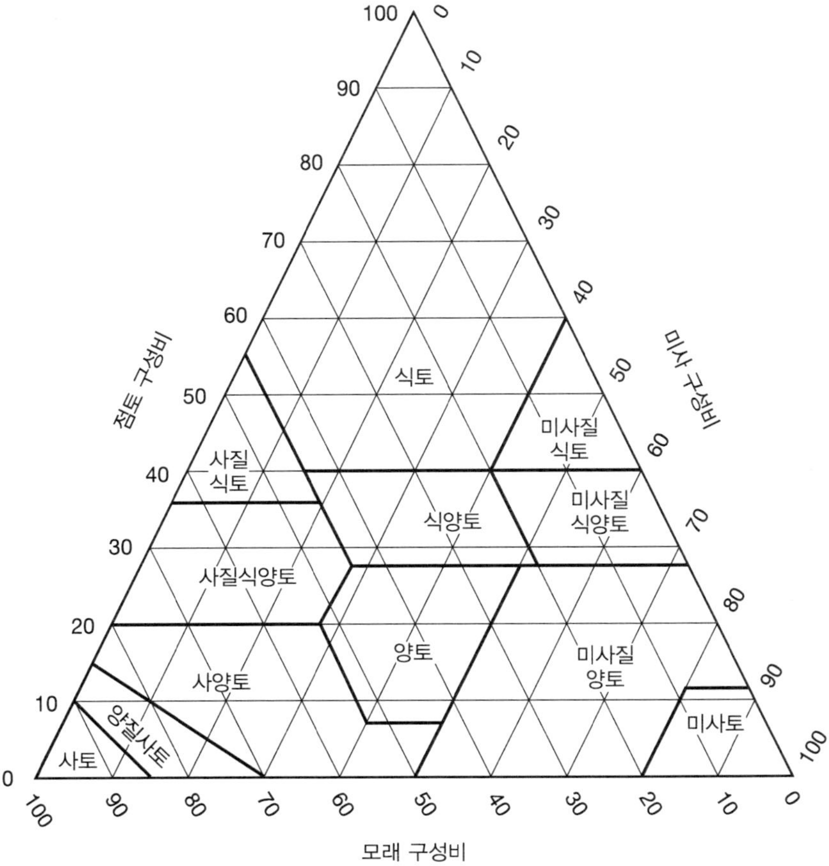

그림 5.1 USDA 토성 삼각형.

호하기 때문에 이러한 문제가 발생하는데, USCS는 현장과 실험실에서 토양의 역학적인 속성을 설명하고 예측하기 위한 입자 변화도 분류로 활용되어 왔다.

토성 등급은 모래, 미사, 점토 각각의 다양한 비율(백분율)로 구성된다. 이들에는 12개 등급이 있고 이들은 **그림 5.1**과 같이 친숙한 토성 삼각형(土性三角形, texture triangle)으로 나타낸다. 각 변에는 각각의 구성비 범위가 나타나 있다. 이것은 입도 분포를 엄밀하게 정의하지는 않지만 시방서를 위한 토성의 선정에서 믿을만한 출발점으로서의 역할을 한다. 토성 등급이 선정되면, **표 5.4**나 다른 정보원으로부터 보수력과 배수성 등에 관한 정보를 얻을 수 있다.

표준화된 실험을 통해 문서화된 토목공학 자료와 연구 결과가 많기 때문에, USCS는 토양의 역학적 속성을 묘사하는데 신뢰성이 매우 높다(**그림 5.2**, **표 5.5**). 이는 토양을 (1) 조립토(粗粒土, coarse grained soil), (2) 세립토(細粒土, fine-grained soil), (3) 유기질토(有機質土, organic soil), (4) 토탄(土炭, peat)으로 구분한다. 그러나 이의 목표와 목적은 USDA 분류의 목표와 목적과는 전혀 다르다. 전자는 토양의 질감과 가소성(可塑性, plasticity)을 기반으로 하고 있어서 구조 자재(構造資材, structural materials) 용도로서의 역학적인 속성

표 5.4 토양과 배합토의 보수력

토성 등급	총 저장 용량 (%)	총 저장 용량 (인치/피트)	미세공극 공간 (%)	식물 유효 수분 함량 (%)	식물 유효 수분 함량 (인치/피트)
조사토(왕모래)	24.4	2.93	17.7	6.7	0.80
조사양토	24.5	2.94	15.8	8.7	1.04
사토	32.3	3.87	29.0	13.3	1.59
양질사토	37.0	4.44	26.9	10.1	1.21
양질세사토	32.6	3.91	27.2	5.4	0.65
사질양토	30.9	3.71	18.6	12.3	1.48
세사양토	36.6	4.39	23.5	13.1	1.57
극세사양토	32.7	3.92	21.0	11.7	1.40
양토	30.0	3.60	14.4	15.6	1.87
미사질양토	31.3	3.75	11.4	19.9	2.39
사질식양토	25.3	3.04	13.4	11.9	1.43
식양토	25.7	3.08	13.0	12.7	1.52
미사질식양토	23.3	2.80	8.4	14.9	1.79
사질식토	19.4	2.33	11.6	7.8	0.94
미사질식토	21.4	2.57	9.1	12.3	1.48
식토	18.8	2.25	7.3	11.5	1.38
토탄 25% + 모래 75%	51.0	6.12	6.0	—	—
토탄 50% + 모래 50%	60.0	7.20	10.0	—	—
토탄 75% + 모래 25%	71.0	8.52	11.0	—	—
토탄 100%	80.0	9.60	15.0	—	—

출처: Kays & Patterson, 1982; 모래/토탄 혼합 – Juncker & Madison, 1967.

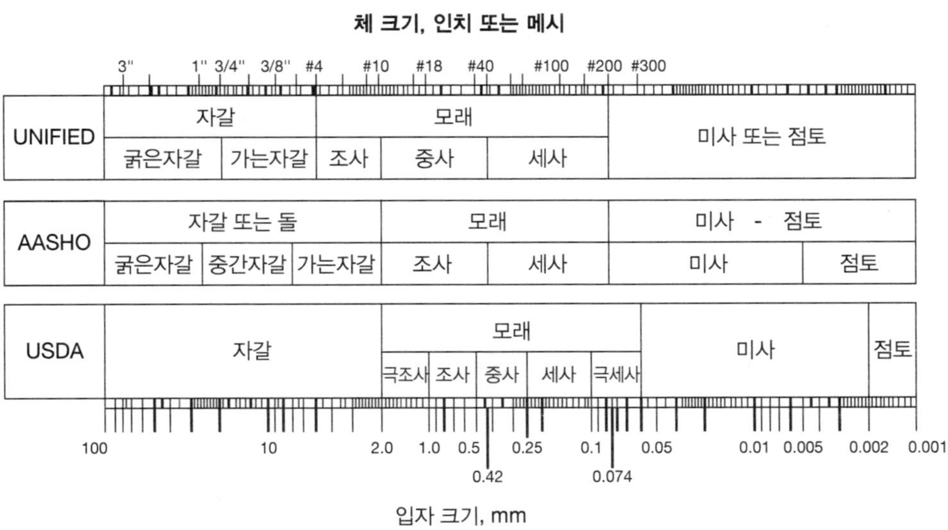

그림 5.2 세 가지 분류에 대한 체 크기와 입자 크기 등급 비교. (Buol 등, 1989에서 전재.)

표 5.5 세 가지 다른 분류의 입자 크기 등급

입자 크기	USDA	USCS	AASHTO
자갈	3인치~2mm	3인치~5mm	3인치~2mm
모래	2.00~0.05mm	5~0.074mm	2~0.074mm
미사	0.05~0.002mm	< 0.074mm	0.074~0.005mm
점토	< 0.002mm	< 0.074mm	< 0.005mm
유기물[1]	미분류	미분류	미분류
토탄[1]	미분류	미분류	미분류

[1]토탄과 흑니(黑泥, muck)의 입자 크기는 분류되지 않았지만, 함량에 기반을 둔 유기질 토양은 각 분류의 분류체계에 포함되어 있다.

을 확실하게 예측하는데 그 목적이 있는 데 비해, 후자는 직접적으로는 광질 토양(鑛質土壤, mineral soil)에만, 그리고 간접적으로 화학적인 작용에 기반을 두고 있다. 후자는 뿌리 발달의 배지로서 이에 의한 식물 생장 반응을 예측하기 위해 사용된다. 따라서 각각의 실험과 예측의 기준척도(基準尺度, parameter)는 일반적으로 분명한 양립성이 거의 없는 전혀 반대이다. 그런데 조경가가 토양 시방서를 작성할 때 사용할 수 있는 양립 가능한 기준척도가 몇 가지 있다. 이들 중 하나는 입도 분포이다. 이 경우, 전체 범위(적어도 No. 4에서 0.002mm 입자 직경까지)뿐만 아니라 미사와 점토에 대한 각 등급을 나타내는 범위가 두 분류에서 거의 동일하다면, 한 더미에서 모래분류(-分溜, sand fractionation)를 위해 어떤 체 크기를 사용하는가는 상관이 없다. **그림 5.3**에서와 같이 입도 분포를 5주기 반대수그래프(五週期半對數-, five-cycle semi-log graph)에 나타내면, 두 분류법에 대한 설명이 가능할 것이다. 이 도표의 결과는 입도 분포 분석방법인 ASTM D-422-63을 통해 구할 수 있는데, 이 방법은 모래 입자는 건조 체질(dry sieving)로 결정하고 미사와 점토는 토양-물 현탁액의 액체비중계(液體比重計, hydrometer) 눈금으로 결정한다.

널리 사용되고 있는 또 다른 입자 크기 분류법은 미국주도로교통행정관협회(AASHO/American Association of State Highway and Transportation Officials)의 분류법이다. 이는 USCS와 어느 정도 비슷하지만, 크기 범위에서 다소 차이가 크다. 이들은 Das(1979)가 잘 대비해놓고 있으며, 크기 등급은 그림 5.2에 비교되어 있다. 여기서는 USDA와 USCS 방법만 사용할 것이다.

입도 분포(粒度分布, particle size distribution)

체의 크기별로 구성비 자료만을 표로 나타내기보다, 분포 곡선을 그려보는 것이 보다 이해에 도움이 된다. 몇 가지 사례를 **그림 5.3**에서 보여주고 있다. 또한 보다 자세한 기술과 설명을 위해 이들을 보다 명확하게 보여주는 이 곡선들에 다양한 분석들을 적용할 수 있다. 이는 시방서와의 적합성도 향상시킨다.

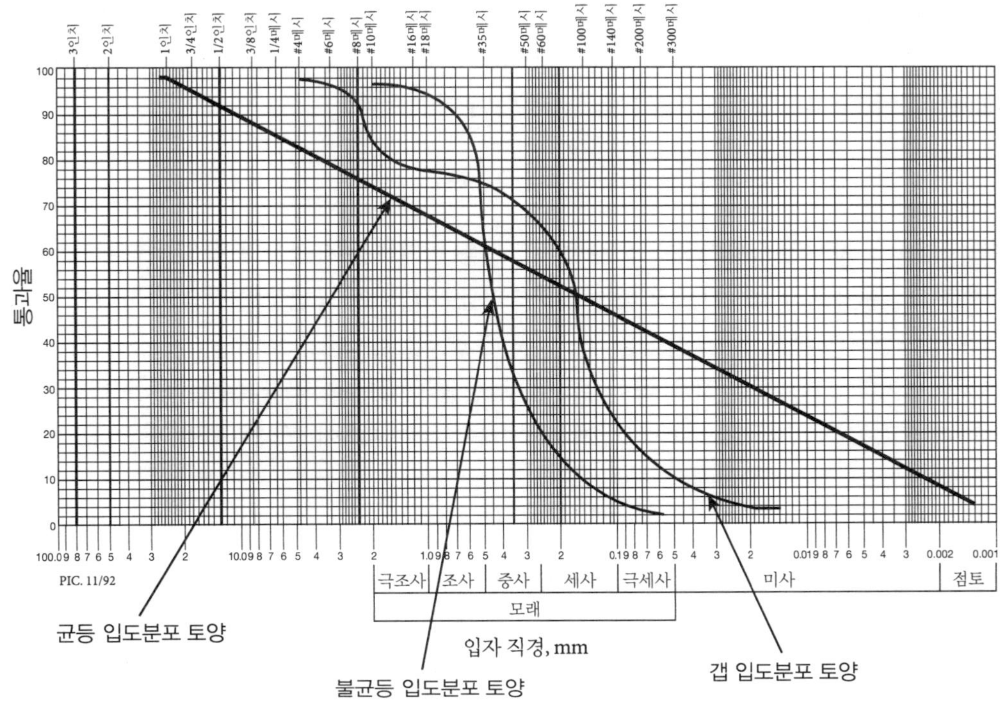

그림 5.3 토양 입도분포를 나타낸 입도 분포 도표. 다양한 체 크기가 도표 위에 표시되어 있다.

세 가지 서로 다른 입도 분포의 토양이 **그림 5.3**에 표시되어 있다. 균등 입도분포 토양(well-graded soil)은 분포에서 보여주는 입자 크기의 폭이 넓은 토양이다. 이 토양은 큰 입자 사이 공간에 작은 입자가 상대적으로 잘 맞아 바람직한 공학적 특성을 가지고 있다. 따라서 이 토양은 노상(路床, subgrade)과 노반(路盤, base)을 조성하기 위해 쉽게 최대 밀도로 다져질 수 있다. 불행히도, 이러한 분포를 가진 자연 토양은 여기에 진동이나 침하력이 적용되면 자가 다짐(自家-, self-compact)이 될 수도 있다. 불균등 입도분포 토양(poorly graded soil)은 그 분포에서 몇 가지 등급만 나타나기 때문에 좁은 범위의 입도 분포를 나타낸다. 이 토양은 균일한 공극 공간을 가지고 있고 이들 공간은 일반적으로 더 작은 입자로 채워지지 않는다. 이 토양은 대개 느슨하여 답압에 저항성을 가지는 경향이 있는데, 특히 해당 토양이 세사와 극세사, 미사를 거의 포함하고 있지 않은 경우 더욱 그러하다. 갭 입도분포 토양(gap-graded soil)은 분포에서의 평균 입자직경에 따라 균등 입도분포 토양이나 불균등 입도분포 토양 중 하나의 특징을 나타낼 수도 있다.

경관 설계를 위한 토양 시방서를 작성할 때, 침하나 진동력이 있으면 자가 다짐 즉 균등 입도분포 토양은 피하는 것이 좋다. 만약 이러한 힘이 없으면, 유기물 개량제가 혼합된 균등 입도분포 토양은 특히 이년생과 일년생을 위한 식재 상(植栽床, planting bed)에 적합하다. 그러나 이 토양은 지표면 통행이 있는 영구 식재용으로는 적합하지 않을 것이다.

기술자들은 입도 분포를 수치적으로 나타내기 위해 공식들로부터 얻은 몇 가지 값을 적용하는데, 이는 조경가가 토양 시방서를 작성하는데 유용하다(Holtz & Kovacs, 1981). 이들은 균등계수(均等係數, coefficient of uniformity)인 C_u와 곡률계수(曲率係數, coefficient of curvature)인 C_c이다. 균등계수는 다음 공식으로부터 얻는다.

$$C_u = D_{60}/D_{10}$$

여기서 D_{60}은 자재의 60%가 통과하는 입자크기를 나타내는 곡선상의 점을 나타내고, 마찬가지로 D_{10}은 재료의 10%가 통과하는 입자크기를 나타내는 곡선상의 점을 나타낸다. 그림 5.3에서 균등 입도분포 토양, 불균등 입도분포 토양, 갭 입자분포 토양의 C_u값은 각각 64.2, 3.53, 3.33이다. 그런데 이 값은 곡선상의 두 점만을 나타낸다. 곡률계수는 곡선상의 세 점을 나타내고, D_{30}을 제곱함으로써 D_{30}에 가중치를 부여한다. 이 공식은 다음과 같다.

$$C_c = (D_{30})^2/D_{60} \times D_{10})$$

그림 5.3에서 세 곡선의 곡률계수는 각각 0.127, 1.36, 1.38이다. 불균등 입도분포 토양과 갭 입도분포 토양은 두 곡선이 다름에도 불구하고 두 값이 거의 같다. 모래를 혼합용 자재로 포함시키면 C_u는 3 미만이 될 것이다(Couenberg, 1994).

평균 입자 직경

평균 입자 직경(平均粒子直徑, mean particle diameter)은 광물성 자재를 부분적으로 정의하는 데 사용되는 또 다른 기준이다. 이는 해당 곡선을 그래프에 횡으로 놓는 경향이 있는데, 이는 이 직경의 상대적인 거칠기와 고운 정도를 나타낸다. 이는 수리공학(水理工學, hydraulic engineering)과 유체역학(流體力學, fluid mechanics)에서 널리 사용된다. 이 공식은 다음과 같이 표현된다.

$$d = \left[\left(\sum_{i=2}^{n} \frac{m_i}{d_i}\right) + \frac{3}{2} \times \frac{m_1}{d_1}\right]^{-1}$$

여기서 d = 토양 입자의 평균 직경

m_i = 특정 크기 등급의 무게 대비 전체 토양 시료의 무게 비율

d_i = 특정 크기 등급에서의 입자 크기의 평균 직경

m_1 = 가장 작은 입자 등급 무게 대비 총 시료 무게 비율

d_1 = 가장 작은 입자 등급의 상한(USDA 체계에서는 0.002)

d_i 값은 다음 공식으로부터 계산된다.

$$d_i = \left(\frac{1}{d_i'} + \frac{2}{d_i' + d_i''} + \frac{1}{d_i''}\right)^{-1}$$

한 점은 곡선을 설명하지 못하기 때문에, 이 값으로 해당 곡선을 충분히 설명하기 위해서는

표 5.6 USDA 분류체계 등급 한도에 대한 파이(ϕ) 값

등급 한도, mm	파이 값
2	−1
1	0
0.5	+1
0.25	+2
0.10	+3.3
0.05	+4.3
0.002	+9.0

다른 매개변수와 같이 사용되어야 한다.

암석학(岩石學, petrology; 지질학과 광물학의 한 분야) 분야에서 사용되는 또 다른 값은 Krumbein & Pettijohn(1938)의 파이(*phi*, ϕ)값이다.

$$d = 2^{-\phi}$$

여기서 d는 mm 단위의 입자 직경이고, ϕ은 (ln d)/(ln 2)이다. USDA 등급 한도에 대한 일부 ϕ값은 **표 5.6**에 제시되어 있다.

McCammon(1962)은 평균 입자 직경을 설명하기 위해 자신의 8점 공식(eight-point equation)을 사용하는데, 이 공식은 다음과 같다.

$$\sigma_{\phi} = \frac{1}{9.1}(\phi_{70} + \phi_{80} + \phi_{90} + \phi_{97} - \phi_{3} - \phi_{10} - \phi_{20} - \phi_{30})$$

이는 더욱 복잡하여 답을 찾는데 C_u와 C_c 값보다 더 많은 노력이 필요하기 때문에 프로그램이 가능한 컴퓨터를 사용하면 효과적이다. 이러한 과정은 하나의 값으로 특정 곡선을 설명하기 위한 목적에 더 가까이 갈 수 있으나, 도표로 나타낸 곡선이 시각적인 장점이 있다는 것은 분명하다.

사례

어떤 프로젝트에 대한 식재 토양이 **표 5.7**에 제시되고 **그림 5.4**에 나타낸 입도 분포 곡선을 가져야 한다고 결정되었다. 이는 투수율은 높지만 보수력은 낮다는 것을 나타낸다. 그러나 4피트의 깊은 단면은 수분 결핍을 보완하게 된다.

현장에서 가용한 자재는 **그림 5.5**에 나타낸 바와 같이 고른 입도의 입자 크기를 가진 뉴잉글랜드(New England) 토양의 심토에서 나온 미사질의 빙하표석점토 잔적층(氷河標石粘土殘積層, glacial till residuum)이다. 미사질의 고른 입자분포 토양의 특징은 해당 토양이 자가 다짐성이어서 이 문제를 교정하기 위해 개량되어야 한다는 것을 나타낸다. 굵은 모래를 부분적으로 빙력토(氷礫土, till)와 혼합해주면 자가 다짐을 부분적으로 극복할 수 있다

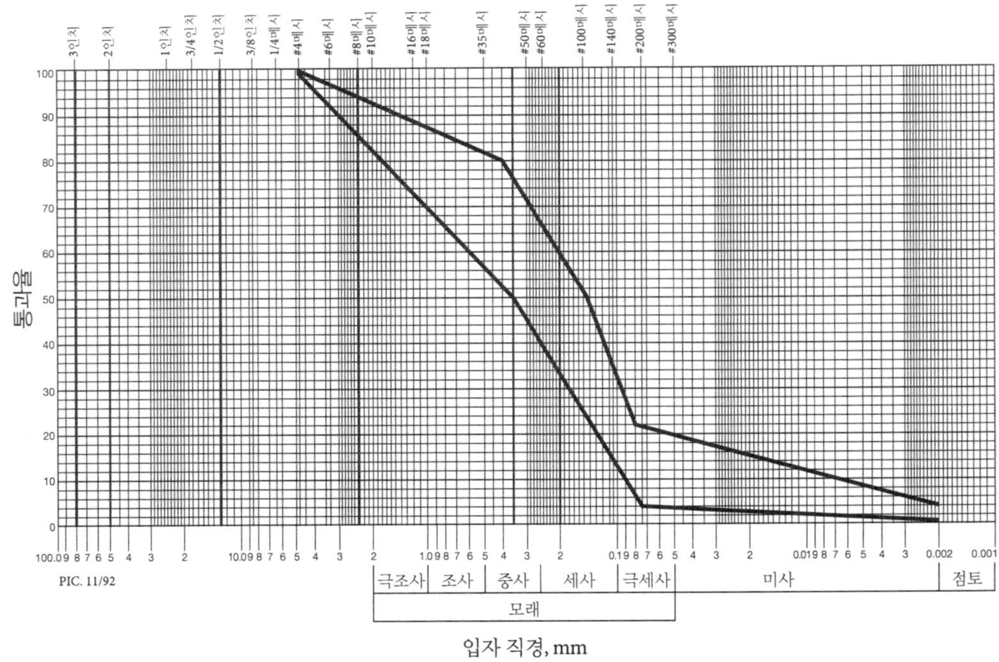

그림 5.4 식재 토양 입도 분포.

는 것을 발견했다. 굵은 모래의 입도 분포는 **그림 5.6**에서 보여준다.

모래:빙하표적점토 비율 2:1에 대해 시험을 통한 예측을 시도한다. 그 과정은 **표 5.8**에 개략적으로 설명되어 있고, 그 결과 곡선은 **그림 5.7**에 나타나 있다. 실제 혼합 시료에 대한 실험 결과 예측된 곡선이 옳다는 것은 나타낸다. 그러나 고객은 2:1 혼합이 너무 비싸다고 거절하고 1:1 혼합물을 사용하였다. 이 자재는 예측한 대로 현재 자가 다짐 중이다. 이에 따라 식재 토양은 부숙된 하수오니(下水污泥, sewage sludge)를 추가하는 방법으로 개량되고 있다. 이러한 추가는 해당 토양의 자가 다짐 특성을 줄이는데 기여할 것이다.

표 5.7 식재 토양의 입도 분포

U.S. 체 크기, No.	통과율, 무게 기준
4	100
10	81~93
18	66~87
35	52~82
60	35~66
140	12~34
300	5~18
미사	4~13
점토	1~5

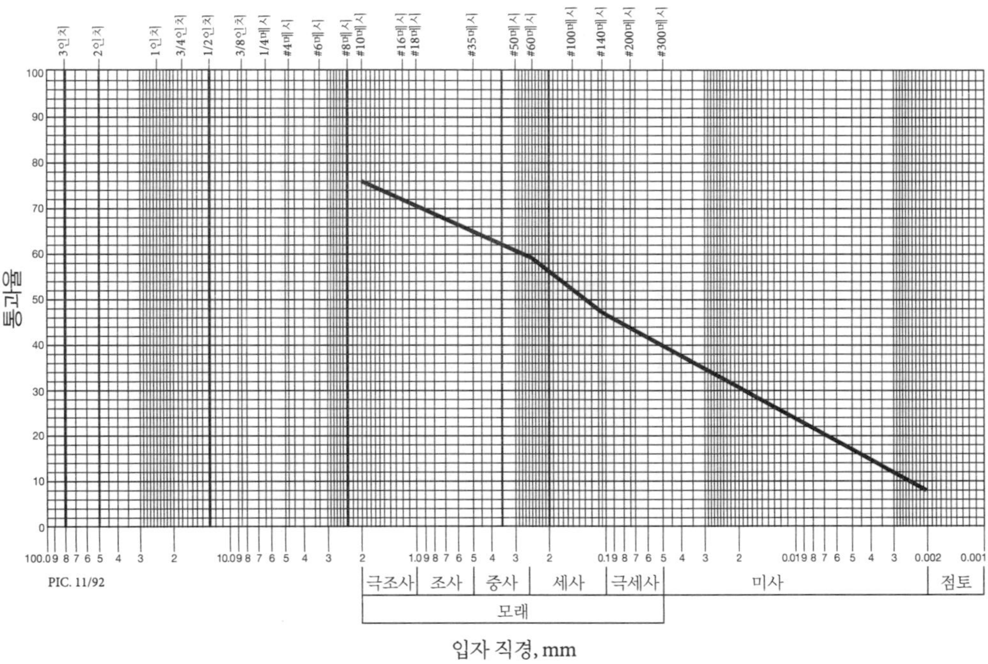

그림 5.5 빙하표석점토의 입도 분포.

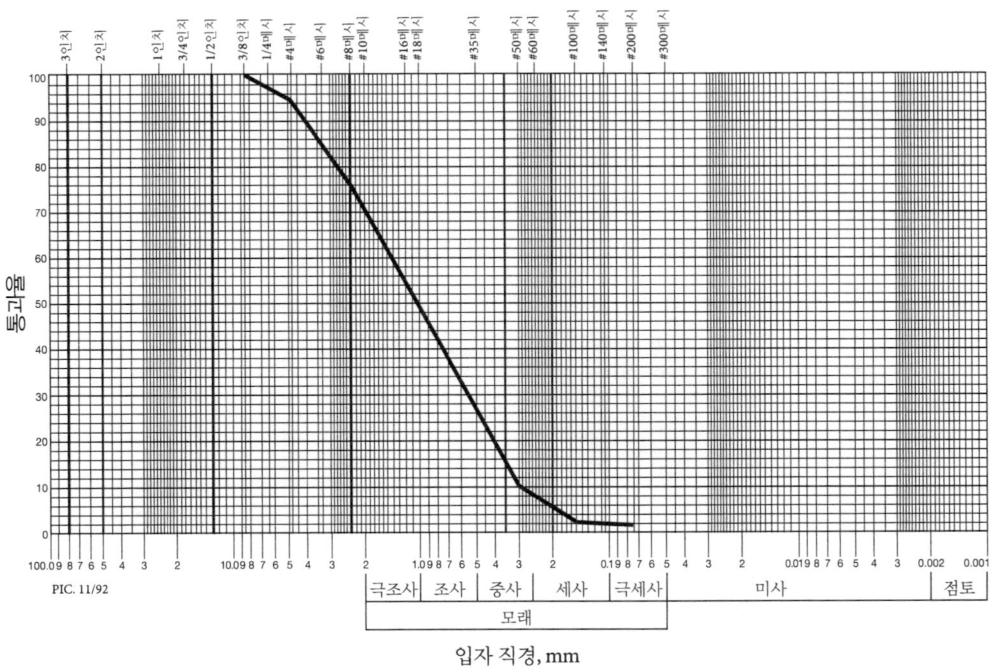

그림 5.6 조사의 입도 분포.

표 5.8 예측된 혼합 입도 분포 곡선의 계산

자재와 비례 승수	토양 분리, 무게 %							
	암설 (巖屑) #10	극조사 #18	조사 #35	중사 #60	세사 #140	극세사 #300	미사	점토 0.002mm
1 단위 표석점토(× 1)	24	5	5	7	12	6	32	9
2 단위 모래(× 2)	0	33	38	17	9	0	3	0
합계	24	71	81	41	30	6	38	9
혼합 (합계 ÷ 3)	8.0	23.7	27.0	13.7	10.0	2.0	12.6	3.0

통과율	100	92	68.3	41.3	27.6	17.6	15.6	5[1]	2[1]

[1]액체비중계로 확인함.

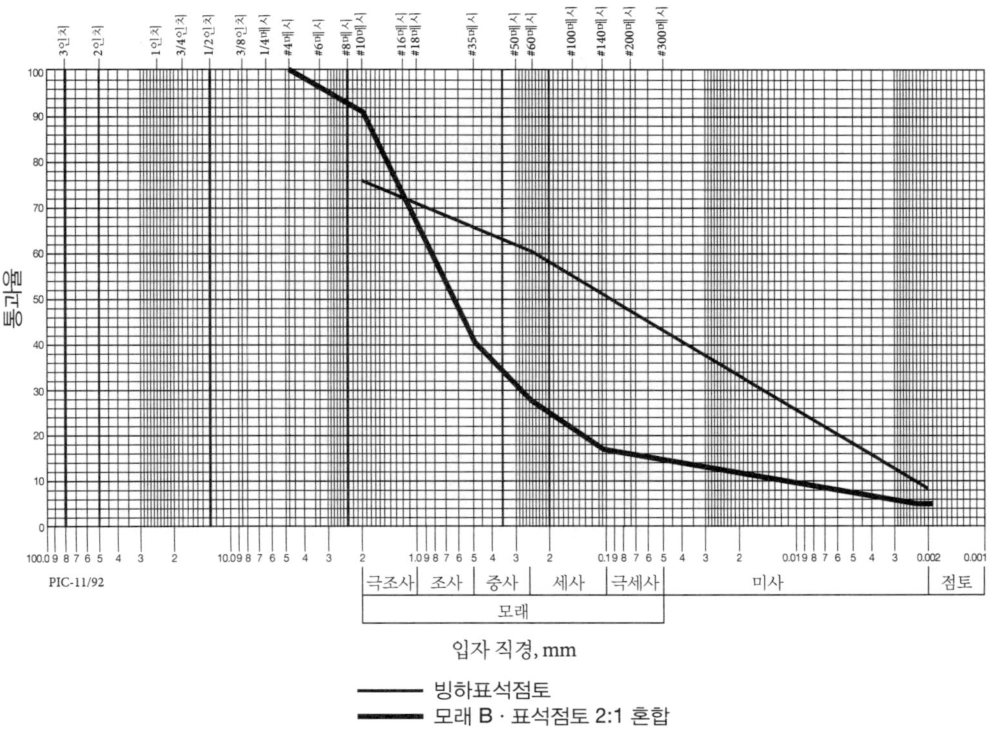

그림 5.7 식재 토양을 위한 모래와 표석점토 2:1 혼합.

일부 지질학적 지역에서는, 모래가 사암(砂巖, sandstone), 화강암(花崗岩, granite) 등의 모재(母材, parent material)가 아닌 석회암(石灰岩, limestone)이나 석회질 셰일(calcareous shale)의 풍화에서 유래된다. 석회석에서 유래된 토양에 있는 세사와 극세사 입자는 탄산칼슘(炭酸-, calcium carbonate) 비율이 65%에 이를 수도 있다. 이러한 물질의 존재는 교결인자(膠結因子, cementing agent)로 작용하여 심각한 다짐으로 이어지는 자가 교결(自家膠結, self-cementation)을 유발할 수 있다. 이러한 문제를 제거하기 위해서는, 모래는 탄산칼슘을 제거할 수 있도록 "이중 세척"(double-washed)되도록 명시되어야 한다. "모르타르 모래"(mortar sand)도 세척된 모래에 적용되는 또 다른 용어이다.

5.4 구조 자재

이 자재는 설계 토양의 답압에 대한 저항성을 높이거나 옥상(屋上, rooftop)의 부하 제약을 충족시키기 위해 무게를 줄일 필요가 있을 때 포함된다. 이는 보수력을 높일 수도 있고, 뿌리 전개 깊이와 뿌리 부피를 현저하게 증대시킨다. 이 자재는 혼합의 일부를 구성하는 양호한 구조의 자연 토양 잔류효과(殘留效果, residual effect)로서 높은 수준의 내수성 입단(耐水性粒團, water stable aggregate)을 가진 토양이나 일년생 또는 다년생 식물의 상으로 사용되고 빈번하게 경운되는 토양에는 요구되지 않는다. 후자의 경우에는 유기물이 가장 좋은 개량제이다.

구조 개량의 목적은 해당 토양 자재를 취급하고 혼합하는 과정에서 상실되는 설계 토양에 대해 추가적인 공극 공간을 제공하여 답압에 대한 감수성을 낮추는 데 있다. 효과적이기 위해서는, 자재가 일정 수준의 양이온 교환용량을 가지고 있으면서 독성과 부식(腐蝕, corrosion)성이 없고, 식물 유효수분을 함유한 내부 공극 공간을 가지고 있는 매우 다공성이고, 시간이 경과함에 따라 구조적으로 안정적이고, 답압에 저항적이고(단단함), 부피가 자가 다짐되지 않는 것이 좋다. 일반적으로 한 번의 처리가 장기간 지속된다. 오래된 제품과 새로운 제품 모두 다양한 수준으로 이들 요구사항을 충족시킨다. 각각의 개량제는 앞서 언급한 모든 기준을 기반으로 평가되어야 한다.

유형

유기물 외에 구조를 향상시키는 다양한 유형의 물질이 있다. 이들은 기본적으로 다섯 가지 범주로 구분할 수 있다: 자연적으로 발생하는 자재(채굴된 것), 가공된 자연 자재, 부산물, 합성 물질 두 종류. 이들 자재는 **표 5.9**에 나열되어 있다. 이들은 포괄적인 것이 아니고 보다 흔히 구할 수 있는 특정 자재가 제시되어 있다.

자재 설명

이들 많은 자재가 다양한 상표명으로 시장에 팔리고 있으며, 여기서 상표명은 혼동을 피하기 위해 사용된다. 독자들은 **표 5.9**의 주석을 참고하기 바란다.

질석(蛭石, vermiculite). 자연적인 자재는 지질 퇴적물에서 구한다. 이의 가벼운 무게와

표 5.9 구조 향상 자재: 일부 목록

유형	자재 예
자연 발생 물질	질석(蛭石, vermiculite)
	부석(浮石, pumice)
가공된 자연 물질	팽창된 질석
	팽창된 점토
	팽창된 혈암(頁岩, shale)
	규조토(硅藻土, diatomaceous earth)
가공된 부산물	소성 플라이 애시
	제철소 슬래그
합성 제품	펄라이트(perlite)[1]
합성 제제(製劑, agent)	VAPAM[1]

[1]상표명임. 다양한 제품의 상표명이 여기에 사용되는데 이는 명확성과 토론 목적만을 위한 것이며 지지나 명백한 거절을 의미하지는 않는다.

판상 구조(板狀構造, platy structure)는 토양을 가볍게 하고, 뿌리 전개 깊이를 증대시키고, 배수성을 향상시키며, 경운을 용이하게 하는 데 기여한다. 매우 높은 온도로 가열된 팽창된 형태는 가장 흔히 팔리는 제품이다. 입자들은 오랜 기간 분해되지 않아서 다지는 힘이 작용하면 스스로 수평으로 배열되어 토양 답압의 원인이 될 가능성이 있다. 이 자재는 현장에 적용하는 것보다 온실과 농장 배합토에 사용하는 것이 가장 좋다.

부석(浮石, pumice). 부석은 원래 다량의 기체를 함유하고 있는 화산암(火山岩, volcanic rock)이다. 이 돌이 화산으로부터 분출되었기 때문에, 녹은 마그마(magma)가 거품 주위로 식어서 구멍이 많고 가벼운 바위를 형성한다. 기체는 바위가 냉각되고 금이 가면서 결국은 빠져나간다. 이 자재는 거대한 바위로부터 가는 자갈이나 그보다 더 작은 것에 이르기까지 크기의 폭이 넓다. 이 자재를 이용하여 만들어진 토양은 공극이 많고 열의 전도성이 불량하여 표면 온도가 매우 높은데, 이는 많은 자생 식물에 치명적이다. 이 자재는 일반적으로 부석으로 판매되고 있고, 더 작은 크기는 공극의 균질성이 없으며 보수력이 거의 없다. 주된 장점은 토양을 가볍게 하고 부분적으로 답압을 방지하는 것이다. 크기가 큰 바위는 경관요소용 수요가 많아 이의 구매비용을 높이고 있다. 이는 현재 토양 개량제로 흔히 명시되지는 않는다.

팽창된 또는 하소(焉燒, calcine)된 점토. 이 자재는 높은 온도에서 자연 점토를 가열하고 소결(燒結, sinter) (또는 하소)한 다음 파쇄하여 체로 걸러 원하는 크기를 얻는다. 내부 공극 공간과 크기가 다양하다. TURFACE®와 SOLITE®가 이들 제품의 예들이다.

팽창된 혈암(頁岩, shale). 팽창된 점토를 얻는 것과 동일한 방법으로 자연 혈암을 높은 온도에서 가열하고 소결한다. 특정 혈암은 이 공정으로 팽창시키고 가볍게 바꿀 수 있다. 처리된 자재는 파쇄되어 원하는 크기로 걸러진다. 제품으로는 RIDGELITE®가 있는데, 이는 입자 크기가 폭넓게 제시된다.

규조토. 규조토(硅藻土, diatomaceous earth)는 오래된 해양 규조류(硅藻類, diatom)의 자연적인 육성 퇴적물(陸成堆積物, terrestrial deposit)에서 얻는다. 규조류는 초기 지질시대에 얕은 바다에 널리 서식하던 단세포 동물(單細胞動物, one-celled animal)이었다. 매우 높은 이산화규소(二酸化硅素, silica)의 구성비를 가진 경화된 인산칼슘(燐酸-, calcium phosphate)으로 구성된 이들의 사체가 오늘날 커다란 퇴적물로 존재하고 있다. 이 자재는 산호와 매우 흡사하여 엄청나게 다공성이다. 어떤 제조업자는 내부 공극 공간이 식물이 가용한 수분을 함유하고 있다고 주장한다. 규조토는 태워진 다음 높은 온도에서 파쇄되고 크기에 따라 걸러지며, 균일한 크기나 다른 크기가 섞인 제품이 판매된다. 무기 자재를 혼합하여 다공 세라믹(porous ceramic)을 제조하고 압출 성형할 수 있다. 이들 제품의 성질은 매우 다양하기 때문에 바람직한 사용을 위해서는 각각에 대한 평가가 필요하다. 규조토 제품으로는 ISOLITE®와 AXIS® 등이 있다.

소성 플라이 애시(sintered fly ash). 이 자재는 굴뚝(smoke stack) 청소의 부산물로 얻어진다. 굴뚝 공기의 미세한 입자를 물이나 젖은 약품으로 씻어내어 말린 다음 이를 소성하기 위해 높은 온도로 태운다. 태운 것은 다른 자재와 마찬가지로 파쇄하고 걸러준다. 이 자재는 일반적으로 pH가 높다.

제철소(製鐵所, steel mill) 강재(鋼滓, slag). 철광석으로부터 철을 만드는 과정에서 나오는 부산물로, 이는 주로 녹은 쇳물의 표면에서 걷어낸 불순물의 잔해이다. 이는 다량의 이산화규소, 탄산칼슘(calcium carbonate), 기타 화합물을 함유하고 있고, pH는 일반적으로 중성(pH = 7)이다. 이것은 다공질로서 기체 거품으로부터 형성된 공극을 가진 부석과 매우 흡사하다. 이는 사용을 위해 파쇄되어 걸러지며, 채택하는 제련 공정이나 생산되는 철강의 유형에 따라 다양한 경향이 있다. 미국 철강 산업의 종말로 과거처럼 흔하지 않으며 경관 적용에는 거의 사용되지 않는다.

펄라이트. 펄라이트(perlite)는 플라스틱 기반의 합성자재이다. 이는 엄청나게 가볍고 배합토의 보수력과 배수성을 향상시킨다. 이는 완전히 단단하지 않아서 쉽게 부서질 수 있다. 이는 먼지가 많이 나고 현장에서 쉽게 날린다. 이는 모래, 양토, 때로는 질석과 혼합되는 온실이나 원예용 용기토양의 혼합 자재로 사용하는 것이 가장 좋다.

VAPAM. 이 자재는 여기서 논의된 다른 재료와 약간 다르다. 이는 일차 입자(一次粒子, primary particle)를 복합의 입단(粒團, aggregate)으로 만들기 위한 접합을 제고시키기 위해 토양에 적용하는 화학작용제(化學作用劑, chemical agent) (유기화합물)이다. 이를 사용하면 이의 주된 용도와 편익인 해당 토양의 자연적인 응집을 높여준다. 다양한 연구와 실제 적용에서 용적밀도 감소와 답압 저항성의 부분적인 향상이 나타났다. 이는 골프장 적용을 위해 폭넓게 사용되어 왔으며, 이 자재가 효과를 발휘하기 위해서는 토양과 반응해야 하기 때문에 시간이 다소 걸린다.

배합의 비율

만약 부하 제약으로 인해 필요하다면 배합의 구성비가 50%(부피 기준)까지 높을 수도 있다. 그러나 경험에 의하면(J. C. Patterson(1997)과의 개인적인 연락, 미발행 자료) 60%를 혼합한 결과 뿌리 전개 깊이와 부피가 감소하면서 매우 건조한 상태를 유발하였다. 배합에서 최대 30~40%가 대부분의 생장 여건에 만족스러운 것으로 보인다. 통행과 부하가 문제가 안 되는 곳에서는 10~15% 혼합이나 전혀 사용하지 않을 수도 있다. 제조업자는 다양한 적용에 대해 자신들이 권고하는 혼합비율을 제시한다.

입자 크기

대부분의 제조업자는 제품을 입자 크기가 균일한 다양한 등급이나 일정 범위의 입자 크기

(particle size)로 제공한다. 일반적으로 입자 크기와/나 입자의 범위는 이것이 혼합된 토양 층위, 해당 토양의 계획된 용도(통행의 유무 등), 식생 집단 등에 의해 결정되는데, 제조업자는 다양한 적용에 대해 권장되는 입자크기를 제시한다.

만약 해당 토양이 통행이 없는 화단 조성용이면 입자 크기는 균일하면서 2~5mm로 작을 수도 있다. 잔디 지역처럼 통행이 있으면, 입자 크기와 함께 구성 비율을 높이는 것이 좋은데, 입자 크기의 범위가 최소 5mm에서 최대 15mm까지 높일 수도 있다. 심토층에서는, 약 20mm나 다소 큰 균일한 크기가 유리한데, 위에 통행이 있으면 입자 간 근접 접촉을 위해 충분한 비율(약 40~50%)로, 그렇지 않으면 구성 비율은 30~40%가 되는 것이 좋다. 배수층은 전반적인 무게를 가볍게 하는 구조 자재(構造資材, structure materials)를 포함시키는 것이 좋은데, 입자는 20~30mm로 크고 필요하면 부피 기준으로 50%까지 높일 수도 있다. 어떤 특별한 경우에는, 배수층 위에 충분한 뿌리 전개 깊이(최소 50~60cm)가 있으면, 구성 비율이 더 높을 수도 있다.

평가

구조 개량제를 사용하는 개인들은 특정 시방서를 위한 최선의 제품을 찾아내기 위해 각 제품을 평가해야 한다. 예를 들면, pH, 밀도, 양이온 교환 용량, 공극률과 공극 크기, 입자 크기(토성), 화학적인 구성, 안정성(강성률/剛性率, rigidity), 전기 전도도는 모두 확인되어야 한다. 예를 들면, 옥상 적용에는 매우 낮은 밀도를 가진 제품을 요구하는 데 비해 통행이 있는 잔디 지역은 강하고 지속적인 강성률을 가진 제품을 요구할 것이다. 답압 저항성이나 가벼움과 함께 비옥도가 우려되는 곳에서는 양이온 교환 용량과 강성률이 높은 제품이 선택될 것이다. 혼합 구성 비율과 입자 크기에 관한 보다 자세한 사항은 제12장에 제시되어 있다.

5.5 유기 자재

유기물(有機物, organic matter)은 토양의 귀중한 주요 구성요소이다. 이는 토양 유기체, 특히 세균, 조류, 곰팡이에 대해 에너지원을 제공한다. 이는 자연 토양 질소(窒素, nitrogen)의 대부분, 인(燐, phosphorus)의 절반, 황(黃, sulfur)의 대부분, 건강한 식물 생장에 필수적인 많은 다른 유기 화합물(有機化合物, organic compounds)을 공급한다. 이는 식물 유효양분(植物有效養分, plant available nutrient)을 보관하는 저장소 역할을 하는 토양의 양이온교환용량 증대에 크게 기여한다. 이는 또한 토양 구조의 발달을 향상시키기 때문에 수분의 이동과 저장, 기체 확산(氣體擴散, gaseous diffusion), 뿌리 침투와 신장을 위해 필요하다. 그러므로 대부분의 설계 토양은 유기물 자재를 필요로 한다. 이 성분의 일부는 배합토의 구성요소인 자연 토양에서 공급될 수도 있다. 그러나 다가올 프로젝트를 위해 가용한 대부분의 토양 자재는 유기물 함량이 낮거나 거의 없을 가능성이 높기 때문에 보충이 필요하다.

과거에는 잘게 썰거나 체로 친 초탄(peat moss)이 매우 만족스러운 유기물 공급원이었다. 그러나 이제는 토탄 늪(土炭-, peat bog) 채굴이 환경에 미치는 영향을 우려하여 이 자재가 비싸지고 공급원이 감소하고 있다. 이에 따라 농업과 도시 모두로부터 부숙된 유기 폐기물 형태의 대체재가 등장하게 되었다. 그러나 처리나 제조에 관한 구체적인 표준이 보급되지 않고 있어서 다양한 형태의 자재가 시중에 판매되고 있다. 어떤 자재는 독점적인 정보로서 자신의 구성성분을 가진 상표명이 부여되어 있고, 이를 자라는 식물에 적용하면 기적에 가까운 결과를 얻을 수 있다고 주장한다. 이러한 주장 일부의 경우 객관적인 입증서류가 거의 없다. 일부는 거의 옛날 "가짜 약"(snake oil)의 주장에 가깝다. 다른 주장은 농업연구소와 대학교 연구에 의해 문서화되어 있기 때문에 유효하다고 할 수 있다. 토양 시방서는 표준이 준비되기 전까지는 적절한 유기 자재의 확보를 보장하기 위해 세심하고 충분하게 기술되어야 한다. 다음 요소들은 이러한 필요성을 명심하고 고찰된다.

유형

유기 자재는 폭넓게 다양하거나 구체적으로 토양 개량제로 사용하기 위해 생산되는 것도 있다(**표 5.10**).

표 5.10 유기 자재의 분류

- 식물 잔해
  - 목재 칩—활엽수, 침엽수, 제재목, 대팻밥
  - 수피
  - 톱밥
  - 잘게 썬 낙엽
  - 도시 혼합물
- 가축 분뇨
  - 말
  - 젖소/육우
  - 양
  - 돼지
  - 가금류
- 하수오니(下水汚泥, sewage sludge)
  - 펠릿(pellet)
  - 건조된 덩어리
  - 과립
- 부숙된 하수오니
- 공장으로부터 나오는 유기 폐기물
  - 양조장 폐기물
  - 식품가공 잔해
  - 목재 펄프

다른 공급원에서 제공된 광물성 자재(토양도 포함)와 함께 혼합용으로 사용되면 표토를 형성할 수도 있다. 이러한 절차는 경관 프로젝트에서 표토에 대해 바람직한 설계 특성이 있지만 충분한 양을 구할 수 없거나 이를 사용하면 심각한 환경적인 영향을 줄 수 있어서 지속가능성 요구조건에 부합하지 못할 경우 적절하게 적용된다. 또한 광물성 자재는 이의 유용성을 보장하고 최종 배합토의 특성을 예측하기 위한 일관성 있는 자료를 제공하기 위해 구체적으로 명시되어야 한다. 이런 유형의 시방서는 오랜 기간 토양 기술자가 사용해왔기 때문에 시방서에서 이 부분은 오히려 간단하다. 그러나 조경가와 원예가가 원하는 최종 제품의 특성은 토양 기술자가 원하는 것과는 완전히 다르다. 따라서 수량화된 토목 시방서와 경관 시방서는, 규격의 기준이 동일하더라도, 완전히 다르다.

시공된 표토의 배합비율(配合比率, formulation)은 많은 변수를 고려하여 완성되어야 한다. 이들 변수에는 배합토 구성요소의 물리적 화학적 성질과 해당 배합토가 경관에 적용되었을 때의 조화도 포함된다. 후자의 상태는 지형, 토양의 물리적 및 화학적 특성과 배수성, 기반암이나 아래에 위치하고 있는 표면의 지질 물질 특성과 이의 깊이에 의해 결정된다.

유기 자재는 쉽게 구할 수 있는 자재로부터 토양 개량제로 사용하기 위해 특별히 생산된 자재에 이르기까지 그 폭이 넓다. 대부분의 경우, 이들 자재는 사용하기 위해 투입되기 전에 부숙되지만 항상 그런 것은 아니다. 사실 퇴비화 과정은 대부분의 유기 자재에 유익한 영향을 미치기 때문에 재활용을 위해 이들을 준비하는 데는 보편적인 단계가 있다. 그러므로 이후 고찰에서는, 부숙된 자재가 고려되는 것으로 가정한다(de Bartoldi, 1987). 만약 특별히 유해한 상황이 존재하면 미부숙되거나 원료에 관한 어떤 형태의 주석이 달릴 것이다.

식물 잔해는 원료물질이나 공급 원료의 폭이 넓다. 파쇄된 목재와 수피, 잘게 썬 낙엽, 톱밥은 가장 흔히 부숙되는 재료일 것이다. 통제되지 않거나 분류되지 않은 혼합물인 경우, 이 재료를 “도시 혼합물”(municipal mix)이라고 부른다. 만약 적절하게 부숙되고 걸러지면 이 재료는 매우 유익한 자재가 될 수도 있다. 그러나 많은 제품들은 혼합 자재로는 매우 투박(거르지 않은)하다. 또한 플라스틱 조각, 일반적으로 쓰레기 투기용으로 사용되는 검은 비닐 봉지와 기타 파편들도 마찬가지로 이들을 바람직하지 못하게 만든다. 수집 시점에 봉지를 제거하는 것이 이들 재료를 보다 수용가능하게 만드는 데 큰 역할을 할 것이다. 단독으로 사용된 목재칩(木材-, wood chip), 수피, 대팻밥은 혼합되는 자재로 사용되는 것보다 멀칭 자재로 가장 좋다. 톱밥은 매우 신선한 자재이기 때문에 단독으로 사용될 때에는 적용에 한계가 있다. 이들 제품의 각각은 극단적인 탄질비(炭窒比, carbon:nitrogen ratio)를 가지고 있어서 빠르게 분해되지 않기 때문에 멀칭 자재로는 장점이 있지만 완전히 부숙시키지 않고는 혼합하는 데 사용할 수 없는 단점이 있다. 과거에는 초탄이 설계된 표토를 생산하기 위한 혼합용으로 자주 사용되었다.

가축 분뇨(糞尿, manure)는 도시 지역에 사용하기 위해서는 일반적으로 탄질비, 냄새, 병원균(病原菌, pathogen)을 줄이기 위해 부숙이 필요하다. 농부들은 이를 그대로 사용하기도 하는데 이에 대한 제약은 덜하다. 이들은 식물 잔해에 대해 매우 유익한 보완재로서, 같이 부숙시켜서 가는 체로 거르면 혼합 자재나 독자적으로 사용하기에 매우 바람직한 제품이 된다. 이 제품은 정원용품점(garden shop)에서 판매되는 일부 화분용토(花盆用土, potting soil)가 된다. 선호되는 분뇨는 말과 소 분뇨이고, 양과 돼지 분뇨는 덜 선호된다. 그 차이는 일반적으로 양과 돼지 분뇨에는 없지만 소와 말 분뇨에는 포함되어 있는 깔개(bedding materials)이다. 깔개는 짚, 건초, 톱밥, 때로는 절단된 신문 등이다. 콩으로 만든 인쇄용 잉크로 된 신문은 안전하다. 가금 분뇨(家禽糞尿, poultry manure)는 "뜨거운"(hot) 자재이기 때문에 부숙을 위해 다른 분뇨와 혼합하면 가장 좋다. 다른 분뇨는 그 양이 작지만, 지역적으로는 동물원과 특정 동물 농장에서 나오는 것처럼 중요할 수도 있다.

만약 우리가 부숙된 바이오 고형물(biosolid)을 배타적으로 다룬다면, 일차적인 사양은 이 고형물이 EPA Part 503의 Grade A "예외적인 품질"(exceptional quality) 요구를 충족해야 한다는 것이다. 뒤에 언급되는 모든 사양은 이 개념의 틀에 맞추어진다. 공공과 고객들은 위험하지 않고 보호되어야 한다는 것을 분명히 해야 한다.

다음의 개별적인 시방서는 사용하기에 안전하고, 여기에서 자라는 식물에 유익하고, 엄격한 적합성을 준수하는 자재라는 과학적으로 타당한 근거를 제공한다. 저자의 경험에 의하면 일습의 시방서가 실행 가능하고 달성 가능한 것으로 나타났다.

탄질비

식물 조직과 가축 분뇨의 탄질비(炭窒比, C(carbon):N(nitrogen) ratio)의 범위는 20:1에서 30:1이고, 곡물의 줄기는 100:1까지 올라가고, 톱밥은 400:1에 이른다. 따라서 목질 재료는 탄질비의 폭이 넓거나 높다. 반면 토양 유기체의 탄질비는 약 4:1에서 9:1로 매우 좁다. 따라서 유기 자재의 혼합물은 넓은 폭의 탄질비를 가질 가능성이 높다. 모든 부숙 과정에서, 탄질비는 좁아지고 이 재료의 안정성은 높아진다(Hirai 등, 1983).

탄질비가 완화되는 것과 유기 잔해의 분해 속도가 중요하다는 것은 토양생물학자와 토양학자에게 잘 알려져 있다. 일반적으로 두 원소 양의 간격이 좁거나 비율이 낮을수록 분해가 더 용이해진다. 좁은 탄질비를 가진 유기 자재는 분해하는 미생물에게 가용한 질소가 더 많이 있기 때문에 더 빨리 분해될 것이다. 퇴비(堆肥, compost)가 토양에 적용될 때에는 탄질비가 33:1 미만이 되는 것이 좋다(Brady, 1990). 이 문턱값(threshold) 아래에서는, 유기 자재가 계속적으로 분해됨에 따라 잉여 질소가 식물의 뿌리에 가용하게 된다. 이보다 높으면, 관련된 식생에 질소 결핍이 발생하여 시비(施肥, fertilization)가 필요하다. 따라서 대부분의 퇴비 적용의 경우, 탄질비가 33:1보다 낮은 것이 가장 좋다. 어떤 농부들은 분뇨의 질소 함량이 더 높기 때문에 탄질비가 더 높은 분뇨를 적용하는 것을 선호한다. 그러나 이는 악취로 인한 환경적인 요소와 악취가 도시 지역이나 고속도로변을 따라 노출되는 것에는 관심이 없는 행위이다.

탄질비는 가끔 퇴비 안정성 척도로 사용된다. 그러나 탄질비는 완숙 과정(完熟過程, curing process)과 관련이 없는 많은 다른 요소에 의해 영향을 받기 때문에 Zucconi 등(1981)이 제안한 바와 같이 보다 나은 안정성 지표가 필요하다. 초기 자재의 탄질비와 처리된 자재의 탄질비를 보고하는 것은 부숙 과정의 효율에 대한 좋은 척도이다. 이는 또한 최종 탄질비를 향상시키기 위해 질소비료를 첨가해야 하는가를 탐색하는 수단을 제공한다.

안정성

안정성(安定性, stability)은 퇴비 분해의 정도나 단계를 가리킨다(Composting Council, 1996). 앞에 언급된 탄질비에서 고찰된 바와 같이, 유기물은 분해가 진행됨에 따라 안정성이 높아진다. 잔류물(殘留物, residue)처럼 지속적으로 더욱 안정적인 물질이 되어감에 따라 이산화탄소, 열, 수증기가 발생하고 질소와 산소가 소비된다. "완숙된"(cured) 퇴비는 더 이상의 분해가 거의 발생하지 않는 단계에 도달한 퇴비이다. 이 제품은 토양 유기 개량제로 사용하기에 가장 적합한 자재가 된다. 만약 퇴비가 불안정하거나 너무 신선하고 올바르게 취급되지 않으면, 식물 생장 억제가 발생할 수도 있다. 다양한 저자들이 사용하는 바와 같이 퇴비 안정성의 다양한 정도는, 신선한 재료는 "날것"(raw – 미부숙)으로, 초기의 분해가 활발히 이루어지고 있는 퇴비는 "매우 불안정한"(very unstable – 부숙 초기) 것으로, 분해가 진전된 단계는 "불안정한"(unstable – 부숙 중기) 것으로, 퇴비의 마지막 단계 또는 분해의 "완숙"(curing) 단계는 "안정적"(stable – 부숙 후기)인 것으로, 더 이상의 이산화탄소, 열, 수증기의 전개가 거의 없는 분해의 최종 단계에 도달한 퇴비는 "매우 안정적"(very stable – 부속 완료)인 것으로 나타낼 수 있다. 식재 배지로 사용하기에 가장 적합한 퇴비는 안정적 또는 매우 안정적인 것이다.

안정성의 한 지표는 자가발열(自家發熱, self-heating) 시험이라고 불리는 습한 시료로부터 열 방출(熱放出, heat evolution)을 측정하는 것이다(Zucconi 등, 1981). 두 번째 지표는 시료로부터 미생물이 산소를 소비하면서 발생하는 이산화탄소 방출을 측정하는 것이다. 어떤 경우에는 시방서에 두 지표를 모두 사용할 수도 있다.

숙성도(熟成度, maturity)

이 기준은 퇴비에 대한 식재 배지로의 수용성 척도이다(Composting Council, 1996). 이 지표는 종자발아(種子發芽, seed germination) 시험과 이후의 생장과 생존을 포함한 생장 선별(生長選別, growth-screening) 과정이다(Riffaldi 등, 1986; Saviozzi 등, 1989). 이들 시험에는 용기 시험(pot test)과 뿌리 신장 측정(root elongation measurement)이 있다. 이들 시험은 휘발성 지방산(揮發性脂肪酸, volatile fatty acid), 알코올, 가용성 염류(可溶性鹽類, soluble salts), 중금속(重金屬, heavy metals), 또는 암모니아(ammonia)의 존재를 탐지하기 위해 사용된다. 이들 물질은 종자의 발아를 지연시키거나 죽음, 실생묘의 피해나 죽음을 유발할 수도 있다. 휘발성 지방산과 알코올은 혐기조건(嫌氣條件, anaerobic condition)에서 발생되기 때문에, 혐기조건에 저장된 퇴비는 숙성되지 않을 수도 있다. 저장된 퇴비는 작은 더미로 유지하고 날씨로부터 보호해주는 것이 좋다. Harada 등(1980)은 숙성도 척도로 탄질비 사용을 주장하지만, Zucconi 등(1981)은 이 방법에 의문을 제기한다.

냄새

냄새(odor)는 수량적인 요소이기 보다 서술적인 요소지만, 퇴비 안정성을 평가하는데 가치 있는 요소이다. 일반적으로 안정적인 퇴비는 불쾌한 냄새가 나지 않아야 한다. 이는 수분 상태에 의해 유발되는 약간에서 보통 정도의 퀴퀴한 냄새가 날 수 있다. 퀴퀴한 냄새가 진동하지 않는 것이 좋은데, 강한 퀴퀴한 냄새는 퇴비가 습도가 너무 높고 초기의 불리한 혐기적 분해 상태에 있다는 것을 나타낼 수도 있다.

계란 썩은 냄새(황화수소/黃化水素, hydrogen sulfide), 자극적인 암모니아 냄새, 기타 강한 악취를 발생하는 퇴비는 충분히 분해되지 않아서 안정성이 낮고 성숙되지 않았다. 이는 분해 과정을 지속하는 미생물에 의해 이들 기체의 방출이 발생하고 있기 때문에 당연히 "안정적" 또는 "매우 안정적"이라고 말할 수 없다.

광물질/유기질 함량과 분말도(입자 크기)

퇴비는 유기물 외에 일부 광물성 물질을 포함하고 있다. 존재하는 양과 이의 입도 분포는 유용성을 확인하기 위한 시방서의 중요한 부분이다. 건중량(乾重量, dry weight) 기준으로 유기물의 최소량도 포함되어야 한다. 퇴비 무게의 많은 부분은 흡착된 물이다. 많은 퇴비화 과정은 흡착제(吸着劑, absorbants)로 목재 칩이나 다른 목질 자재를 사용한다. 일반적으로 이들 목질 자재는 퇴비화 이후에 걸러지지만 일부는 퇴비 제품에 남아 있다. 거친 잔해의 양과 분말도(粉末度, fineness)는 시방서의 일부가 되어야 한다.

1. 유기물 함량. 수분 함량 30~60%에서, 일부 표준은 10% 정도로 낮은 것을 허용하지만, 유기물 함량은 30에서 70%까지 다양할 수 있다. 바람직한 구성비는 유기물이 50% 이상이고 수분 함량은 40~50% 정도이다. 용적밀도는 입방야드당 800~1,000파운드(475~593kg/m^3) 범위가 좋다. 유기물의 입도 분포는 화분용 토양에만 필요하다.
2. 광물질 함량. 광물질 함량은 0에서 1.5% 범위이고 건중량 기준으로 회분(灰分, ash reside)으로 보고된다. 이 범위보다 큰 회분 함량은 다른 광물질 불순물의 존재를 의미할 수 있다.
3. 거침 정도. 퇴비에 포함된 거친 재료의 크기와 양은 가공업자가 사용하는 체의 크기와 관련이 있다. 어떤 퇴비는 1인치(25mm) 체를 통과하도록 명시되는 데 비해 다른 퇴비는 1/2인치(13mm) 체를 통과하도록 명시된다. 허용되는 거침 정도는 해당 퇴비의 용도에 따라 다르다. 잔디의 덧거름은 매우 가는 것이 좋아서 1/4인치(6mm) 체를 통과하도록 명시되지만, 일반적인 적용과 혼합의 구성요소인 경우 1/2인치(13mm) 제한이 적절할 것이다. 이 제한은 해당 부지의 배수성에 따라 가변적이어서 배수가 양호한 부지는 제한된 배수성을 가진 부지보다 더 가는 퇴비가 허용될 것이다. 허용치 1인치는 잔디를 식재하기에 너무 거칠고, 침식 방지(浸蝕防止, erosion control) 수단으로는 더 거친 허용치가 적절하다.

반응(pH)

유기물이 분해됨에 따라, pH는 탄질비와 함께 변화를 겪는다. 탄질비가 높은 재료는 일반적으로 pH가 7.0 미만인 산성으로, 보통 4.5~6.0 범위이다. 부숙과정에서 탄질비가 좁아짐에 따라 pH는 올라가는 경향이 있다. 그러나 완료되더라도 8.0을 초과하는 경우는 드물고 6.0에서 7.0 범위 안에 있을 것이다. 따라서 6.0 미만의 최종 pH는 안정화된 퇴비로서 받아들일 수 없다. 석회로 소화된(消和-, slaked) 슬러지는 8에서 11 또는 12에 이르는 범위로 더 높은 pH 값을 가질 수 있다.

양이온 교환 용량

양이온 교환 용량(陽一交換容量, CEC/cation exchange capacity)은 해당 재료의 보비력(保肥力, nutrient-holding capacity)의 척도로 잠재적인 비옥도(肥沃度, fertility)와 관련이 있다. 이는 또한 분해 상태와 관련이 있는데, 해당 재료가 단계적으로 분해됨에 따라 증가하는 경향이 있다. 그러나 이것이 성숙도나 안전성의 척도는 아니다. 또한 너무 많은 요소들이 CEC에 영향을 미치지만 이 자료는 비교 목적과 퇴비로 개량된 배합토의 잠재적인 CEC를 추정하기 위한 기초를 제공한다. 이는 모든 퇴비 규격에 대한 기준이 될 필요는 없다.

양분함량

퇴비의 양분함량(養分含量, nutrient content)은 상업적인 비료들에 비해 낮은 편이다(**표 5.11**). 따라서 퇴비를 주된 비료로 생각하지 않는 것이 가장 좋은데, 그러나 이는 혼합물의 양분함량이나 개량제로서 기여하는 바는 매우 크다. 이 중에서 토양의 물리적 성질에 더 많고 귀중한 기여를 한다. 퇴비의 양분함량은 원료와 사용되는 공정에 따라 다른데, 양분함량의 범위는 일반적으로 시방서용으로 적절하다.

중금속

퇴비의 중금속 함량에 대한 허용치는 연방과 주 규정에 의해 관리된다. 일부 주 표준은 연방 표준보다 더 엄격하다. 연방 허용치는 **표 5.12**에 제시되어 있다.

표 5.11 부숙된 유기 자재에 함유된 식물 양분, 건중량 기준

대량원소	최소허용수준, %
질소	0.6
인(P_2O_5)	0.5
칼륨(K_2O)	0.3
칼슘(CaO)	2.0
($CaCO_3$)	3.0
마그네슘(MgO)	0.3

출처: Zucconi & de Bertoldi, 1989.

표 5.12 Grade A(하수 오니에 대한 예외적인 품질) 퇴비의 중금속에 대한 농도 허용치

원소	농도 제한, 건중량 기준 mg/kg
비소	41
카드뮴	39
크롬	1,200
구리	1,500
납	300
수은	17
몰리브덴	18
니켈	1,420
셀레늄	36
아연	2,800

출처: EPA Part 503, Table 3.

표준 퇴비 시방서 예

다음은 교통 프로젝트용 토양을 개량하는 데 공급하고 사용하기 위한 퇴비 품질용으로 제안된 시방서이다. 이는 관련 논문을 검토하고, 매사추세츠주 퇴비 공급자들을 대상으로 하는 조사에서의 응답, 저자의 개인적인 경험에 기반을 두고 있다.

서론

퇴비는 유기적 잔해의 호기성 분해로부터 생산된 안정적이고 부식질같은 자재여야 한다. 유기적 잔해에는 정원 폐기물, 축산 폐기물, 출처가 분리된 도시 고형 폐기물, 바이오 고형물 등이 포함된다.

색상

퇴비는 짙은 갈색에서 검은색이어야 하고, 비료 추가와 적용 가능한 다른 개량제와 함께 적절한 관리 실무를 통해 식물 생장을 지원할 수 있어야 한다.

수분

퇴비의 수분함량은 이를 취급할 때 가시적인 자유수(自由水, free water)나 먼지가 없을 정도여야 한다.

탄질비

이 비율은 10:1에서 25:1 범위 내에 있어야 한다. 총탄소(總炭素, total carbon)와 함께 처리 전후에 보고된 탄질비가 우선적이다.

안전성 정도

안정성은 CO_2 방출시험이나 재가열(再加熱, reheating) 시험에 의해 평가되어야 한다. 각각에 대한 절차는 CONEG(Coalition of Northeast Governors, 1996)에 의해 명시되어 있다. CO_2 시험의 경우, 퇴비 호흡이 5mg CO_2-C/g BVS day 미만이어야 한다. Dewar의 자가발열 시험을 사용하는 재가열의 경우, 최대 열 상승이 실온(室溫, room temperature; 20~25°C)보다 20°C 이상 높지 않는 것이 좋다.

냄새

부숙된 재료는 불쾌한 냄새가 없는 것이 좋다.

병원체/금속/매개동물 유인 감소

CER Part 503 rule(EPA CFR, Part 503 Regulations, Table 3, page 9392, Vol. 58, No. 32, 1993년 2월 19일 금요일) 참조.

유기물 함량

퇴비는 적어도 40%의 유기물(건중량 기준)을 함유하고 있는 것이 좋다.

입자 크기

해당 재료의 100%가 1/2인치(13mm 미만) 체를 통과하는 것이 좋다. 금속, 유리, 플라스틱, 목재(잔류 조각 외), 아스팔트, 석재와 같은 파편이 보여서는 안 되고 건중량 기준으로 1%를 초과하지 않는 것이 좋다.

pH

pH는 5.5에서 8.0 사이여야 한다.

염도(鹽度, salinity)

가용성 염은 4.0mmhos/cm(dS/m) 또는 염 2,560ppm을 초과하지 않는 것이 좋다.

양분 함량

퇴비의 질소, 인, 칼륨, 칼슘, 마그네슘, 나트륨 등과 철, 구리, 붕소, 몰리브덴과 같은 미량 원소를 포함한 무기질 함량(無機質含量, mineral content)이 제시되어야 한다.

가용성과 비용

가용한 유기 자재의 다양성이 문제를 유발한다: 대부분의 생산자들은 기간이 짧으면 원료의 양에 제한을 받는다. 공사의 시공단계 기간처럼 짧은 기간에 많은 양이 요구되는 프로젝트는 한 공급자로부터 가용한 양이 충분하지 못하다는 것을 알게 되고, 비슷한 재료를 구하기 위해 또 다른 공급자를 쉽게 찾을 수도 없다. 비슷하거나 거의 꼭 같은 재료를 몇몇 공급자로부터 구할 수 있을지 모르지만 위치가 분산되어 있어서 운반비가 과도하게 된다. 어떤 경우에는 최상의 재료를 충분한 양으로 확보하기 위해 거액의 운반비 책정이 인정될 수도 있다. 따라서 해당 프로젝트를 완성하기에 충분한 양을 확보하기 위해 동일하지는 않지만 몇몇 다른 공급자로부터 공급되는 비슷한 재료를 명시할 필요도 있을 것이다. 분명한 것은, 보편적으로 수용되는 표준을 충족시키는 재료를 생산하는 것이 앞으로 이러한 주요 문제를 제거할 수 있을 것이다.

적합성

퇴비의 바람직한 특성과 품질을 확보하는 것을 보장하기 위해 표준에 대한 적합성이 강제되어야 하고, 그렇지 않으면 프로젝트의 성공이 위태롭게 될 수 있다. 이 과정에는 해당 부지에 인도될 때의 시료 채취 및 분석과 함께 독립된 분석에 근거한 제조업자의 규격 제출, 공급원에서의 검사 등이 포함된다. 시각과 후각 검사는 과도기적인 검사로 충분하고 이어지는 실험실 분석으로 보강될 것이다. 배치(batch)별 또는 트럭별 일관성과 적합성에서 골치 아픈 문제가 될 가능성이 가장 높은 두 가지 특성은 입자 크기(목재 칩 함량)와 안정성이다. 대부분의 경관 적용에 대해 이들 두 특성의 일관성은 매우 중요하다.

혼합물에서의 유기물 양

최종 혼합물에서의 유기물 구성비는 무게 기준으로 1에서 8% 범위이고, 가장 일반적으로 권고되는 양은 무게 기준으로 5%이며, 이는 부피 기준으로 약 10%이다. 용적밀도가 $1.45Mg/m^3$ 미만을 확보하기 위해서는 무게 기준으로 적어도 3%의 유기물이 필요하고(McCoy, 1992), 유효수분 함량 $0.2m^3/m^3$ 이상을 확보하기 위해서는 3.5%가 필요하다. 보행자 통행이 잦은 골프장 적용의 경우, McCoy(1992)는 무게 기준으로 3.5%(부피 기준 약 7%) 이상의 유기물 함량을 권고하지 않는다. 저자의 관찰에 의하면 유기물 자재가 부피 기분으로 50%에 이를 경우 토양 붕괴(완공 후 답압과 침수로 인한 심각한 침하)가 발생하였다. 경관 프로젝트의 경우 명시될 최대 비율은 절대로 30%를 넘지 않는 것이 좋으며, 이는 화단용식물(花壇用植物, bedding plant)의 표토로만 사용하고, 20%는 덜 위험한 최대치가 될 것이다. 심토층(心土層, subsoil horizon)에 대한 유기물 함량은 크게 낮추거나 개량을 생략할 수도 있다.

5.6 생물 자재

경관식물의 안녕에 대한 토양 유기체(土壤有機體, soil organisms)의 중요성은 그 인식이 더욱 높아지고 있다. 대부분의 사람들은 유기물 잔해의 부후와 퇴비화에서의 유기체 역할과 토양을 경운하는 지렁이(earthworm)의 중요성은 잘 알고 있지만, 이러한 개념을 살아 있는 식물로 확대하는 사람은 드물다. 작물에 대한 유기체 특히 질소고정 박테리아(근류균속/根瘤菌屬, *Rhizobium*)의 중요성은 오래 전부터 농학자와 농부들에 의해 인식되어 왔고(Brady, 1990), 조림에서의 균근(주로 모래밭버섯균/*Pisolithus tinctorius*) 중요성은 임업가와 농장주들에 의해 확인되었다(Pritchett & Fisher, 1987; Wilde, 1958). Marx(1991)는 오랜 기간 균근 연구를 수행했고, 균근이 부족한 토양에 주입하기에 적합한 물질을 발견하였고 어느 정도의 성공을 거두었다(Marx 등, 1997).

지속가능 토양의 개념적인 발전(제4장)을 위해서는 설계 토양의 미생물 상태에 관심을 기울일 필요가 있다. 따라서 생물적 자재에 대한 시방서가 필요하다. 생물적 접종을 언제, 어디에, 어떻게 사용할 것인가는 제4장에서 다루고 있다.

접종 방법에 대해 답해야 하는 질문은 다음과 같다:

1. 기존 부지 식물에 어떤 유형의 유기체(균근)가 존재하고 이들이 얼마나 잘 전개되어 있는가?
2. 만약 해당 부지가 새로운 식재지라면, 식생 집단의 구성은 어떻게 되어 있는가?

제4장에서 고찰한 바와 같이, 균근은 두 가지 다른 유형이 있고, 각각은 다른 식생 집단에 적합하다. 만약 식생 집단이 대부분 참나무류와 소나무류 등으로 구성되어 있으면, *Pt* 외생균근이 적절하다. 반면, 해당 프로젝트 설계의 구성요소로서 식생집단이 혼합된 것이라면, 외생과 내생 균근이 혼합된 것이 적용될 수도 있다. 만약 식생 집단이 화초거나 다른 원예작물인 경우, VAM 접종이 적합하다. 어떤 제조업자는 야자수와 관련된 식물에 대해 별도의 접종원을 가지고 있다.

5.7 시방서의 모든 자재에 적용되는 요소

다음 요소들은 내용을 분명히 하기 위해 해당 시방서의 개별 토양 자재 아래에 각각 기술된다. 여기서는 불필요한 중복을 피하기 위해 이들 개별 자재와 별도로 다룬다. 필요한 경우 특정 자재에 대한 적절한 언급이 있을 것이다. 토양 시방서의 모든 작성자들은 각 자재에 대해 모든 요소들이 다루어지는지 확인하는 것이 좋다.

반응(pH)

토양 자재나 혼합 자재의 반응(反應/reaction, pH)은 명시된 해당 프로젝트의 최종 pH 값과 대략적으로 일치하는 것이 좋다. 습윤온대(濕潤溫帶, humid temperate)지방에서는, 이 pH의 범위가 6.0에서 7.5인 것이 좋다. 일부 예외를 제외하고 대부분의 식물은 이 범위의 pH에 견딜 수 있다. 그렇지 않으면 pH를 조절하기 위해 추가적인 비용과 노력이 필요하다. 또한 습윤온대지방에서 처음부터 극단적으로 낮거나 높은 pH는 영양결핍이나 화학적인 독성 가능성을 나타낸다. 건조(乾燥, arid) 또는 반건조(半乾燥, semiarid) 지역에서는,

pH 값이 알칼리성일 것이며, 이러한 지역에서는 토양 pH를 조절하는 것보다 현장 상황에 맞게 식물 집단을 조정하는 것이 좋다.

조정(調整, adjustment). 만약 토양 pH가 바람직한 범위 내에 있지 않으면, 일반적으로 다양한 개량제를 적용하여 조정할 수 있다. 이들 개량제는 해당 토양을 혼합하는 동안에 또는 지표면에 흩뿌리고 토양 속으로 경운하여 해당 토양에 적용할 수 있다. 만약 해당 토양에 식생이 존재하더라도 흩뿌리기는 여전히 효과적인 작업이다. 흩뿌리는 자재의 효과를 높이기 위해 멀칭 자재는 제거하는 것이 좋다.

pH 높이기. 석회석분말(石灰石粉末, ground limestone)이 토양 pH를 높이는 데 가장 효과적인 재료이다. 이는 천천히 작용하기 때문에 과도한 양을 적용하지 않으면 지표면 도포용으로 사용해도 식생에 화상을 입히지 않는다. 대규모 조정이 필요한 경우 몇 년에 걸쳐 분산하여 적용할 것을 권고한다. 한 번 적용의 효과는 일반적으로 약 5년 정도 지속되는데 토질과 해당 지역의 강우량에 따라 차이가 있다. 석회시용(石灰施用, liming) 물질로 사용되는 또 다른 자재로는 생석회(生石灰, burnt lime; CaO), 소석회(消石灰, hydrated lime) 등이 있다. 이들 자재는 모두 단위 무게 기준으로 소석회보다 더 효과적이지만 비용이 더 비싸고 연소 가능성이 더 높은 단점이 있다. 대부분의 주립농업시험장(state agricultural experiment stations)은 각 주에서 사용할 수 있도록 개발된 표를 가지고 있다. 따라서 일반화된 표를 사용하기보다 적용 가능한 표를 사용하는 것이 최선이다. 석회석분말에 대한 일반화된 표는 설명 목적만을 위해 제공된 것이다.

예시. 미사질 양토의 초기 pH는 5.5이고 제시된 pH 수준은 7.0이다. **표 5.13**을 사용하면 적용될 양은 1000제곱피트당 122파운드(0.60kg/m^2)이다. 만약 소석회를 혼합과정에서 첨가한다면, 부피 기준으로 토양의 상부 3인치(7.6cm)에만 섞어주는 것이 좋다.

pH 낮추기. pH 낮추기는 습윤한 지역보다 반건조와 건조 지역에서 보다 흔할 수 있다. 이 작업은 인간의 활동에 의해 원토양의 pH가 높여진 도시지역에서 늘어나고 있다. 원소 황

표 5.13 주어진 토양의 초기 pH를 7.0으로 올리기 위해 필요한 석회

	pH					
토양 유형	4.5	5.0	5.5	6.0	6.5	7.0
	kg/m^2					
사토	0.37	0.31	0.18	0.09	0.04	—
사질양토	0.79	0.66	0.37	0.20	0.09	—
미사질양토	1.28	0.99	0.59	0.33	0.15	—
식양토	1.54	1.30	0.77	0.42	0.19	—

출처: 미시간, 미주리, 뉴욕의 일반화된 자료.

(元素黃, elemental sulfur)을 첨가하는 것이 가장 효과적인 방법이다(Craul, 1992).

5.8 토양 시방서에서의 지속가능성에 대한 관심

지속가능성(持續可能性, sustainability)이라는 용어는 토양 시방서 관점에서 두 가지로 정의될 수 있다. 첫 번째는 제안된 프로젝트에 의한 부지 내부와 부지 외부(주로 후자)에 대한 환경적인 영향을 줄이는 데 적용된다. 두 번째는 완공 후에 해당 프로젝트의 유지관리의 용이성과 비용, 특히 물, 비료, 고에너지 소비 재료, 전기 등의 자원 투입에 대한 요구를 최소화하는데 적용된다. 조경가는 두 정의에 관해 깊은 관심을 가지는 것이 좋다.

이러한 관심은 재활용 자재를 자연토양과 초탄과 같은 개량제로 사용되는 기타 자연 자재의 대체재로 사용하는 형태로 나타날 수 있다. 이 주제는 제4장의 지속가능 토양 설계에서 보다 자세히 다룬 적이 있다.

제6장 옥상 적용

나는 씩씩거리면서 너의 집을 불어 넘어뜨릴 것이다.

6.1 서론

옥상(屋上, rooftop) 녹화에 대한 높아진 감성과 관심은 옥상 토양의 배합비율(配合比率, formulation)과 관련된 식재 기술에 어느 정도의 주의를 요구한다(**그림 6.1**).

그림 6.1 매사추세츠주 니덤(Needham)시 주차장 위 수영장 둘레의 옥상정원에 식재된 교목과 관목.

옥상 식재에는 다른 도시 식재 상황에는 적용하지 않는 몇 가지 설계기준이 제시된다. 이들 기준은 건축적인 부하 제약, 관목과 교목의 내풍성, 특별한 시공과 이와 관련된 요구사항 등이다. 제한적인 토량(土量, soil volume)으로 인해 일반적으로 관수 시스템이 요구된다. 대부분의 옥상 적용에서의 제한된 토량과 배수로 인해 설계에 특별한 주의가 필요하다.

6.2 부하와 공간 제약

대부분의 경우, 건물 설계자가 옥상 정원의 추가적인 무게를 고려하겠지만, 이러한 허용수준은 노출된 환경 하에서 적절한 토양의 깊이와 부피, 수분 함량을 제공하기 위해 필요한 무게에는 일반적으로 미치지 못한다. 옥상 정원은 햇빛과 바람에 더 많이 노출되지만 온도는 낮은 경우가 많다. 건물 외벽으로부터 반사된 열도 문제가 될 수 있다. 이러한 환경 여건은 정상적인 경우 높은 증발산(蒸發散, evapotranspiration) 스트레스에 대비하기 위해 매우 큰 뿌리 전개 공간을 필요로 한다. 옥상의 제한된 공간도 식물들을 작은 공간이나 용기 안에 가둬두게 된다. 따라서 지표면 식재에는 존재하는 유연성이 옥상에서는 존재하지 않는다. 추가적인 제약은 옥상 자체에 의해 유발된다. 옥상은 방수가 되어야 하지만 동시에 빗물과 관수된 물을 정원으로부터 제거해야 한다. 토양 단면은 심토, 모재, 기반암을 통해 지하수위(地下水位, ground water table)와 연결되는 이점을 가지지 못한다. 옥상은 토양 수분이 단면에 떠 있는 경향이 있어서, 이쇄반층(易碎盤層, fragipan)을 가진 토양에서 발견되는 것과 비슷한 배수 여건이 발생한다. 따라서 옥상정원 토양은 구조물이 제공하는 배수구(排水口, drainage outlet)로 물이 도달할 수 있도록 배수가 잘 되거나 스스로 배수가 되도록 설계되어야 한다. 옥상 식재는 해당 식재 수목이 이미 용기에서 벗어났지만 용기에 식재된 것과 매우 흡사하게 수행된다. 따라서 용기와 유사한 상황에서 토양이 보유하는 수분이 해당 지붕의 부하에 더해진다는 관점에서 평가하여야 한다. 용기에 담긴 토양 단면 내 수분 분포에 대한 도해는 **그림 6.2**에서 보여주고 있다.

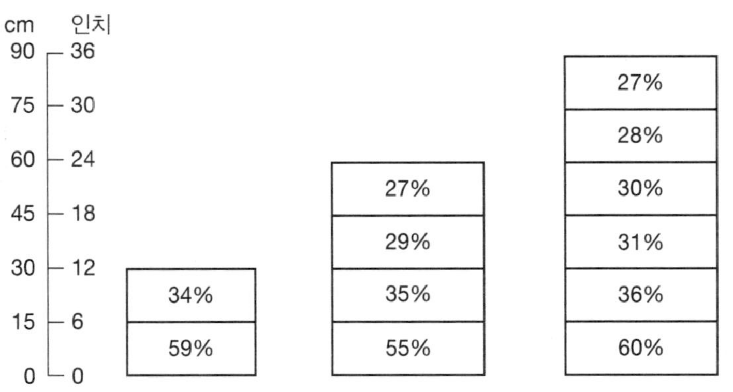

그림 6.2 용기 내 수분 분포. 부피 기준의 수분 구성비. (Harris, 1983에서 전재.)

그림 6.2에서 보여주는 사례와 물의 무게 62.4파운드/ft^3(1000kg/m^3)를 사용하여 계산하면, 지붕 표면적 제곱피트당 총 물 무게는 각 예시에서 각각 28.6, 45.5, 66.1파운드/ft^3(458, 729, 1,059kg/m^3)이다. 토양무게 추가는 토양 층이 다른 경우 경우, 개별 토양 층의 용적비중에 따라 다르다. 만약 용적비중 1.45Mg/m^{3}의 균질한 토양이라고 가정하면, 식생이 없는 총 표면 부하는 각각 119.1, 180.96, 271.4파운드/ft^3(1,908, 2,899, 4,348Kg/m^3)이다. 부하 제한은 보통 건축기사가 입방피트 당 평균 무게로 제시한다. 이 경우 각 사례의 평균 무게는 119.1, 90.5, 90.5파운드/ft^3(1,908, 1,450, 1,450Kg/m^3)가 된다. 따라서 얕은 토양은 단순히 높은 수분함량 때문에 입방피트당 더 무거운 무게를 가진다. 다른 사례에서처럼 상층에 추가적으로 수분 함량이 낮은 토양을 가지고 있으면 평균 입방피트당 무게는 작아진다. 토심이 깊어짐에 따라 평균값이 일반적으로 일정하게 유지 되지 않으며, 토심이 깊어짐에 따라 증가할 것이다. 포장근분(包裝根盆, ball and burlap)이나 용기에서 키운 교목과 관목의 토양 무게는 일반적인 옥상 적용용으로 명시된 토양보다 훨씬 무겁다는 것을 명심하는 것이 좋다. **표 6.1**은 일반적인 근분 크기에 대한 근분 크기와 무게 자료를 보여주고 있다. 이러한 추가적인 부하로 인해 옥상 전반에 걸쳐 대형 식물과 교목의 위치와 배치를 세심하게 고려할 필요가 있다. 이 주제는 이 장의 뒤에서 고찰될 것이다.

표 6.1 교목의 근분 크기, 깊이, 무게

교목 직경		근분 직경		근분 깊이		근분과 교목의 대략 무게			
인치	cm	인치	cm	인치	cm	파운드	kg	미국톤	MT
—	—	10	25	8	20	34	15	—	—
—	—	12	30	9	23	55	25	—	—
—	—	14	35	11	28	91	42	—	—
—	—	16	40	12	30	124	56	—	—
—	—	18	45	14	35	193	88	—	—
—	—	20	50	15	38	254	115	—	—
—	—	24	60	16	41	392	178	—	—
—	—	28	70	19	48	624	283	—	—
—	—	32	80	20	50	867	394	—	—
—	—	36	90	22	55	1216	552	—	—
—	—	42	105	25	63	1877	853	—	—
5	13	48	120	29	74	—	—	1.5	1.3
6	15	60	150	32	81	—	—	2.4	2.2
7	18	72	180	34	86	—	—	3.7	3.4
8	20	84	210	36	96	—	—	5.4	4.9
10	25	96	240	38	96	—	—	7.4	6.8
11	28	108	280	40	100	—	—	9.9	9.0
12	31	120	300	40	100	—	—	12.2	11.1

출처: Himelick, 1981; Watson & Himelick, 1997.

무게를 줄이는 것은 나근의 수목을 지붕에 또는 경량화 개량제를 혼합한 토양이 담긴 가벼운 용기(성형된 플라스틱이나 유리섬유)에 식재함으로써 확보할 수 있다. 경량화된 토양은 옥상의 부하를 현저하게 줄여줄 수 있지만, 이의 문제점은 더 무겁고 개량되지 않은 토양에 식재된 수목보다 식재된 수목의 내풍성이 떨어진다는 것이다. 따라서 지주목을 설치하거나 다른 유형의 보호 수단이 필요하다. 어쨌든 옥상 적용이 잠재적인 바람에 노출되기 전에 뿌리 시스템이 활착되어야 한다.

6.3 경량화 개량제

설계 토양은 특정의 자재나 기능을 혼합함으로써 예상되는 앞서 언급된 제약을 반영해야 한다. 이러한 토양 특성은 소위 가로나 노지 토양 적용보다 용기용 배합토 적용에 더 많이 고려된다. 그러나 해당 토양의 경량화에는 한계가 있다. 풍도(風倒, windthrow)에 저항하기 위해서는, 특히 대관목과 교목에 대해서는, 뿌리를 그 자리에 잡고 있을 수 있도록 충분한 무게의 토양을 가지고 있어야 한다. 옥상 설계의 계획 단계에 바람의 힘이 고려되지 않은 경우, 이들 수목이 쓰러지는 것은 옥상에서 흔한 일이다.

토성과 개량제 함량으로 용적비중 추정하기

옥상 부하 제약을 확실히 준수하기 위해서는 설계 토양의 순 건조 용적밀도의 추정치를 구할 필요가 있다. Rawls(1983)은 다음과 같은 하나의 방법을 제시한다.

$$\rho = \frac{100}{\left(\dfrac{X}{\rho_o}\right) + \left(\dfrac{100 - X}{\rho_m}\right)}$$

여기서 ρ는 토양 용적밀도(Mg/m^3), X는 유기물의 중량백분율(重量百粉率, percent by weight), ρ_o은 유기물의 평균 용적밀도($0.224 Mg/m^3$), ρ_m은 광물질(鑛物質, mineral matter)의 용적밀도(Mg/m^3)이다. 용적밀도와 중량백분율이 알려져 있다면 다른 성분도 이 공식에 추가할 수 있다. 예를 들면, ρ_a가 해당 개량제의 용적밀도이고, Y가 해당 개량제의 중량백분율인 경우, 공식은 다음과 같다.

$$\rho = \frac{100}{\left(\dfrac{X}{\rho_o}\right) + \left(\dfrac{100 - X}{\rho_m}\right) + \left(\dfrac{100 - (X + Y)}{\rho_a}\right)}$$

여기서 ρ_a는 개량제의 용적밀도, Y는 개량제의 중량백분율이다. 옥상 토양 적용인 경우, 개량제는 일반적으로 경량화 자재이다. 그러나 저자는 이 공식이 혼합 자재의 용적밀도를 현저하게 과소평가하고 있다는 것을 발견하였다.

저자가 개발한 순 건조 용적밀도를 구하기 위한 또 다른 적용할 만한 방법은 직접적인 자재 비율을 계산하는 것이다. 이 방법은 몇 프로젝트에 대한 혼합물의 대략적인 용적밀도를 구하기 위해 사용되었지만, 이 또한 일부 혼합물의 용적밀도를 과소평가하는 경향이 있었다. 예를 들면, 어떤 혼합물이 모래(ρ = 1.55Mg/m^3) 75%, 경량재(ρ = 0.60Mg/m^3) 15%, 유기물(ρ = 0.22Mg/m^3) 10%이면 다음과 같이 추정된다:

모래:	$0.75 \times 1.55\text{Mg/m}^3$ =	1.162
경량재:	$0.15 \times 0.60\text{Mg/m}^3$ =	0.090
유기물:	$0.10 \times 0.22\text{Mg/m}^3$ =	0.022
가중 용적밀도:		1.274Mg/m^3

일단 혼합물이 선정되면, 적절한 프록터 값(Proctor value)과 정해진 건조 용적밀도로 실재 시료를 혼합하여 포장해보는 것이 좋다. 원하는 값으로 용적밀도를 조절하기 위한 조정이 필요할 수도 있다. 설계 토양에 사용될 모든 혼합물에 대해 반복적인 실험을 수행하는 것이 좋다.

저자가 확인한 몇 가지 토질공학(土質工學, soil engineering)과 토양물리학(土壤物理學, soil physics) 참고자료는 동질 자재와 균일한 구(uniform sphere)의 규칙적인 패킹(regular packing)이 전제된 적용을 제외하고는 용적밀도를 예측하기 위한 방법을 제공하지 못했다. 입자들의 혼합물에 대한 용적밀도를 확인하는 방법은 없다. 균일하지 않은 입자의 무작위 패킹을 계산하는데 지침을 제공하는 유일한 기준을 Wise(1952)가 제공한다. 저자는 이제 이 방법론을 토양 혼합물에 적용하기 위한 시도를 하고 있다.

경량화 자재

이들 경량화 자재(輕量化資材, lightening materials)의 일부는 제5장의 설계토양 구조 자재의 개량제로 기술되었다. 이 설명 중 여기서는 주로 경량재로 사용되는 자재에 대해서만 반복한다. 설계된 옥상 토양에 대한 경량화 자재로 사용하는 데 필요한 이들의 평가에 대한 기초정보를 제공하기 위해 이들 각각에 대한 물리적 특성이 보다 자세히 제시된다. 여기서는 이들의 교정이 해당 토양에 대해 구조 자재와 토양 무게 자체를 줄여주는 데에도 기여한다는 사실은 언급하지 않는다.

초탄. 부드럽고 쉽게 압축되는 매우 가벼운 소재이다. 잘게 썬 형태에서 뚜렷한 경량화 효과를 얻기 위해서는 매우 많은 양을 혼합해야 한다. 초탄이 과다하면, 특히 용기나 광범위한 옥탑 식수대에서는, 침하와 답압으로 이어지고, 교정하기 어려운 침수 가능성을 유발한다. 많은 조경가와 유기농 정원사가 이를 선호함에도 불구하고 저자는 초탄을 더 이상 어떤 토양 개량 시방서에도 포함시키지 않는다. 잘게 썬 초탄의 용적밀도는 약 0.27Mg/m^{3}이다(**표 6.2**).

퇴비. 유기물에서 유래된 퇴비(堆肥, compost)는 광물질 토양 자재와 혼합하면 경량화 효과가 있고 해당 혼합물의 균일한 분포에 도움이 된다. 그러나 경량화 효과는 해당 퇴비의

표 6.2 토양 혼합에 사용되는 다양한 경량화 자재의 속성[1]

속성	단위	Axis®	Compost[2]	Isolite®	초탄	Profile®	Ridgelite®	Turface®
CEC	cmols/kg	27.0	—	1.2~1.9	—	33.6	—	28.8
무게	lb/cy	972	850	850	456	938	1,161	900
용적밀도	Mg/m^3	0.60	0.22	0.50	0.27	0.60	0.63~0.69	0.54
입자밀도	Mg/m^3	2.20	—	2.27	1.71	2.50	1.16~1.28	2.55

[1]상표는 하나의 예와 비교 목적으로만 사용된다.
[2]Merrimack(NH주) 소재 Allgro Corp.에서 생산되는 퇴비화된 바이오 고형물.
출처: 다양한 제조업자의 정보자료에서 수집된 자료.

입도 분포에 따라 차이가 클 것이다. 어떤 퇴비는 목재 칩과/이나 다른 거친 유기물 조각의 구성비가 높아 매우 거칠다. 해당 혼합물에 걸쳐 분산되어 있는 큰 조각은 체로 거른 것으로 주로 1/4인치(0.6mm) 이하의 가는 조각으로 구성된 퇴비보다 해당 토양을 더 크게 경량화시키는 경향이 있을 것이다. 목재 칩이나 거친 조각의 비율이 높으면 대부분의 설계토양 혼합에서 바람직하지 못하다. 중량 제한(重量制限, load limit)을 달성하기 위해서는 추가적인 개량제가 필요하다.

규조토. 규조토(硅藻土, diatomaceous earth)는 규조류(硅藻類, diatom) 해양 유기물의 잔유물로부터 형성된 수화된 실리카 광물(silica minerals)로부터 유래한다. 이 자재는 높은 온도에서 하소(煆燒, calcine)한 다음 갈아서 다양한 크기로 거르고 크기가 혼합된 제품을 만든다. 어떤 제조업자는 경량화와 공극률 효과를 높이는 관모양의 과립을 만들기 위해 이 자재를 배제한다. 이 자재의 상업적인 제품의 예로는 AXIS®와 ISOLITE®가 있다(표 6.2).

소성 플라이 애시. 석회로(石灰爐, lime kiln)나 석탄발전소 굴뚝 세척기에서 나온 슬러리(slurry)를 건조시킨 다음 고온에서 태워 소성 플라이 애시(sintered fly ash)를 만든다. 이것은 무게가 가볍고 상대적으로 단단하다. 그러나 이는 일반적으로 원예용으로는 한계가 있는 알칼리성 pH를 가진다. 따라서 조경 프로젝트에서 기술되는 경우는 드물다.

팽창된 혈암. 결정화되고 팽창된 안정적인 입자를 형성하기 위해 혈암(頁岩, shale)을 고온에서 태운다. 거친 입단은 다양한 크기로 걸러진다. 이 자재는 골프장 그린의 혼합물로 광범위하게 사용되어 왔다. 한 예가 RIDGELITE®이다(표 6.2).

부석(浮石, pumice). 이 재료는 화산에서 나온 것으로 커다란 가스 거품으로 채워진 용해된 자재였다. 이 가스는 냉각 과정에 탈출하여 커다란 원형의 구멍을 남겼다. 이 재료는 매우 가볍고 더 가는 입자로 부술 수 있다. 이 자재는 전반적인 공극률을 높여주지만 분쇄하면 공극의 형태와 크기 때문에 부석 자체의 수분 함유는 높지 않다.

하소 점토(煆燒粘土, calcined clay). 몬모릴로나이트(montmorillonite) 점토를 고온

그림 6.3 Boston Commons 주차장의 고무 막 위에 배치한 스티로폼 판.

(>1300°F)에서 태우면 단단하고 다공질 자재가 된다. 이를 분쇄하여 다른 적용을 위해 다양한 크기로 거른다. 한 예가 TURFACE®이다(표 6.2).

스티로폼(styrofoam). 이 자재는 얇은 판, 찍어낸 블록, 또는 과립(펠릿) 등 몇 가지 형태로 생산될 수 있다. 경관 프로젝트에서 사용되는 일반적인 형태는 얇은 판이나 블록 형태이다. 이들을 선호하는 이유는 형틀로 찍어낸 스티로폼이 위로부터 자신에게 적용되는 토양 무게의 힘에 의한 다짐에 더 안정적이고 저항성이 있기 때문이다. 과립이나 펠릿은 토양 부하 하에서 다져지기 쉬워 토양 경량화를 위한 자신의 장점이 감소되기 쉬워서 혼합 자재로 선호되지 않는다. 압출된 단단한 얇은 판은 부하를 경감시키고 Boston Commons 지하 주차장의 지붕에 걸쳐 무게를 고르게 분포시키기 위해 채택되었다(**그림 6.3**). 스티로폼은 산책로의 강철 돌출부 전반에 대한 부하를 가볍게 하기 위해 뉴욕시 Battery Park City South Cove 설계에도 사용되었다. 형틀로 찍어낸 스티로폼 블록은 구조물 위에 있는 로스앤젤리스 J. Paul Getty Fine Arts Center 식재지에 사용되었다. 그러나 식재지 적용을 위해서는 엄격한 무게 제약이 존재한다. 중대교목(中大喬木, medium to large tree)이 요구하는 토양 뿌리 전개 깊이를 저해하지 않으면서도 경간(徑間, span)에 걸친 부하를 줄이기 위해서는 찍어낸 스티로폼 블록을 “이중 엇갈림”(double-staggered)으로 배치해야 한다(**그림 6.4**).

부하 배치

옥상에 대한 스티로폼의 사용과 이의 배치는 옥상에 대한 부하의 올바른 배치가 건물 구조에 의해 부과된 무게 제한의 일부를 극복할 수도 있다는 것을 나타낸다. 가장 분명한 해결

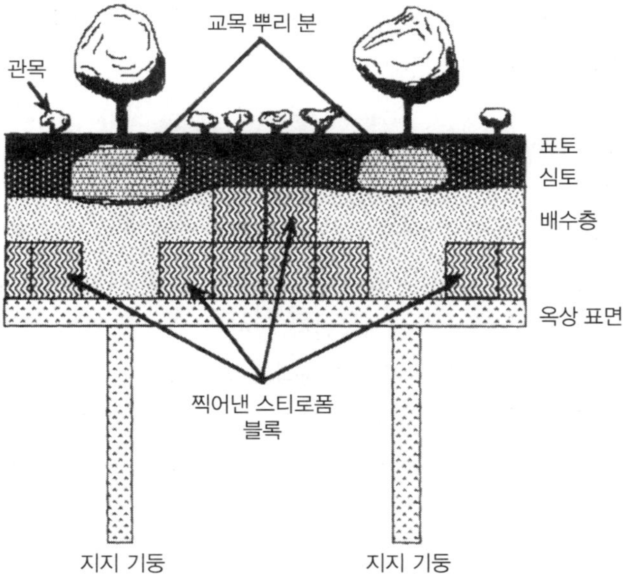

그림 6.4 로스앤젤리스 J. Paul Getty Fine Arts Center의 찍어낸 스티로폼 블록 배치를 보여주는 식수대의 단면도.

책은, 특히 두꺼운 토양 단면이 요구되거나 용기에 식재된 교목이 위치되어야 하는 경우, 식재 설계의 무거운 요소를 수직적인 기둥이나 지붕 받침대(그림 6.4) 위에 배치하는 것이다. 후자의 경우, 교목과 뿌리 분(표 6.1), 그리고 용기의 무게를 고려해야 한다.

지지 기둥 위가 아닌 경간에 무거운 부하를 위치시킬 필요가 있을 경우에는, 지지 기둥에 대한 부하를 재배분하기 위해 캔틸레버(cantilever) 받침을 사용할 수 있다(**그림 6.5**). 그러나 캔틸레버 받침은 해당 부하를 지지할 수 있을 정도로 충분히 튼튼해야 하고 이는 또

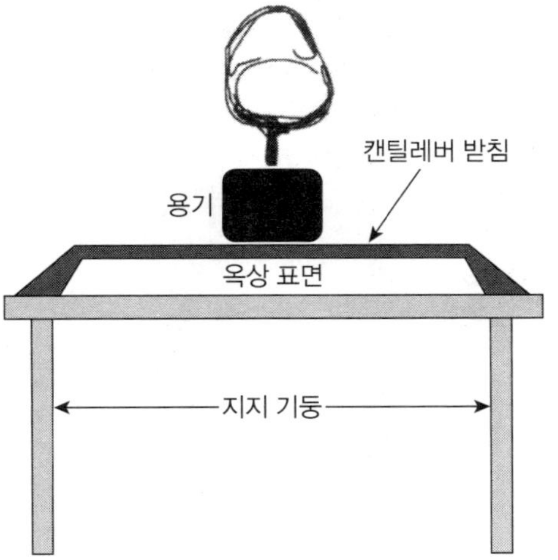

그림 6.5 용기에 담긴 교목 부하를 지지 기둥에 재분배하기 위한 캔틸레버 받침.

한 총 부하를 구성하는 한 요소가 된다는 점을 명심해야 한다. 이렇게 되면 총 부하가 지지 기둥의 지지력을 초과할 가능성도 있다.

6.4 교목 체계

교목(喬木, tree)의 체계는 수간의 형태, 수간 둘레에 가지가 부착되고 배열되어 있는 유형, 그리고 잔가지와 잎을 포함한 수관의 일반적인 윤곽이다. 몇 가지 형태가 **그림 6.6**에 도해되어 있다. 이러한 형태는 유전적인 설계이면서 동시에 우연에 의해 결정된다. 유전적으로 결정된 형태와 구조를 환경적인 피해와 표현형적응성(表現型適應性, phenotypic plasticity)으로 구분하는 것은 쉽지 않다(Tomlinson, 1982). 성목과 노령목의 구조는 한 유기체의 역사적인 기록, 일생 동안 지속적인 생장의 통합, 기관형성(器官形成, organogenesis), 기관 사

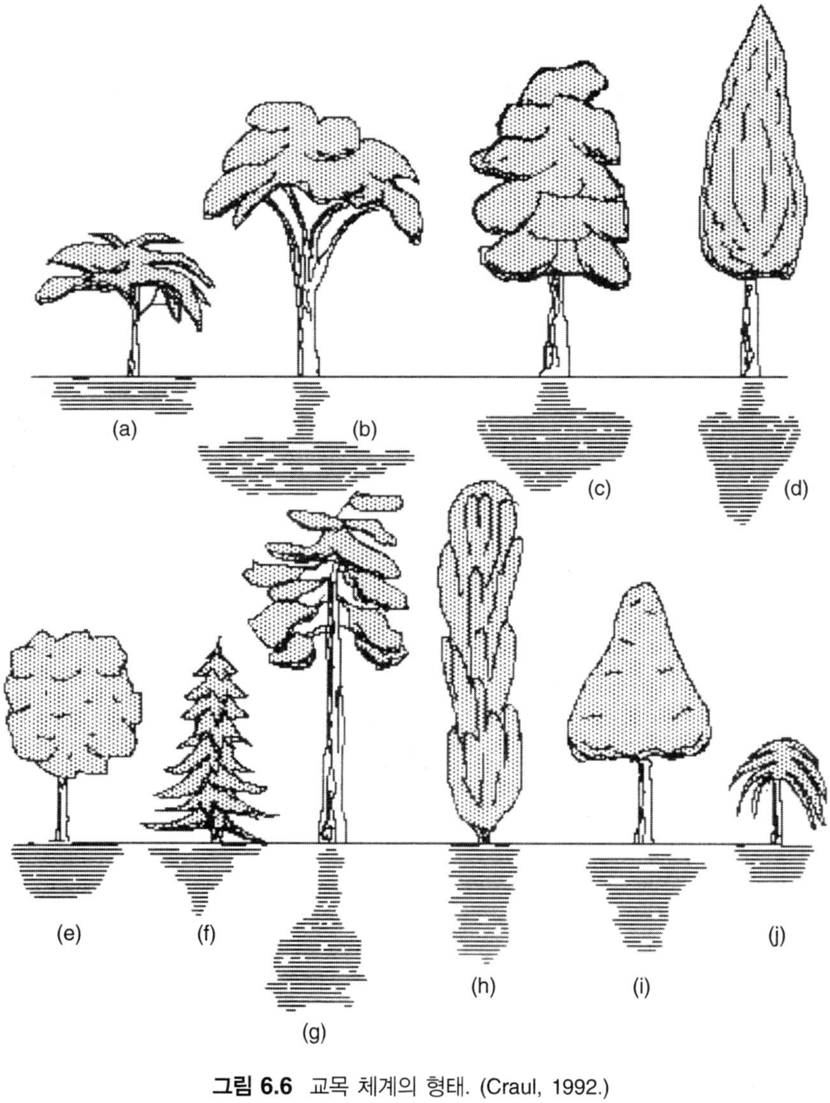

그림 6.6 교목 체계의 형태. (Craul, 1992.)

며, 변화하는 환경에 대한 능동적인 구조 반응 등을 보여준다. 최근에 이식된 어린 교목의 형태와 구조는 농장에서의 취급을 반영한 수관 역사와 이식에 대한 반응을 보여주지만 유전적인 형태로 제한될 수밖에 없다.

다양한 수관 형태는 바람에 대해 서로 다른 저항성을 나타낸다. 개방되고 성긴 가지를 가진 수관은 가늘고 조밀한 가지를 가진 치밀한 수관보다 낮은 바람 저항성을 보인다. 매우 조밀하게 발생한 가지는 수간을 따라 일정하게 분포된 가지보다 줄기에 대해 더 큰 휨력(bending force)을 유발할 것이다. 또한 해당 교목이 농장에서 바람에 노출되었는지 여부가 이식 후 바람 피해에 대한 저항성을 결정한다. 해당 수간의 진동하는 움직임이 유형기(幼形期, juvenile) 생장 중에 줄기의 기부가 강하게 발달하는 데 도움이 된다(Harris, 1991). 만약 교목이 바람에 노출되지 않거나 강한 지주목으로 단단하게 묶여 있다면, 약한 줄기 기부가 발달할 것이다. Harris는 지주목이 제거되었을 때 교목이 넘어지는 사례를 보여준다. 줄기에서의 일부 유연성은 바람직하지만, 해당 교목의 역학적 시스템(mechanical system)이 스스로 지탱할 수 있어야 한다.

6.5 바람이 교목에 미치는 영향

바람이 교목에 영향을 미친다는 것은 앞선 고찰에서 명백해졌다. 수관을 관통하는 바람은 잎의 온도를 낮추게 되지만 동시에 잎 표면의 경계면으로부터 수분을 빼어갈 것이다. 이로 인한 증산 속도(蒸散速度, transpiration rate)는 기공(氣孔, stoma)이 닫힐 때까지 증가할 것이다. 무풍(無風, calm wind)은 경계층(境界層, boundary layer)을 두텁게 하여 증산 속도를 낮추지만 햇빛이 강할 경우에는 수관의 온도를 높인다. 만약 온도가 임계수준까지 높아지면 잎은 시들거나 마르게 될 수도 있다. 반면, 적정 수준의 화풍(和風, moderate wind) 상태 하에서는 증산이 20~40%까지 증가할 수도 있다. 또한 무풍 상태 하에서는 수관 내 CO_2 수준이 수관 바깥의 농도와 비교해서 감소될 수도 있고, 이는 광합성(光合成, photosynthesis) 감소로 이어진다. 수관의 CO_2 수준을 대기 농도로 유지하기 위해서는 12mile/h (5.4m/sec)의 바람이 필요하다. 이러한 바람에서 진달래속(*Rhododendron* sp.)처럼 바람에 대한 내성이 약한 수종은 고요한 대기 상태보다 수분 손실을 줄이기 위해 기공을 닫을 것이다. 반면 바람에 대한 내성이 강한 수종(낙엽송속/*Larix* sp.과 오리나무속/*Alnus* sp.)은 기공을 개방한 상태에서 광합성과 증산을 계속할 것이다. 많은 교목 잎의 각피(角皮, cuticle)는 CO_2보다 물의 투과성이 높기 때문에, 기공 폐쇄는 수분 손실을 배제하지 못한 상태에서 광합성을 완전히 중단시킬 수도 있다. 바람에 대한 내성이 약한 수종으로는 대부분의 단풍나무류, 파파야, 동백나무류, 산딸나무류, 대부분의 상록성 호랑가시나무류, 목련류, 사우어우드(sourwood), 세코이어(sequoia)와 레드우드(redwood), 주목류, 미국측백나무(arborvitae), 솔송나무류, 대부분의 가막살나무류 등이 있다(flint, 1997).

산이나 해안가에서의 바람에 의한 교목 수관의 형태 변화는 대부분의 목격자들에게 분명히 보여주고 있다. 바람 방향을 향한 가지는 바람의 역학적인 효과(mechanical effect)와 눈(bud)과 가지의 탈수로 인해 휘어지고 생육이 부진하다. 반면 바람이 불어가는 쪽에 있는 가지들은 이들을 "정지"(整枝, training)하는 바람에 의해 길어지게 되고 눈이 정상적으로 생장하여 가지 신장이 가능하게 한다. 이러한 비대칭 수관은 가끔 보기 좋은 모습이 되기도 한다. 대칭을 이룬 전통적인 녹음수를 정형적인 옥상에 적용하고자 하는 욕구는 일반적인 경우지만, 저자는 옥상에 식재된 일부 높은 산에서 자란 교목이 미적인 관심을 크게 끄는 것을 본 적이 있다.

잎의 모양은 바람이 잎에 미치는 영향을 항력(抗力, drag)의 방식으로 스스로 결정한다(Vogel, 1996). 단풍나무류와 같이 넓은 잎은, 특히 미성숙 잎을 때, 바람에 의해 쉽게 접히고, 생장이 중단되고, 찢어질 수 있다. 많은 잎은 바람에 단순히 흔들리고 원뿔꼴을 형성할 것이다. 이러한 반응은 바람의 저항을 최소화하고 나무줄기에 작용하는 회전력(回轉力, turning force)을 줄여준다(Vogel, 1996). 성숙한 잎은 찢어지는데 대한 저항성이 더 높지만, 임계 풍속을 초과하면 모든 잎은 찢어질 것이다. 이러한 경향은 같은 단풍나무류 내에서도 차이가 있다. 노르웨이단풍(*Acer Plantanoides*)은 단단한 잎을 가진 반면, 적단풍(*Acer rubrum*)은 보통 정도의 바람에도 말리고 찢어질 수 있다. 우상(羽狀, pinnate)의 복엽은 저항을 줄이기 위해 엽축(葉軸, rachis)을 따라 말려서 가운데가 빈 중공 원통(中空圓筒, hollow cylinder)을 만든다. 잎자루(엽병/葉柄, petiole)의 강도 또한 수종에 따라 차이가 크다. 긴 잎자루와 잎과 잎자루 사이 연결 지점에서의 튀어나와 있는 돌출부는 배열을 강화시킨다. 짧은 잎자루는 바람이 불면 뒤틀릴 수 있도록 홈이나, 융기, 또는 납작한 단면을 가지고 있다. 사시나무와 미루나무는 유연한 잎자루를 가지고 있어서 바람에 휘어지기 때문에 남실바람(light breeze, 4~7mph/ 1.8~3.1m/sec)에도 잎이 나풀거리는 보기 좋은 모습을 보여준다. 따라서 교목 구조 내에서의 유연성은 바람의 파괴적인 힘에 대한 저항성을 더 높여준다.

교목의 줄기도 생장 반응을 통해서 바람의 영향을 보여준다. 바람의 움직임에 노출된 교목은 삼림의 임분 내에서 자라는 교목보다 더 굵은 기부와 더 큰 초살(梢殺, taper)을 가진 더 짧은 수간을 가질 것이다. 해당 수간의 단면은 바람 방향으로 평행한 더 긴 축을 가진 타원형 형태가 될 것이다. 이러한 생장 반응은 해당 교목이 주풍(主風, prevailing wind)의 힘을 향하여 수간을 강화하기 위한 노력이다. 그러나 Vogel(1996)이 지적한 것처럼, 대부분의 수간은 비틀림하중(twisting load)에 더 큰 저항력을 제공할 수 있도록 단면이 거의 원이다. 앞서 언급한 바와 같이, 수간에 대한 회전력은 수간이 꺾이거나 부러지는 원인이 된다. 교목의 키가 클수록 줄기에서의 회전력 모멘트(moment)가 더 크기 때문에 파손에 대한 감수성을 더욱 높여준다.

내풍성 고려

바람, 특히 강풍급(強風級, gale force) 바람의 교목에 대한 역학적인 영향은 일반 공중에게 잘 알려져 있다. 이러한 손상에는 풍도(風倒, blowdown), 수간의 전단, 가지 부러짐, 잎의 탈락, 수간의 단순한 휨 등이 될 수 있다. 풍도는 해당 교목이 과도한 피해를 입기 때문에 거의 항상 치명적이다(해당 교목을 바로 세우고 뿌리를 제거하고 토양을 교체한 경우 생존하는 사례들도 있다). 반면 수간 전단은 언제나 치명적이다. 굵은 가지 파손으로 인한 피해는 심각하지 않으면 치유할 수 있고, 잎의 탈락은 일반적으로 대부분의 건강한 낙엽수에 대해 치명적이지 않다. 흔한 일은 아니지만 침엽수의 침엽 탈락은 거의 언제나 치명적이다.

이러한 고찰이 여기서는 범위를 벗어나는 것처럼 보이지만, 내풍성(耐風性, windfirmness)은 누구나 교목 식재에서 항상 적용된다고 인식하고 있고 옥상 적용에서는 특히 주된 관심사이다. 임업가와 수목관리자는 오랫동안, 특히 조림지(造林地, plantation)와 노령림(老齡林, old-growth forest)에서, 교목의 내풍성을 연구해왔다(Coutts, 1983).

어떤 교목의 내풍성과 파손에 대한 저항성은 해당 교목의 수관과 잎의 체계와 공기 역학 파라미터(aerodynamic parameter), 목재의 강도, 뿌리 시스템 패턴, 앞서 고찰한 바와 같이 해당 교목이 자라는 토양의 물리적인 속성에 달려 있다. 내풍성 개념을 충분히 파악하기 위해서는 내풍성에 기여하는 구성요소를 어느 정도 자세히 고찰할 필요가 있다.

노스캐롤라이나주 샬럿(Charlotte)과 롤리(Raleigh)를 지나간 최근 허리케인 이후에 이루어진 관찰에 의하면, 50~55mph(22.2~24.4m/sec)의 바람이 지표면(地表面, ground surface) 교목의 풍도에 대한 문턱값(threshold)인 것으로 보인다. 드러난 원인은 포화된 토양으로 인해 근본적으로 토양 자신이 그 나무가 넘어지는 것을 잡고 있을 수 없었기 때문이었다(관찰된 교목의 2/3 이상). 이 상황에서, 이들 토양은 입자들과 입단들 간, 그리고 이들과 뿌리 사이에 마찰(摩擦, friction)이 거의 없었다. 따라서 뿌리는 토양으로부터 미끄러질 수 있고, 만약 고착하고 있는 수직근(垂直根, sinker root)이 없으면 해당 교목은 넘어진다. 이들 교목의 33%는 인접한 공사 중에 해당 뿌리 시스템 위에 쌓아둔 성토로 인해 유발된 축소된 뿌리 시스템을 가지고 있다는 것이 확인되었다(Smiley, 1977). 뿌리썩음(root rot)은 이 관찰의 8%를 차지하였다. 이처럼 풍도되기 쉬운 것으로 진단된 어떤 수목도 바람이 불어오는 방향(풍상측)에 있는 인접한 교목에 의해 실질적으로 보호될 수 있는 데 비해, 고립된 교목은 어떤 이유로 인해 뿌리 시스템이 축소되거나 손상되는 경우에는 풍도될 가능성이 매우 높게 된다.

뿌리 시스템

뿌리 시스템(root system)의 지지와 고착 기능은 수목생리학자들의 관심을 거의 받지 못하고 있다. 이 주제에 관한 정보의 부족은 식재 설계 상황에 충분한 정보를 제공하지 못한다.

바람 응력(-應力, wind stress)에 대한 교목의 반응은 수령과 성숙도에 따라 차이가 크다. 유형기(幼形期, juvenile) 교목은 줄기의 기부에서 휘는 경향이 있어서 부러지거나 뿌리째 뽑히지 않고 쓰러진다. 만약 방치하면, 해당 교목은 계속 쓰러진 형태로 자라서 영구적으로 휘게 될 것이다. 좀 더 성숙한 교목은 단단한 줄기를 가지게 되어 바람 응력이 적용되면 해당 교목은 뿌리째 뽑히거나 쓰러지게 될 것이다. 일부 소용돌이 바람인 경우, 줄기의 기부위 일정 거리에서 해당 줄기가 부러지거나 전단될 수도 있다. 어떤 경우에는 줄기가 얇은 층으로 갈라질 수도 있다. 전도(顚倒, toppling)와 풍도는 앞선 불안정한 토양 상태가 원인일 수도 있다.

안정성에서의 폭넓은 변이는 서로 다른 부지(토양)와 수종 사이에서 나타난다. 어떤 고착 여건에서든 이상적인 뿌리 시스템은 알 수가 없는데, 이는 뿌리 형태가 부지 여건에 의해 결정되는 경향이 있어서 단순히 굴착을 통해 직접 관찰하는 것이 도움이 되지 않기 때문이다. Vogel(1996)은 뿌리 고착의 독특한 전략 네 가지를 제안한다. 이들의 조합도 가능하고 개별 교목은 자신의 생활사를 통해 단계에 따라 몇 가지 다른 전략을 사용할 수도 있다. 네 가지 전략은 압축 판근 만들기(壓縮板根-, compressive buttressing), 인장 판근 만들기(引張板根-, tensile buttressing), 직근 뻗기(直根-, taprooting), 대각선 당김줄 만들기(對角線-, diagonal guying)이다.

압축 판근 만들기. 온대지방의 많은 피자(속씨)식물(被子植物, angiosperm)과 나자(겉씨)식물(裸子植物, gymnosperm)에서 가장 공통적인 전략은 해당 교목이 회전점(回轉點, pivot point)이나 회전축이 수간과 뿌리 집단의 중심에서 멀리 위치하도록 딱딱하거나 단단한 넓은 기부를 발달시키는 것이다(**그림 6.7**). 뿌리와 토양강도(土壤强度, soil strength)에 따라 회전점이 옆으로 옮아가면서 풍하측(風下側, leeward; 바람이 불어가는 쪽)에 압축하중(壓縮荷重, compression load)이 발생한다. 반면, 풍상측(風上側, windward; 바람이 불어오는 쪽)에는 토양의 무게에 대하여 인양력(引揚力, uplift force)이 발생한다. 따라서 해당 교목을 넘어뜨리기 위해서는 풍하측의 회전점에서 뿌리의 압축 휨(compression bending)과 함께 풍상측에 대한 토양 부하와 토양과 뿌리의 인장 강도(引張强度, tensile strength)에 대항

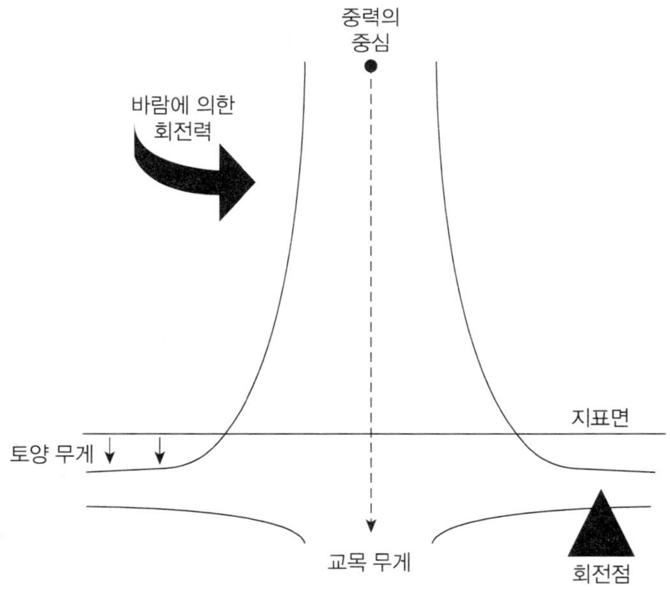

그림 6.7 뿌리의 압축 판근 만들기에 작용하는 요소들. (Vogel, 1996의 재구성.)

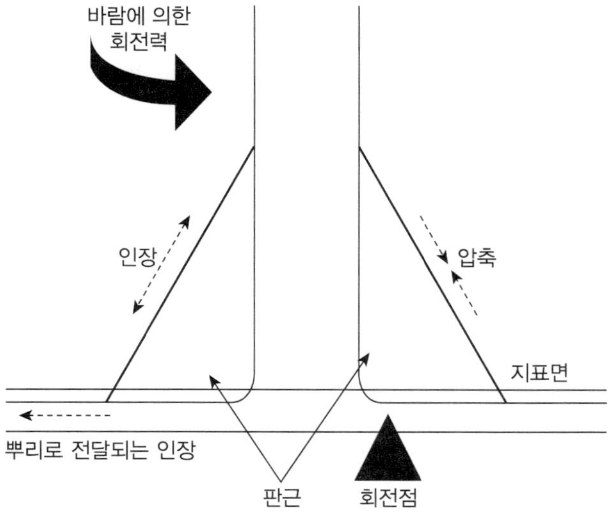

그림 6.8 교목 뿌리의 인장 판근 만들기. (Vogel, 1996의 재구성.)

하는 일(work)이 수행되어야 한다. 뿌리와 토양이 강할수록 그리고 뿌리가 깊을수록 풍도 위험은 더 낮을 것이다. 배열의 유효성은 수간이 딱딱하여 바람이 불 때 수간의 중력 중심이 하향 이동(下向移動, downward drift) 되는 것을 최소화하면 높아진다.

인장 판근 만들기. 이런 유형의 판근 만들기는 주로 열대우림 교목에서 발생하지만, 이를 여기서 언급하는 것은 고착 전략 전반을 다루기 위해서다(**그림 6.8**). 열대 교목에 흔한 판근은 인장력(引張力, tensile force)에 대한 반응에서는 매우 강하지만 압축력(壓縮力, compressive force)에 대해서는 매우 약하다. 이들의 좁은 폭은 압축강도(壓縮強度, compressive strength)을 제공하지 못한다. 판근은 해당 수간의 기부를 완전히 에워싸고 있기 때문에 모든 방향에서 인장 지지를 제공하고 이에 따라 압축력이 감소하게 된다. 매우 딱딱한 수간의 안정성은 여기서 덜 중요하다. Vogel(1996)은 인장 판근을 만드는 교목은 고립되어 식재되지 않도록 하는 것이 좋다고 제안한다.

직근 뻗기. 이 전략은 해당 토양의 압축 저항에 달렸다. 만약 직근을 가진 수간이 한 쪽 방향으로 움직이면 회전점이 해당 직근과 측근(側根, lateral root) 집단의 중심에 있기 때문에 직근은 반대 방향으로 움직인다. 측근은 풍상측에서는 들리고 풍하측에서는 압축된다(**그림 6.9**). 대왕송(*Pinus palustris*)에서 흔한 것처럼 추가적인 수직의 수직근(垂直根, sinker root)이 뿌리 시스템을 강화시킬 것이다. 어떤 책에는 참나무를 직근을 가진 종으로 분류하지만 많은 참나무는 나이가 들어가면서 측근이 발달함에 따라 직근의 특성을 상실한다. 따라서 많은 다른 피자식물의 뿌리 시스템은 측면으로 넓게 펼친 시스템에 더 가깝게 된다.

대각선 당김줄 만들기. 이 전략은 대나무와 옥수수에서 나타난다(**그림 6.10**). 이는 분명 관심을 끌기는 하지만 폭넓게 적용되지는 않는다. 이 전략은 사실 인장 판근 만들기의 변형으

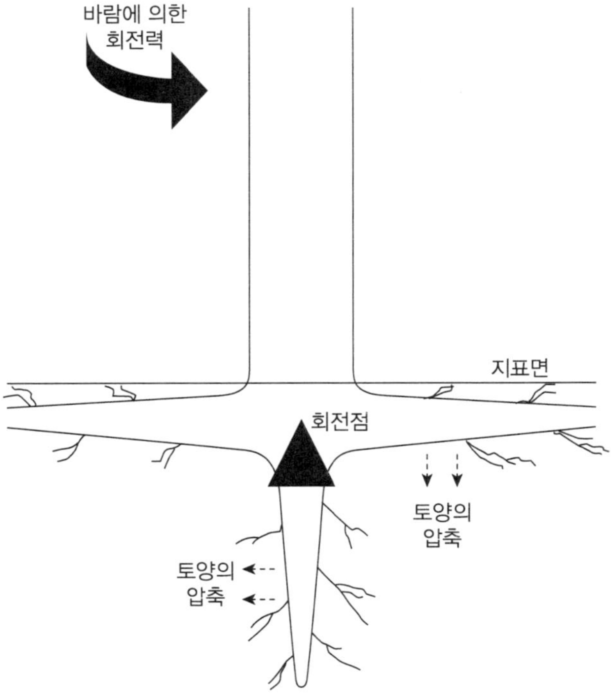

그림 6.9 교목 고착의 직근 뻗기 전략. (Vogel, 1996의 재구성.)

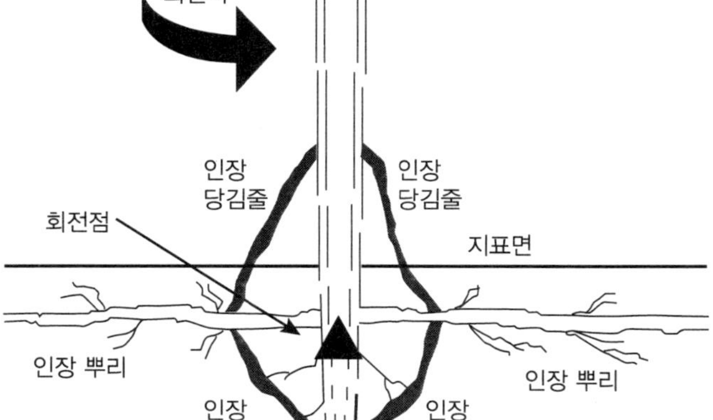

그림 6.10 교목 고착의 당김줄 전략. (Vogel, 1996의 재구성.)

로, 수간으로부터 커다란 뒤얽힌 뿌리 집단에 의해 강화된 인장인 측근으로 연결된 당김줄(guying) 구조를 가지고 있다. 또한 당김줄 구조는 이 당김줄이 줄기 둘레에 대칭이 되도록 뿌리 집단으로부터 직근으로 연장된다. 기부와 직근 전반에 걸친 줄기의 벽 비후(壁肥厚, wall thickening)는 필요한 강도(剛度, stiffness)를 제공한다.

뿌리 판. 앞서 살펴본 바와 같이, 교목 뿌리 시스템의 풍하측과 풍상측 사이 반응은 서로 다르다. 풍하측에 대해서는, 뿌리가 아래에 있는 토양에 대해 휨과 압축력(bending and compressive force)을 받는다. 반면 풍상측에 대해서는, 뿌리 시스템이 덮고 있는 토양의 상재하중(上載荷重, overburden pressure)에 거슬러서 들리기 때문에 뿌리는 인장과 전단력(tensile and shearing force)을 받는다. 지표면 가까이에 놓인 주측근(主側根, main lateral root)은 풍하측보다 오히려 풍상측에 대해 보다 효과적으로 토양을 단단하게 만든다. 풍하측에 위치한 더 깊은 수평근(水平根, horizontal root)은, 휘어지는 뿌리/토양 판(root-soil plate)의 아래쪽 둥근 부분이 장력(張力, tension) 하에 놓이게 되면, 그 쪽에 대해 강화시키고 단단하게 만드는 효과를 나타낸다(**그림 6.11**). 추가적인 저항은 뿌리/토양 판의 덩어리로부터 그리고 이의 가장자리와 아래쪽 주위의 토양 인장강도로부터 발생한다.

뿌리는 둥근 보(beam)라고 생각할 수 있다. 그러나 Nicoll & Ray(1996)는 시트카가문비(*Picea sitchensis*)의 풍상측 주근(主根, main root) 단면이 풍하측 뿌리의 단면과 다르다는 것을 발견했다. 풍하측 뿌리는 똑바로 선 T형 보(T-beam) 단면을 가진데 비해, 풍상측은 I형 보(I-beam) 단면을 가지고 있다. 이러한 차이는 해당 교목의 양 쪽에 작용하는 서로 다른 응력에 대한 뿌리 시스템의 반응을 나타낸다. 이러한 서로 다른 비후(肥厚, thickening)는 뿌리가 방사상으로 자라는 첫 3년 안에 시작된다. Wilson(1975)은 스트로브잣나무 뿌리는 위쪽에서 두꺼워진 다음 먼 쪽 끝(distal end)에 가까워짐에 따라 비후가 해당 뿌리의 아래쪽으로 옮아간다고 보고한다. 원형 보의 강도(剛度, stiffness)는 직경의 네제곱과 관련이 있다. 그러므로 만약 어떤 뿌리가 원뿌리의 총 단면적과 동일한 단면적을 가진 같은 크기의 두 뿌리로 분기하면, 총 강도는 절반으로 줄어든다(Coutts, 1983). 풍하측 뿌리가 분기하면, 뿌리/토양 판을 들어 올리는 지렛목(fulcrum)이 수간에 더 가까이 발생하여 안정성이 줄어

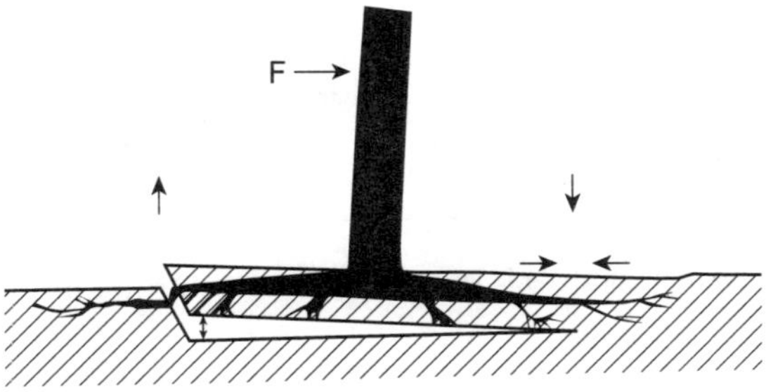

그림 6.11 왼쪽에서 오른쪽으로 작용하는 바람응력 하에 있는 토양의 뿌리/토양 판. W는 상향력(upward force)의 위치이고, L은 뿌리와 토양의 압축을 받는 뿌리/토양 판의 경첩이다. T는 해당 교목 줄기의 중심이고 F는 바람의 힘이다. W의 왼쪽에 있는 뿌리는 장력 하에 있고 이 판이 들리면 찢어진다. (Coutts, 1983 재구성.)

들기 때문에, 강도가 줄어든다. 이러한 상태는 줄기의 기부에 굵은 측근 몇 개를 가진 뿌리 시스템이 가는 뿌리를 많이 가진 뿌리 시스템보다 더 강하고 더 안정적일 것이라는 것을 의미한다(Lyford, 1980; Craul, 1992). 측근들 사이의 폭넓은 분기도 해당 뿌리 시스템의 강도를 감소시킨다. 강도 감소는 측근 사이 각도가 60°를 초과하면 뚜렷해진다. 뿌리 시스템의 풍상측은 장력 하에 있기 때문에, 부하가 둘 이상이 아닌 하나의 뿌리에 적용되지 않으면 뿌리의 분할이 인장강도에 영향을 미치지 않는다.

농장에서의 어릴 때와 가혹한 단근(斷根, root pruning)은 근원 가까이에 굵은 측근의 발달에 부정적인 영향을 미치고 넓게 분기하는(분기하는 측근 사이 각도가 60°를 초과하는) 측근을 발달시킬 수 있는 위험이 있다. 불행하게도, 많은 농장 작업의 목표가 이식된 수목의 생존과 빠른 활착에 도움이 되는 가는 섬유질 뿌리 시스템을 발달시키는 것을 조장하는 것이다. 이들 가는 뿌리들이 궁극적으로 줄기 기부 가까이에서 거의 갈라지지 않은 굵은 측근으로 자랄지는 의문이다. 이 의문은 특정한 매우 구체적인 뿌리 연구에 의해 밝혀질 필요가 있다.

어떤 관측된 뿌리 강도(root strength) 값은(Coutts, 1983) 뿌리 파손이 15,000~63,000 kPa 부하 하에서 11~20%의 손상(損傷, strain)으로 발생한다는 것을 보여준다. 수피는 강도에 거의 기여하지 못하고, 강도도 수종 간 변이가 매우 크다. 토양의 인장강도는 뿌리의 인장강도 대비 1/1,000에서 1/100,000 수준이다. 파손될 때의 손상도 약 1.8%에 불과하다. 변이는 토양 수분과 유기물 함량에 의해 발생하는데, 이들은 모두 강도를 낮추는 요소들이다. 따라서 포화(飽和, saturate)된 유기질 토양은 강도가 가장 낮기 때문에 풍도 위험성이 가장 높다. 포화된 세립질(점토) 토양에서의 뿌리 미끄러짐은 이들 토양 집단에서 파손의 원인이다. 이 경우 토질(土質, soil property)이 뿌리 형태보다 더 중요하다. 그러나 토양이 포화로부터 건조해짐에 따라, 뿌리 형태의 중요성이 증가하고 토질의 중요성은 감소한다. 가지를 많이 친 뿌리가 많이 존재하면 뿌리 강도가 해당 토양의 인장강도를 능가할 것이다.

뿌리/토양 판의 형태는 일반적으로 바람 방향에 대해 수직인 긴 축을 가진 타원형이다. 단면을 보면, 이 판은 가장자리를 향해 점점 얇아진다. 뿌리/토양 판의 깊이와 두께는 뿌리 형태와 토질에 따라 다르다. 뿌리의 생물량(生物量, biomass)은 반드시 뿌리/토양 판 전반에 걸쳐 균일하게 분포될 필요는 없다. 만약 뿌리 생물량이 뿌리/토양 판 내에서 비대칭으로 몰려 있는 경우, 응력 부하(應力負荷, stress loading)가 해당 생물량의 중심이 아닌 방향으로 적용되면 교목은 쉽게 넘어질 수도 있다. 뿌리 시스템의 다양한 역학적 적응이 강성(剛性, rigidity)을 높이고 경첩 점(hinge point)을 해당 교목으로부터 멀리 이동시켜 지레 팔(lever arm)의 길이를 늘이고 해당 교목의 전도(顚倒, overturning)에 대한 저항성을 높인다.

교목의 공간적 배치

단순한 상식의 응용이지만 교목의 올바른 배치는 풍도 위험과 관련된 문제를 줄이는 데 크게 도움이 될 것이다. 옥상에서의 물리적인 바람막이(wind break)를 고려하는 것은 바람직하며 옥상 설계의 계획수립 단계에서 간과하지 않는 것이 좋다.

대관목(大灌木, large shrub)과 교목은 옥상에서 고립시키지 않는 것이 좋다. 이들은 보호되는 장소에 위치시키거나 협력적인 보호가 될 수 있도록 집단으로 배치하는 것이 좋다. 3~4그루로 된 집단은 보기 좋은 배치가 될 수 있다. 진달래류와 고산식물과 같이 낮은 수형의 식물은 격리된 위치에 보다 적합할 것이다. 공간을 확보하는 데 어려움이 없으면 살아 있는 바람막이를 조성하는 것이 유익할 수도 있다. 바람의 영향에 저항성이 있는 식물은 바깥에 열 지어 위치시키고 저항성이 낮은 식물은 안쪽이나 풍하측에 위치시킨다. 첫 줄은 작은 식물을 배치하고 다음 줄은 더 크고 저항성이 낮은 식물을 식재한다. 만약 한 줄을 사용한다면, 이 줄을 주풍에 직각으로 정렬시키기보다 나란히 정렬시키는 것이 최선이다. 이렇게 하면 첫 개체가 해당 줄의 나머지를 보호할 수 있게 해준다. 이때도 마찬가지로 옥상의 무게 부하를 명심하고 있어야 한다.

옥상 식재의 의미

바람에 대한 노출이 더 크기 때문에, 옥상 정원에 나무 특히 소교목을 식재할 경우에는, 지상에 식재하는 경우(풍동효과가 발생하는 환경에 식재하는 경우를 제외하고)보다 더 바람에 견딜 수 있는 견고함을 제공해야 한다. 더 깊은 토심과 더 큰 뿌리분이 전도 위험을 더 크게 상쇄할 것이다. 그러나 이러한 요구는 부하 제한에 의해 토양 깊이와 부피가 제약을 받는 옥상에 대해서는 역설이 된다. 공간이 제한되어 있기 때문에 관목이나 교목이 앞서 개략적으로 설명한 적절한 뿌리 고착 전략을 펼치기에는 뿌리 발달에 필요한 토양이 불충분한 위험이 있다. 따라서 옥상에는 크고 평평한 식수분(植樹盆, planter)이나 식재 구역(zone)이 더 좋을 것이다. 이는 뿌리 시스템의 회전점이 대부분 교목(압축 판근)의 줄기로부터 적절한 거리를 확보하면서 멀리 위치하도록 하기 위해서다. 그렇지 않으면 인장 판근이나 직근을 가진 교목은 폐쇄된 지역에 식재하는 것이 좋다.

이러한 문제에 대한 한 가지 해결책은 성긴 수관을 가진 소교목만 식재하거나, 만약 융통성이 있다면, 이들을 풍상측이 상대적으로 막혀 있는 지점에 배치하거나 이들을 해당 정원의 풍하측에 몰아두는 것이다. 또 다른 해결방안은 이들 교목을 지지 경간(徑間, span)이 아닌 건물 지지 기둥 위의 토심이 더 깊은 곳에 배치하는 것이다. 경간이 위치한 곳에는 낮은 관목, 초본, 잔디 등을 식재할 수 있을 것이다. 그러나 이는 전체 옥상에 걸친 부하 한계에 의해 전적으로 결정된다.

크기에 관계없이 대부분의 교목은 옥상에 적용할 때에는 일반적으로 식수대나 용기에 넣는다. 이는 해당 교목이 성숙해 감에 따라 해당 용기가 뿌리 생장에 적합한 부피를 가지고 있기를 기대한다. 처음에는 해당 뿌리 시스템이 주로 뿌리 분 내에 있어서 해당 교목의 안정성은 용기 안에 있는 뿌리 분 자체의 상대적인 안정성에 의해 결정된다. 만약 그 용기의 되메우기 토양이 해당 뿌리 분을 안정시키지 못하면 해당 교목과 이의 뿌리 분은 바람에 넘어지기 쉽고, 이 경우 해당 교목과 뿌리 분은 쉽게 용기 안에서 돌거나 기울어질 수 있다. 이렇게 되면 그 되메우기 토양을 제거하고 해당 교목과 뿌리 분을 바로 세운 다음 되메우기 토양을 교체해야 한다. 뿌리가 스스로 되메우기 토양 속으로 뻗고 해당 교목이 자신의 생체 중량을 늘려감에 따라 해당 교목은 전체 토양 부피와 아마도 해당 용기의 무게에 의해 안정화될 것이다. 임계 풍속을 상회하는 경우, 강풍에 먼저 부러지거나 잎과 가지가 떨어져 나가지 않으면 교목의 전체 시스템과 토양, 용기가 기울어지거나 쓰러질 수 있다(Chaney, 1997). 옥상 적용에서는 용기 무게와 부피가 제한되기 때문에 이러한 사태는 일어날 가능성이 있다.

용기의 형태는 독립된 단위이기 때문에 용기화된 수목의 내풍성에 영향을 미친다. 앞서 제안한 바와 같이, 넓고 평평한 용기가 해당 수목에 대해 보다 넓은 측근 발달 공간을 제공하여 내풍성을 제고시킬 수 있다. 용기의 형태가 바람이 넘어뜨리기 어려운 형태를 취하고 있으면 더 큰 안정성을 제공한다. 측면이 일직선인 원통형 용기는 역 원추형 용기(흔한 화분 형태)보다 더 안정적이다. 정사각형이나 직사각형 형태는 동일한 기저면적을 가진 원통형 용기보다 더 안정적이다. 어떤 전문가는 강풍에 넘어질 수 있는 불안정한 용기가 수직적인 자세를 유지하며 잘 넘어지지 않는 용기에 비해 용기에 식재된 수목을 더 잘 보호할 수도 있다고 주장한다. 이러한 대안을 선택한다면, 넘어지는 경우 인접 수목이나 구조물에 피해를 주지 않도록 전도 가능성을 설계에 반영하도록 명문화해야 한다.

6.6 옥상 관수

옥상 정원(屋上庭園, rooftop garden)은 일반적으로 조성 후 고도의 유지관리를 받는다. 식재된 식물의 가치 때문에 다른 식재 상황보다 관수 시스템의 기능과 운전에 더 많은 관리를 할 필요가 있다. 대부분의 경우, 수목은, 특히 용기에 식재된 경우, 물통이나 호스를 이용하여 손으로 관수된다.

면적이나 식물의 수가 광범위한 옥상인 경우 일반적으로 소량의 점적관수(點滴灌水, drip irrigation) 시스템이 권장되는데, 여기에는 몇 가지 이유가 있다. 옥상에 공통적인 높은 잠재증발산량(潛在蒸發散量, potential evapotranspiration) 때문에, 점적관수 전략이 다른 방법보다 더 많은 물을 절약하게 된다. 요구되는 경량의 토양은 더 빠르게 건조되어 더 빈번한 관수가 필요하다. 또한 경량토는 바람이 부는 여건에 취약하여 건조하면 쉽게 날아갈 수도 있기 때문에 예방 수단으로 습도를 유지해야 한다.

6.7 옥상 토양의 설계와 시방서

토양 단면

공간과 무게 제약 때문에, 대부분의 옥상 토양 단면(土壤斷面, soil profile)은 균질할 것이다. 즉, 이들은 일반적으로 깊은 토양이 가지는 것과 같은 설계된 층위가 없을 것이다. 물론 예외가 있을 수 있다.

옥상 토양 설계에서 모순이 발생한다. 한편으로는 지붕 하중 제한을 충족시키기 위해서는 해당 토양이 가능하면 가벼워야 하지만, 다른 한 편으로는 식재된 수목의 뿌리 판을 제자리에 잡고 있을 수 있는 무게가 충분하지 못하기 때문에 너무 가벼울 수도 없다. 또한 토양을 경량화하기 위해 과도한 양의 유기물을 첨가하면 앞서 언급한 바와 같이 침수와 침하를 유발할 수 있다. 구조적인 경량재는 이 요구조건을 충족시키지만, 이러한 자재 또한 부피 기준으로 약 35% 이상을 차지하지 않는 것이 좋다. 부피 기준으로 40에서 50% 또는 그 이상의 구조적 경량재는 경량재의 입도 분포에 따라 배합토를 배수가 과도하게 잘 되게 하거나 너무 건조하게 만든다. 지붕 부하 한도를 초과하지 않으면서 내풍성에 필요한 충분한 무게를 제공하는 절충적인 설계가 주된 목표이다. 옥상 토양 설계에 관한 보다 자세한 사항은 제11장을 참고하라.

배수. 옥상용으로는 배수가 양호한 토양으로 설계하거나 계획적인 배수층이 포함될 수 있는 충분한 깊이라야 한다. 용기 내에 배수층이 없는 균질 토양을 사용하는 경우에 대한 Davis 등(1964)의 조언을 적용하면, 균질의 층위는 얕은 옥상 토양에 적절하지만, 해당 층위는 그림 6.1의 얕은 토양 사례에서 보듯이 물이 축적되거나 걸려있지 않도록 배수가 양호 또는 과도해야 한다.

프로젝트 하중. 요약하면, 설계에는 젖은 토양, 수목과 이들 근분의 무게, 그리고 가능하다면 사용되는 모든 용기와 다른 구조물의 무게를 제시해야 한다. 대교목을 키울 계획이고 모든 다른 설계 요구사항이 충족된다면, 이들의 성목 무게가 총 무게 계산에 포함되어야 한다. 교목의 생물량 자료는 임업과 과수원 관련 여러 간행물에서 구할 수 있다. 불행히도, 전자의 간행물에 있는 자료는 개별적으로 개방 공간에서 자란 교목이라기보다 주로 삼림에서 자란 교목에 관한 자료들이다. 과수원용 자료는 일반적으로 옥상용으로 더 적합한 크기지만 전통적인 크기의 대교목용은 아니다.

설치와 공사 순서

옥상에 대한 식재 수목과 토양의 배치는 다른 곳보다 더 많은 주의가 요구된다. 현장 공간은 일반적으로 제한되어 크레인이나 승강기에 의해서만 해당 부지에 접근할 수 있고, 지붕의 부하 한도는 기계 장비의 사용을 불가능하게 만든다. 따라서 수작업이 많이 수행되어야 한다. 토양 자재의 혼합이 부지 밖에서 이루어지고 식재 수목과 토양은 필요에 따라 해당 장소로 이동된다. 대부분의 경우, 식재 수목과 토양을 동시에 배치하는 것이 가장 효율적이다. 설치는 중앙에서 가장자리를 향해, 아니면 지붕에 대한 접근 위치에 따라, 먼 가장자리로부터 출입문을 향해 안쪽으로 진행된다. 만약 접근이 크레인이나 임시 건설 승강기로 이루어진다면, 일반적인 과정은 안쪽 지역에서 시작하여 접근점(接近點, access point)을 향해 바깥으로 작업한다. 작업자의 안전이 주된 관심사이다.

제7장 배수 기술

7.1 서론

배수(排水, drainage)는 토양 표면과 내부에서의 물의 이동을 다룬다. 표면 유출(表面流出, surface runoff)은 일반적으로 배수의 지표면 요소에 적용되는 용어인 데 비해, 투수성(透水性, permeability)과 수리전도도(水理傳導度, hydraulic conductivity)는 토양 내 물의 이동을 가리킨다. 어떤 저자들은 토양 내 물의 이동 속도를 평가하기 위해 투과성(透過性, percolation)이라는 용어를 사용한다. 구체적인 정의는 용어해설을 참고하기 바란다.

많은 식물의 생장은 뿌리를 내리고 있는 구역의 상당한 부분이 포화되거나 토양 표면에 있는 고인 물에 의해 악영향을 받는다(Soil Conservation Service, 1973). 배수가 불량한 토양은 다음과 같은 이유로 식물 생장에 영향을 미친다:

1. 봄철에 습한 토양은 배수가 양호한 토양보다 주간 온도가 더 낮고 더 천천히 올라가기 때문에 생육기(生育期, growing season)가 더 짧다.
2. 포화된 토양은 산소가 희박하거나 없어서 토양의 호기성 유기체의 활동을 방해한다.
3. 일부 식물병과 뿌리 기생체들이 좋아한다.
4. 높은 지하수위로 인해 뿌리 침투가 제한된다.
5. 토양 구조가 발달하지 않거나 악화될 수 있다.
6. 염(鹽, salt)이나 염기(鹽基, alkali)가 토양과 물에 존재할 경우, 뿌리층(root zone)이나 뿌리가 지표면에 집중된다.
7. 프로젝트 구역 내 습한 지역은 식생 집단의 균일한 생장을 막거나 유지관리 작업을 방해한다.

지표 배수(地表排水, surface drainage) 문제는 일반적으로 해당 토지가 평평하거나 거의 평평한 곳에서 나타난다. 고인 물은 움푹하거나 두둑에 발생하여 경사진 땅에서의 자연 유출을 지체시킬 수 있다. 낮은 배수구 용량도 유출 속도를 늦추어 배수구 뒤편의 정체와 범람을 유발한다. 일부 도시 상황에서는, 분명하고 접근가능한 배수구가 없을 수도 있다. 보차도 경계석, 옹벽, 기초, 배관, 기타 기반시설과 같은 물리적인 장애물도 표면 유출을 지연시키거나 방해할 수 있다.

지하 배수(地下排水, subsurface drainage)는 해당 토양의 투수성이나 지표면 아래 물리적인 장애물 존재와 관련이 있다. 토양 단면(土壤斷面, soil profile) 배수는 해당 토양의 투수성이 가장 낮은 층위나 층에 의해 결정된다(Craul, 1992). 만약 토양이 답압된 거대한 심토층(일반적으로 Bx로 표시됨)을 가지고 있으면, 물은 일 년 중 상당기간 동안 해당 층 위에 걸려 있어서 위 층위가 포화된 상태로 유지될 수 있다. 이는 아래의 지하수위(地下水位, water table)와 완전히 분리되어 있을 수도 있다. 옥상이나 기타 불투수성 기반시설은 높은 지하수위에서 발생하는 것과 같은 효과를 나타낼 수 있다. 고지하수위(高地下水位, high water table)는 범람원(氾濫原, floodplain), 낮은 지형학적 함몰(topographic depression), 평평한 해안 단구(海岸段丘, coastal terrace)에 흔하다. 높은 곳으로부터의 측면 지중류(地中流, subsurface flow)도 지형적으로 낮은 위치에서의 불량한 토양 배수를 유발할 수 있다. 물이 지표면으로 올라오면 스며 나오는 삼출(滲出, seep)을 유발한다.

토양은 물을 간직하는 능력을 가지고 있다. 이 능력은 해당 토양의 토성, 구조, 밀도와 관련이 있다(Craul, 1992). 물의 일부는 중력에 반응하여 흐를 수 있기 때문에 물을 간직하기에 충분한 힘을 발휘하지 못하는 공극(孔隙, pore space)에서는 배수가 일어나고, 물이 빠진 공극은 공기로 채워진 공극이라고 불린다. 해당 토양이 식물 뿌리에 의한 수분 흡수, 지표면으로부터의 증발(蒸發, evaporation), 또는 기타 모세관력(毛細管力, capillary force)으로 인해 이 함수율(含水率, moisture content) 이상으로 건조해짐에 따라 공기로 채워진 공극의 비율은 증가한다. 이것이 대공극(大孔隙, macropore)에 차 있는 물로서, 설계된 배수 시스템에 의해 토양으로부터 배수되는 중력수(重力水, gravitational water)이다.

배수는 토양을 통한 물의 이동과 마찬가지로 해당 토양의 통기성과 관련이 있다. 물은 토양 속으로 침투되고, 필요하면 식물 뿌리에 의해 흡수될 수 있도록 저장되고, 과도한 양은 지하수위 아래로 배수되어야 할 뿐만 아니라 공기로 채워진 공극을 통해 뿌리와 토양 유기체에 지속적으로 산소를 공급할 수 있어야 한다(Craul, 1992). 공극이 물로 완전히 채워져서 포화되는 경우와 토양이 거의 풍건(風乾, air dry) 상태가 되는 두 극단적인 시기와 상황이 있을 수 있다. 토양에 공급되는 물의 양이 토양이 흡수하여 보유할 수 있는 능력(보수력/保水力, waterholding capacity)을 초과하여 지표 유출이 발생하는 경우가 생기는 연중 시기와 시간적인 시점이 있다. 보다 구체적으로는, 적용 속도 즉 강우 강도가 해당 토양의 침투율(浸透率, infiltration rate)을 초과하면 지표 유출을 유발한다. 이러한 현상은 제10장 "공사 침식과 퇴적 조절"에서 고찰된다. 토양은 식물 뿌리에게 산소와 물을 모두 공급해야 하기 때문에, 토양은 포화되어도 완전건조(完全乾燥, bone dry)되어도 안 된다. 이 장에서는 이러한 목표를 달성하기 위한 기술과 설계에 관해 고찰하고 평가한다(**그림 7.1**).

배수에 관해서는 제4장에서 토양 설계 과정의 일부로 고찰했지만, 보다 자세히 살펴보아

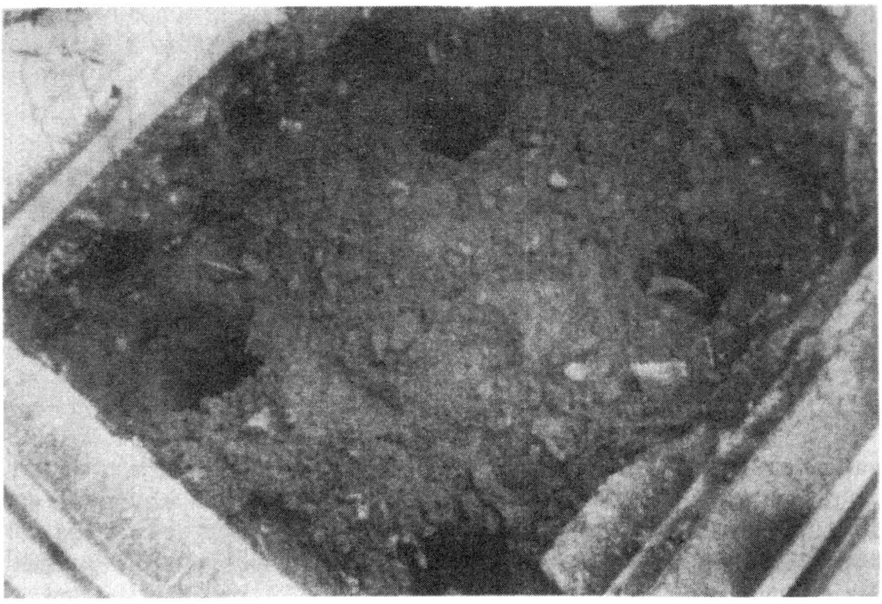

그림 7.1 아래층의 배수를 향상시키기 위해 뚫은 천공 구멍. 뉴욕시 렉싱턴가(Lexington Avenue)의 이 구멍은 자갈로 채워졌다.

야 할 배수에 관한 사항이 있다. 지표 배수는 토양 표면의 형태를 만들거나 지형적인 변형으로 방향을 유도할 수 있지만, 토양 단면 배수는 보다 복잡한 문제이다. 이는 일반적으로 내부에 대한 인위적인 배수 시스템이 필요하고, 설계와 배치가 이 시스템의 성공에 결정적이다.

추가적인 관심은 어떤 부지에 이미 활착된 식생에 대한 배수와 통기성 향상이다. 일부 상업적인 제품이 이 설계와 운전에 도움을 줄 수 있다.

7.2 배수 원리

배수 시스템(排水-, drainage systems)의 설계를 보다 잘 이해하기 위해서는, 해당 토양의 배수를 지배하는 물리적인 원리를 잘 이해하는 것이 중요하다. 이들은 지표와 지하 배수를 기준으로 살펴보고자 한다.

배수 시스템은 세 가지 기능적인 부분으로 구성된다(**그림 7.2**):

1. 집수 시스템(*collection system*). 흐름이 발생하는 작은 수로(水路, channel), 도랑(rill), 구거(溝渠, ditch), 식생수로(swale), 묻힌 배관 등.
2. 처분 시스템(*disposal system*). 수집된 물을 배수구로 운반하는 큰 수로나 배관. 때로는 집수 시스템이 배수구로 직접 연결될 수도 있다.
3. 배수구(*outlet*). 해당 배수 시스템의 종점. 이는 암거(暗渠, road culvert), 옥상 배수관(屋上排水管, roof drain), 또는 기존 개울일 수도 있다.

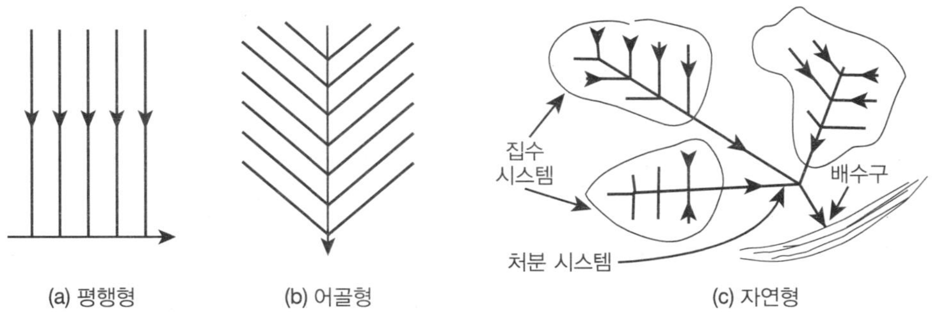

그림 7.2 구성요소가 표시된 세 유형의 배수 설계.

지표 배수

지표 배수(地表排水, surface drainage)는 고도 차이가 있는 곳에 존재하는 물의 위치 에너지(位置-, potential energy)를 이용하는 것이다. 고도 차이는 물이 중력에 반응하여 움직이도록 하는, "물은 아래로 흐른다"라고 하는, 동수경사(動水傾斜, hydraulic gradient)를 만든다. 물은 높은 곳에서 낮은 곳으로 흐른다. 위치 에너지는 물이 흐를 때 운동 에너지(運動-, kinetic energy)로 소멸된다. 이는 자유수면(自由水面, free water surface) 경사이고 통로를 따라 일시적으로 배관 안에 갇힐 수도 있다.

수면단면도(水面斷面圖, water surface profile)는 처분 시스템 수로 설계의 출발점이다. 배수구 높이는 낮은 수력학적 기준점(hydraulic control point)이 된다. 경사를 따라 기준점은 임계적 저지이고 암거(暗渠, culvert), 다리(bridge), 둑(weir)과 같은 통로에 대한 제약요소이다. 어떤 프로젝트 내에서는, 이들 특성이 자연 경관에서 발생하는 것들의 축소판에 불과할 수도 있지만 해당 프로젝트의 배수에 심각한 영향을 미치기에 충분할 정도로 흐름을 제약할 수도 있다. 그리고 배수가 필요한 곳에 적절한 지표 배수를 제공하지 못하면 식생 집단의 생존과 생장에 대해 심각한 영향을 미칠 수 있다.

유량이 많은 경우에는, 베르누이 정리(Bernoulli's theorem)를 사용하여 정상류(定常流, steady flow) 상태를 위한 동수경사선(動水傾斜線, hydraulic grade line)을 계산한다. 마찰로 인한 손실수두(損失水頭, loss of head)는 매닝공식(-公式, Manning's formula)과 같은 개수로(開水路, open-channel) 공식으로 계산한다. 대부분의 수문학 교과서는 이러한 적용을 자세히 설명하고 있을 것이다.

지하 배수

토양수(土壤水, soil water)는 토양의 공극에 존재한다. 따라서 이의 이동과 보유는 전적으로 공극의 기하학적 구조와 부피에 달렸다. 공극의 기하학적 구조에는 공극 크기(직경)의 분포, 공극의 형태, 공극의 배열, 공극 상호 간의 연결성 등이 포함된다.

공극의 기하학적 구조는 토양의 토성, 구조의 유형, 밀도에 의해 결정된다. 유기물은 구조와 밀도에 영향을 미친다. 거친 사질 토양은 입자의 직경이 크기 때문에 대공극이 우세하고 소공극은 있어도 매우 적다. 토성이 세립화됨에 따라 작은 공극의 비율이 증가하면서 공극의 전환이 발생한다. 전환의 정도는 구조 발달의 유형과 정도에 따라 다르다.

입상구조(粒狀構造, granular structure)는 중공극(中孔隙, mesopore)과 소공극(小孔隙, micropore)이 적고 대부분 대공극(大孔隙, macropore)을 가지고 있는 경향이 있다. 이들 대공극의 형태는 일반적으로 오목한 표면을 가지고 있는데, 이는 입상 토괴(土塊, ped)의 볼록한 표면을 반영한 것이다. 토괴 사이 접촉점은 거친 모래처럼 불규칙한 환상형 고리(annular ring)를 가질 것이다. 중공극은 토괴 표면 사이의 통로이고 규칙적인(평행한) 벽을 가지고 있거나 매우 불규칙할 수도 있다. 소공극은 일반적으로 토괴 내 매우 작은 구멍으로 토괴를 관통하여 계속되거나 끝이 폐쇄되어 있다. 반각괴상(半角塊狀, subangular blocky)에서 각괴상 구조(角塊狀構造, angular blocky structure)는 대공극은 적고 중공극과 소공극이 더 많을 것이다. 판상 구조(板狀構造, platy structure)는 대부분 중공극과 소공극을 가지고 있다. 고밀도 토양은 당연히 경토(輕土, light soil)보다 작은 공극을 가지고 있다. 매우 느슨한 토양은 부피가 큰 대공극을 가지고 있고, 답압된 점토질 토양은 대부분 소공극에 들어 있는 부피가 작은 공극을 가진다. 입단구조나 잘 발달된 반각괴상 구조를 가진 양질토(良質土, medium textured soil)는 세 공극 등급 간 바람직한 분포를 가지고 있다. 유기물은, 특히 대공극의 창출로 총 공극을 늘리는, 구조 발달을 향상시키는 경향이 있을 것이다.

토양 내 수분의 세 가지 등급. 앞서 언급한 세 공극 등급의 정의는 물에 작용하는 다양한 힘에 대해 함유된 물의 반응에 따라 구분된다. 포화 흐름(飽和-, saturated flow)은 주로 대공극에서 일어난다. 여기서의 흐름은 중력의 힘에 대한 반응으로 **중력수**(重力水, *gravitational water*)라고 부른다. 이 물은 더 아래에 위치한 지하수위에 기여하거나 지중류(地中流, subsurface flow)로 측면으로 흐를 수 있다. 대공극에는 물이 아래로의 이동이 지연되어 걸려 있지 않으면 물이 거의 존재하지 않는다. 물의 이동이 지체되면 토양은 하향 또는 측면 이동이 일어나기 전까지 포화된 상태를 유지할 것이다.

중력에 저항하여 중공극과 소공극 내에 존재하는 물을 **모세관수**(毛細管水, *capillary water*)라고 부른다. 이 물은 토양 입자 표면과 물 분자 사이에 존재하는 모세관력, 그리고 식물 뿌리의 수분 흡수와 토양 표면으로부터의 증발에 의한 물"기둥"(水柱, water column) 내 만들어지는 기울기에 반응하여 움직인다.

물의 세 번째 등급은 토양 입자 표면에 걸쳐 수막(水膜, water film) 형태로 존재한다. 이는 위조점(萎凋點, wilting point)에 도달할 때 해당 토양에 남아 있는 수분이다. 이 물은 식물이 사용할 수 없으며 **흡착수**(吸着水, *hygroscopic water*)라고 부른다.

지하수위와 모세관 포화권. 지하수위가 존재하는 토양에서는, 지하수 표면의 물 분자는 토양의 모세관력에 반응하여 위로 끌어당겨진다(**그림 7.3**). 모세관 포화권(毛細管飽和圈, capillary fringe)의 높이는 토성에 달렸다. 모세관 포화권은 점토질 토양에서는 사질 토양보다

그림 7.3 지하수위 위쪽의 모세관 포화권.

더 높을 것이다(Holtz & Kovacs, 1981). 이 높이는 거친 모래는 1.5~6인치(0.4~15cm), 가는 모래는 15.6~138인치(0.40~3.5m), 미사는 98~138인치(2.5~3.5m) 또는 최대 거의 12피트(3.6m), 그리고 점토는 33피트(10m) 이상이 된다. 이 포화권은 모래에서는 갑자기 나타나고 명백한데 비해 미사와 점토에서는 매우 분산되어 있고 불분명하다.

배수에서의 시사점은 미사질과 점토질 토양은 지하수위가 6~8피트(1.8~2.4m) 아래에 위치하더라도 지하배수가 필요할 수 있다는 것이다. 반면 모래는 조밀한 세사가 아니면 10피트(3m) 아래에 있는 지하수위에 대해 지하 배수가 불필요할 수 있다.

포화대(飽和帶, saturated zone) 내에서의 흐름. 토양 배수는 주로 중력수를 다루는데, 이는 배수될 토양은 부분적으로 포화되어 식물의 생장이나 특정 토지 이용을 방해하고 있다는 것을 의미한다. 따라서 배수 설계의 목표는 중력수를 제거하는 것이다. 포화 흐름은 수두(水頭, hydraulic head)와 동수경사를 포함한다.

수두와 동수경사. 포화 흐름은, 개방된 수로든 폐쇄된 공간(토양)이든, 총 에너지 차이로 발생한다. 총 에너지는 운동, 압력, 중력 요소의 합이다. 토양 내 포화 흐름은 저속(低速, low-velocity)이고, 운동 에너지는 무시해도 좋을 정도이기 때문에 압력과 중력(고도) 요소만 남는다. 이들 요소는 **그림 7.4**에 도해되어 있다.

수두(위치 에너지)는 단순히 기준점(基準點, datum) 위 두 점의 고도 차이로, 일반적으로 지하수위 깊이이다. 동수경사는 수두 차이를 흐름의 통로를 따라 측정된 거리로 나눈 것이다. 흐름은 높이나 위치 차이에 반응하여(아래로 흐름), 그리고 높은 압력에서 낮은 압력으로 발생한다. 배수 설계는 이 두 현상을 활용한다. 따라서 배수관은 물이 빠질 수 있도록 포화대 위쪽 경계선 아래에 위치시켜야 한다. 배출구는 물이 높은 압력(포화대)으로부터 낮은 압력(개방된 배관)으로 흐를 수 있도록 대기로 노출시켜야 한다.

유로(流路, flow path) 또는 유선(流線, streamline). 배수 용량 내에서, 등수위 수두선(等水位水頭線, equipotential head line)이 있을 것이다(그림 7.4). 해당 토양이 등방성(等方性, isotropic; 모든 방향에서 동일한 수리전도도를 가지는 경우)이라면, 물의 흐름은 등수위선에 직각으로 일어날 것이다. 만약 해당 토양이 층화되었거나 이방성(異方性, anisotropic)이

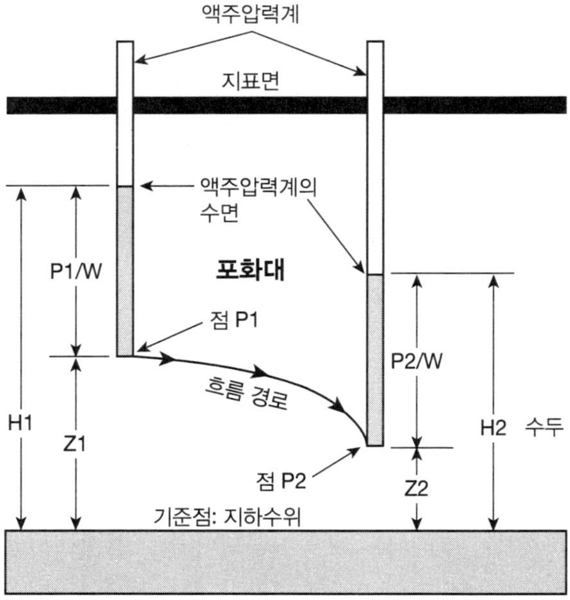

그림 7.4 흐름의 경로를 보여주는 수두(H1과 H2)와 동수경사(P1과 P2).

라면, 등수위선과 층화 방향 사이의 어떤 방향이 될 것이다. 유선은 해당 토양 내 등수위선과 수리전도도에 대한 지식을 기반으로 예측할 수 있다.

유선망. 포화대 내의 배수를 위한 유로의 수직 단면은 유선망(流線網, flow net)을 보여줄 것이다(**그림 7.5**). 이 흐름은 포화 흐름의 다르시 법칙(Darcy's law)의 결과이다(Hillel, 1980). 지형, 위치, 수원(水源, water source)의 양, 층위(層位, stratigraphy), 배수 위치가 유선망에 대한 경계 조건(境界條件, boundary condition)을 설정한다.

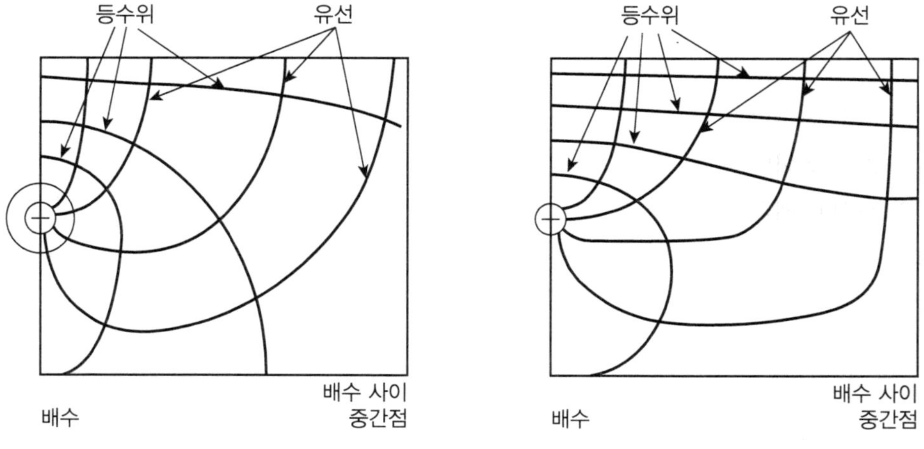

그림 7.5 등방성 토양(a)과 이방성 토양(b)의 유선망.

그림 7.5는 몇 가지 조건을 보여준다. 왼쪽 유선망이 등방성 토양에 대한 것이고, 오른쪽 그림이 이방성 토양에 대한 것이다. 후자는 수직 투수성(透水性, permeability)의 16배에 달하는 수평 투수성을 가지고 있다.

유선망에 대한 지식을 가지고 있으면 주어진 배수 결과를 확보하기 위한 배수관의 수와 배치와 같은 배수 시스템의 설계에 관한 정보를 얻을 수 있다.

투수성과 수리전도도. 두 용어 사이에 일부 혼동이 있을 수 있다. 투수성(透水性, permeability)은 특별히 액체(이 경우, 물)를 투과시킬 수 있는 토양의 능력을 말하고, 이는 해당 토양의 물리적 성질에만 의존한다. 또한 이는 물을 투과하는 토양의 상대적인 용이성을 설명하는 용어로도 사용된다. 반면 수리전도도(水理傳導度, hydraulic conductivity)는 해당 토양의 투수성과 투과된 물의 물리적 성질을 기반으로 한다. 이 성질에는 점성(粘性, viscosity), 밀도, 전해질(電解質, electrolyte) 농도 등이 포함된다. 연구에 의하면 이러한 성질은 특정 여건 하에서 수리전도도에 상당히 영향을 미칠 수도 있다고 한다(Hillel, 1980).

7.3 배수 설계 요소

배수 설계 과정은 몇 가지 요소로 구성되어 있다. 이들에는 해당 식생 집단에 대한 토양 요구 사항, 기존 배수 상태를 확인하기 위한 부지 조사, 해당 프로젝트에 대한 설계 기준 제정, 배수 시스템에 대한 계획과 시방서 등이다.

식생 집단의 요구사항

수목의 다양한 유형과 종은 서로 다른 배수(통기) 요구조건을 가지고 있다. 어떤 수목은 배수가 양호한 토양을 선호하는 데 비해 다른 수목은 높은 지하수위를 가진 습한 토양을 요구할 수도 있다. 어떤 수목(많은 낮은 지대 활엽 교목과 관목)은 자신의 뿌리 시스템이 주기적인 침수에 내성이 있는데 비해, 다른 수목(워싱턴 DC 타이들 베이슨/Tidal Basin 주변의 일본벚나무/*P. serrulata*)은 몇 시간의 침수에서도 생존하지 못한다. 수목의 배수 요구는 (a) 발생한다면, 지표면 물고임의 최대 지속시간과 빈도, (b) 휴면기 동안의 지하수위 높이 또는 주수위(宙水位, perched watertable) 발생, (c) 지하수위가 낮아져야 하는 최소 속도와 깊이 등을 기준으로 한다.

만약 배수성이 복잡하여 배수의 변이성이 높으면, 때로는 이를 균일하게 배수되는 부지에 비해 보다 다양한 식생 집단을 수용할 수 있는 기회라고 받아들이는 것이 현명하다. 또한 지하수위의 높이는 모세관 포화권과 연중 계절에 따라 오르내리기 때문에 지하수위의 영향은 지하수위 높이보다 훨씬 위에까지 미친다는 사실도 명심하는 것이 좋다. 모세관 포화권 내의 수분 함량은 포장용수량보다 훨씬 높다. 따라서 어떤 지역에서는 친수성(親水性, hydrophilic) 수종이 다른 곳에서는 중생성(中生性, mesophilic) 수종이 선호된다. 여기서의 다양성(多樣性, diversity) 개념은 제8장의 관수 다양성에서의 개념과 매우 유사하다.

부지 배수 상태

배수 요구와 설계를 위한 조사 특성은 해당 프로젝트의 입지에 따라 다르다. 자연경관에 위치한 프로젝트는 도시 중심의 복구지역이나 옥상과 같이 완전히 설계된 환경에 있는 프로젝트와는 다른 접근방법으로 조사가 수행될 것이다. 제안된 프로젝트 부지가, 특히 넓은 면적의 자연경관에 걸쳐 있거나 도시 복구지역 내에 위치한 경우, 균일한 배수 여건을 나타낼 가능성은 낮다.

지형(地形, topography)은, 특히 자연 경관인 경우, 조사되어야 할 첫 번째 요소이다. 이는 지표 경사, 수로(水路, hydrography), 잠재적인 배수구 등을 드러내 보일 것이다. 또한 현재의 지세로부터 기반암(基盤岩, bed rock)을 유추할 수도 있다. 만약 자연 배수가 유리하다면 배수 설계는 매우 간단하고 비용이 덜 들 수도 있다. 반면 자연 배수가 어려우면 배수 시스템은 보다 복잡하고 비용이 많이 들 것이다.

자연 경관의 경우, 토양지도를 살펴보면 배수 등급(排水等級, drainage class), 지하수위와 기반암까지의 깊이, 해당 토양의 투수성 등을 확인할 수 있을 것이다. 이에 더하여 때로는 더 자세한 토양 정보를 확보하기 위해 특별 집중 토양조사(Order 1)를 수행할 필요가 있다. 이때는 축척이 적어도 1:12,000 또는 1:4,000인 지도가 적당하다. 지질도(地質圖, geologic map)와 수로 정보는 불투수성 암반 형성이나 투수성의 압밀되지 않은 퇴적물, 지하수위 깊이, 대수층(帶水層, aquifer)의 존재 등을 확인하는 데 매우 유용하다. 시추 주상도(試錐柱狀圖, drilling log)는 지하 물질, 이들의 순서, 두께에 대한 정보를 제공한다. 식생조사(植生調査, vegetative survey)도 상대적으로 교란되지 않은 부지에 대한 토양 배수성에 관한 정보를 제공한다. 농지인 경우, 지역 농업기관(미국 농무부)에 보관되어 있는 농지계획(farm plan)이 기존 배수 시스템에 관한 정보를 제공할 것이다. 마지막으로, 배수가 심각한 문제가 될 가능성이 있는 곳에서는 특별히 현장의 투수성과 투과성 실험이 필요할 수도 있다. 계절적인 지하수위 깊이와 흐름을 확인하기 위해 설치하는 액주압력계(piezometer)는 배수 설계에 필요한 더 많은 정보를 제공한다.

복구 부지에 대해서는, 기존의 자료와 정보가 제한적일 수 있다. 만약 해당 부지의 공사 이력이 복잡하면 지형이 유효한 정보를 제공하지 못할 수도 있다. 토양 소재는 자연적이지 않고 부지 전반에 걸쳐 변이가 매우 크고 복잡하여 도시 개발로 인한 영향을 보여줄 것이다. 이 경우 제2장에서 제시된 바와 같이 자세한 부지 평가가 요구된다.

옥상 배수설계는 건축적인 배수의 확인이 필요하다. 옥상 배수설계에 관해서는 조경가의 의견이 우선되어야 한다. 많은 경우, 건축가와 건축기사가 제공하는 배수는 해당 기사가 배수 용량을 올바르게 설계했음에도 불구하고 토양 배수에 적합하게 배치되지 않는다. 옥상 배수를 잘못 배치하거나 경사 표면을 제공하지 못하면, 해당 기사는 조경가가 활용할 수 있는 설계 대안을 크게 제약하는 결과를 가져온다. 이렇게 되면 적절한 토양 배수를 제공하기 위해 비싼 토양이 사용된다. 옥상 적용에서는 올바른 배수를 위해 적절한 주의를 기울이도록 항상 배수 문제를 심각하게 고려해야 한다. 옥상 배수설계에 대한 세부사항은 프로젝트에 따라 다르지만, 배수의 기본원리는 어디든 적용된다.

설계 기준

설계 기준(設計基準, design criteria)은 일반적으로 식생 집단의 선정과 이의 배치에 따라 계획수립 과정의 초기에 조경가가 설정한다. 두 가지 설계 기준은 해당 지역으로부터의 물 제거 속도와 낮추어져야 하는 지하수위 깊이이다.

일반적으로 물 제거 속도는 강수량(降水量, precipitation)을 포함해야 하는데, 이는 해당 부지에 저장되는 추가적인 물이 없어야 하기 때문이다. 해당 지역에 대한 기후 자료(氣候資料, climatological data)로부터 얻는 강수 자료는 필요한 정보를 제공할 것이다. 만약 설계에 관수(灌水, irrigation)가 포함된다면 관수의 빈도와 양이 결정되어야 한다. 이후 이들 자료는 조치가 필요한 경우 지하수위를 낮추기 위해 필요한 배수속도에 연계시키거나 추가시킨다.

지하수위를 낮추는 것은 배수 배관의 수(실제로는 이들 간의 간격)와 이들이 위치하는 깊이에 달렸다. 그러나 지하수위를 원하는 깊이로 낮추는 것은 부정확하다는 것을 명심해야 한다. 매설된 배관의 배수 효율성은 많은 요소에 의해 결정되기 때문에 예측가능성은 기껏해야 대략적이다. 그러나 구할 수 있는 경험적인 자료는 대부분의 경우 성공적인 설계를 위해 유용성이 있다.

계획과 시방서

다른 설계 프로젝트에서와 마찬가지로, 계획은 배치(配置, layout), 필요한 장비와 자재, 공사 순서, 비용, 검사 절차를 위해 작성한다. 다음으로 계획을 기반으로 시방서(示方書, specification)가 작성된다. 지표배수를 위해서는, 시방서가 개략적이고 최종 구배 계획(다음 절 참조) 정도인 반면, 지하 배수에는 장비와 자재의 유형과 수량 명세, 작업 순서, 부지 도랑 파기 작업, 배수 시스템의 설치, 되메우기, 마무리 등이 포함된다.

7.4 지표 배수 기술

올바르게 계획된 지표 배수 시스템(地表排水-, surface drainage system)은 웅덩이가 발생하지 않도록 하고, 장기적인 포화를 방지하고, 침니로 막히거나 토양의 침식 없이 배수구로의 흐름을 가속화시킨다. 이 시스템은 기본적인 경관 설계와의 충돌 없이 물을 발생원으로부터 수집하여 배수구로 보내야 한다. 때로는 지표 배수 시스템을 수용하기 위해 경관 설계가 변경될 수도 있는데, 이는 일부 미적인 질을 추가하기 위해서다.

식생수로와 명거

식생수로(swale)는 폭이 깊이보다 훨씬 넓은 단순하고 얕은 단면을 가지고 있다. 흔한 식생

(a) 식생수로

(b) 명거

그림 7.6 식생수로(a)와 명거(b)의 단면.

수로는 깊이가 몇 인치(6cm)에서 1피트(30cm)이고 폭이 2~3피트(60~90cm) 정도에 불과하다(**그림 7.6**a). 식생수로는, 물을 바로 배수구로 보내기보다, 공급원으로부터 물을 차단하여 방향을 돌리기 위한 것으로, 예를 들면 식재지 주위의 비탈 오르막으로부터 물을 차단하기 위해 설치한다. 어떤 경우에는 식생수로가 해당 시스템의 용량이 현저히 증대되어야 하는 지점에서 도랑과 합쳐질 수도 있다.

명거(明渠, open ditch)는 더 많은 물의 흐름을 흘려보내기 위해 좀 더 깊은 단면을 가지고 있다(**그림 7.6**b). 이 단면은 도랑에서의 수위가 올라감에 따라 마찰을 줄이고 용량을 키우기 위해 일반적으로 사다리꼴(trapezoid)이다. 경사진 측면은 침식 가능성을 줄이고 식생, 일반적으로 잔디 식재를 가능하게 한다.

지표 유출(地表流出, surface flow)이 많은 곳에서는 차단시설로 사석(捨石, riprap)이나 큰 돌멩이로 채워진 영구 도랑을 사용할 수도 있다. 이는 침식과 침전 조절에 사용되는 것들과 비슷하다(제10장). 도랑은 물을 바로 처분 시스템으로 보낸다(**그림 7.7**). 도랑은 폭풍우가 지속되는 동안 첨두유량(尖頭流量, peak flow)을 줄이기 위한 임시 저장소로서의 역할을 할 수도 있다.

지표 배수 시스템 설계

식생수로와 도랑 시스템의 배치는 복잡한 지표 배수 문제에 대한 해결책을 제공한다. 매몰된 배수 배관은 처분 시스템으로의 역할을 할 수도 있다. 이 배치는 이의 설계가 허용하는 것보다 더 많은 물을 수용해야 하는 경우가 아닌 한 매우 탄력적이다. 예를 들면, 더 많은

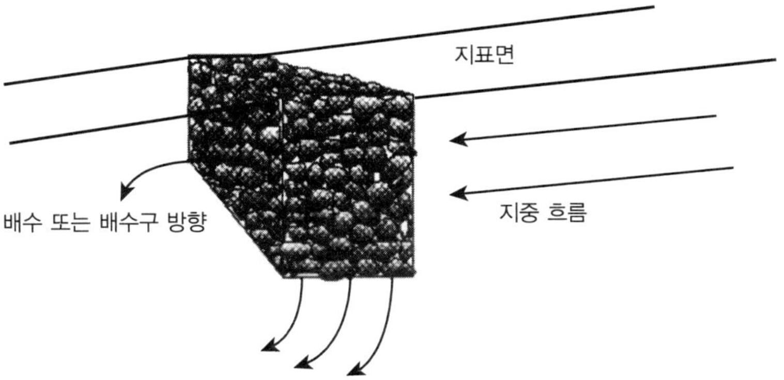

그림 7.7 차단자재로 굵은 돌로 채워진 명거.

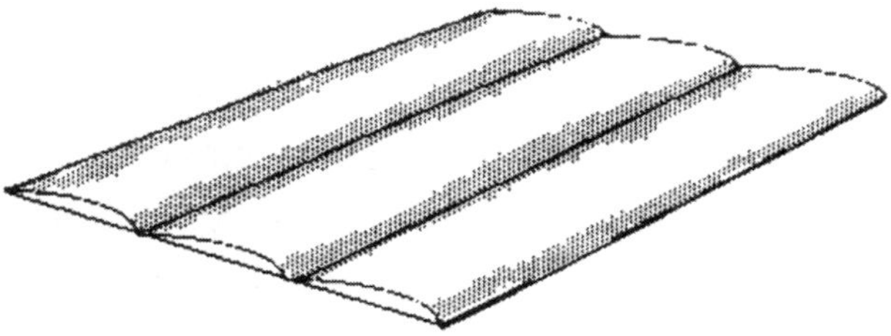

(a) 평행형 도랑

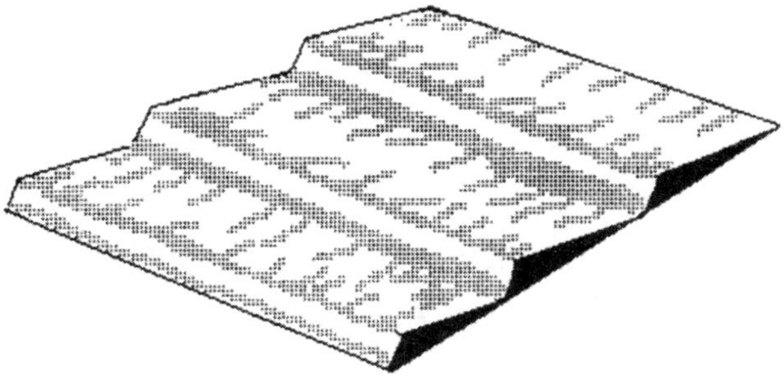

(b) 우회 도랑 또는 계단

그림 7.8 두 상황에서의 식생수로나 도랑의 평행형 배열. (a) 물의 흐름과 평행한 도랑을 가진 완만한 경사, (b) 물의 흐름과 직각인 도랑을 가진 가파른 경사.

물을 운반하는 명거는 식생수로로 흘러들어가지 않도록 하는 것이 좋다.

지표 배수는 평행형 형식으로 그리고 매우 완만한 경사진 부지의 등고선에 대해 직각으로 설치될 수도 있다. 해당 부지를 흐름 방향으로 계단 형태로 수집하는 형식의 구획으로 세분하면 해당 부지로부터 물을 신속하게 제거할 수 있다(**그림 7.8**). 가파른 경사에 대해서는, 식생수로와 도랑이 등고선과 평행하거나(경사를 가로질러) 우회적인 배열로 할 필요가 있다. 물은 등고선을 따라 존재하는 점들에 모여 명거나 매몰된 배수관으로 보내진다.

복잡한 배수 시스템은 물을 배수구로 보내기 위한 처분 시스템으로 식생수로, 명거, 매몰된 배수관으로 구성된다. 대부분의 지표 배수 시스템은 모든 요소를 포함할 필요는 없다. 단순한 경우, 특히 토양의 배수가 양호하고 지하수위가 깊으면, 식생수로의 연결이 적절할 수도 있다.

지형 변경

이 과정은 토지 표면의 지형을 기계적으로 변경하는 것이다. 땅고르기(land smoothing), 경사 변경(land grading), 토지 평탄화(land leveling) 등과 같은 작업이 여기에 속한다. 이러한 작업의 성공적인 수행을 위한 주된 요구는 넓은 지역에 걸쳐 균일하고 매우 깊은 토양을 조성하는 것이다. 이러한 기술은 농사를 짓고 있는 미국 서부의 골짜기에서 집중적으로 사용되고 있다.

땅고르기는 작은 오목한 표면을 없애고 넓은 지역에 걸쳐 지표 배수를 향상시키는 것이다. 이의 결과적인 경사는 1% 미만이 될 것이다. 경사 변경은 계획된 지표 경사가 되도록 절토, 성토, 고르기 등을 하는 것이다. 의도적인 계단은 지표 유출에 도움을 주기 위해 만들 수 있고 물을 수집하기 위해 명거가 설치될 수도 있다. 이러한 배열은 그림 7.8에서 보여주는 것과 비슷하지만 수십 헥타르에 걸친 "대규모"를 대상으로 한다. 이 기술은 지표 배수가 제고되어야 하는 매우 수평이고 평탄한 지역에 적용하기에 가장 적합하다. 토지 경반화(耕盤和, bedding)는 "열"(列, row) 사이 거리가 짧고 마루 높이가 높은 곳의 토지 경사를 변형하는 것이다. 토지 평탄화는 농지의 전형적인 개수로 흐름(開水路-, open channel flow) 관수에 도움을 주기 위해 매우 균일한 경사와 매우 평탄한 표면을 창출하기 위한 정밀한 작업이다. 경관 설계에서는, 주로 환영 연회, 파티 등을 위해 사용되는 잔디밭과 같이 특정 프로젝트 내 작은 면적에 활용된다.

지형 변경(地形變更, landforming)도 캘리포니아의 많은 지역에서 도시 개발을 위한 토지의 형태를 만드는 데 사용하지만 때로는 처참한 결과를 가져온다(엘리뇨/El Niño 현상을 다룬 TV 뉴스를 참고하라!).

7.5 지하 배수 기술

지하 배수의 주된 목표는 토양 단면으로부터 나오는 과도한 물을 제거하고 지하수위를 낮추는 것이다. 이는 근권(根圈, rooting zone)의 여건을 개선시킨다. 배수된 토양은 과거에 불가능했던 토지이용을 가능하게 만든다. 현재 미국 전반에 걸쳐 존재하는 습지(濕地, wetland)에 관한 광범위한 규제로 인해, 규제를 받지 않는 습지의 배수 기회가 크게 줄어들었다. 그러나 프로젝트 지역 내에 규제를 받지 않지만 해당 프로젝트의 성공 가능성을 높이기 위해서는 여전히 배수가 필요한 습한 지점이 발생하는 상황이 많이 있다. 또한 프로젝트 외부의 배수 여건 때문에 해당 프로젝트를 지중류(地中流, subsurface flow)로부터 보호하기 위해서는 지하 배수를 설치할 필요가 있을 수도 있다. 여기에 제시되는 기술은 이들 잠재적인 문제의 대부분에 대한 해결책을 제공할 것이다.

지하 배수를 위한 계획수립에는 어느 정도의 관찰과 측정이 필요하다. 이러한 노력에는 지하수위의 등락을 나타내기 위해 수고(水高, water height)가 시간에 따라 측정되고 표시되는 개방 관측우물 수위곡선(水位曲線, hydrograph)이 있다. 유동 패턴(流動-, flow pattern)을 나타내기 위해 시간이 지남에 따라 액주압력계 측정치 결과를 표시한 단면의 유동 패턴은 또 다른 정보 공급원이다. 지하수위의 등고선 지도(等高線地圖, contour map)는 해당 지역에 걸친 그리드 패턴(grid pattern)에 위치한 우물 관측에 의해 얻을 수 있다. 이들은 다시 지표 윤곽과 지하수 윤곽 사이의 관계를 보여주기 위해 지형도(地形圖, topographic map) 위에 겹쳐볼 수 있다.

명거

명거(明渠, open ditch)는 지하 배수에서 가장 간단하고 가장 비용이 덜 드는 기술이다

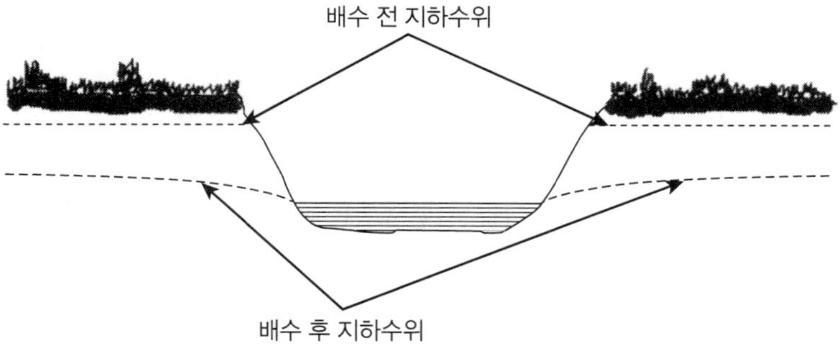

그림 7.9 배수 유선망(flow net)이 표시된 명거의 단면.

(**그림 7.9**). 이것은 지표 배수를 위한 차단 시설 역할도 한다. 그러나 여기에는 알고 있어야 하는 단점도 있다:

1. 도랑이 개방되어 있기 때문에, 모기, 사향쥐, 뱀의 번식지가 된다.
2. 효과적인 배수를 위해 공간을 차지하게 될 경우 넓은 지표면을 낭비한다.
3. 흐름과 측면의 안정성을 유지하기 위해서는 지속적인 관심이 요구된다.
4. 해당 지역 전반에 대한 접근에 장애물로서, 다리나 암거 도랑(culvert)이 필요하다.
5. 지하수위를 효과적으로 낮출 수 있도록 충분한 깊이가 되어야 하기 때문에 위험할 수 있다.

명거는 농지와 임지, 특히 흑니토(黑泥土, muck soil)의 배수를 위해 가장 광범위하게 사용되고 있다. 이 시스템은 공간적인 제약 때문에, 공간이 제약요인이 아닌 대규모 개발 프로젝트를 제외하고, 조경 프로젝트에서 사용되는 경우는 드물다.

매몰 배수

오래된 매몰 배수(埋沒排水, buried drain)는 도랑을 파고 토관(土管, tile)을 설치한 후 되메우는 배수 방법이다. 과거에는 물이 들어갈 수 있도록 의도적으로 떨어뜨리고 접합부분을 되메우기와 이어지는 토양 침하 동안 흙이 들어가지 않도록 타르지(-紙, tar paper)로 감쌌는데, 이 공법은 각각의 길이를 따라 한 줄로 뚫린 구멍을 가진 단단한 배관인 "오렌지버그"(Orangeburg) 배관(역청 처리된 섬유 배관)으로 대체되었다. 구멍은 도랑에 설치할 때 바닥을 향하도록 위치시켰다. 개별 배관은 이음 고리(collar)로 연결되었다. 최신 방식은 배관 둘레 주위에 가늘고 긴 홈이 있는 유연한 플라스틱 배관을 사용한다. 대부분의 적용에서, 배관은 도랑 파는 기계를 구성하는 일부가 되어 자동적으로 도랑에 놓이게 된다. 그렇지 않으면 굴착기(baghoe)로 도랑을 판 다음 수작업으로 배관을 놓는다. 매몰된 배수관이 지하 배수에 가장 인기 있는 기술이다.

매몰된 배수의 설계. 매몰된 배수 설계는 몇 단계의 과정을 거친다. 이들 단계는 다음을 확

인하는 것이다:

배수계수. 초과 지하수(지표수도 마찬가지로)로부터 식생 집단의 바람직한 보호를 달성하기 위한 물 제거 속도를 배수계수(排水係數, drainage coefficient)라고 부른다. 이는 일반적으로 습한 지역에서 24시간이라는 특정한 시간 안에 제거되어야 하는 물의 깊이(인치 또는 cm)로 표시된다. 이 계수는 토양 투수성과 강수의 양과 패턴에 전적으로 달려 있다. 분리된 지표 배수 시스템을 가진 지역에서는 24시간에 ⅜~1½인치(0.95~3.8cm) 정도의 범위에 속할 수 있다(Soil Conservation Service, 1973).

관수가 예정된 건조한 지역의 프로젝트에서는, 추가적으로 적용하는 물이 지하 배수 시스템에 고려되어야 한다. 공식을 이용하여 해당 상황에 대한 배수계수를 구할 수 있다. 주로 농업용인 이 공식에는 조경 프로젝트에는 적용하기 어려운 매개변수가 포함되어 있다. 그러나 배수계수는 적용되는 물 양의 대략 1/10에서 1/2 사이가 된다(Luthin, 1957).

도시 토양에 적용하기 위한 배수계수를 확인하는 가장 간단한 방법은 초과 강수(휴면기 강수와 관수에 의해 추가되는 양)에 토양 단면의 저장용량을 더하고 잠재증발산량(潛在蒸發散量, potential evapotranspiration)을 차감하여 배수계수로 초과 근사치(超過近似値, approximate excess)를 계산한다.

설계 용량. 배수계수에 의해 확인된 초과 수분을 처리하기 위해서는 배수 시스템의 능력을 계산해야 한다. 이는 매설된 배수 시스템의 깊이와 간격을 확인하는 것이다. 해당 지역에 걸친 평행형 배수를 위한 공식은 다음과 같다(원문과 같이 영미단위 사용):

$$Q_r = \frac{qS(L + S/2)}{43,200}$$

여기서 Q_r = 제거 배수 배출, 초당 입방피트(cfs)
q = 배수계수, 시간당 인치
S = 배수 간격, 피트
L = 배수 길이, 피트

예를 들면, 배수 시스템이 길이 100피트, 간격 5피트의 평행형 배수 방식이고, 배수계수가 0.5인치/시간이면,

$$Q_r = \frac{(0.5)(5)(100 + 5/2)}{43,200} = 0.0059\text{cfs}$$

이다. 이 Q_r 값은 매우 작은데, 이는 배수 시스템이 과잉 설계되었음을 나타낸다. 주된 배수 설계 용량은 (8)(0.0059) = 0.0472cfs가 될 것이다. 배수관 크기(직경)는 다음 공식에 의해 결정될 수도 있다(Luthin, 1957):

$$d = 0.892q^{0.375}A^{0.375}s^{-0.1875}$$

여기서 d = 배관의 내경, 인치

q = 배수계수, 시간당 인치

A = 배수 면적, 에이커

s = 동수경사, 피트/피트

4인치(10cm) 토관에 대한 최소 동수경사는 0.15%로 12인치(20cm) 토관은 0.05%로 감소한다. 1.5피트/s(45cm/s) 속도는 일반적으로 최소 경사에 대한 기준으로 되어 있다. 권고된 최소 경사는 0.2%(Luthin, 1957)인데, 일부 전문가들은 1% 이하를 권고한다. 계산 결과가 소수점 이하의 끝수로 끝나면 다음으로 큰 규격의 제품을 선택한다.

습한 지역에서는, 배수로의 깊이와 간격은 대개 많은 현장 적용으로부터 오랜 기간에 걸친 경험에 의해 결정되어 왔다. 따라서 공식은 이러한 경험으로부터 유도되어 왔다(Luthin, 1957; Soil Conservation Service, 1973). 매설되는 배수지선(排水支線, drain lateral)의 최적 배수로 깊이는 토양 투수성, 배수로 간격, 최적 또는 원하는 지하수위 깊이, 불투수성 층위까지의 깊이, 배수구 깊이나 배수 시스템의 높이, 보호가 필요한 식생 집단에 의해 영향을 받는다. 무기질토양(無機質土壤, mineral soil)에서의 최소 깊이는 2피트(60cm)가 되는 것이 좋고, 배수로의 깊이가 깊어지면 배수로 간격을 넓힐 수 있을 것이다.

배수로 깊이와 간격. 배수 간격은 불투수성 장애물의 존재와 거기까지의 깊이, 토양의 균질성 여부가 크게 영향을 미친다. 도시 토양에서는 답압된 층위나 구조물 표면(옥상)의 존재 등으로 이러한 여건은 경관 설계에서 매우 흔하기 때문에, 간격 결정에는 두 가지 접근이 필요하다. 가장 광범위하게 사용되는 공식은 타원 방정식(楕圓方程式, ellipse equation)으로 다음과 같다:

$$S = \frac{\sqrt{4K(m^2 + 2am)}}{q}$$

여기서 S = 배수로 간격, 피트

K = 평균 수리전도도, 인치/시간

m = 수위강하(水位降下, drawdown) 후 배수관 사이 중간 지점에서 배수로 위 지하수와의 수직 거리, 피트($m = d - c$)

a = 배수로 아래 장애물의 깊이, 피트

q = 배수 계수, 인치/시간

d = 배수로 깊이, 피트(**그림 7.10** 참조)

c = 원하는 지하수위까지의 깊이, 피트(그림 7.10 참조)

이 방정식은 다음 여건에 대해 사용이 제한되는 일부 가정이 있다:

1. 지하수 흐름이 대부분 수평 방향이라고 알려져 있는 경우. 예를 들면, 상대적으로 투

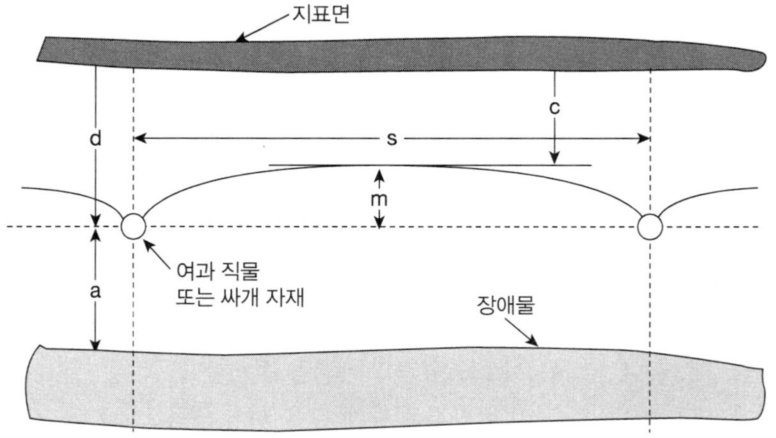

그림 7.10 매설된 배수로의 단면과 유선망.

수성 층위를 가진 층화된 토양이다.

2. 상대적으로 얕은 깊이에서(배수 깊이의 2배 이내) 수직적인 흐름을 방해하고 지하수가 배수관을 향해 수직으로 흐르도록 강요하는 장애물이 토양과 심토 자재 아래에 놓여 있는 경우.
3. 명거를 사용하거나 모래와 자갈 여과자재 또는 다공성 도랑 되메우기 자재를 사용하는 경우.

다음과 같은 여건에서는 변형된 타원 방정식이 사용된다:

1. 지표 토양과 심토가 수평의 층화 없이 매우 동질적(등방성)인 경우.
2. 장애물이 있다면 배수로 깊이의 두 배 이상의 깊이에 있는 경우.
3. 배수로가 다공성 여과자재 없이 놓여 있고 도랑 되메우기 자재가 투수성이 낮은 경우.

결정은 일련의 그래픽 해석(graphic solution)을 사용하여 이루어지는데, 대부분의 조경 프로젝트 토양이 앞서 언급한 일습의 여건과 동일하지 않기 때문에 여기서는 재현하지 않는다. *Drainage of Agricultural Land*(Soil Conservation Service, 1973)에 그래프들이 나와 있으므로 독자들은 이들을 적용에 참고하기 바란다.

모래와 자갈 싸개. 자갈 싸개(gravel envelope)는 매설된 토관 배수로의 흐름 특성을 보전하는 수단으로 이용된다. 올바르게 설계된 자갈이나 모래 싸개는 파이핑 현상(piping)을 방지하기 위해 두 가지 요구조건을 충족시키는 것이 좋다: (1) 토양이나 기반자재보다 물에 대한 투수성이 더 높아서 물이 배수로로 자유롭게 흘러들어갈 수 있어야 하고, (2) 기반자재가 배수로 속이나 여과자재 쪽으로 이동하지 않아야 한다. 파이핑 현상은 제4장에서 고찰한 바 있다.

파이핑 현상이 발생할 가능성이 가장 높은 자재는 극세사(極細沙, very fine sand)와 조립미사(粗粒微砂, coarse silt)이다. 이들 자재는 응집력(凝集力, cohesion)이 완전히 결핍되고, 이들 입자는 임계 수준인 약 10^{-4}cm/s의 속도를 가진 매우 느린 물의 속도에 의해서도 운반될 수 있을 정도로 작다. 여과자재 안정성에 대한 제안된 비율은 다음과 같다(Luthin, 1957; Soil Conservation Service, 1973):

$$\frac{D_{50 \text{ for filter}}}{D_{50 \text{ for base}}} = 12\text{에서 } 58 \text{ 또는 } \frac{D_{15 \text{ fine filter}}}{D_{15 \text{ fine base}}}$$

$$= 12\text{에서 } 40 \text{ 또는 } \frac{D_{15 \text{ fine filter}}}{D_{85 \text{ fine base}}} \leq 5$$

보다 균일하게 분류된 토양에는 세 번째 비율이 유용하다. 처음 두 비율은 균일하지 않은 모래에 적용된다.

많은 성공적인 토관 배수로가 자갈 싸개 없이 설치되어 왔지만 이들은 주로 안정적인 토양을 가진 습윤지대(濕潤地帶, humid region)이다. 토양이 안정되어 있는 곳에서는 퇴적물이 배수로 안으로 이동하는 문제가 없다. 미국 서부에서는, 토양이 불안정한 경향이 높기 때문에 매설된 배수 흐름을 보전하기 위해서는 자갈 싸개가 필요하다. 캘리포니아 임피리얼 계곡(Imperial Valley)과 코첼라 계곡(Coachella Valley)에서의 성공적인 자갈 싸개(Luthin, 1957)의 입도 분포는 대부분이 잔자갈(fine gravel), 조사(粗砂, coarse sand)와 중사(中砂, medium sand)이고 세사(細沙, fine sand)는 거의 없고 세사보다 더 가는 것은 없다(**그림 7.11**). 여과자재의 입도 분포는 기반자재의 분포와 거의 유사한 것이 좋다.

다공 배수관이 사용되는 경우, 여과 충전재의 D_{85}가 구멍 직경의 절반보다 작지 않아야 하고, No. 60 체를 통과하는 여과자재가 10% 미만인 것이 좋다. 싸개 자재의 두께는 배수관 주변에 3인치(7.6cm) 정도 되는 것이 좋다.

토목섬유 여과자재. 토목섬유(土木纖維, geotextile)를 여과자재로 사용하는 것이 일반적인 관행이다. 이 직물은 공극 크기 개구(開口, opening)의 크기별로 생산되기 때문에 공극 크기가 기반자재와 잘 맞아야 하며, 그렇지 않으면 파이핑 현상이 발생한다. 현재로서는 여과직물을 부설하는데 일부 논란이 있다. 어떤 기술자는 자갈 싸개를 배수관 둘레에 부설하고 이 싸개를 여과 직물로 감쌀 것을 권고한다. 반면 다른 사람들은 자갈 싸개를 하거나 하지 않고 배수관 자체를 여과 직물로 감쌀 것을 권고한다. 자갈 싸개가 매우 광범위하게 성공적으로 사용되어 왔기 때문에 저자는 이 방법을 선호한다. **표 7.1**은 여과자재 요구에 대한 지침을 제공한다.

유기 여과자재. 톱밥, 목재 칩, 기타 유기물이 농경지에 사용되어 왔다(Soil Conservation Service, 1973), 그러나 결과의 일관성이 없고 자재의 변이도 커서 이 자재는 배수 여과자재로 사용하는 것을 권고하지 않는 것이 현명할 것이다.

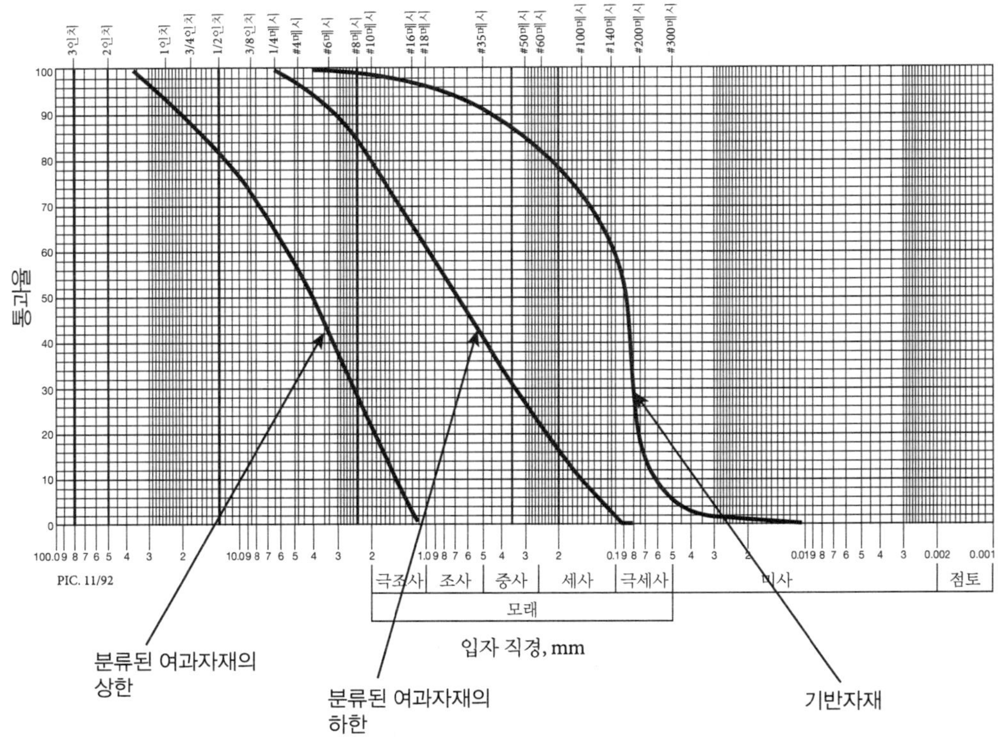

그림 7.11 매설된 배수로에 대한 자갈 싸개 자재의 입도 분포.

표 7.1 토양 분류에 근거한 배수 여과자재의 필요성

통일 토양분류법	여과시설 권고
SP(세립) SM(세립) ML, MH	여과자재 필요
GP SC GM SM(조립)	지역별 현장 결정에 따름
GC, CL, SP, GP(조립) GW, SW, CH, OL, OH, Pt	불필요

출처: Soil Conservation Service, 1973.

양수기장(揚水機場, pumping station)

양수에 의한 지하수 제거 시스템에서 지하수위를 효과적으로 낮추기 위해서는 토양 속으로 깊은 우물을 설치하는 것을 설계에 포함하는 것이 좋다. 양수기가 이 시스템에 채택되어야 하는 것은 당연하다. 양수 시스템의 사용은 이 기술이 가장 효율적일 수 있는 중요한 지역으로 제한하는 것이 좋다. 이를 보여주는 좋은 두 경관 사례는 워싱턴 DC의 백악관에 있는 참나무 식재공의 과도한 물(Craul, 1992)과 워싱턴 DC의 베트남전 기념관(Vietnam Memorial) 벽 상단의 과도한 물을 배수시키는 양수기장들이 그것이다.

두더지 암거배수

이는 도랑을 파지 않고 지하 경운을 함으로써 토양 내 만들어진 배수로이다. 이는 정해진 깊이에 수로나 공동을 형성하기 위해 토양을 통과하면서 끌고 가는 계란형 도구를 사용한다. 이로 인해 토양 내 생긴 틈이나 균열은 물이 공동 속으로 흐르도록 하고 이 물이 다시 처분점(處分點, disposal point)으로 흐르게 된다. 두더지 암거배수(-暗渠排水, mole drain)는 중간에서 가는 토성의 토양에서 가장 효과적이다.

두더지 암거배수는 일직선이 아니고 붕괴되고 무너지기 쉽다. 기대되는 수명은 약 3년에서 5년 정도이고, 두더지 굴이 만들어진 토양을 중장비로 경작하면 유효한 수명이 줄어든다.

수직 배수

수직 배수(垂直排水, vertical drain)는 주수위(宙水位, perched watertable)에서 주수위 아래에 있는 배수가 보다 양호한 층위로 물을 배수하기 위해 적용된다. 이 기술은 더 깊은 곳에 높은 투수성을 가진 층위가 존재하고 지하수위는 존재하지 않은 경우에만 성공할 수 있다. 성공적인 사례가 그림 7.1에서 보여주고 있다. 적절한 여건을 확인하기 위해서는 토양 단면의 자세한 로깅(logging)과 투과 시험이 필요하다. 이러한 상황은 도시 토양에서 흔히 부딪친다.

차단 배수

지하 수평 흐름(水平-, lateral flow)의 차단은 지하 구조물이 존재하거나 샘과 같은 특정 수원(水源, source)이 어떤 지역에 대해 과도한 물을 공급하는 것으로부터 보호하기 위해 필요하다. 배수는 매설된 배관이나 수원의 흐름에 수직으로 위치한 자갈이나 사석으로 채워진 도랑이 될 수 있다(그림 7.7). 배수관이나 도랑의 크기는 과도한 물을 처분 시스템으로 보내기에 적절하도록 설계한다. 이렇게 되면 차단 배수의 하류지역은 해당 지역의 수분이 지표면에 도달하는 강우에 의해서만 영향을 받게 된다. 차단 도랑과 지하 배수의 주된 차이는 차단되는 흐름의 유형으로, 대상이 지표 흐름과 지하 흐름이다.

지하 배수의 배수구

배수구는 주의 깊게 설계해야 한다. 이들은 지속적인 흐름일 수도 있는 배수 부하(排水負

荷, drainage load)를 부담해야 하고, 처분되는 수체(水體, water body)나 개울, 조수에 적용하는 경우에는 조수 등으로부터의 고조(高潮, high water)에 의한 잠재적인 침입도 견딜 수 있어야 한다. 견고한 설계가 필요하기 때문에, 대부분의 배수구는 영구적이고 튼튼해야 한다. 따라서 항상 콘크리트나 철강 수로, 배수관 주위에 사석 둑이나 기타 안정화 조치, 다져진 여수로(餘水路, spillway) 등을 활용할 필요가 있다. 많은 수문학, 습지, 농지계획 관련 참고서에 이에 관한 표준이 제공되고 있다.

7.6 배수 복구 시스템

이는 활착된 식생이 생존은 물론 보다 최적의 생장을 위해 보다 나은 배수를 필요로 하는 경우에 필요하다. 어려움은 배수 시설을 부설하는 어떤 프로젝트든 해당 토양과 활착된 뿌리 시스템을 심각하게 교란시킬 수 있는 가능성이 있기 때문에 발생한다. 해당 프로젝트는 적절한 자재와 장비를 사용하여 세심하게 계획되어야 하고, 공사는 매우 밀착된 감독 하에 주의 깊게 수행되어야 한다. 설치되는 모든 배수 시스템은 어떤 유형이든 배수구를 가지고 있어야 한다. 저자는 적합한 배수구에 대한 규정을 정하지 않은 어떤 엉성한 공사를 본 적이 있는데, 결국 배수를 향상시키기 위한 시도는 실패하였다. 단순하거나 투박한 시스템에도 이들이 보다 정교한 시스템에서와 마찬가지로 동일한 배수 원칙이 적용되어야 한다.

복구 상황별로 변화의 정도가 크기 때문에 어떠한 표준 설계방법을 제안하는 것은 불가능하다. 따라서 설계자의 창의성과 독창성이 동원되어야 한다.

제8장 관수 설계

8.1 서론

관수(灌水, irrigation)는 식물이 자신의 생활사(生活史, life cycle)를 완성하거나 식량과 섬유용으로 수확되는 경우 높은 수준의 생산성을 제공할 수 있도록 토양과 식물에 물을 계획적으로 적용하는 것이다. 관수는 역사적으로 제한된 강수가 작물의 흉작을 유발하거나 재배할 수 있는 작물의 종류와 다양성이 제한되는 건조한 지역에서만 적용되어 왔다. 최근에 들어서는 관수가 습한 지역에서도 수분 스트레스가 생산성에 미치는 효과를 대부분 제거하기 위해 사용되고 있다. 스트레스가 줄어들면 해당 작물이 일부 해충과 병에 감염될 수 있는 감수성도 줄어든다. 그러나 관수가 다른 해충과 병의 위협을 높일 수도 있다는 것을 지적할 필요가 있다. 경관 설계에서 관수는 그렇게 하지 않을 경우 건조하게 되는 도시 상황에서 식물을 유지하기 위한 수단이 된다. 또한 이는 정상적인 여건 하에서는 가능하지 않은 특정 프로젝트에 대해 식생 선택의 폭을 확대시키는 수단이 된다.

특정 부지의 물 활용 효율을 높일 수 있는 방법에는 다음 세 가지가 있다:

1. 습윤 지대(濕潤地帶, humid regions)에서 한 번 비가 온 후 다음 비가 올 때까지 물을 충분히 공급할 수 있도록 토양을 설계한다.
2. 식물 생장에 만족스러운 최소량의 물을 공급하도록 관수 시스템을 설계한다.
3. 물을 효율적으로 활용하는 식물과 해당 부지의 미기후 여건에 적응된 식물로 구성된 식생 집단을 설계한다. 즉 내건조경(耐乾造景, xeriscape)을 한다.

이 장의 목표는 관수의 기본 원칙을 설명하고 제3장의 생물물리학적 분석과 관수를 연결하는 것이다. 각 시스템의 장점과 단점을 포함하여 다양한 시스템을 다루는데, 특히 잠재 증발산 차이의 중요성을 일부 도시 상황의 도해와 함께 다룰 것이다. 토양 설계와 뿌리 배지

그림 8.1 실패한 관수 시스템. 유타주 솔트레이크 시티.

(培地, medium)의 부피가 중요한 요소이다.

비록 이 장에서 관수를 다루고 있음에도 불구하고 저자의 믿음은, 많은 사람들이 격렬하게 의견을 달리할 것이라는 것을 알고 있지만, 경관 프로젝트에서 적극적 관수(積極的灌水, active irrigation)를 권장하지 않는 것이 좋고, 필요하다면 고도의 물 절약 설계를 도출하는 데 최선을 다하는 것이 좋다는 것이다(Smith & Rakow, 1992). 해당 프로젝트가 오랫동안 지속되는 가뭄이 진행 중이거나 일시적으로 주된 유지관리나 복구 프로젝트를 위한 것과 같이 지속가능성(持續可能性, sustainability)을 위한 관수가 필요할 때에만 관수를 활용하는 것이 좋다. 저자의 관찰에 의하면 프로젝트 설계가 실패하거나 손상되는 첫 번째 요소가 관수 시스템이고 두 번째가 조명 시스템이었다(**그림 8.1**).

지속가능성 개념은 강우량이 잉여인 기후대에서조차도 우리의 제한된 수자원(水資源, water resources)을 보존하는 것을 포괄하고 있다. 인구가 증가하고 기술이 발전함에 따라 물의 활용과 물의 질에 대한 인식도 마찬가지로 향상되어야 한다(Fazio, 1993). 다른 용도로 사용된 물을 식물 관수로 재활용하는 시도가 필요하고 그렇게 되고 있다(Sopper & Kardos, 1973). 이런 유형의 일부 작업은, 주로 캘리포니아에서, 이미 수행되고 있다(Lindsey & Waters, 1995; Waters & Lindsey, 1995). 그러나 어떤 기술을 광범위하게 적용함으로써 발생할 수 있는 일부 비용이나 위험 문제는 사전에 해결되어야 한다. 이를 위해서는 우리가 사는 대도시의 빗물 하수 시스템의 재설계와 같은 근본적인 문제해결이 필요할 수도 있다. 이러한 활동이 조경가의 예상을 벗어나는 것처럼 보일 수도 있지만 재설계 계획수립이 습지와 빗물 저류지의 건설과 같은 경관 프로젝트를 포함할 수도 있다. 이러한 시설로부터 확보된 물은 골프장 설계자들이 이미 도입한 것과 같이 관수용으로 사용될 수 있다(Stuller, 1997). 골프장에서 사용되는 기술로부터 배울 수 있는 교훈도 있지만, 사막에 오아시스를 창출하려는 시도를 보면 언제나 끔찍하다. 대부분의 사람들이 사막에 갈 때에는, 습윤지역의 녹색이 아닌, 사막과 이의 자연적인 속성을 보기를 원할 것이다. 자연적인 오아시스는 무언가 색다른 것이다.

관수 시스템 설계에 대한 조언과 방법론이 실패하는 것은 일차적인 관심이 식물 수분 요구에 주어지고 토양에 대해서는 종종 거의 등한시되거나 이차적인 역할이 주어지기 때문이다. 만약 토양의 설계에 더 많은 관심을 기울여서 충분한 수분보유 능력과 총 뿌리 전개 공간을 제공하면, 관수 요구량을 크게 줄일 수 있고, 앞서 언급한 예외적인 경우에만 관수를 적용하면 될 것이다.

관수 이론과 기술에 관한 다음 고찰의 대부분은 제3장에서 다룬 열부하와 증발산에 관한 내용과 관련이 있으므로 이 장의 내용을 계속해서 읽기 전에 제3장을 읽어두는 것이 좋다.

8.2 관수의 기본 개념

관수에 적용되는 물 순환(水循環, hydrologic cycle)

관수에 기본이 되는 개념은 유역이나 생태계 내에 물이 유입(流入, input), 저장(貯藏, storage), 유출(流出, output)되는 수문학적 시스템(hydrologic system)이다. 유입에는 강우, 토양을 통한 측면 흐름(lateral flow), 지하수위로부터 모세관현상(毛細管現象, capillarity)에 의한 상향 이동, 토양이나 식생 표면에 맺히는 이슬 등이 있다. 저장은 토양, 식물, 투수성 기반암을 포함한 지하수위 내에서 이루어진다. 유출에는 토양과 식물 표면으로부터의 증발(蒸發, evaporation), 생장하는 식물로부터의 증산(蒸散, transpiration), 폭우가 오는 동안 지표 유출, 샘으로의 지하 측면 흐름, 지하수위로의 하향 투과 등이 있다. 유입과 유출의 순 차이가 물이 저장될지 부족하게 될지를 결정한다.

여기서 우리는 두 경로를 통한 물 손실에 주된 관심을 가진다. 토양은 표면에서 증발에 의해 수분을 잃는다. 토양 단면을 통한 상향 전도(傳導, conduction)는 토양 공극 내 물 기둥이 더 이상 유지되지 못하여 끊어질 때까지 물을 공급한다(Craul, 1992). 이렇게 되면 토양은 수증기 형태로 계속 수분을 잃겠지만 이는 매우 느린 확산 과정이다. 이 단계가 되면 대부분의 식물에게는 지표면이 이미 너무 건조한 상태가 된다.

식물은 증산작용 과정에 의해 잎의 기공(氣孔, stoma)을 통해 수분을 잃는다. 이러한 수분 손실은 해당 식물이 스트레스 상태에 이르게 되고 이로 인해 기공이 닫히거나, 해당 토양이 잎의 팽압(膨壓, turgor)을 유지하기에 충분한 수분을 더 이상 공급할 수 없을 때까지 계속된다. 이렇게 되면 식물은 시듦(wilting)을 경험하게 되고 토양수분 함량은 위조점(萎凋點, wilting point)에 도달한다(Craul, 1992). 토양으로부터의 증발과 식물로부터의 증산을 분리하여 측정하는 것이 어렵기 때문에, 이 둘을 **증발산**(蒸發散, *evapotranspiration*)이라는 용어로 통합한다.

따라서 다양한 기후에서 일 년 중에서 토양수분(土壤水分, soil water) 부족을 나타내는 시기가 있다. 이 시기는 토양수분의 양이 식물에 의해 사용되는 수분의 양에 미치지 못할 때 발생한다. 이러한 부족은 건조지역에서 가장 크고 가장 길게 지속된다. 토양수분의 재충전은 강수나 지하수(地下水, subsurface water) 흐름에 의해 이루어진다. 만약 재충전이나 토양수분 저장이 불충분하면 결핍이 발생한다. 이때 관수는 가장 큰 혜택이 된다. 반면, 답압되고 통기가 불량한 토양에 이식함으로써 스트레스가 유발된 경우에는 관수가 상황을 더욱 악화시킬 수도 있다.

관수의 목적은 토양수분 결핍으로 인한 식물 스트레스 효과를 줄여주거나 제거하는 것이다(**그림 8.2**의 D에서 보는 것처럼). 작물의 경우 관수는 높은 수준의 생산성을 보장하고, 경관 식물의 경우 관수는 해당 식물이 미적인 목적을 위해 잘 자라게 하거나 토양수분 결핍에 적응하지 못한 식물을 유지관리 할 수 있도록 수분 스트레스를 줄여준다. 잠재 증발산

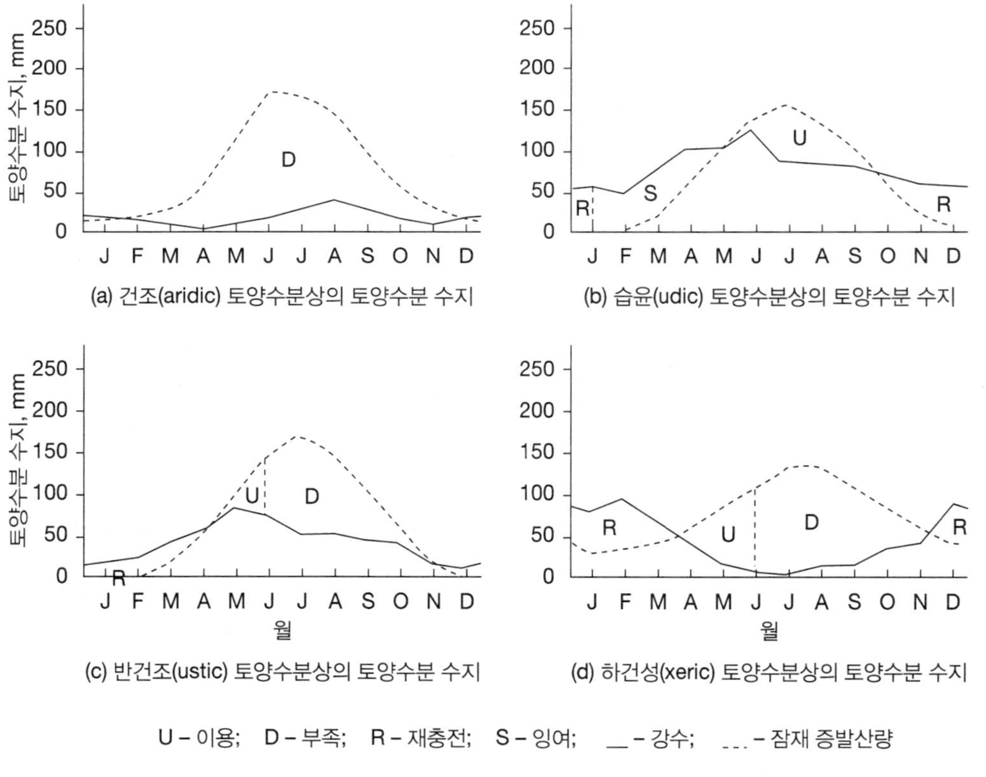

그림 8.2 네 가지 토양수분상(水分相, moisture regime)에 대한 물 수지. (Craul/1992에 게재된 Soil Survey Staff/1975에서 전재.)

량은 주어진 기후 또는 특정한 환경적인 상황 하에서 식물의 잠재적인 수분이용 속도를 나타내는 크기이다.

토양수분 부족의 확인

토양수분 수지를 평가하는 가장 쉽고 가장 직접적인 방법은 토양수분 함량을 점검한 다음 필요하면 바람직한 수분 함량으로 보충될 수 있도록 관수하는 것이다. 하지만, 도시지역에서는 토양이 피복되어 있기 때문에 원격 측정장치가 설치되어 있지 않으면 관찰과 점검을 위한 접근이 불가능 할 수도 있다.

토양수분 부족 평가는 해당 토양의 보수력에 기반을 두어야 한다. 그리고 포장용수량, 위조점과 이로 인한 유효수분과 같은 수분의 연관성에 관한 지식이 필요하다(Craul, 1992). 이러한 지표들은 실험실 분석을 통해 가장 정확하게 확인할 수 있는데, 이러한 작업이 조경가에게 항상 가능한 것은 아니다. 일부 흔한 토성과 이들의 수분 지표가 도표로 정리된 자료는 논문들에서 구할 수 있는데, 이를 **표 8.1**에 정리해 놓았다. 불행하게도, 이들 자료

표 8.1 토양 저수 용량

토성 구분	총 저수 용량		대공극 공간	식물 유효수분 용량	
	%	인치/피트	%	%	인치/피트
조사토(왕모래)	24.4	2.93	17.7	6.7	0.80
조사양토	24.5	2.94	15.8	8.7	1.04
사토	32.3	3.87	29.0	13.3	1.59
양질사토	37.0	4.44	26.9	10.1	1.21
양질세사토	32.6	3.91	27.2	5.4	0.65
사양토	30.9	3.71	18.6	12.3	1.48
세사양토	36.6	4.39	23.5	13.1	1.57
극세사양토	32.7	3.92	21.0	11.7	1.40
양토	30.0	3.60	14.4	15.6	1.87
미사질양토	31.3	3.75	11.4	19.9	2.39
사질식양토	25.3	3.04	13.4	11.9	1.43
식양토	25.7	3.08	13.0	12.7	1.52
미사질식양토	23.3	2.80	8.4	14.9	1.79
사질식토	19.4	2.33	11.6	7.8	0.94
미사질식토	21.4	2.57	9.1	12.3	1.48
식토	18.8	2.25	7.3	11.5	1.38
토탄 25% + 모래 75%	51.0	6.12	6.0	—	—
토탄 50% + 모래 50%	60.0	7.20	10.0	—	—
토탄 75% + 모래 25%	71.0	8.52	11.0	—	—
토탄 100%	80.0	9.60	15.0	—	—

출처: Craul, 1992.

는 특정 유기물 함량과 용적밀도가 수분 연관성에 미치는 영향을 설명하지 않고 있다. 이러한 부족한 점을 극복하기 위해 일부 시도가 이루어졌지만 항상 성공적인 것은 아니었다(Rawls, 1983). 이러한 문제는 제6장의 옥상 토양설계와 관련하여 보다 자세히 고찰되었다.

토양수분 함량 확인 방법. 일반적으로 토양수분은 조경가가 확인하는 것이 아니라, 프로젝트 관수 전문가나 토양학자들이 해당 작업을 수행한다. 여기서 관련 자재를 설명하는 것은 조경가가 관련 분석을 보다 잘 이해하고 해당 전문가의 작업을 평가할 수 있는 능력을 갖게 하기 위해서다.

토양수분 관련성의 몇 가지 국면을 알고 있어야 한다. 식물은 토양수분장력(土壤水分張力, soil moisture tension) 15bar(1.5MPa: 새로운 SI 단위는 킬로파스칼/kPa 또는 메가파스칼/MPa이며, 1 bar = 0.1 MPa = 100kPa)에서 시든다. 어떤 토양이 포화되고 난 후 24시간 후에 중력에 의해 배수되면 수분 장력 값은 0.10에서 0.33bar(0.01에서 0.033 MPa)가 된다. 수분보유곡선(水分保有曲線, moisture retention curve) 상의 이 점을 "포장용수량"(圃場容水量, field capacity)이라고 부른다. 포장용수량과 위조점(萎凋點, wilting point) 사이에 토양이 보유하고 있는 물이 식물 유효수분(有效水分, available water)으로 간주된다. 배수되는 물의 대부분은 배수되기 전에 대공극 공간에 존재한다. 두 점 사이의 범위가 클수록 식물 유효수분은 더 커진다. 모래의 보수력은 낮기 때문에 식물 유효수분이 낮은 반면, 미사와 점토는 중간에서 높은 정도의 보수력을 가지고 있고 구조, 유기물 함량, 용적밀도에 따라 다양한 식물 유효수분을 가진다.

중량 표본추출. 일정한 부피의 토양 표본을 채취한 후 젖은 토양의 무게를 측정한 다음 건조기에 넣고 105°F(약 40.6°C)에서 16시간 동안 건조시킨다. 그 다음 건조된 토양의 무게를 측정하여 두 무게의 차이를 구하면 함수량(含水量, water content)이 된다. 이 값은 백분율(百分率, percent)이나 부피 기준의 비율(比率, ratio)로 나타낸다. 이 방법은 파괴적이어서 다수의 표본이 필요하고 토양에 대한 교란이 바람직하지 않은 경우에는 적합하지 않다. 그러나 이 방법은 가장 정확하기 때문에 다른 수분측정방법(水分測定方法, moisture determination method)을 보정하기 위해 사용된다.

토양수분장력계. 토양수분장력계(土壤水分張力計, tensiometer)는 토양수분장력을 측정하는 계기로 토양수분장력곡선을 사용한다(토양물리학자들이 사용하는 것과 같은 토양 수분 특성 곡선/soil moisture characteristic curve). 이 방법은 관수 전문가가 사용하는 가장 보편적인 토양수분 확인 방법이다. 이 계기는 플렉시글라스(Plexiglas – 유리처럼 투명한 합성수지 상품명) 관과 땅속 끝에 부착된 다공질의 세라믹 컵으로 구성되어 있다. 지상의 끝에는 진공 계기가 부착되어 있어서 관 내부 물기둥(water column)의 장력을 센티바(centibar) 단위로 측정한다. 계기 물기둥의 장력은 이론상 토양수분장력과 평행 상태에 있다. 토양이 건조해지면 장력이 커져서 계기의 눈금이 올라가고 토양이 습하게 되면 반대 현상이 발생한다. 이 기술은 장력 약 0.5bar(50 kPa)까지의 수분 범위 내 토양수분 측정에 가장 유용하다. 불행하게도 토양수분장력계의 물기둥은 약 0.8bar(80kPa)에서 끊어져서 작동하지 않게 된다. 만약 식생 집단의 수분 요구량이 많아서 해당 토양에 대한 수분함량을 높은 수준으로 유지해야 한다면, 이 방법이 적합하다. 이 계기는 자주 보수해주어야 하고 겨울철 기온에 동결된다.

전기저항블록. 석면(石綿, asbestos)이나 나일론 블록(block) 내부에 두 개의 메시(mesh) 전극을 서로 평행하게 위치시킨 다음, 휘트스톤 브리지(wheatstone bridge – 전기저항측정기)로 두 전극 사이의 전기 저항을 측정한다. 블록이 건조해짐에 따라 저항은 상승하게 되고 블록의 습도가 높아지면 반대의 현상이 발생한다. 포화 상태에서 저항은 0에 접근하고 토양의 수분함량이 위조점 바로 아래에 가까워지면 저항은 한계가 없어진다. 수분 블록 기술은 주로 중간 수준의 유효수분에 유용하며, 양쪽 극단적인 수분 함량을 가진 토양에서는 정확하지 않다. 저항 값은 토양 내 가용성 염류(可溶性鹽類, soluble salts)에 의해 영향을 크게 받기 때문에 염분이나 알칼리 토양 또는 해빙염(解氷鹽, deicing salts)이 과도하게 쌓일 수 있는 토양에서는 정확한 결과를 보이지 않을 수도 있다. 만약 장기 모니터링이 필요하다면, 토양수분장력계와 전기저항블록의 조합이 대부분의 식물 유효수분 범위를 나타내 줄 것이다. 이 또한 지속적인 유지관리가 필요하다.

중성자 감쇠(中性子減衰, neutron attenuation). 이 방법은 토양수분 함량을 수분 내 함유하고 있는 수소(水素, hydrogen)에 의해 감쇠되는 중성자의 수를 측정하여 확인하는 것이다. 지표면에 설치된 계측기와 케이블로 연결된 방사선원(放射線源, radioactive source)과 가이거 뮐러관(-管, Geiger tube)을 토양 내 삽입된 알루미늄 관 속으로 집어넣는다. 계측은 토양의 어떤 높이에서도 이루어질 수 있다. 수분함량이 증가하면 감쇠된 중성자의 수가 증가하는 것을 보여준다. 이 방법은 검정이 어려울 때 정확하다. 이는 장기간에 걸쳐 지속적인 모니터링을 위해서는 매우 효과적이지만, 장비가 매우 비싸고 반영구적인 투입관(投入管, access tube)을 설치해야 하는 단점이 있다. 그리고 자갈이 많은 토양에는 설치가 매우 어려울 수 있다.

토양수분 관련성과 이들의 확인에 관해 더 자세히 알고 싶은 독자는 Hillel(1980)을 참고하기 바란다.

잠재 증발산량 확인

직접 관찰. 제3장에서 정의한 바와 같이, 잠재 증발산량(ET, evapotranspiration)은 지속적으로 물이 공급되고 12cm(약 5인치)로 깎인 페스큐(fescue)가 식재된 접시 토양에서의 수분 손실량이다. 표준적인 Type A 접시를 사용하는 것은 대부분의 경관 적용에 적합하지 않을 수 있어서 다른 확인 방법이 사용된다. ET를 발표하는 기상관측소는 거의 없으며, 있다면 일반적으로 대형 공항에 위치해 있다. 그러나 공항 여건은 일반적인 도시 여건과 유사하지 않고, 해당 프로젝트의 위치도 공항으로부터 상당한 거리에 위치하고 있을 수 있다.

기후자료. 제3장에 제시된 ET 공식에는 순방사량(純放射量, net radiation), 기온, 풍속, 대기 증기압을 포함한 관측 가능한 기후요소를 포함하고 있다. 기온, 바람, 증기압 자료는 기상청에서 발표하는 기상자료에서 쉽게 구할 수 있다. 어떤 주는, 캘리포니아 관수관리 정보시스템(CIMIS, California Irrigation Management Information System)과 같이 특별한 컴퓨터화된 기후 망을 가지고 있다(Hartin & Pittenger, 1992; Perry, 1992). 잠재 증발산량과 강수량의 차이가 적용해야 하는 물의 대략적인 양이라고 추정하는 간단한 방법이다. 그러나 이는 특정 프로젝트에서 요구되는 관수 방법의 차이를 알려주지 못한다.

순 복사량은 일반적으로 측정되지 않기 때문에 집계되지 않아서 추정치가 필요하다. 이들 자료를 ET 공식에 대입하면 추정 잠재 증발산량을 구할 수 있다. 그리고 이 방법은 해당 부지에 대한 생물물리학적(生物物理學的, biophysical) 분석을 하지 않는 한 해당 프로젝트 부지의 여건을 올바르게 추정하지 못한다는 것을 명심하는 것이 좋다.

기후대(氣候帶, climatic zone) 정의에 기반을 둔 포괄적인 추정치는 일부 관수 관련 간행물에서 제공한다(**표 8.2**; Clark, 1994). 표의 제목에 나타나 있듯이, 이들은 일반적인 값으로 어떤 프로젝트의 특정 지점에 유효하게 적용될 수 없다. 적용을 위해서는 식물 유형(교목, 관목 등), 식재 밀도(저, 중, 고), 미기후 효과(저, 중, 고)에 대한 조정이 필요하다.

생물물리학적 분석으로부터. 제3장에 기술된 분석은 해당 부지의 물리적 여건을 재현하고 해당 부지에 대한 태양 방사 추정치로부터 순방사량 추정치를 포함하고 있기 때문에 증발산량 추정치를 구하는데 최선의 접근 방법이다.

표 8.2 일반적인 잠재 증발산량 자료

기후대	한여름에 대한 정의	최대 일일 잠재 증발산량 인치/일 (mm/일)
냉 습윤	기온 < 70°F(21°C)	0.10~0.15
	습도 > 50%	(2.5~3.8)
냉 건조	기온 < 70°F(21°C)	0.15~0.20
	습도 < 50%	(3.8~5.1)
온난 습윤	기온 70~90°F(21~32°C)	0.15~0.20
	습도 > 50%	(3.8~5.1)
온난 건조	기온 70~90°F(21~32°C)	0.20~0.25
	습도 < 50%	(5.1~6.4)
고운 습윤	기온 > 90°F(32°C)	0.20~0.30
	습도 > 50%	(5.1~7.6)
고온 건조	기온 > 90°F(32°C)	0.30~0.45
	습도 < 50%	(7.6~11.4)

출처: Clark, 1994 전재.

8.3 식물의 수분 이용

불행히도 개별 식물이나 가로수가 사용하는 실제 물의 양에 관한 보고서는 거의 없다(Craul, 1992; Hartin & Pittenger, 1992; Kourick, 1992). 따라서 우리는 개별 수목의 각각과 집단에 어느 정도 양의 물을 적용하는 것이 좋은지를 정확하게 계산할 수 없다. 대부분의 농장주와 관수를 하는 농부는 적용량을 추정하기 위해 총 작물 피복을 살핀다. 관수 적용량과 시기는 기후 여건이 생육기에 걸쳐 변함에 따라 그리고 해당 식물이 다양한 생리적 성숙 단계에 도달함에 따라 바뀐다. 조경가는 수확되는 작물을 키우는 것이 아니기 때문에 관수에 대한 접근도 다르다. 이들의 관심은 미학적인 목적을 위한 생존과 최적 생장에 있다. 더구나 개방된 논밭이나 일련의 농장 모판의 환경적인 여건은 구조물로 둘러싸인 도시 식재지와 완전히 다르다.

몇몇 저자들이 식물의 수분 이용에 가까운 일부 자료를 제공하는데, 이들이 관수 설계에 도움이 된다. Perry(1992)는 캘리포니아의 몇몇 자연지리적 행정구역에 대한 상대적인 수분 요구 추정치를 보여주는 광범위한 서부지역 식물 목록을 제공하고 있다. 이들 식물은 해당 지역에 대해 다음과 같은 추정 등급이 매겨졌다: 관수 수요가 거의 없거나 낮음; 낮은 수준의 보충적 관수 요구; 낮음에서 보통 수준의 보충적 관수 요구; 보통 수준의 보충적 관수 요구; 중간에서 높은 수준의 보충적 관수 요구; 해당 지역에 적합하지 않음. 관수량에 대한 양적인 값은 캘리포니아 기후관측 망으로부터 추론하도록 권고된다. Kourik(1992)은 식물의 물 사용을 보여주는 몇 가지 표를 제시한다.

8.4 적극적 관수

여기서 적극적 관수(積極的灌水, active irrigation)는 해당 토양과 식물에 물을 적용하기 위해 인간이나 기계 장비의 적극적인 참여를 필요로 하는 관수 시스템으로 정의한다. 가장 간단한 침수 시스템(flooding system)마저도 적어도 수문이나 밸브를 주기적으로 열고 닫을 필요가 있다.

침수

침수(浸水, flooding)는 전체 들판이나 경작지가 잠기도록 적극적으로 관수하는 방법이다. 이러한 방법으로 관수되는 작물에는 벼와 사탕수수가 있다. 소규모의 경우, 피닉스(Phoenix)에서는 전체 가정집 잔디밭을 수 인치의 물로 침수시켜왔다. 토양 속으로의 물 침투는 토양 단면을 통하여 아래로 움직이는 습윤 전선(濕潤前線, wetting front)을 형성하게 되는데, 이는 평형 장력(平衡張力, equilibrium tension)에 도달할 때까지 지속된다.

도랑과 특별한 수로를 통해 유도된 물은 일련의 둑과 제방에 의해 담기게 된다. 미국 서부 목장과 농지의 경우 어떤 관개 수로는 수 마일에 걸쳐 뻗어 있는데, 이들 중 많은 것은 처음에는 사람의 손으로 팠다.

침수는 증발에 의해 지표면에 축적되어 있는 염을 단면을 통해 아래로 운반하여 가용성 염류의 함량과, 어느 정도는, 해당 지표 토양층의 pH를 낮춰주는 유익한 효과도 있다. 이 방법의 단점은 넓은 수면(水面, water surface) 면적으로 인한 높은 증발 포텐셜(evaporative potential) 때문에 물을 효과적으로 사용하지 못하고, 해당 식생 집단이 침수 효과(해당 뿌리 시스템에 주기적인 산소 부족)를 견뎌 내야 한다. 이 방법은 경관 프로젝트에서는 거의 사용하지 않는다.

도랑이나 고랑

이는, 전체 들판을 침수시키기보다, 물이 해당 작물의 줄 사이에 만든 고랑(furrow)을 따라 한 쪽 끝에서 다른 쪽으로 흘러가도록 하는 것이다. 분배 도랑(trench)이 해당 들판의 보다 높은 쪽에 위치하고 수문이나 배관이 각 고랑으로 물을 흘려보낸다. 이 방법은 관수가 필요한 농지의 줄뿌림 작물(row crop)에 매우 흔하다. 이는 침수나 스프링클러 시스템보다 물의 낭비가 적지만, 염류토양(鹽類土壤, saline soil)이나 알칼리성 토양에서는 두둑의 상단 지표면에 대한 염석(塩析, salting out) 문제가 발생할 수 있다. 이 방법은 미국 서부의 소규모 정원에 널리 사용되고 있다.

스프링클러

스프링클러(sprinkler) 관수는 적어도 60년 동안 사용되어 오고 있다. 이는 두 유형의 머리에 의해 적용된다: 분무 머리(spray head)와 회전 머리(rotor head). 분무 머리는 단순히 반경 7에서 15피트(2에서 4m)와 폭 45피트(14m) 미만의 작은 면적에 걸쳐 원형이나 반원형의 분무 패턴을 형성하도록 설계된다(Smith, 1997). 분무 머리는 일정하지 않은 형태를 가진 지역에 적합하다. 이들은 최대 시간당 약 1~2.5인치(2.5~6.4cm)를 적용할 수 있다. 회전 머리는 물을 더 먼 거리까지 뿌릴 수 있어서 반경 30~90피트(9~27m)와 폭 35피트(10m) 이상의 넓은 면적에 관수할 수 있다. 회전 머리는 최소 시간당 약 0.30~0.75인치(0.7~2cm)의 물을 적용할 수 있다. 이는 일정한 형태를 가진 밭작물과 과수원 그리고 특히 잔디밭과 같이 넓은 면적을 관리해야 하는 대부분의 스프링클러 시스템에서 선호되는 장비이다. 직경이 큰 바퀴에 탑재된 축이나 붐(boom)으로 구성된 대형 분무 장비는 160에이커(65헥타르) 이상을 커버할 수도 있다. 이 붐은 넓은 면적을 커버하기 위해 다수의 분무 머리가 부착되어 있다.

고정된 시스템에서는, 수압이 가해지면 분무 머리가 튀어오를 수도 있다. 시스템을 끄면 머리가 지표면 아래로 내려가서 분무 머리나 회전 머리의 표면만 보인다. 이렇게 하면 우발적인 피해나 발달리즘의 피해를 예방할 수 있다.

대부분의 경관 적용에서는, 회전 머리와 분무 머리의 혼합이 권고된다. 이렇게 하면 넓은 면적을 커버하면서도 형태가 불규칙한 지역에 대한 과다 또는 과소 분무와 단단한 표면에 대한 과도한 분무를 예방할 수 있다.

스프링클러 시스템은 분무 또는 물방울이 식물의 잎에 떨어져 거기서 증발됨에 따라 많은 양의 물이 대기로 증발되기 때문에 효과적인 물이용이 아니다. 화단과 작은 정원에 적합한 작은 분무 머리조차도 상당한 물 손실이 발생한다. 이러한 불리함에도 불구하고 스프링클러 시스템은 높은 인기를 유지하고 있고 물 비용이 급격하게 상승하지 않는 한 계속 잔디밭에 대한 관수 시스템으로 선택될 가능성이 높다(Smith, 1997).

점적관수와 소량 개념

점적관수(點滴灌水, drip/trickle irrigation)는 양을 조절할 수 있는 배출구를 통해 개별 식물에 직접 물을 적용하는 것이다. 일반적인 설계에서는, 고정된 스프링클러 시스템에서처럼 지선(支線, lateral line)이 물을 지하로 운반하고, 지선에서 갈라져 나온 관이 이 물을 지상 배출구로 보낸다. 물은 식물의 줄기에 매우 인접한 토양이나 멀칭 자재 표면 가까이에 적용된다. 따라서 개별 식물은 자신만의 배출구를 가지고 있다. 만약 어떤 식물이 물을 많이 이용하면, 해당 식물 가까이에 추가적인 배출구가 설치된다. 이러한 추가 설치는 대관목(大灌木, large shrub)과 교목(喬木, tree)에서는 흔한 작업이다. 일부 관수 전문가는 교목에 점적관수를 사용하지 않고 대신 회전 머리 스프링클러 사용을 선호하는데, 이는 넓은 뿌리지역에 대해 관수를 해야 하기 때문이다.

그림 8.3에서 점적관수의 한 사례를 볼 수 있다. 여기서 개별 관은 시간당 1갤런(3.8리터)의 물을 제공하며, 관의 수는 개별 식물이나 교목의 물 이용량에 의해 결정된다. 교목과 대관목에 대해서는 더 굵은 관이 설치된다. 관수 시스템은 일반적으로 대략적인 부지정지가 완료된 후 그리고 수목을 식재하기 전에 설치되지만, 점적관수 시스템의 경우, 이를 설치하기 전에 최종 부지정지가 완료될 수도 있다.

일반적으로 점적관수 시스템은 앞서 살펴본 어떤 방법보다도 물을 더 많이 절약할 수 있다. 이는 계획수립과 설치에 좀 더 많은 주의가 요구되지만 더 단순하고, 다른 시스템보다 유지관리가 훨씬 용이하다. 이 방법의 특징은 다음과 같다(Clark, 1994):

1. 이 시스템은 관수될 지역의 크기보다 식재 계획과 해당 지역의 이용을 더 많이 고려한다.
2. 먼저 식물의 물 요구량을 확인한다.
3. 하층 식물(지피식물 또는 관목)의 관수 계획을 먼저 수립한다.
4. 해당 시스템의 가동 시간을 계산한다.
5. 그 다음 “비하층”(非下層, nonbase) 식물에 대한 관수를 고려한다.
6. 해당 시스템을 배치한다.
7. 해당 시스템의 수리학(水理學, hydraulics)을 계산한다.

이 방법의 장점은 다음과 같다(Smith, 1997):

1. 개별 식물의 뿌리층에 물을 정밀하게 위치시킨다.

그림 8.3 관목에 대한 점적관수, 아리조나주 스코츠데일/Scottsdale.

2. 증발 손실을 거의 무시할 정도로 최소화한다.
3. 증발과 지상 흐름을 최소화하여 침식 위험을 줄인다.
4. 적용 효율이 높다.
5. 잡초 생장이 감소된다.
6. 거의 보이지 않기 때문에 손상과 반달리즘 피해를 줄인다.

반면, 다음과 같은 단점이 있다:

1. 배출구 막힘을 예방하기 위해서는 여과장치가 필요하다.
2. 관리 방법이 다른 방법보다 더 복잡하다.
3. 해당 식물이 스트레스를 받고 난 이후에야 작동 불량의 징후를 최초로 인지할 수 있다.

일반적으로, 점적관수는 빈번하고 얕은 깊이로 수행하도록 권고된다. 이는 깊이(오래 동

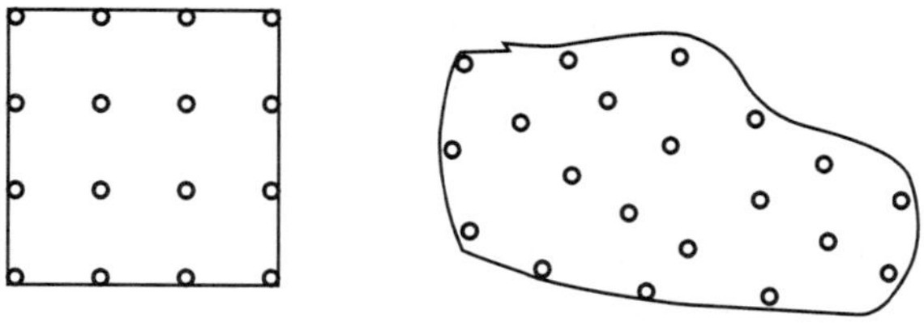

그림 8.4 스프링클러 배치의 두 사례.

안) 관수하라는 조언과 반대되어 가끔은 다소 모순된다. 그 차이는 관수되는 식생의 유형으로 인해 발생한다. 점적관수 되는 정원과 작은 관목 무리는 얕은 뿌리 시스템을 가지고 있어서 자주 관수하는 것이 좋다. 관수되는 교목이나 다른 크고 심근성의 식생은 깊고 다량의 관수가 필요하다.

시스템 배치

잔디밭과 같은 넓은 면적에 대한 관수 시스템은 보다 기계적인 설계로 배치되는 경향이 있다. 이는 스프링클러에 의한 관수 적용 범위의 효율성이 주된 고려사항이기 때문이다. 이 설계는 **그림 8.4**에 예시된 패턴을 따른다.

점적관수의 배치는 보다 복잡하지만 해당 식물이 관심의 초점이기 때문에 융통성이 있다(**그림 8.5**). 배관은 개별 교목에 대한 관수와 함께 하층 식물의 효율적인 관수가 가능하도록 불규칙하게 배치된다.

잔디에 둘러싸여 있고 하층의 관목과 지피가 있는 교목으로 구성된 복잡한 경관 설계에서는 개별 구성요소에 대해 분리된 공급시설을 설치하는 것이 좋다(Fortier, 1994). 한 회로를 교목용으로, 두 번째 회로를 관목이나 하층식생용으로, 별도의 회로를 잔디용으로 설치하는 것처럼. 이렇게 하면 전체 토양 단면이 젖을 수 있도록 더 오랜 적용기간 동안 천천히

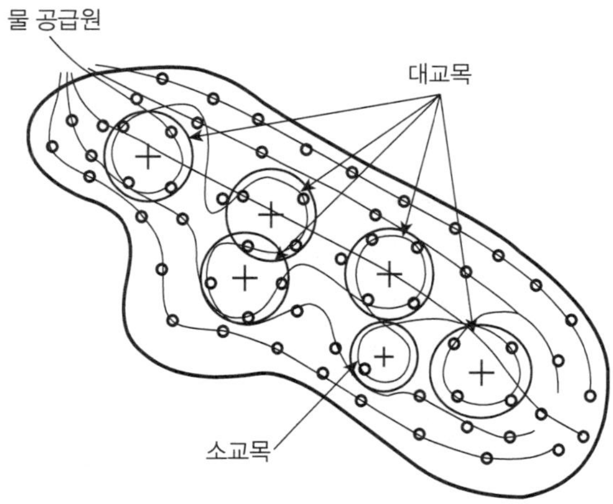

그림 8.5 점적관수 시스템의 배치.

물을 적용함으로써 가장 큰 혜택을 누릴 수 있다. 관목은 더 적은 관수가 필요하기 때문에 더 짧은 적용기간에 걸쳐 관수될 수 있을 것이다. 이렇게 하면 해당 시스템의 배치는 다소 복잡해지지만 관수와 유지관리는 크게 단순화된다.

점적관수의 배출구 사이 간격은 해당 토양의 토성에 따라 다른데, 이는 토성이 수분이 침투하는 패턴(실제로는, 확산성/diffusivity – Hillel/1980 참조)에 영향을 주기 때문이다. 일반적으로 사질이나 조립 토양은 수평(水平, horizontal)과 수직 차원(垂直次元, vertical dimension)이 약 1:2의 비율로 깊은 습윤 패턴(濕潤-, wetting pattern)을 보인다. 양토와 미사질양토와 같은 중간 입자의 토양은 약 1:1의 비율로 깊이보다는 넓은 패턴을 보인다. 식양토, 미사질식토, 식토와 같은 세립질 토양은 약 2:1의 비율을 가진다. 여기서 이 차이는 세 가지 주된 토양 집단에 대한 침투율(浸透率, infiltration rate) 차이를 나타낸다.

8.5 토양 설계

어떤 관수 방법은 토양의 대략적인 구분만을 요구한다. 한 가지 방법은 토성만을 기반으로 하여 세 가지 폭넓은 유형만 인식한다: 조립토, 중간토, 세립토. 조립토에는 조사토, 양질사토, 사질양토(USDA 분류법)를 포함할 가능성이 높다. 중간토는 세사양토(細砂壤土, fine sandy loam), 양토, 미사질양토, 또는 사질식양토까지 포함될 수 있다. 세립토에는 사질식토, 미사질식토, 식양토, 식토가 포함된다. 이들 세 등급에 대한 최대 침투율, 최대 습윤 직경, 유효수분에 관한 자료가 제공된다. 또 다른 방법은 구체적인 USDA 토성분류와 표 8.1에 제시된 자료를 요구한다. 이 자료는 단순 물수지 방법(Simple Water Budget Method)에 사용된다.

생물물리학적 모델 방법(Biophysical Model Method)의 경우에는, 제5장에서 제시되고 제12장에서 더 자세히 설명된 지침에 따라, 해당 프로젝트 부지의 다양한 부분에 적용하기 위해 해당 토양을 구체적으로 설계한다. 설계는 토성, 추정된 밀도와 보수력, 표토와 심토 사이를 구분하는 단면 형성에서 요구되는 토양의 부피 등에 기반을 둔다. 사례는 다음의 적용량 결정에서 제시한다.

8.6 적용량 결정

관수량과 속도를 결정하기 위해 따라야 하는 방법에는 몇 가지가 있다. 이들 방법은 관수 요구의 추정과 해당 시스템의 기본 설계를 하기 위해 가용한 자료에 따라 다양하다. 일반적으로, 식물은 다음과 같이 상황에 따라 요구하는 물의 양이 다를 것이다(Hartin & Pittenger, 1992):

1. 식재 밀도가 높을수록 증산 표면적이 넓어서 더 많은 물이 필요하다.
2. 중앙분리대와 포장이나 구조물에 의해 둘러싸인 교목은 식생으로만 둘러싸인 교목보다 더 많은 물을 필요로 할 것이다.

표 8.3 옥상 정원 사례에 대한 월별, 일별 증발산량 값(단위: 인치).

ET	3월	4월	5월	6월	7월	8월	9월	10월	11월	12월
월별	2.0	5.0	6.0	7.0	9,0	6.3	4.5	3.6	—	—
일별	0.07	0.17	0.20	0.23	0.30	0.21	0.15	0.12	0.07[1]	0.07[1]

[1]3월 값으로부터 추정

출처: 인접지역(Boston)에 대한 미국 기상청(Weather bureau) 자료에서 구함.

3. 건물의 북쪽(북반구의 경우, 남반구에서는 남쪽)과 같이 그늘에 있는 교목은 햇빛에 완전히 노출된 교목보다 물을 덜 필요로 한다.

단순 물 수지 방법

잠재 증발산량과 토양의 보수력을 알고 있을 때, 잔디를 위해 사용되고 때로는 교목에 적용되는 단순한 방법으로 Harris(1991)에 의해 제시되었다.

1. 월별 증발산량 값을 관측소나 발표된 역사적인 기후자료에서 얻은 다음 이 자료를 일일 값으로 환산한다(**표 8.3**).
2. 토양 보수력을 표 8.1에서 구한 다음 **표 8.4**에 대입한다.
3. 관수량을 결정한다(Harris, 1983에서 전재). 표 8.3 기준:
   (a) 유효수분의 지속기간: 유효수분/ET
   (b) 제시된 관수 사이 간격: 유효수분의 75~80%/ET
   (c) 적용할 물의 양: 유효수분의 75~80%
   (d) 물을 보충하기 위해 필요한 시간: 개별 토양의 전형적인 침투율에서 계산됨(**표 8.4**).

분명히 이 방법은 제3장에서 살펴본 바와 같이 프로젝트 전반에 걸쳐 상당한 차이가 있을 수 있는 증발산량을 설명하지 못한다. 이 방법은 광범위하고 개방되고 주로 잔디가 식재

표 8.4 Boston 부지에 대한 적용 지속기간, 간격, 양과 물을 보충하기 위한 시간

유효수분 (인치) AW	지속 기간 (일) AW/ET[1]	제시된 간격 (일) 75~80% AW/ET	적용할 물의 양 (인치) 75~80% AW	보충하기 위한 시간 (시간)
1.00	3.3	2.5	0.66	2/3[2]
4.78	19.9	12.7	3.82	7.6[3]

[1]ET = 0.30인치/일
[2]침투율 1인치/시간 기준
[3]침투율 0.5인치/시간 기준

출처: Harris, 1983 재구성.

된 프로젝트 지역에 가장 적합하다.

수표장 방법

이 방법은 해당 시스템에 대한 물의 유입과 유출에 기반을 두기 때문에 "수표장"(手票帳, checkbook) 개념이라고 부른다. 해당 일 시작 시점의 토양수분 함량, 유효한 강수나 관수, 증발산이나 심토로의 침투에 의한 수분 손실, 해당 일 종료시점의 토양수분 함량 등에 대한 매일의 기록을 유지한다. 기록 용지의 사례가 **표 8.5**에 제시되어 있다. 일별 증발산 추정치가 필요한데, 많은 지역과 특정 부지에 대해 유효한 자료를 구하는 것이 다소 어렵다는 점이 단점이다. 토양수분 함량은 매일 또는 적어도 관측 기간 동안은 모니터해야 한다. 심층침투(深層浸透, deep percolation)를 추정하기도 어렵고, 기록 관리도 시간 소모가 많은 일이다. 이 방법의 장점은 개념이 간단하고 농작물에 적합하다는 것이다. 따라서 매일 또는 자주 관수 관리에 관심을 가질 수 있는 경우가 아니면 대부분의 경관 프로젝트에는 적용되기 어렵다.

표를 이용한 증발산 조정

이 결정 시스템은 토양 집단(토성), 식물 종(種, species), 식재 밀도, 미기후 요소에 따라 표 8.2에 주어진 증발산 값을 조정하는 것이다(Clark, 1994). 또한 다른 식물의 "하이드로존"(hydrozone; 물을 절약하기 위해 수분 요구가 비슷한 식물을 모아놓는 지역)은 구분된다.

첫 번째 구분은 독립 수목(individual plants) 대 밀집 식재(dense plantings)이다. 독립 수목은 수관(樹冠, crown)이 3피트(0.9m) 이상 떨어져 있는 것이고, 밀집 식재는 식물 수관이 2피트(0.6m) 미만 떨어져서 식재되어 있는 것을 말한다. 독립 수목은 해당 식물의 뿌리층(root zone)에 적절한 양의 물을 공급하기 위해 정해진 배출구의 수에 의해 관수된다. 개

표 8.5 수표장 관수 방법을 위한 수지표

일자	관수 깊이, 인치 (+)	유효 강우, 인치 (+)	ET, 인치 (−)	심층침투, 인치 (−)	토양수분 함량 시점/종점 (인치)	
1	—	—	0.25	—	3.00	2.75
2	—	—	0.28	—	2.75	2.47
3	—	0.40	0.20	—	2.47	2.37
4	—	—	0.32	—	2.37	2.05
5	0.75	—	0.32	—	2.05	2.48
6	—	3.55	0.08	2.50	2.48	3.00(3.45)[1]

[1]포장용수량 이상의 토양수분은 중력에 반응하여 배수되어 심층침투에 기여한다. 이로 인해 토양수분 함량은 해당 토양의 포장용수량으로 되돌아간다.

출처: Smith, 1997에서 전재.

별적으로 관수되는 식물로는 교목과 관목이 있다. 밀집 식재는 전체 식재지에 걸쳐 요구되는 적절한 양의 물을 공급하는 배출구에 의해 관수된다. 밀집 식재에는 지피식물만 또는 관목만 또는 다른 식물 유형과의 조합으로 이루어진다. 지피가 있는 교목과 관목이 밀집 식재가 될 수 있는데, 이때 지피는 하층 식물이 된다.

다음으로 잠재 증발산량을 조정하기 위한 일련의 추정치는 종, 밀도, 미기후 요소이다. 수분 요구도가 낮은 종은 약 0.2의 요소 값(factor value)을; 중간 정도의 요구도를 가진 종은 0.5; 수분 요구도가 높은 종은, 교목만 또는 교목, 관목, 지피의 혼합식재에 적용되는 최대치인 경우, 0.7에서 0.9이다. 밀도 요소 값은 종과 같은 경향을 가진다. 낮은 밀도의 값은 0.5; 평균인 경우 약 1.0; 높은 밀도는, 교목과 최댓값을 가진 식물과 혼식된 경우, 1.1에서 1.3 정도의 값을 가진다. 미기후 요소의 예로는 개방된 잔디 공원지역은 0.5; 진입로나 보도 옆에 부분적으로 그늘진 지역은 1.0; 햇빛에 완전히 노출된 도로 변은 1.2에서 1.4와 같은 가장 높은 값을 가진다. 이들 세 요소는 모두 곱해지고(K_c), 이는 다시 잠재 증발산량(PET, potential evapotranspiration) 값에 곱해진다.

개별 식물의 수분 요구는 뿌리 시스템의 면적과 수관 피복 면적에 기반을 둔다. Clark(1994)이 사용하는 공식은 다음과 같다:

$$\text{갤런/일/식물} = (\text{뿌리층 면적} \times \text{피복 면적} \times K_c \times \text{PET})/(\text{적용 효율})$$

하층식물이나 밀집 식재는 토양군(土壤群, soil group), 뿌리 전개 깊이, 최소 급수 깊이 등에 근거하여 관수한다. 이에 따라 배출구의 간격과 이들의 요구 용량을 결정한다.

이는 몇 가지 상황에 처한 다양한 유형의 식물에 대한 수분 요구에 영향을 미치는 여러 가지 요소를 고려하는 꽤 종합적인 방법이다. 그러나 심각한 결점은 도시 상황에 있는데, 포장 아래의 뿌리 면적을 추정하는 것이 어렵기 때문이다. 뿌리는 엄청나게 유연하고 기회주의적이기 때문에 배관 흔적, 건물 기초와 벽을 따라서와 같이 여건이 좋은 곳은 어디로든 스스로를 뻗어나갈 것이다(Craul, 1992). 만약 뿌리 시스템이 지하 구조물에 갇히게 되면, 이러한 시도는 불가능하게 된다. 도시 수목의 진짜 위험은 해당 식물에 대한 과잉 관수나 과소 관수이다. 속담에 "실내용 화초(house plants)는 물을 너무 많이 주고, 도시 교목은 물을 너무 적게 준다"는 말이 있다.

8.7 관수 빈도와 시기

몇 가지 관수 방법은 관수의 빈도와 추정 시점을 결정하는 것이지만, Smith(1997)는 관수의 시점과 간격에 대한 지표로 역사적인 증발산 곡선의 경사를 검토할 것을 제안한다(**그림 8.6**). 곡선의 기울기가 가파를수록 더 자주 관수해야 하기 때문에 관수 작업 사이의 간격이 더 짧아진다. 토양수분 결핍도 비슷한 경향을 보일 수 있다. 이러한 모니터링 방법은 비용이 많이 들어가지만 특정 부지에 대한 증발산 자료를 구할 수 없으면 보다 부지 특정적이다.

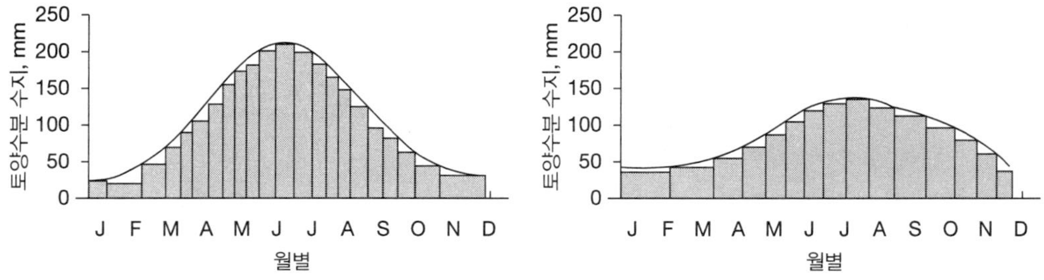

그림 8.6 증발산량 곡선 기울기, 관수 간격과 빈도의 예. (Smith, 1997에서 전재.)

8.8 소극적 관수

서론

식물에 대한 소극적 관수(消極的灌水, passive irrigation)가 가능하도록 하는 토양과 배수 시스템을 설계하는 데는 몇 가지 기술이 있다. 이 방법들은 일반적으로 강우나 재활용수로부터 유래한 물을 고려하기 때문에 지속가능성 관점에서는 가장 바람직하다. 그러나 불행하게도 조경가가 이들의 시공성에 의심을 두지 않고 수용할 수 있을 정도의 기술을 개발한 구체적이고 경험적인 연구가 거의 없다. 그러나 여기에서 이 기술을 다루는 것은 독자 측면에서 어떤 창조적인 설계를 격려하는 기회로 매우 적절할 수 있기 때문이다. 저자는 소극적 관수의 몇 가지 성공적인 적용을 알고 있지만 여기서 설명할 정도로 자세히 알지는 못한다. 다음에 고찰할 기본 설계는 일반적인 토양물리학(土壤物理學, soil physics)과 농지 배수 지식에 기반을 두고 있다. 만약 기본 원리(基本原理, fundamental principle)를 따라 간다면 해당 시스템이 작동하지 못할 이유는 없다.

수조범람(水槽氾濫) 시스템

옛날 성과 요새에서는 지하 수조(水槽, cistern)가 사용되었다. 이 물은 요새의 단단한 지표면으로부터 수집되어 성의 마루 또는 요새의 성벽 아래 위치한 큰 돌로 된 수조로 흘러간다. 이렇게 수집된 물은 적의 사격에 노출되지 않고 주민들이 사용할 수 있다. 뉴욕시에 있는 포트 토튼(Fort Totten)과 같은 미국의 오래된 요새에는 아직도 사용할 수 있는 수조가 있다. 필요에 따라 해당 시스템이 토양에 물을 공급하도록 설계되는 것을 제외하면 똑같은 개념이 소극적인 토양 관수 시스템에 적용될 수 있다. 시스템 전반에 걸쳐 중력이 이용되기 때문에 이상적인 시스템에서는 가동부(可動部, moving part)가 필요 없다. 공원에 성공적으로 적용된 최초의 발상은 시카고 공원휴양국장(Chicago Department of Parks and Recreation)이었던 Robert Wulkowski(개인적인 연락, 1993)로부터 나왔다.

제9장 교목 식재 기술

> $100짜리 식재 구덩이에 $200짜리 교목을 심는 것보다 $200짜리 식재 구덩이에 $100짜리 교목을 심는 것이 더 낫다.
>
> Anon. (*Arborists News*, February 1995)

9.1 서론

교목 식재(tree planting)는 일반적으로 임업가, 집주인, 경관 시공자, 양묘업자, 수목관리자 등에 의해 수행되는 단순하고 쉬운 일상적인 작업이라고 생각한다. 이와 관련된 기술은 뿌리 분(root ball)이나 뿌리 시스템을 수용하기에 충분한 크기의 구덩이를 준비하고 되메우기가 진행됨에 따라 해당 토양과 뿌리 분을 충분히 적시면서 개량된 토양으로 되메우기를 하는 것이다. 식재 후 작업에는 멀칭, 지상부 전정, 시비, 관수가 있다. 뿌리 전개에 유리한 토양 여건과 충분한 공간이 존재하면 문제가 발생할 가능성이 거의 없어서 일반적으로 해당 교목은 이식 쇼크를 극복하고 생존하여 적정한 기대수명에 이를 것이다. 그러나 많은 전문가와 연구자들은 도시 환경에 식재되는 대부분의 교목에 대해서는 뿌리 전개에 유리한 토양 여건과 충분한 공간이 존재하지 않는다고 지적한다. 이것이 도시 교목의 기대 수명이 짧은 주된 이유이다. 이러한 사실이 도시 교목의 상대적인 활력과 함께 잠재적인 기대 수명을 향상시키기 위해서는 개선되거나 완전히 새로운 기술과 설계가 개발되어야 한다는 것을 제시한다(Urban, 1989).

교목 식재기술은 교목이 식재되어온 것만큼이나 오랫동안 존재해왔다. 어떤 기술은 관행을 통해 발달된 후에 다양한 수목관리자, 임업가, 조경가, 일부 기술자에 의해 시방서로 기술되었다. 미국에서는 현재 일반적으로 따르는 시방서는 새로이 개발되는 거대도시 지역에 교목을 식재하거나 악화된 오래된 식생을 교체하기 위한 노력이 기울여지기 시작한 19세기 말과 20세기 초에 걸쳐 개발된 실무로부터 유래되었다. 또 다른 다시 심기 압력은 1930년대 대공황(大恐慌, Great Depression) 기간에 과거 공공산업진흥청(WPA, Works Progress Administration)의 고용 활동의 일환으로, 그리고 느릅나무시듦병(DED, Dutch elm disease)에 의해 죽은 광범위하게 식재되어 있던 미국느릅나무를 교체하기 위한 노력의 일환으로 1960년대와 1970년대에 각각 나타났다. 참나무에 대한 집시나방(Gypsy moth), 참나무시듦병, 설탕단풍나무 쇠락, 버즘나무와 산딸나무 탄저병 등과 같은 다른 해충과 병의 대발생은 도시 교목 집단에 심각한 치사율을 유발하였다.

최근 이들 교목 식재 노력의 대부분에서 따랐던 교목 식재 기술은 아마 오래된 "시도되고 검정된"(tried-and-true) 기술이었을 것이다. 그러나 여기에는 많은 실패가 있었는데, 이는 식재 후의 분석이 이루어지지 않았기 때문에 많은 부분이 설명되지 않고 있다. 그럼에도 불구하고 일부 전문가의 관찰은 몇 가지 원인을 제시한다. 하나는 현재의 도시 여건이 변했거나 옛날과는 크게 변형되었기 때문에 과거의 기술은 더 이상 적용할 수 없다는 것이다. 다른 사람들은 실패의 원인이 부적절한 환경에 식재된 잘못된 종이나 품종 때문이거나 단순히 서투른 식재작업 때문이라고 주장한다. 현대의 도시 토양에 의해 야기되는 문제를 평가하지 못하는 것도 또 다른 강력한 이유이다. 재개발과 소위 복구 프로젝트의 일환으로 더 많은 식재가 이루어지고 있다. 이들 부지에 있는 토양은, 이미 존재하는 식생이 있었다면, 당초 식재지에 존재했던 여건과 비교해서 크게 교란되고 변형되어 있다.

현대의 도시 여건에 적용하기 위해서는 일부 오래된 기술의 수정과 새로운 기술의 사용이 필요하다(Patterson, 1976, 1985). 뿌리 형태에 관한 새로운 기술의 개발, 교목 생리, 뿌리/줄기 비율(root-shoot ratio)의 중요성에 대한 보다 향상된 지식 등이 수정되거나 대안적인 교목 식재 기술을 탐색하는데 사용되어야 할 것이다.

여기에서 고찰되는 기술은, 현재의 우리 지식 상태를 활용하고 어느 정도는 미래의 연구개발을 기대하면서, 앞서 언급된 모든 요소들을 고려하려고 노력한다. 그리고 미래의 기본적이고 응용을 위한 연구가 더 구체적인 정보를 제공해줄 것을 기대한다. 이러한 결과가 나오기 전까지, 우리는 우리 지식의 합리적인 적용과 함께 최선의 전문적인 판단을 동원한 다음, 실무자들이 그 정보를 알 수 있도록 명확히 해야 한다.

Cox(1916)는 교목 식재, 보다 정확히는 도시 토양이 교목에게 제공해야 하는 다섯 가지 기준을 제시하였다. 이들은,

(1) 충분한 양의 양질의 토양
(2) 충분한 수분
(3) 적절한 배수
(4) 해당 토양의 적절한 통기
(5) 식물 영양소의 공급

등이다. 여기에 제시된 기술들은 이들 다섯 가지 기준을 충족시키기 위해 노력한다는 것을

볼 수 있을 것이다. 분명히 하나의 기술이 하나 또는 여러 기준을 충족시키는데 더 좋은 역할을 할 수도 있다. 가장 성공적인 식재 기술을 선택할 수 있는 핵심은 도시 상황이 제시하는 여건과 적절한 기술을 연계시키는 것이다. 어떤 상황에서는, 실무자의 창의성과 지식에 따라 특별하고 독창적인 설계가 필요할 수도 있다. 완전히 변형된 설계는 비용이 많이 들고 완벽한 성공을 요구하는 상황에 적용되는 것으로 마지막으로 논의되어야 하는 것이다.

반건조와 건조지역에 요구되는 특별한 기술은 먼저 물 보전(water conservation) 개념을 명심하고 논의되어야 한다. 교목을 식재할 때 관수를 고려해야 하는 미국 남서부에서는 엄청나게 많은 사례가 있다. 자원은 줄어드는 데 비해 수요는 증가하는 물 수지 때문에, 관수는 "유일한" 대안으로 여겨질 수 있다. 미국의 습한 지역에서도 똑같은 접근을 해야 할 때가 머지않아 닥쳐올 것이다.

마지막으로, 식재에 앞서 도시 부지를 평가하고 실패 이유를 확인하기 위해 식재 후 평가를 위한 신뢰할 수 있는 절차가 필요하다. 불행히도, 지금 전문가들은 일반적으로 해당 교목이 어떤 곳에서 잘 자라는 이유를 설명하지 못하지만 교목들이 다른 곳에서 죽는 이유는 확인할 수 있다. 이 장의 마지막 부분에서 몇 가지 과정이 제시된다.

9.2 교목 식재 기준

뿌리 전개 부피

삼림 임분(林分, stand)에서는, 골격을 이루는 뿌리로부터 바깥으로 뻗어나가는 밧줄 같은 측근이 인접한 교목의 뿌리와 크게 뒤엉켜 있다. 1평방피트 임상(林床, forest floor) 표면에 걸쳐 네 그루 이상의 교목 뿌리가 뒤엉켜 있는 것을 발견하는 것은 드문 일이 아니다. 울폐림(鬱閉林, closed forest)에서조차도, 뿌리가 낙수선(落水線, dripline) 훨씬 밖으로 뻗어 있다. 이러한 개별 교목 뿌리의 폭넓은 확대는 많은 양의 토양이 개별 교목 뿌리 시스템에 의해 점유되고 있다는 것을 의미한다. Lyford(1980)는 활엽수 혼효림에서 적단풍과 적참나무의 개별 교목 뿌리가 40~60피트(12~18m) 길이까지 뻗어 있는 것을 관찰하였다. 대부분의 측근과 세근은 토양의 표면으로부터 8인치(20cm) 이내에서 나타나기 때문에(Craul, 1964; Lyford, 1975), 직경 80피트(24m)와 두께 8인치(20cm) 수평 원판의 최대 부피는 3,317입방피트(94m^3)가 될 것이다. 공원경관에서는 잔디 뿌리하고만 경쟁하기 때문에, 개방된 공간에서 자라는 교목의 뿌리 원판은 더 클 수도 있다. Perry(1982)는 개방된 지역에서 자란 참나무의 뿌리는 해당 교목 수고의 5~6배에 이른다고 보고한다.

이러한 관찰은 "전통적인" 성숙 교목의 최적 뿌리 전개 부피가 매우 크다는 것을 의미한다. 도시 환경에서는 이러한 부피가 공원, 넓은 중앙분리대, 그린벨트와 같은 개방된 지역에서만 확보될 수 있다. Urban(1992)은 미국 북동부의 5개 도시에 있는 1,500그루에 대해 눈으로 확인할 수 있는 뿌리 전개 부피를 조사하고 이들의 상대적인 활력과 생존을 평가하였다. 그는 보도와 보차도 경계석, 그리고 최적 토양보다 작은 도시 환경에서, 최적에 가깝거나 건강한 활력을 보이고 있는 교목은 600입방피트($17m^3$) 이상, 그리고 성숙하여 직경이 25인치(63.5cm) 이상 되는 교목은 1,200입방피트($34m^3$)의 뿌리 전개 부피를 가지고 있는 것을 발견했다.

적절한 부피에 관한 문제는 토양수분 연관성과 해당 식재 부지의 증발산량의 영역이다. 따라서 해당 토양의 보수력과 수분 공급능력은 해당 식물의 수분 이용과 함께 고려되어야 한다.

수분

식재 부지에 대한 수분 평가와 관련된 주된 문제 중 하나는 유효수분이 무제한으로 존재하는 여건에서 교목이 최적 생장을 위해 실재 이용하는 수분이 얼마인가를 확인할 수 있는 자료가 부족하다는 것이다. 알려진 사실은 수종과 증발산 여건에 따라 필요한 양이 다를 수 있다는 것이다(Kramer, 1987; Kramer & Kozlowski, 1979). 따라서 종의 물이용과 증발산 스트레스를 조합한 몇 가지 일반적인 경험법칙(rule of thumb)을 채택해야 한다. 주요한 경험법칙은 온대 다우 기후(溫帶多雨氣候, humid temperate climate)에서 대부분 식물의 수분 요구량은 일주일에 약 1인치(2.54cm) 정도 된다는 것이다. 이 양은 그 해의 계절, 지역적인 기후, 도시 경관에서의 열 부하 상황에 따라 다를 수 있다. 토양이 공급하는 양은 해당 토양 단면의 유효수분에 의해 결정되고, 유효수분은 토성에 의해 영향을 받는 공극 크기 분포, 구조와 용적밀도, 토양의 총 깊이, 수분 함량에 의해 결정된다.

Kramer(1987)는 실제 엽 표면적이 2,000평방피트($186m^2$)이고 수고가 35피트(10.6m)인 교목이 하루에 약 35갤런(132리터)의 물을 잃는다고 추정한 반면, Vrecenak & Herrington(1984)은 수관 폭이 64피트(19.5m)인 교목이 약 250갤런(945리터)의 물을 사용한다고 추정한다.

Lindsey & Bassuk(1991)은 다양한 기후 여건 하에서 요구되는 토양 부피를 추정하기 위한 방안을 개발했다. 이들 저자의 예비 연구는 계기증발량(計器蒸發量, pan evaporation)이 교목의 수분 이용과 유효하게 상관관계를 가질 수 있다는 것을 보여준다. 다음 3단계를 통해 적절한 토양 부피를 구할 수 있다:

1. 일일 교목 수분 이용량을 결정하라.
   (a) 수관 투영(投影, projection)을 추정하라
   (b) 대략적인 엽면적 지수(葉面積指數, leaf area index)를 선택하라.
   (c) 증발량을 확인하라.
   (d) 지역 수분 이용 추정치에 적용될 상수로 증발비(蒸發比, evaporation ratio)를 사용하라.
2. 적합한 토양 부피를 결정하라.
   (a) 해당 토양의 가용한 보수력을 선택하라.

(b) 강우 빈도를 확인하라.

3. 가능한 상(床, bed) 크기를 계산하라.

이 방법은 갇히거나 제한된 뿌리 전개 여건에 더 잘 적용되고, 건조 또는 반건조 기후 하에서 요구되는 뿌리 전개 부피를 추정하는 지침으로도 사용될 수 있다. 이 방법의 두 가지 결점은 계기 증발 자료가 어떤 지역에서는 구할 수 없거나 해당 식재 부지에 적용할 수 없을 수도 있고, 엽면적 지수의 선택이 중요한데 많은 교목 종에서 잘 설정되어 있지 않다는 것이다. 또 다른 방법은, 스카이뷰(skyview)를 사용하는 Stark & Miller(1977)의 초기 연구를 따르는 Craul(1992)과 제3장에서 제시된 바와 같이 해당 부지의 열수지(熱收支, heat budget)를 개발하는 것이다. 다시 말하지만 이 과정은 추가적인 연구와 정교화가 필요하다.

배수

토양 배수(土壤排水, soil drainage)는 주로 토양 단면에서의 영구 또는 변동성 지하수위까지의 깊이와 함께 해당 지표면으로부터의 물 이동 속도와 관련이 있다. 투수성(透水性, permeability)은 토양 자체를 통과하는 물이 흐르는 속도와 관련이 있다. 국립자원조사청(National Resources Survey) (Soil Survey Staff, 1993)에 의해 정의된 바와 같이, 7개의 배수 등급(排水等級, drainage class)은 다음과 같다:

배수 과도(排水過度, excessively drained). 물이 매우 빠르게 제거된다. 토양 내 유리수(遊離水, free water) 발생은 대개 극히 드물거나 매우 깊다. 이들 토양은 일반적으로 거친 토성이고 매우 높은 수리전도도(水理傳導度, *hydraulic conductivity*)를 가지고 있거나 깊이가 매우 얕다.

배수 매우 양호(somewhat excessively drained). 물이 토양에서 빠르게 제거된다. 토양 내 유리수 발생은 일반적으로 매우 드물거나 매우 깊다. 이들 토양은 일반적으로 거친 토성이고 높은 포화된 수리전도도를 가지거나 깊이가 매우 얕다.

배수 양호(排水良好, well drained). 물이 토양에서 쉽지만 빠르지 않게 제거된다. 토양 내 유리수 발생은 보통 정도의 깊이거나 매우 깊고, 연간 지속기간은 일정하지 않다. 습한 지역에서 물은 생육기의 대부분에 걸쳐 식물이 사용할 수 있다. 습기(濕氣, wetness)는 대부분의 생육기 동안 상당한 기간에 걸쳐 뿌리의 생장을 방해하지 않는다. 이들 토양은 습기와 관련이 있는 깊거나 중간 깊이의 산화·환원성인특성(酸化還元成因特性, redoximorphic feature; 전에는 *mottling*이라고 불렀음)에서 대체로 자유롭다.

배수 약간 양호(moderately well drained). 물은 연중 일부 기간 동안 토양으로부터 어느 정도 천천히 제거된다. 토양 내 유리수 발생은 일반적으로 보통 정도의 깊이이고 과도적일 수도 영구적일 수도 있다. 이 토양은 생육기 중에 뿌리 전개 깊이 내에서 짧은 기간 동안만 습하지만, 대부분의 중생작물(中生作物, mesophytic crop)이 영향을 받기에 충분한 기간이다. 이들 토양은 일반적으로 위쪽 1m(39인치) 내의 층에서 약간 낮거나 낮은 수준의 포화된 수리전도도(*saturated hydraulic conductivity*)를 가지고, 주기적으로 많은 강수를 받는다. 50~75cm(19~30인치) 아래에서 산화·환원성인특성이 발생할 수 있다.

배수 약간 불량(若干排水不良, moderately poorly drained). 물은 해당 토양이 생육기 중 상당한 기간 동안 얕은 깊이에서 습할 정도로 천천히 제거된다. 토양 내 유리수 발생은 대개 얕음에서 적정한 깊이이고 과도적일 수도 영구적일 수도 있다. 습기는 인공적인 배수를 해주지 않으면 중생작물의 생장을 현저하게 제한한다. 이들 토양은 일반적으로 다음 특성을 하나 이상 가지고 있다: 낮거나 매우 낮은 포화 수리전도도, 높은 지하수위, 삼출(滲出, seepage)로부터의 추가적인 물, 또는 거의 지속적인 강우. 산화·환원성인특성은 지하 20~50cm(8~20인치)에서 발생한다.

배수 불량(poorly drained). 물이 너무 천천히 제거되어 해당 토양이 생육기 동안 주기적으로 얕은 깊이에서 젖어 있거나 오랜 기간 동안 젖은 상태가 유지된다. 토양 내 유리수 발생은 대개 얕거나 매우 얕고 흔하거나 지속적이다. 유리수는 흔히 지표면 또는 지표면 가까이에 있고 해당 토양은 인위적인 배수를 제공하지 않으면 대부분의 중생작물이 자랄 수 없을 정도로 생육기 동안 충분히 오랜 기간 존재한다. 그러나 해당 토양은 경운 깊이 바로 아래가 지속적으로 습하지는 않다. 유리수는 일반적으로 얕은 깊이에 존재한다. 이러한 지하수위는 대개 낮거나 매우 낮은 포화 수리전도도, 거의 지속적인 강우, 또는 이들이 결합된 결과이다. 산화·환원성인특성은 지하 10~20cm(4~8인치)에서 발생하며 지표면에서는 발생하지 않는다.

배수 극히 불량(very poorly drained). 물이 토양으로부터 너무 천천히 제거되어 생육기의 대부분 동안 유리수가 지표면이나 지표면 가까이에 머물러 있다. 내부 유리수 발생은 매우 얕고 지속적이거나 영구적이다. 해당 토양에 인위적인 배수를 제공해주지 않으면 대부분의 중생작물이 자랄 수 없다. 이들 토양은 평평하거나 함몰되어 있어서 자주 물이 고인다. 강우가 많거나 거의 계속되면, 비탈 물매(slope gradient)는 더 클 수도 있다. 산화·환원성인특성은 지표면에서 발생한다.

상기의 배수 등급은 상대적으로 교란되지 않은 자연적인 토양에 적용된다. 도시 환경에 있는 토양은 일반적으로 교란되어 있고 다양한 정도의 답압을 보인다(Craul, 1985). 따라서 많은 도시 토양은 전형적으로 배수 약간 양호에서 배수 극히 불량으로 분류될 정도로 제한적인 배수성을 가진다. 이러한 여건은 식재된 도시 교목의 높은 고사율을 유발하는 몇 가지 원인 중 하나이다(Berrang 등, 1985). 아무리 배수 양호 자재를 만들기 위한 시도를 하더라도, 구덩이 아래 암거배수(暗渠排水, underdrainage)를 제공하지 않으면, 굴착된 식재 구덩이의 배수는 주위 토양의 배수성에 의해서만 결정될 것이다. 배수 과도에서 배수 양호 도시 토양은 초기 배수 양호 여건으로부터 교란되지 않은 상태로 유지되지 않으면 드물다. 처음부터 배수 양호로 설계된 기존 도시 토양은 이러한 일반적인 관찰에서 예외이다.

많은 도시 토양에서는 제한된 배수가 주류를 이루고 있어서 이러한 토양에 안전하게 식재될 수 있는 식물 종의 범위는 제한될 수밖에 없다. 주기적으로 습한 토양에 식재되어 적응된 종이 배수 양호 토양에 적응된 종보다 도시 지역에 더 성공적일 것이다(Kozlowski, 1986; Kramer & Kozlowski, 1979).

통기

토양 통기(通氣, aeration) 상태는 주로 토양 내 공기로 채워진 공극 공간과 토양대기(土壤大氣, soil atmosphere) 내 다양한 기체, 특히 산소와 이산화탄소의 농도와 관련이 있다.

공기로 채워진 공극 공간과 물로 채워진 공극 공간 사이의 관계는 토양수분 함량에 의해 거의 직접적으로 결정된다. 수분함량이 증가함에 따라 토양이 포화되어 공기로 채워진 공극 공간이 없을 때까지 공기로 채워진 공극 공간은 줄어든다. 먼저 대공극(大孔隙, large pore)에서 중력에 반응하여 배수가 이루어지고 남은 공극에 일반적으로 유효수분(有效水分, available water)을 함유하게 되는데, 가장 작은 공극, 즉 미세공극(微細孔隙, micropore)에 있는 물은 낮은 pF(potential force) 때문에 사용할 수 없어서 제외된다. 건조한 토양은 물을 거의 함유하고 있지 않고 대부분의 공극은 공기로 채워져 있다. 이와 관련된 토양의 성질은 공극 크기 분포에 영향을 미치는 토성, 구조, 용적밀도 등이다. 조립질 토양 즉 사질토양은 배수가 잘 되기 때문에 포장용수량에서 공기로 채워진 공극 공간이 대부분을 차지한다. 이러한 토양에서는 토양 속으로 또는 토양으로부터의 기체 확산이 쉽게 일어나고 때로는 매우 깊은 곳까지 미친다. 잘 발달된 구조가 없는 미사질과 점토질 토양은 불량하거나 제한된 배수를 보일 것이다. 이들 토양은 산소 대신 메탄, 에탄, 암모니아, 황화수소(黃化水素, hydrogen sulfide)의 농도가 높을 것이다. 이러한 토양에서는 여건을 환원시키는 화학물질이 주류를 이루고 혐기성 생물학적 과정(生物學的過程, biological process)이 우세하다. 잘 발달된 구조는 통기성을 향상시킬 것이다. 답압, 세립질 토성, 또는 잘 발달된 구조의 결핍, 또는 이들 모두 때문에 용적밀도가 증가하면 평균 공극 크기가 작아져서 총 공극 공간이 감소한다. 이렇게 되면 더 많은 비율의 물이 작은 공극에 잡혀 있게 되고 공기로 채워진 공극 공간은 줄어든다. 물로 채워진 공극은 신속한 기체 확산에 장벽 역할을 하고, 이로 인한 이산화탄소 농도의 증가로 산소 농도는 감소한다.

영양소

토양에 의해 공급되는 식물 영양소(營養素, nutrients)는 토양에 의해 공급되는 자체(自體, native) 영양소와 함께 해당 생태계에서의 이들의 순환 속도를 기반으로 평가되어야 한다. 영양소의 순환에는 지표층과 관련된 식생 간의 유기물 순환(有機物循環, organic matter cycling)과 토양 단면과 모재(母材, parent material) 내의 무기물 순환(無機物循環, mineral cycling)이 있다. 자체 영양소의 경우, 부존하는 양은 토성, 유기물 함량, 해당 토양의 광물성에 달렸다. 개방된 공원과 녹지 지역은 영양소와 이들의 순환에 제약이 거의 없을 수 있다. 개방된 지표면을 가진 조성된 식재부지는 비료와 멀칭 자재의 적용을 통해 적절한 순환이 이루어질 수도 있다. 반면, 단단하게 포장된 부지는 관수되는 물을 통해 시비를 해줄 필요가 있을 수 있다.

9.3 이식 기술

농장으로부터 식재 부지로 수목을 이식하는 방법에는 몇 가지가 있다. 이들은 나근(裸根, bare-root) 수목으로부터 용기에서 키운 수목에 이르기까지 광범위하다. 이들 각각은 식재된 수목의 유형, 크기, 설계에서 원하는 미적인 효과, 식재되는 부지의 상황, 예를 들면 보차도 경계석 옆, 포장된 광장, 또는 개방된 마당 등을 바탕으로 평가되어야 하는 고유의 장점과 단점을 가지고 있다.

나근 식재

나근(裸根, bare root) 식재기술은 사실 매우 오래된 것으로, 어린 과수묘목과 장미, 작은 삼림 교목 실생묘를 식재하는데 오랫동안 사용되어 왔다. 분명히 이 방법은 일반적으로 직경(지상 15cm에서 측정) 2인치(5cm) 미만인 작은 크기의 재배된 교목에 한정된다. 이 재배수목은 크기가 작기 때문에 초기 뿌리 시스템의 더 많은 부분이 이식되는 수목에 붙어있을 것이다. 운반 무게는 훨씬 작지만 전체 수목은 건조와 동결을 방지할 수 있도록 감싸주어야 한다. 굴취된 수목은 저온 상태 하에 저장되어야 한다. 이는 일반적으로 가을에 휴면에 들어가고 난 후에 굴착되어 겨울 동안 저장된 후 이듬해 봄에 출하되어 식재된다. 도시 지역에 작은 수목을 식재하는 것은 지주목을 설치하거나 잘 보호하지 않으면 위험하다. 작은 묘목은 차량, 반달리즘, 부주의한 유지관리 작업에 의해 쉽게 손상될 수 있다.

굴착된 구덩이는 뿌리 시스템의 깊이보다 약간 얕게 그리고 폭은 적어도 뿌리 시스템 직경의 2배가 되도록 준비하는 것이 좋다. 이렇게 하면 해당 뿌리 시스템 주위의 흙을 느슨하게 된다. 되메우기 토양은 뿌리 주위의 토양을 안정시키고 모든 공기 주머니(air pocket)를 제거할 수 있도록 조심스럽게 다져준다. 지주목 설치는 나근의 활엽수 수목에 흔히 필요한데, 이는 해당 교목이 뿌리 분에 의해 제공되는 안정성으로는 부족하기 때문이다. 침엽수는 일반적으로 지주목 설치가 필요하지 않다. 지주목 설치는 Harris(1991)가 제시하는 다양한 방식을 따르는 것이 좋다. 그는 보호가 필요하거나 습한 토양에서 필요한 경우에만 지주목을 설치할 것을 권고한다. 가장 좋은 방법은 수간을 중심으로 수간으로부터 40cm 떨어져서 두 개의 지주목을 서로 반대 방향으로 설치하는 것이다. 지주목과 결속은 수간이 자신을 지지할 수 있는 적절한 강도를 갖게 되면 즉시 제거하는 것이 좋다. 활엽수 묘목에 지주목을 설치하는 또 다른 선호되는 방법은 플라스틱 수목 보호관(tree shelter)이나 직경이 큰

통(tube)을 사용하는 것이다(Evans,& Potter, 1985). 이는 영국에서 처음 개발된 것으로, 직경 6cm(2인치) 길이 약 1m 정도 되는 반투명 플라스틱 관이다. 이 관은 수간을 지지하고, 피해나 반달리즘을 예방하고, 초기 생장을 향상시킨다(Burger 등, 1996; Frearson & Weiss, 1987; Jones 등 1995; Potter, 1988). 후자의 효과는 더 높은 수간 온도, 높아진 상대 습도, 내부의 이산화탄소 수준으로 인한 결과이다(Svihra 등, 1994). 교목 보호관은 야생동물로부터의 피해를 예방하는 데 매우 효과적이다. 그러나 레드우드 어린 묘목 생장은 플라스틱 교목 보호관에 의해 억제되기 때문에 이 종에는 사용하지 않는 것이 좋다(Svihra 등, 1994).

포장근분 식재

포장근분(包裝根盆, ball and burlap) 방법은 전통적인 교목 식재 방법이다. 이는 해당 뿌리 시스템을 비교적 온전하게 근분(根盆, root ball) 내에 내포된 상태를 유지할 수 있는 장점이 있다. 이 방법으로 매우 큰 교목을 이식할 수도 있다. 근분 크기와 해당 교목의 크기에 대한 표준이 설정되어 있는데(Himelick, 1981), 표 6.1이 이에 관한 자료이다. 이 방법에도 몇 가지 단점이 있다. 주된 단점은 이식 전에 활발한 단근(斷根, root pruning) 프로그램을 수행하지 않으면, 굴취할 때 초기 뿌리 시스템의 대부분이 농장에 남게 되는 것이다. 두 번째 단점은 근분 내 순수한 토양 무게로 인해 적절한 장비 없이는 취급이 어렵고 이로 인해 높은 운반비용이 발생한다는 것이다. 근분은 저장 중에 건조와 동결로부터 보호되어야 한다.

구덩이의 깊이는 근분 높이보다 약간 얕은 것이 좋다. 구덩이의 바닥은 근분 직경보다 약간 클 정도면 충분하다. 위로 넓어지는 식재 구덩이는 포장재를 제거하고 되메우기 작업을 하는데 충분한 공간을 제공할 것이다. 포장재는 생분해성이 아니면 절단하여 제거하거나 적어도 근분의 절반이 노출되도록 말아 내리는 것이 좋다. 노끈은 생분해성이 아니면 절단되지 않은 채 남겨두지 않는 것이 좋다. 생분해성 노끈일지라도 옥죌 가능성을 제거하기 위해 몇 군데를 잘라주는 것이 좋다. 해당 식재 수목이 철사 바구니에 담겨 운반된 경우에는 해당 바구니를 여러 곳에서 절단하여 그 조각을 제거하는 것이 좋다. 연구에 의하면 뿌리가 옥죄는 것은 뿌리의 전반적인 생장과 확장에는 영향을 미치지 않지만 옥죄는 부위 위와 아래의 탄수화물 분배와 수분 포텐셜 기울기(water potential gradient) 존재에 심각한 영향을 미친다는 것으로 나타났다(Goodwin & Lumis, 1992). 포장재가 제거되면 근분이 부서진다는 주장은 해당 근분이 올바르게 취급되고 마르지 않으면 발견되지 않는다. 포장재가 그대로 유지되고 있더라도, 포장재를 제거하고 구덩이를 되메우는 동안 근분 위를 걸어 다니거나 짓밟지 않도록 주의를 기울여야 한다.

용기에서 키운 수목 식재

교목 식재에 사용되는 용기화된(容器化-, containerized) 수목 식재 기술은 지난 20~30년 동안 인기를 끌었다. 실생 교목은 일반적으로 파종상(播種床, seedbed)에서 시작되어 2~3년 후에 1/4 또는 1/2갤런(1 또는 2리터) 플라스틱이나 금속 용기로 이식된다. 그 다음 다시 5~10갤런(19~38리터) 플라스틱 용기에 이식된 후 이 용기를 토양이나 자갈 지표면에 놓거나 일부를 토양에 묻을 수도 있다(Appleton, 1994). 이 방법의 장점은 뿌리 시스템이 파종상으로부터 처음 이식한 후까지 그대로 있다는 것이다. 그러나 문제는 각 용기 변경 단계에 뿌리 시스템이 용기에 가득 차는 포트 바운딩(pot bounding - 뿌리 참) 가능성이 크다는 것이다. 만약 처음부터 이러한 현상이 존재했다면, 각 단계마다 뿌리를 절단하고 펴주는 세심한 노력을 기울이지 않을 경우, 뿌리 참 현상은 여러 이식 단계를 통해 계속될 것이다. Appleton(1994)은 용기 안쪽을 황산구리(黃酸銅, copper sulfate)를 함유하고 있는 페인트로 칠하면 뿌리 증식을 향상시키고 뿌리 참 발생 가능성을 낮출 수 있다는 것을 발견했다. 농장 재배 수목은 용기에 담긴 채로 운반되어 식재 구덩이에 앉힌 후에 용기는 부분적으로 제거되기도 하고, 어떤 조경 시공자는 구덩이에 넣기 전에 근분을 용기에서 빼낸다. 이 작업을 할 때에는 근분이 파손되지 않도록 조심스럽게 취급해야 한다. 건조하고 느슨한 근분은 부서지기 쉽고 이는 용기를 이용한 식재기술의 목적을 부분적으로 손상시킬 것이다. 식재 구덩이 취급은 포장근분 수목과 동일하다. Whitcomb(1987)을 비롯한 여러 사람들은 다양한 직물로 된 용기를 사용했는데 엇갈린 결과를 나타내었다. 이 기술은 포장하는 과정을 생략하고 식재 구덩이에서의 용기 제거를 용이하게 한다. 플라스틱 용기를 그대로 두는 것은 그릇된 작업이다. Svihra 등(1994)은 용기에서 키운 수목에 수목 보호관을 사용하는 것이 성공적이라는 것을 발견하였다.

되메우기 자재

교목 식재 구덩이에 대한 되메우기(backfill) 자재의 구성에 관해 서로 다른 의견이 지속되어 왔다(Corley, 1984a, 1984b; Pellet, 1971; Watson 등, 1992; Whitcomb, 1975). 아무것도 첨가하지 않는 것을 제외하고 저자에게 구전으로 알려진 가장 오래된(일부는 의문을 제기하는) 권고는 식재 구덩이 바닥에 단순히 상당한 양의 동물 분뇨를 첨가한 다음 굴착된 토양으로 되메우는 것이다. 이 기술에 대한 비공식적인 관찰에 의하면 분뇨가, 특히 적절하게 배수가 잘 되거나 더 느린 토양에서, 매우 천천히 분해된다는 것을 보여준다. 문제는 분뇨가 배수가 양호한 토양에서 분해되면서 영양분을 방출하더라도 이 영양분은 주로 지표면 가까이에서 물과 양분을 흡수하는 가는 실뿌리(細根, feeder root) 훨씬 아래에 있다는 것이다. 더구나 분뇨는 표토의 물리적 여건에 유익한 영향을 미치지 못한다. 그리고 분뇨는 이제 구하기도 어렵고 이를 취급하기도 꺼린다. 분뇨와 하수오니(下水汚泥, sewage sludge)를 부숙시키면 되메우기 토양에 대한 유기 개량제로서의 실용적인 대안이 될 수 있다. 초탄(peat moss)도 마찬가지로 빈번하게 사용되어 왔다. 질석(蛭石 Vermiculite), 진주암(眞珠岩, perlite), 기타 무기 개량제도 같은 목적으로 사용되어 왔다.

되메우기 개량제의 주된 목적은 공극률(孔隙率, porosity) (주로 입단화)과 양분을 향상시키는 것이다. 그리고 되메우기 토양에서의 뿌리 전개와 증식을 용이하게 하고 이식 쇼크로부터 해당 수목을 회복시키는 데 도움을 주기 위해서다. 그러나 연구(Spomer, 1983)와 일부 실무적인 관찰에 의하면 모순되는 결과를 보여준다. 이러한 모순은 식재 토양 차이의 결과로 인해 발생할 가능성이 가장 높다. 다양한 관점을 요약하면 다음과 같다. 되메우기 토양의 개량은 양호한 구조(과립상)와 보통에서 세립질 토양에서는 일반적으로 불필요하다. 내수성 입단(耐水性粒團, water stable aggregate)은 일반적으로 굴착과 되메우기 과정을 통해 존속된다. 해당 토양이 이미 잘 과립화되어 있고 배수가 양호하다면, 개량은 어느 정도 효과가 있지만 제한적이다. 개량은 적은 양으로 식재 중에 입단 손실을 상쇄시킬 수 있다. Whitcomb(1987) 등은 되메우기 토양을 개량하는 것은 개량하지 않은 되메우기 토양과 비교하여 효과가 없다는 것을 발견하였다. 이에 따라 어떤 당국은 어떤 경우든 개량하지 않도록 권고한다. 다른 사람들(Watson 등, 1992)은 개량 자재의 종류에 따라 뿌리 생장 향상에 미치는 영향의 정도에서 차이가 있다는 것을 발견하였다. 답압된 토양에 대해 되메우기 토양의 유기물 개량제는 이미 굴착에 의해 느슨하게 된 되메우기 자재의 공극률을 분명히 향상시킨다. 그런데 이는 두 가지 다른 문제를 야기한다. 되메우기 토양의 공극률(낮아진 밀도)이 더 크면 주변 토양에 비해 침투율(浸透率, infiltration rate)을 높이게 되어, 지표수(地表水, surface water)와 강우가 답압된 토양의 표면보다 되메우기 토양으로 더 쉽게 들어갈 수 있게 된다. 배수시설이 없는 근분 구덩이는 되메우기와 근분 토양을 포화시키는 찻잔처럼 채워지게 되어, 뿌리가 질식하게 될 것이다. 두 번째 문제는 토양이 건조해짐에 따라 발생한다. 주변의 답압된 토양의 공극과 수로는 개량된 되메우기 토양에 비해 더 작기 때문에, 물이 개량된 되메우기 토양으로부터 주변의 토양으로 빠져나가도록 바깥쪽으로 수분장력(水分張力, water tension)의 기울기가 만들어져 결국에는 되메우기 토양이 주변 토양보다 먼저 위조점으로 마르게 된다(B. L. Kays, 1982, 개인 정보). 근분 자체에서도 동일한 현상이 발생할 수 있다. 등방성(等方性, isotropic)으로 균질한 토양 단면에 특정한 배합토(配合土, soil mix)가 사용된다면, 이러한 문제가 일어나지 않을 수 있는데, 유기물이 이러한 사례의 단골 자재이다.

저자의 권고는 배수가 양호하고, 입단화가 잘 되어 있고, 중간 토성의 토양(medium textured soil)에서는 개량이 불필요하다는 것이다. Smalley & Wood(1995)는, 적단풍(*Acer ruburm*)에 대한 실험에서, 개량되지 않은 원 토양으로 되메우기하는 것과 숙성된 소나무 수피나 판매되고 있는 토양 개량제를 혼합하거나 판매되는 개량제만으로 되메우는 것 사이에 신초와 뿌리 생장에 차이가 없다는 것을 발견하였다. 개별 식재 구덩이에 대해 지하 배수 시설이 되어 있는 답압된 토양이나 보수력과 비옥도를 향상시킬 필요가 있는 깊은 사질 토양에서는 유기물을 이용한 개량이 바람직하다. 답압된 토양에서 배수를 해주지 않거나 해당 토양이 배수 불량인 경우에는 되메우기 토양은 개량하지 않는 것이 좋다. 이러한 경우에는 뿌리 분이 몇 인치 위로 올려지도록 식재 구덩이를 더 얕게 파는 것이 좋다.

멀칭(mulching)

이 작업은 유기 폐기물 재활용에 대한 관심과 민감성 때문에 최근 몇 년 동안 다시 인기를 얻고 있다. 대부분의 유기 폐기물은 값싼 처리 방법으로 태워지거나 매립되었다. 원래 부분적으로 부숙된 분뇨, 건초, 밀짚, 특히 해안지역 가까이에서 쉽게 구할 수 있는 염생 건초(鹽生乾草, salt hay)가 사용되었다(Solotaroff, 1911). 낙엽과 잔디깎기 잔해도 집 정원에 사용되어왔다. 이들은 단독으로 또는 혼합하여 사용할 때 뭉쳐지는 경향이 있는데, 다른 유기 폐기물과 토양을 함께 부숙시킨 다음 적용하는 것이 가장 좋다. 톱밥 단독으로는 삼림 종묘상(森林種苗床, forest seedling bed)의 살균된 멀칭 자재로 유용하지만, 탄질비(炭窒比, carbon/nitrogen ratio)가 매우 높고 건조하면 바람에 쉽게 날리기 때문에 다른 용도로 널리 사용되지는 않는다. 만약 이를 다른 유기 폐기물과 혼합하면 이러한 단점이 줄어든다. 과거에는 다른 공급원을 널리 구할 수 없어서 초탄이 상업적인 유기 멀칭 자재로 거의 독점적으로 사용되었기 때문에 비쌌다. 이후 대형 펄프공장이나 수피를 쉽게 구할 수 있는 제재소 주변에서는 여기서 나오는 재료를 대체재로 사용하였다. 그러나 이들 자재의 일부는 염소 표백(鹽素漂白, chlorine bleaching) 공정에서 다이옥신(dioxin) 함량이 높아지는 것이 발견되어 인체에 위험하기 때문에 피해야 한다.

유기 폐기물의 가치가 상승함에 따라, 이제 공급원이 없는 지방에서도 이를 구할 수 있을 정도로 이들 폐기물을 먼 거리까지 운송하는 것이 수익성을 확보할 수 있게 되었다. 또한 우리 주변에서도 자체 유기 폐기물 공급원이 나타나고 있다. 지금은 멀칭용으로 사용되는 가장 인기 있는 자재로 목재 칩(wood chip), 수피 칩이나 절단된 수피, 칩과 혼합된 부숙된 오니(汚泥, sewage sludge), 부숙된 양조 폐기물, 부숙된 낙엽, 수피, 목재 칩 혼합물 등이 있다. 이들은 식물의 멀칭 자재로 만족스러운 것으로 확인되었다.

새로이 식재된 교목이나 활착된 식물에 멀칭을 하면 다음과 같은 몇 가지 효과를 기대할 수 있다(Craul, 1992):

1. 토양 표면이 다져지고 단단해지는 것으로부터 보호된다.
2. 증발로 인한 토양수분 손실이 크게 줄어든다.
3. 토양온도가 낮 동안 낮아지고 밤에는 상승한다.
4. 토양에 유기물과 영양분을 첨가하는 수단이 된다.
5. 잔디와 기타 식생(잡초)과의 뿌리 경쟁이 조절된다(Watson, 1988).

멀칭 자재는 그렇지 않을 경우 구할 수 없는 영양분을 공급하기도 한다. Himelick & Watson (1990)은 참나무 황백화(黃白化, chlorosis)가 목재 칩 멀칭 처리로 감소되었다는 것을 발견하였다. 사용되는 멀칭 자재의 유형은 일반적으로 이의 가용성과 멀칭될 식물에 의해 결정된다. 대부분의 유기 멀칭 자재는 교목 식재용으로 안전하게 사용될 수 있다. 자재의 층은 두께를 3~4인치(7~10cm)로 제한하는 것이 좋고 추가적인 물량은 이들 두께가 어느 정도 얇아지기 전까지 적용하지 않는 것이 좋다(Greenly & Rakow, 1995; Watson & Kupkowski, 1991). 너무 두껍게(6인치/15cm를 초과하는) 적용된 멀칭 자재가 실제로 교목의 고사를 유발한 사례가 많이 있다. 멀칭 자재 층은 수간을 향해 얇아지도록 하는 것이 좋고, 근원(根元, root collar)은 기본적으로 멀칭 자재로 덮이지 않는 것이 좋다. 수간의 기부 주위에 쌓아놓은 멀칭 자재는 수분이 보존되기 때문에 이 지점에서 부후를 유발하는 경향이 있다(Smiley, 1993). 멀칭 자재 층은 근분 바깥으로 확대되어 교목 식재구덩이의 되메우기 토양을 덮는 것이 좋다. 관수 가장자리는 원형의 멀칭 자재 바로 바깥에 조성된다. 일반적으로 유기 멀칭 자재 아래에 플라스틱이나 직물 깔개를 밑에 놓는 것은 불필요하다. 이러한 관행은 잡초의 뿌리내림을 방지하고 이들의 제거를 용이하게 하기 위한 방법으로 도입되었지만, 이는 해당 유기물을 궁극적으로 아래의 토양과 혼합시키려는 목적을 심각하게 좌절시킨다. 깔개는 주로 검거나 투명한 플라스틱이 사용되어왔으나 이제는 꼬아 짠(spun-woven) 고분자 직물에 의해 대체되고 있다. 플라스틱은 몇 가지 중대한 단점이 있다. 물과 공기가 이를 통과하지 못하기 때문에 아래에 있는 토양이 포화되어 혐기 상태나 완전히 건조된 상태로 유지되거나 두 여건이 연중 오랜 기간 동안 지속될 수도 있다. 따라서 플라스틱 깔개가 찢어져서 작용하지 못하거나, 서리나 바람에 의해 들어 올려지거나(멀칭 자재 층이 바람에 날리거나 씻겨 나가 너무 얇아진 경우), 의도적으로 구멍을 뚫어주지 않으면, 언제나 식물 생장의 심각한 장애나 고사가 유발된다. 꼬아 짠 고분자 직물은 공기와 물을 통과시킬 수 있는 다공질이어서 검은 플라스틱과 같은 단점이 없다. 그러나 해당 직물은 양호한 수분 전달이 가능한 상태로 피복되어 있어야 하는데, 특정 상표의 직물은 햇빛과 바람에 노출되면 소수성(疏水性, hydrophobic)이 되는 경향이 있다.

어떤 경관 설계에서는 무기 멀칭 자재를 사용하는 것이 적절하다. 이러한 자재에는 잔자갈이나 굵은 자갈, 벽돌이나 대리석 조각 등이 있다. 이들은 유기 영양소가 없어서 토양에 유기물이 공급되지 않는 것을 제외하고 유기 멀칭 자재와 같은 편익을 가지고 있을 수 있다. 무기 멀칭 자재는 유기 멀칭 자재보다 더 두꺼운 층으로 부설될 수도 있다. 이들의 상대적으로 거칠고 양호한 안정성은 증발을 줄이면서 물이 토양 속으로 침투하는 커다란 통로를 지속적으로 유지할 수 있다. 따라서 답압되거나 젖은 유기물로 인해 발생할 수 있는 대기와 아래 토양 사이의 공기 교환의 제약을 피할 수 있다. 매우 성공적인 사례가 **그림 9.1**에서 보여주고 있다. 무기 멀칭 자재가 부설되기 전에 멀칭 자재 층으로 토양이 침범하는 것을 막고 잡초 발생을 줄이기 위해 일반적으로 토양 위에 깔개를 배치한다. 앞서 설명한 플라스틱 대비 직물 깔개에 대한 여건은 무기 멀칭 자재에도 동일하게 적용된다. 일반적으로 깔개는 무기 멀칭 자재 아래에는 거의 언제나 사용할 필요가 있다. 다만 멀칭 자재 층의 두께가 최소 6~8인치(15~20cm)인 경우는 예외가 될 수도 있다.

수화젤(hydrogels)이나 고흡수재를 이용한 개량

최근 보수력을 향상시키고 관수 요구를 줄이기 위한 토양 개량제로 사용하기 위해 몇 가지 자연적이고 합성의 수분 흡수 고분자 물질이 개발되어 판매되어 왔다. 제조업자의 주장에 의하면, 이들 자재는 자신 무게의 300~500%에 상당하는 물을 보유하고 있는데, 이는 시간이 흐름에 따라 방출된다. 이들은 토양과 혼합되어 보수력을 증대시키는 데 활용되고 있다. 처음에는 용기 배지 혼합용으로 사용되었으며, 이제는 교목을 비롯한 관상수 식재의 되

그림 9.1 자갈로 멀칭된 정원. 미국 캘리포니아주 브렌트우드(Brentwood).

메우기 토양의 개량제로 사용되고 있다. 초기의 전분 형태 자연적인 자재는 토양 속에서 너무 빨리 분해되어 바람직한 효과가 몇 개월 안에 상실되었다. 보다 최근의 합성자재인 상호 결합된 폴리아크릴아미드(polyacrylamide) 공중합체(共重合體, copolymer)는 분해에 보다 저항적이어서 몇 생육기 동안, 한 제조업체에 의하면 4~5년 이상, 지속될 수도 있다. 몇 가지 고흡수재(高吸收材, superabsorbent) 등록상표로는 Terra-Sorb, Super Slurper, Viterra Planta-Gel 등이 있다.

고흡수재는 이들의 용도에 따라 몇 가지 입자 크기로 생산된다. 가는 자재는 약 0.5~1.0mm로 잔디밭과 매다는 꽃바구니에 사용된다. 경관 식재나 용기에서 키우는 용도로 권장되는 크기는 1.0~3.0mm로 자신 무게의 325~400배 흡수력을 가지고 있으며, 90% 이상의 식물에 가용하다. 한 제조업자는 직경 3인치(7.6cm) 교목의 되메우기 토양에 4온스(113g)를 혼합하면 보수력을 5~7갤런(19~26리터)만큼 높일 수 있다고 주장한다.

이를 온실과 용기 적용의 배지 자재로 사용하는 경우 일부 편익이 있는 것으로 나타났다(Whitcomb, 1987). 그러나 노지에 사용했을 경우에는 엇갈리는 결과를 보여주는 보고들도 있다. Whitcomb이 보고한 몇 가지 연구에 의하면, 고흡수재 처리 식물과 고흡수 개량제를 처리하지 않은 식물 사이에 용기나 노지에 식재된 식물의 생장과 생존에 차이가 없었다. 많은 부피로 노지에 사용한 경우 주된 불리한 점은 습한 여건 하에서 수분을 매우 빠르게 흡수하여 이들이 끈적끈적한 성질을 가지게 된다는 것이다. 이렇게 되면 장비의 표면에 쉽게 점착되어 떨어지지 않는다. 몇몇 경관 시공자들은 단지 이러한 이유 때문에 이 자재를 좋아하지 않는다. 많은 경우, 다량의 고흡수재를 되메우기 토양에 혼합하려 하지 않고 단순히 최근에 식재된 교목의 근분 포장재 위에 한꺼번에 쏟아놓는다. 이러한 상황 하에서는 이들

고흡수재가 기본적으로 효과가 없다.

또한 젤을 형성하도록 고흡수재를 물과 혼합함으로써 뿌리를 적시는 용으로 사용할 수도 있다. 이는 뿌리에 대한 수분 유지를 제고시키고 뿌리가 탈수되는 것으로부터 보호할 수 있다. Hensley & Fackler(1984)는 뿌리를 젖게 함으로 인한 편익이 없다는 것을 확인한 반면, Ingram & Burbage(1985)는 플로리다의 사질토양에 이식된 버지니아참나무(*Quercus virginia*)에서는 약간의 편익이 있음을 보고하였다.

어떤 상표의 고흡수재는 안정적이지 않다. 이들은 아마 재포장된 건강관리 고흡수재일 가능성이 있으며, 이들은 원예와 수목관리용으로 사용하지 않는 것이 좋다.

올바르게 명시되고 준비된 경관 되메우기 자재는 고흡수 개량제를 필요로 하지 않는다. 이들은 해롭지는 않겠지만 잘못 준비된 되메우기 자재에서의 심각한 수분 결핍을 교정하거나 보상하지 못한다.

관수

도시지역에서의 관수(灌水, irrigation) 활용은 식재 위치와 미적인 가치에 따라 일정하지 않다. 도로변 교목은 관수 시스템을 설치하고 식재하는 경우는 드물어서, 시공자는 설치 후에 특정한 기간에만 관수한다. 사고성 피해와 반달리즘에 대한 민감성, 높은 유지관리 비용이 이러한 작업이 생략되는 주된 이유이다. 더 가치 있는 다른 식재에는 다양한 식재 유형에 대해 서로 다른 적용 방법과 양을 제공할 수 있도록 구역으로 구분되어 설계된 복잡한 시스템을 가지고 있을 수도 있다. 단순한 관수는 인력으로 소화전이나 탱크 트럭(tank truck)에서 호스를 이용하여 관수하는 것으로부터 교목의 수간 가까이에 물주머니를 설치하는 것까지 다양하다(**그림 9.2**).

Harris(1991)는 대형 독립 교목은 같은 면적을 점유하고 있는 잔디보다 2~3배나 많은 물을 사용할 수도 있다고 추정한다. 권고되는 관수량은 강우, 개략적인 잠재 증발산량 추정치, 토양 단면 수분 저장량 등과 같은 간접적인 요소에 기반을 두고 있다. 통상적인 경험법칙은 교목과 잔디는 일주일에 적어도 1인치(2.5cm)가 필요하다는 것이다. 가로수 주위에 설치된 관수용 웅덩이에 호스나 양동이로 적용하는 경우, 단순히 이 웅덩이를 일주일에 한 번 채우는 것 외에 이 양을 추정하기는 어렵다. 되메우기 토양, 근분, 바로 옆 주변 토양이 확실히 적셔지도록 하기 위해서는, 관수용 웅덩이의 둑이 **그림 9.3**에서 보여주는 바와 같이 근분 직경 바깥과 주변 토양에 걸쳐 설치되어야 한다. 그렇지 않으면 근분에만 관수가 될 수 있다. 수분 분포를 확인하는 최선의 그리고 가장 직접적인 방법은 토양 샘플 채취기(soil probe)를 사용하는 것이다. 관수 중에 토양의 샘플을 채취하면 근분, 되메우기 토양, 주변 토양의 가장자리에 걸쳐 분포할 수 있도록 충분한 물이 적용되었는지를 확인할 수 있을 것이다. 과도한 관수도 탐지될 수 있지만, 대부분의 관수 작업은 뿌리층에서 원하는 부분을 완전히 적시기에는 불충분한 물을 적용한다. 지속적인 주의가 필요하고, 이를 위해 토양수분장력계(土壤水分張力計, tensiometer)와 전기저항블록(electrical resistance block)과 같은

그림 9.2 교목 수간에 설치된 물주머니. 버지니아주 페어팩스(Fairfax).

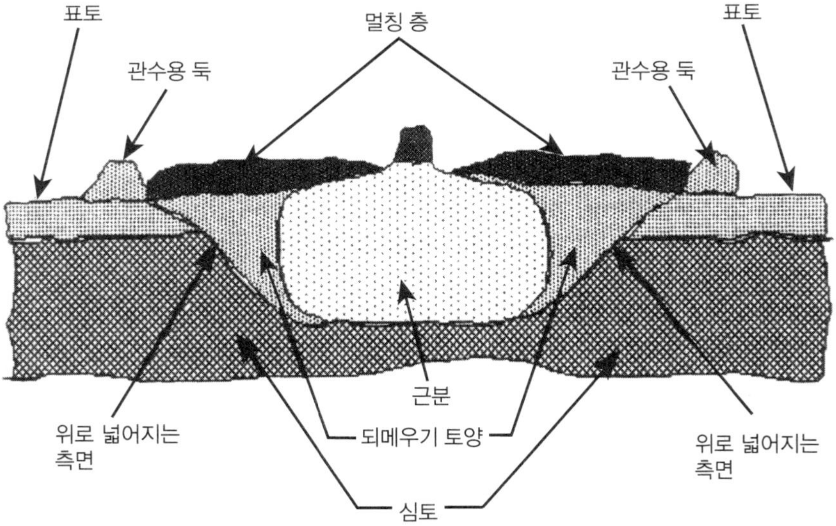

그림 9.3 이상적인 교목 식재 구덩이.

수분 모니터링 계기를 설치할 수도 있지만, 파손이나 반달리즘의 피해를 입기 쉽다. 관수에 관한 더 자세한 사항은 제8장을 참고하라.

9.4 식재 상황 정렬

이상적인 것은 식재할 때마다 해당 식물의 장기적인 성공에 필요한 모든 뿌리 전개 기준에 적합한 최적의 여건을 조성하는 것이다. 이들 여건을 모두 충족시키기 위해 고려될 수 있는 환경은 두 가지밖에 없는데, 이는 깊고 배수가 양호하며 중간 토성의 비옥한 개방되고 제약을 받지 않는 부지에, 또는 설계에 의해 모든 제한 요소들이 거의 최적의 상태로 보완된 고도로 "공학적"으로 설계된 토양에 식재하는 것이다(Patterson, 1985). 예를 들면, 어떤 교목은 배수가 불완전한 여건에 적응할 수도 있지만 이들은 거의 항상 배수가 양호한 토양에서 왕성한 생장을 보이며 불량한 생장을 보이는 개체는 거의 없다. 반면 설계된 상황의 경우, 중력배수(重力排水, gravitational drainage) 상황에서 포장용수량이 유지될 때 충분한 통기성이 확보될 수 있게 배수가 잘 되도록 설계된 토양에서는 관수가 수분을 제공한다. 대안은 두 극단적인 상황 사이의 중간에 해당하는 여건과 정도를 설계하는 것으로 이는 다양한 기준의 최적 또는 바람직한 수준 사이에서 타협해야 한다.

식재 상황 정렬은 제한을 여덟 가지 유형으로 구분할 수 있다: 개방되고, 제약은 있어도 많지 않는; 제한된 공간; 제한된 수분; 제한된 배수; 제한된 통기; 제한된 영양분이나 독성 존재; 몇 가지 결합된 문제를 극복할 수 있도록 고도로 설계된; 또는 앞서 나열된 모든 제한을 가진 경우 등. 이들은 **표 9.1**에 상황 정렬로 나열되어 있고, 이들 상황의 각각은 하나 이상의 제약요소를 가지고 있을 수도 있다. 예를 들면, 제한된 토양 부피를 가진 부지는 제한된 수분과 양분, 아마도 제한된 통기성을 가지고 있을 가능성이 높다. 이들의 상호작용은 잠재적인 적용을 보여주는 개략과 함께 고찰되고, 가능하면 사례를 제시한다.

상황 A: 공간과 토양에 제한이 없는 개별 부지(개방)

이 상황은 교목을 개방된 생육 여건에 식재하는 경우에 해당한다. 해당 교목은 개별적으로 또는 집단(숲)으로 식재될 수 있다. 수관과 뿌리 공간에 대한 제한이 없고, 지표는 현재 개방되거나 어떤 유형의 식생으로 식재되고 멀칭 자재로 피복되어 있을 수도 있고 앞으로 그렇게 될 수도 있다. 교목이 식재될 토양은 알맞은 보수력, 양호한 투수성과 배수성, 공기로 채워진 적당한 공극 공간과 뿌리 침투의 용이성을 제공하는 공극 크기 분포와 배열, 적절한 양이온교환용량, 적어도 최소량의 유기물을 가지고 있어서 바람직한 특성으로 이어지는 토성, 구조, 밀도에 상당하는 특성을 가진다. 이 토양은 pH가 극단적이지 않고 상대적으로 오염물질로부터 자유롭다. 해당 토양 단면의 위쪽과 아래쪽 사이에 뿌리 전개에 대한 장벽이 존재하지 않으며, 후자는 심토나 모재 또는 둘 모두가 될 수 있고, 옥상 적용은 아니다. 바람직한 토양의 특징은 앞서 제5장의 표 5.1에 제시되어 있다.

표 9.1 식재 상황 정렬과 이들의 제약

식재 상황	식재 제약[1]					
	부피	수분	배수	통기	양분	독성
A—개방.	되메우기 자재와 주변 토양 여건에 의해서만 제약을 받음. 최소한의 에너지와 유지관리 투입이 필요할 가능성이 있음.					X?
B—경계석 옆과 인도.	XXX	X?	X?		X?	X?
C—불투수성 자재에 의해 피복된.	X?	XXX		X?	X?	X?
D—답압된 토양; 아래에 기계적인 장벽; 높은 지하수; 옥상.	X?	XX	XXX	XX?	X?	X?
E—척박한 토양; 양분 불균형; 오염물질 존재.	X?	X?	X?	X?	XXX	X?
F—독성물질 존재.						XXX
G—고도로 조작된.	공학적으로 설계된 정도에 의해서만 제약을 받지만, 높은 에너지 투입과 고도의 유지관리가 요구됨.					

[1]X의 수는 예상되는 제약의 심각성 정도를 나타낸다. (?)는 제약이 존재할 수도 존재하지 않을 수도 있다는 것을 나타낸다.

이 토양은 만약 토양 여건이 표 5.1에 제시된 여건을 충족시키지 못하면 제약이라고 간주되어야 한다. 식재 상황은 **표 9.1**에 제시된 바와 같이 제약을 가지고 있으면 다른 것으로 변할 수 있고 나중에 다루어질 적절한 기술이 적용될 수도 있다.

이 상황에 적합한 교목 식재 구덩이 설계는 단순하고 쉽다(그림 9.3). 나근, 포장근분, 용기 묘목 등과 같이 사용되는 식재 수목에 따라 전통적인 기술에서 몇 가지 수정이 필요하다. 식재 구덩이는 굴착기, 트리 스페이드(tree spade), 또는 손으로 팔 수 있으며, 이들 방법 각각은 장점과 단점이 있다. 굴착기와 트리 스페이드 굴착 방법은 가장 빠른 방법이다. 굴착기 운전자는 구덩이의 두 측면에서 원하는 경사를 확보하기 위해 붐(boom)을 수직으로부터 왼쪽과 오른쪽으로 기울일 필요가 있다. 손으로 일부 마무리 손질이 필요하고, 때로는 구덩이 위쪽을 향한 경사를 손으로 만들기도 한다. 트리 스페이드에 의한 굴착은 삽날이 수평의 지표면과 얕은 각도로 기울여지지 않으면 가파른 측면을 창출한다. 이처럼 얕은 각도는 대부분의 트리 스페이드 기계에서 제한적이어서 경사 만들기는 수작업으로 수행된다. 후자의 작업은 중점토(重粘土, heavy soil)에서 번들거리는 측면 벽을 만드는 단점도 제거한다. 평탄하고 번들거리는 측면은 뿌리가 구덩이 안으로 가득 차는 "뿌리 참"(pot-bounding)을 방지하기 위해 거칠게 만들 필요가 있다(Bridel 등 1983; Cool, 1976). 손으로 굴착하면 교목 식재 구덩이의 질을 가장 잘 조절할 수 있지만 이들 방법 중에서 비용이 가장 많이 든다. 분명한 것은 구덩이의 형태가 일부 수종의 이식 성공에 영향을 미치지는 않는다(Arnold & Welsh, 1995). 그러나 가시성(미적으로 가치 있는)이 높은 곳에 식재되는 귀중한 교목의 경우, 손으로 굴착하는 것이 가장 적합한 방법일 수도 있다.

상황 B: 경계석 옆과 보도 부지

대부분의 도시 교목은 경계석 옆이나 인도를 따라, 아니면 인도와 경계석 사이에 식재된다(**그림 9.4**). 주거지에서는 토양이 포장되지 않아서 노출된 토양의 띠가 경계석과 평행하게 존재한다. 도심의 업무구역과 상업지역에서는, 토양이 거의 항상 포장으로 피복되어 있다. 후자에 해당하는 상황은 다음의 상황 C에서 고찰된다.

노출된 토양의 양은 선형의 녹지대 폭에 달렸다. 교목이 식재된 폭이 18~24인치(45~60cm) 정도로 좁은 띠도 관찰되었다. 이러한 사례의 대부분은 분명하게 교목의 건강이 불량하였으며, 다른 경우에는 외관상 교목이 건강한 것처럼 보였다. 이러한 대비는 해당 교목에 인접한 포장의 면적과 관련이 있는 것으로 보인다. 만약 뿌리가 보도 아래와 마당 또는 경계석을 따라 선형으로 노출된 토양을 가진 지역 안으로 뻗을 수 있으면, 해당 교목은 생존할 것이다(**그림 9.5**). 뿌리가 경계석 기초 아래와 도로 포장 아래로 뻗는 경우는 매우 드물다는 것을 보여주는 실질적인 증거가 매우 많기 때문에 경계석이 방근(防根, root barrier)으로서의 역할을 한다. 반면, 만약 뿌리가 이용할 노출 토양이 선형의 경계석 띠뿐이라면, 해당 교목은 잘 자라지 못할 것이다. 띠의 폭이 3.3피트(1m) 이상인 경우에는 교목의 뿌리는 적절한 수분 침투와 가스 확산을 위해 충분한 노출 토양을 가진다. Cox(1916)는

그림 9.4 최적 경계석 옆 식재. 캘리포니아주 브렌트우드(Brentwood).

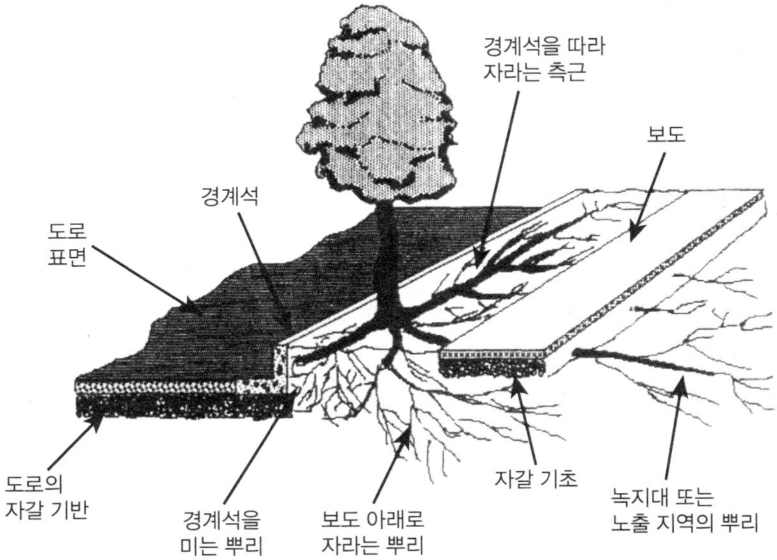

그림 9.5 경계석 옆 식재의 단면.

적어도 약 6피트(2m)의 폭을 권고했다. Carlson(1997)이 제기한 질문에 근거한 최근의 연구에서, 116개 도시의 24%가 경계석 옆 폭이 3피트 이하이고, 31%는 평균 4피트, 22%는 5피트, 14.3%는 6피트, 7%는 7피트라고 응답했다. 경계석 옆 식재지가 얼마나 넓어야 하는가라는 질문에 대한 응답에서, 18%가 6피트(2m), 37%가 8피트(2.5m), 23%가 10피트(3m)라고 답했다. 포장된 지역에서의 넓은 노출 토양 면적도 동일한 쾌적성을 제공한다(상황 C 참조).

경계석 옆 식재를 위해 교목 식재 구덩이와 되메우기 자재를 준비하는 것은 노출된 식재와 비슷하다. 식재 띠의 폭에 의해 크기가 제한되는 경우 일부 변경이 필요하다.

경계석 옆 토양이 답압되거나 불만족스러운 경우에는, 경계석 주위 녹지대 전체 토양을 교체하는 것을 고려하고 이를 특정한 토양으로 교체하는 것이 좋다(Patterson, 1985). 이러한 설계를 이제 흔히 "선형 식재 구덩이"(linear planting pit)라고 부른다. 이 기술은 볼티모어의 조경가 Jim Urban과 필라델피아의 Heidi Schustermann에 의해 별도로 채택되었다(Craul, 1992). 이를 적용하는 기본계획(基本計劃, general plan)은 **그림 9.6**에 묘사되어 있고, Bernatzky(1978)도 이 설계를 제안한다.

이 설계는 몇 가지 장점이 있다. 바람직하지 못한 토양이 제거되고 휴면기(休眠期, dormant season) 동안 과도한 물을 확실히 제거하기 위해 암거배수(暗渠排水, underdrainage)가 설치된다. 주변 토양은 답압된 상태를 유지하여 제한된 배수를 보일 가능성이 높아서 배수 시스템이 설치되지 않으면 주수위(宙水位, perched watertable)가 형성될 것이다. 또한 이 설계는, 전통적인 교목 식재 설계인 답압된 토양 내 분리된 구덩이에서 바로 옆 교목 식재 구덩이의 되메우기 토양으로 한정되기보다, 뿌리가 이 구덩이 전체 길이를 따라 특정한

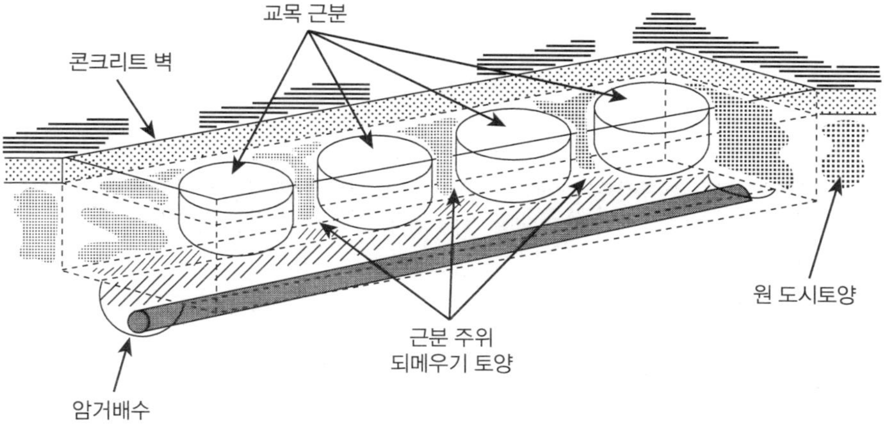

그림 9.6 선형 교목 식재 구덩이.

토양 속으로 뻗을 수 있는 "공유된 뿌리전개 공간"(shared rooting space)을 제공한다. 전통적인 설계의 경우 개별 교목 구덩이 각각에 대해 암거배수가 필요하다. 기본계획에서 토양 표면은 노출된 상태, 멀칭 자재, 자갈, 지피식물에 의해 피복된 상태를 유지한다는 것에 유의하라. 식재 구덩이가 포장에 의해 피복되는 경우에는 상황 C가 된다.

답압된 토양과 제한된 배수 요인을 극복하기 위한 선형 적용은 1970년 뉴욕주립대 시러큐스 캠퍼스 College of Environmental Science and Forestry의 사각형 안뜰(quadrangle)에 설치되었다. 이 설계는 남부팽나무(*Celtis laevigata*)의 생육을 성공적으로 지원하였다. 원 토양은 공사에 노출되어 더욱 영향을 받은 답압된 빙퇴토(氷堆土, glacial till)였다.

상황 C: 불투수성 자재에 의해 피복된 부지

이 상황은 교목이 포장된 보도나 광장 내에 식재될 때 발생한다. 근분은 많은 경우 포장 아래에 위치한다. 거의 항상 포장이 근분 직경 정도에서 해당 교목의 수간 가까이까지 접근해 있기 때문에 뿌리는 불투수성 표면 아래에 있는 토양 속으로 뻗어야 한다. 즉, 노출된 토양은 근분 구역에 한정된다. 대부분의 경우, 우발적인 뿌리가 빗물 배수구나 보도의 자갈 기반과 포장 균열과 같이 뿌리 전개에 우호적인 환경으로 자신의 길을 찾지 못하면 이 정도의 노출은 교목 생존에 부적합하다. 이는 기반시설의 파손을 유발할 수도 있다. 메릴랜드주 아나폴리스(Annapolis)의 조경가인 Jim Urban이 "기반시설이 파손되면 교목이 생존하고, 기반시설이 승리하면 교목이 죽는다!"라고 말한 것처럼(개인적인 연락, 1993).

불투수층 아래에서의 성공적인 식재를 위해서는 뿌리 신장 공간과 대기와의 가스 교환을 위한 어떤 형태의 준비가 포함되어야 한다(**그림 9.7**). 토양 자재(土壤資材, soil materials)는 포장과 통행의 무게를 지지해야 하고 이러한 목표를 완수하는 데는 몇 가지 방법이 있다. 그중 한 가지 방법은 지지 기반으로 돌멩이(stone)을 도입하는 것이다(Grabosky & Bassuk, 1995). 돌멩이 공극 부피보다 약간 작은 특정한 부피의 토양이 실질적인 뿌리 배지

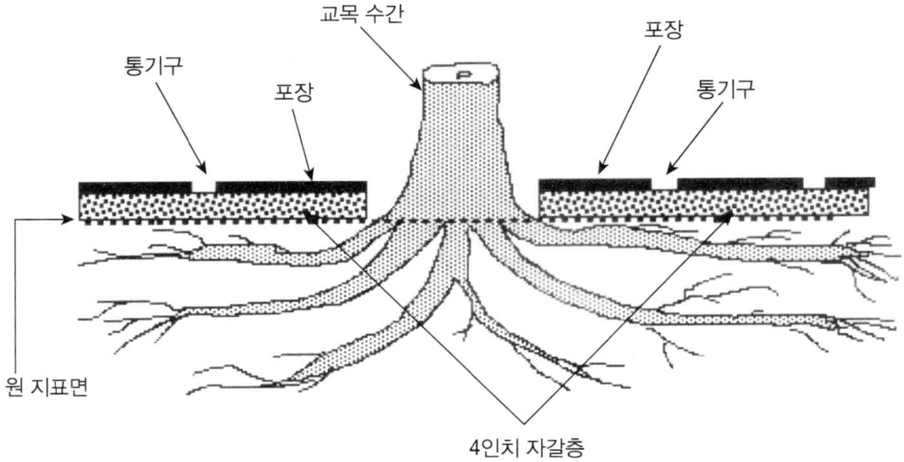

그림 9.7 불투수 지표 아래 식재하기. (Craul/1992에 있는 Harris/1991의 전재.)

이다. 코넬대학교 교정의 보행 광장에 대한 예비연구(豫備硏究, pilot study)가 진행되었는데, 저자들은 다양한 수종에 대한 성공을 보장하기 위해서는 추가적인 예비연구가 필요하다고 신중한 입장이다.

벨지안 블록(Belgian block, 넓은 직사각형의 다듬지 않은 돌), 벽돌, 콘크리트 포장블럭(paver), 또는 다른 조립식 포장블럭을 사용하면 일반적으로 불투수 표면에 의해 유발되는 문제를 줄여준다(Kopinga, 1985). 투수성(또는 다공성) 포장은 대안적인 표면 마무리 재료이다(Field 등, 1982). 이들은 저밀도 아스팔트 또는 특수한 접합제나 반죽으로 서로 결합된 다양한 크기의 자갈이다(McGavin, 1974). 이들의 강도는 보행자나 승용차 통행을 지지하기에는 적합하지만 트럭, 버스, 레저차량(recreational vehicle)과 같은 대형 차량을 지지하기에는 크게 부족하다. 강수가 아래의 토양으로 통과하기 때문에 빗물 유출을 없애거나 줄일 수 있다. 저먼타운(Germantown)에 있는 펜실베이니아대학교 모리스수목원(Morris Arboretum)의 주차장이 투수성 포장의 성공적인 적용 사례이다(필라델피아 조경가인 Carol Franklin의 개인적인 의견, 1993).

불투수성 표면이 교목 뿌리 위로 포장되면 다소 다른 상황이 발생한다. 그러나 기본적으로 동일한 잠재적인 문제는 남아 있다: 적절한 뿌리 전개 공간과 가스 교환의 부족(Yelonosky, 1964). 경험에 의하면 뿌리 절단 없이 활착된 교목의 구조 뿌리 위에 부설된 보도는 뿌리 시스템에 대한 영향이 거의 없었는데, 이는 대부분의 흡수근(吸水根, absorbing root)이 보도를 지나서 비포장 지역에 있기 때문이다. 그러나 포장이 대부분의 뿌리 시스템을 덮으면, 포장 아래의 통기를 위한 조치를 취해야 한다. Harris(1991)는 격자형으로 배열된 포장에 쇠격자(grate)로 된 개구(開口, opening)를 만들고 원 지표면과 쇠격자 사이에 두꺼운 자갈층을 부설할 것을 제안한다. 그 간격은 약 6피트(2m)가 권고된다. 때로는 포장된 사이의 통기성을 향상시키기 위해 한쪽 개구부로부터 다른 개구부로 수평으로 배관을 부설한다.

상황 D: 답압된 토양, 지하 장벽 존재, 지하수위가 높은 부지

상황 C에서 답압된 토양에 대한 선형의 식재 구덩이에 대해 고찰하였지만, 이러한 설계가 적합하지 않거나 현실성이 없는 상황이 있을 수 있다. 이러한 상황은 바람직하지 않은 토양을 모두 제거하는 것이 비현실적이거나, 높은 지하수위가 존재하거나, 얕은 물리적인 장벽(거대한 기반시설과 같은)이 존재하여 굴착을 어렵게 할 때 발생한다. 옥상정원은 나중에 언급되고 고찰되어야 하는 고유의 특성이 있다. 옥상정원은 앞서 제6장에서도 고찰되었다.

지하수위가 높은 경우에는, 암거배수(暗渠排水, tile drainage)와 지표수 차단시설 설치가 하나의 해결책이다. 이러한 기술은 농업분야에서 오랫동안 사용되어 왔다. 따라서 선형의 식재 구덩이에 대해 권장되는 기술에 추가적인 배수 구조가 필요하다.

배수 시스템의 설치가 어렵거나 답압된 토양을 제거할 수 없을 경우에는, 기존 토양 높이 위에 둔덕(berm)을 쌓을 것을 권고한다. 이 둔덕은 여기에 식재될 근분을 위한 규정된 토양의 더미이다(**그림 9.8**). 규정된 토양은 자체 배수가 가능한 것이 좋다. 둔덕의 크기 범위는 개별 교목의 작은 흙더미로부터 교목 집단의 근분을 아우르는 선형의 커다란 둔덕에 이르기까지 그 폭이 넓다. 토양은 적어도 식재될 교목의 근분 높이와 동일하거나 더 높은 깊이로 쌓는다. 측면은 토양 침식 가능성이나 멀칭 자재의 유실이 최소화되도록 완만하게 경사지게 한다. 만약 둔덕이 크면, 지피식물을 조성하고 유지 관리해야 한다. 원 지표면에 암거배수를 부설하면 둔덕의 효과를 크게 높일 수 있다. 이렇게 하면 모세관현상에 의해 지하수위가 둔덕 속으로 올라올 가능성을 줄일 수 있고 답압된 토양 위에 부설되면 둔덕 바닥으로부터의 배수에 도움이 된다.

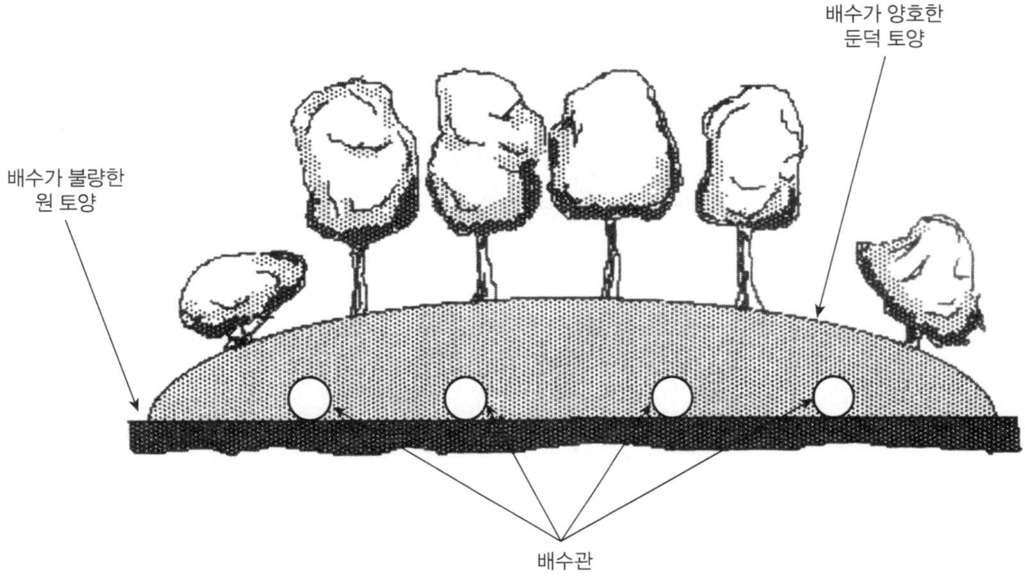

그림 9.8 식재 둔덕.

상황 E와 F. 제한적인 비옥도나 유독한 수준의 오염물질이 있는 부지

이런 유형의 부지에 의해 유발된 문제에 대한 해결책은 식재 기술보다는 해당 문제를 해결하거나 수종 선정(樹種選定, selection of species)으로 대처한다. 다른 상황에 대해 고찰된 식재 기술은 물리적 부지 여건에 의해 확인된 것과 같이 이 집단에도 적용된다.

저비옥도 토양에 대한 시비

저비옥도(低肥沃度, low-fertility)를 유발하는 요인이 무엇인가에 대한 질문이 있을 수 있다. 토양이 원래부터 비옥도가 낮은가? 어떤 영양소가 부족한가? 양분유효도(養分有效度, nutrient availability)에 영향을 미치는 pH 문제가 있는가? 제안된 식재 수목이 식재 부지에 대해 영양 요구가 과도한가? 해결책을 선정하기에 앞서 이러한 질문에 대해 대답을 할 필요가 있다. 또 다른 질문은 해당 토양의 물리적 여건이다. 답압되거나 배수가 지연되고 유기물이 적어 통기가 불량한 토양에 식재된 식물은 시비에 반응하지 않을 것이다. 이 경우 시비를 고려하기에 앞서 해당 토양의 물리적인 상태를 개선시켜야 한다.

식재 상황에 대한 최선의 접근방법은 잘 모르는 토양에 대해서는 토양시험을 실시하는 것이다. 해당 토양이 대부분의 영양소를 함유하고 있음에도 불구하고, 하나 이상의 영양소에 불균형이 있을 수 있고, pH가 해당 식재 수목에 적합한 범위를 벗어날 수도 있다. 설계 토양도 항상 시험하는 것이 좋다.

시험 결과가 영양소 추가가 필요한 것으로 나타나면, 식재에 앞서 토양 속에 혼합하거나, 더 좋게는 첫 생육기 이후에 시비를 하는 것이 좋다. 대부분의 저자들은 완전비료(完全肥料, complete fertilizer)를 사용한다면 식재할 때 시비를 권고하지 않는다(Harris, 1991; Whitcomb, 1987). 이렇게 주장하는 이유는 영양소를 흡수하기 위해서는 뿌리가 근분에서 되메우기 토양으로 자라 나와야 하기 때문에 적용된 비료를 뿌리가 이용할 수 없을 것이라는 것이다. 속효성(速效性, quick release) 재료로 된 비료 염은, 특히 나근 수목에서, 직접 접촉하는 뿌리를 손상시킬 수 있고, 식재할 때 적용되는 질소 비료는 뿌리 생장을 억제할 수도 있다(Warren, 1993). 가끔 되메우기 토양에 넣는 비료 덩어리는 효과가 크지 않고 국지적으로 과도하게 집중될 수도 있다(뉴욕주 시러큐스에 식재 후 1년 된 교목 구덩이에 대한 개인적인 관찰, 1994년 6월). 대부분의 경우 최선의 시비 결과는, Hensley 등(1988)은 Harris(1991)가 목련을 대상으로 실시한 것과 같이 다른 시기보다 봄에 식재할 때 시비하는 것이 더 좋았다고 확인했지만, 식재 후 가을에 시비하는 것에 의해 확보할 수도 있다(Appleton, 1988; Whitcomb, 1987). 또한 Hensley 등(1988)은 구덩이의 바닥에 놓은 비료가 지표면 적용이나 되메우기 토양에 혼합하는 것과 꼭 같은 효과를 보인다는 것을 확인하였다. 이러한 결과의 차이는 부지 상태, 종 선호도, 절차상의 기술적 차이 때문에 예견될 수 있다.

사용되는 비료 재료는 적어도 일부 지효성(遲效性, slow release) 질소를 포함하고 있는 것이 좋다. 이러한 형태에는 황피복요소(黃被覆尿素, sulfur coated urea), 인산염코팅요소

(polymer coated urea), 이소부틸2요소(-二尿素, isobutylidene diurea)와 요소-포름알데히드(urea formaldehyde)와 같이 천천히 가용한 불용성 형태가 있다. 이들 재료는 양분 유효기간이 약 8주에서 1년까지 그 폭이 넓다. 이들 재료를 사용하면 질소의 과도한 용탈 손실을 방지하면서 오랜 기간에 걸쳐 이를 식물에 공급하게 된다. 또한 천천히 방출되는 이들의 특징 때문에 식재 당시에 이것만(인과 칼륨 없이) 적절한 양을 적용할 수 있는데, 이러한 권고는 논쟁 중에 있다. 질소, 인, 칼륨을 함유하고 있는 완전비료는 이들 세 요소가 모두 결핍될 때에만 필요하다. 최선의 방법은 심각하게 결핍된 영양소만 적용하는 것으로, 이는 일반적으로 질소이다. 조사토(粗砂土, coarse sand soil)는 인이나 칼륨, 또는 둘 다 결핍될 수 있다.

노지에서 키우는 교목에 대해 비료를 지표면에 흩뿌리는 것은 단연 최선의 적용 방법이다(Good, 1989). 소교목은 수간으로부터 6인치(15cm)에서 시작하여 근분 구덩이 가장자리 바깥으로 약 6인치(15cm) 정도 연장하는 둥근 원이 포설되는 지역이다. 원의 폭은 해가 갈수록 뿌리 시스템이 바깥으로 확장됨에 따라 확대된다. 대부분의 실뿌리는 토양 단면의 표면 6~8인치(15~20cm) 이내에 있어서 지표에 적용된 비료의 대부분을 흡수할 수 있을 것이다. 비료를 흩뿌리는 것은 대형의 활착된 교목에도 권고된다. 12인치(30cm)를 초과하지 않는 구멍을 굴착하거나 관주의 필요성은 제한된 공간의 특별한 상황이거나 토양 답압을 완화할 필요가 있을 때에 한해 사용된다. 비료는 충전제(充塡劑, filler)로 퇴비와 혼합될 수도 있다.

격리된 공간이나 불투수성 표면 아래에 식재되는 교목에 대한 비료는 관수되는 물에 액체 비료를 첨가하거나 액체 비료와 함께 규칙적인 일정으로 수작업으로 관수하는 것이 가장 좋다. 이 기술은 양분 흡수를 위해 뿌리에게 가용한 제한된 토양 부피를 부분적으로 보상한다. 그러나 불투수 표면 아래로 뻗어 있는 뿌리에 접근하는 데는 분명히 어느 정도 제약이 있다. 보호판 아래 교목 식재 구덩이나 개구부에만 관수하는 것은 실뿌리에게 필요한 양의 양분을 공급하기에 불충분할 수도 있다.

교목의 수간으로 직접 비료를 주입하는 것은 특정한 양분, 병, 또는 해충 문제가 있는 활착된 대교목에 대해서만 권고되고, 어린 교목은 수간주입을 하지 않는 것이 좋다. 유기물 멀칭이 가끔 시비의 한 형태로 간과되고 있다.

양분 요구도가 낮은(효율적인 양분 활용) 일부 수종이 있지만 이들이 꼭 도시 식재에 가장 매력적이거나 바람직한 것은 아니다. 일반적으로 이들을 상대적으로 가혹하고 불모지에 견디는 "선구" 수종(先驅樹種, pioneer species)이라고 부른다. 개량제를 이용하여 토양을 개선시키는 것이 최선이다.

유독성 오염물질에 저항성이거나 내성이 있는 수종 선택

어떤 목본 수종은 다른 수종보다 특정 오염물질에 더 잘 견딜 수 있다. 쓰레기 매립지 식재지에 존재하는 오염물질 중 하나는 매립지 자체에서 발생하는 가스이다. 쓰레기 매립지에 적합한 수종 목록은 Craul(1992)과 Harris(1991)에서 확인할 수 있다.

중금속 함량이 이온 길항 작용(-拮抗作用, ion antagonism)을 유발하지 않거나 해당 부지가 식량을 제공하거나 인간의 활동을 위한 공간으로 사용되지 않으면 많은 식물은 상대적으로 높은 중금속 농도에 견딜 수 있다. 계획을 수립하는 사람은 최종 식재 설계를 제시하기 전에 이러한 시사점들을 고려해야 한다.

토양 오염물질의 제거 또는 감축

토양 오염물질(汚染物質, contaminant)의 완전한 제거는 오염되지 않은 토양으로 완전히 교체하지 않고는 달성할 수 없는데, 이는 비용이 매우 많이 드는 작업이다. 일반적인 실현 가능한 작업은 식물과 동물이 견딜 수 있는 문턱값(threshold value) 아래로 그 농도의 수준을 낮추는 것이다. 오염된 토양이 운동장이나 경기장처럼 범위가 넓고 인간의 활동이 필요하다면, 오염물질의 제거나 감축에 대한 보다 세심한 고려가 필요하다. 그러나 이러한 우려는 일반적으로 교목 식재의 범위를 넘어서는 것으로 여기서는 더 이상 고려하지 않는다.

도시 토양에서 흔한 오염물질로는 중금속, 해빙염(解氷鹽, deicing salts), 잔류 농약(殘留農藥, residual pesticide) 등이 있다. 중금속의 용해성(溶解性, solubility)은 pH를 높은 수준(약 pH = 8.0 이상)으로 유지함으로써 크게 낮출 수 있다. 불행히도 이 용액은 식생 집단의 잠재적인 구성을 현저하게 제한한다. 미국 동부지역에 있는 대부분의 목본식물(木本植物, woody plant)은 pH가 5.6에서 6.5 범위 내의 토양에서 가장 잘 자란다. 서부지역의 자생종(自生種, native species)은 더 높은 pH 수준에 적응되어 의도적으로 높은 pH로 유지되는 토양에 만족스럽게 생장할 수도 있다. 그러나 이들 종은 동부에 식재되기에 적합하지 않을 수도 있다.

이 장의 앞에서 언급한 바와 같이, 해빙염은 민물(freshwater)로 씻어냄으로서 제거할 수 있다. 농약 효과의 감축도 토양에 활성탄을 첨가하여 완전히 섞어줌으로써 달성할 수 있다(Harris, 1991; Whitcomb, 1987).

식재 전에 해당 토양을 완전히 교체하는 것은 고도로 오염된 토양에는 최선의 대안이 될 수도 있다. 토양 분석에 의해 제시되는 것처럼 식재 전 교체는 잠재적인 문제를 해결할 수 있다. 유럽에서 기존 교목 주변에까지 토양을 성공적으로 교체한 많은 사례가 보고되고 있고, 이제는 미국 특히 캘리포니아와 중서부에서 일부 사례가 보고되고 있다(Watson 등, 1996).

상황 G: 모든 기준이 제한적인 완전히 조작된 부지

자금 확보가 가능하고 고객의 목표가 고도로 "조작된"(engineered) 설계를 허용하는 경우가 있다. 워싱턴 DC 펜실베이니아가(Pennsylvania Avenue)를 따라 보도에 교목을 식재한 것이 이 적용의 한 사례이다. **그림 9.9**는 지하 설계를 보여준다. 보도는 컬럼비아 특별구(District of Columbia)가 요구하는 소방 시설의 무게를 지지할 수 있어야 한다. 따라서

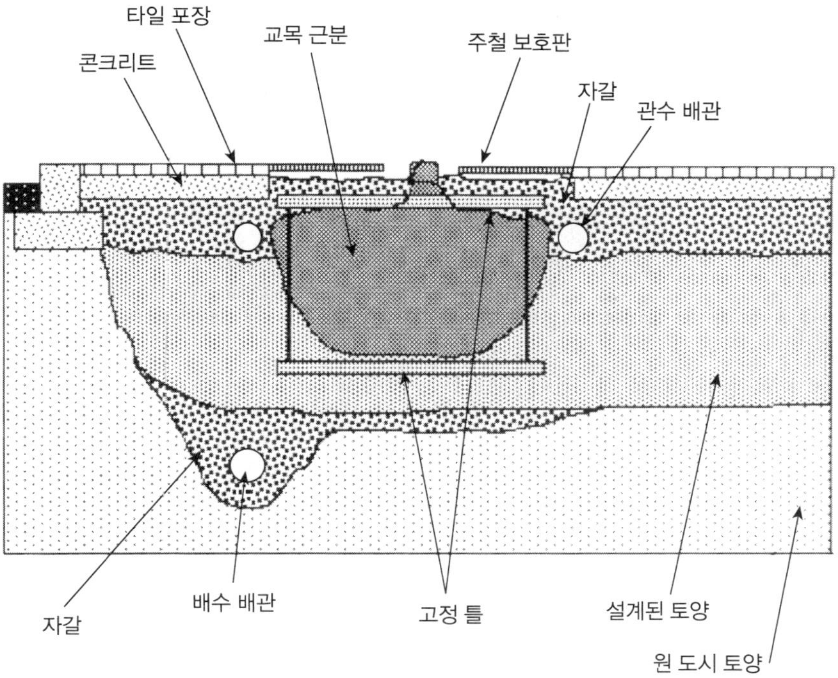

그림 9.9 워싱턴 DC 펜실베이니아가 가로수 조성의 단면도. (Jewell/1981과 Craul/1992에서 전재.)

보도는 철근 콘크리트(reinforced concrete)로 매우 불투수성이다. 통기 배관이 설치되어 각 식재 구덩이로부터 바퀴살처럼 바깥으로 뻗어 있으며 한 구덩이와 다른 구덩이로 연결된다. 이 배관은 공유 밸브 박스(common valve box)에 연결되어 있어서 관수와 시비용으로 사용될 수도 있다. 이 박스는 적절한 양의 물을 관수할 수 있도록 관리인에 의해 규정된 기간 동안 채워져 있다. 액체 비료는 이 박스 안에 적용된다. 이러한 환경에서 버들참나무(*Quercus phellos*)는 거의 죽지 않고 생존하여 매우 잘 자라고 있다.

또 다른 사례는 덴버시의 트랜짓몰(Transit Mall, 대중교통전용지구)이다(**그림 9.10**). 이 보도는 토양 위에 떠 있다. 통기는 수간 개구를 통해 이루어진다. 만약 해당 교목을 교체할 필요가 있으면, 크레인을 이용하여 콘크리트 덮개를 양쪽으로 제거한다. 측면의 긴 틈은 뿌리가 주변 토양으로 뻗어나가게 하기 위해 존재한다. 이 박스를 둘러싸고 있는 토양의 유형은 저자가 잘 알지 못한다. 1991년 식재에 대한 개인적인 관찰에 의하면 일부 교목은 불량한 생장을 보였는데, 그 원인은 확인되지 않았다.

식재에 방근 사용

교목 식재에 방근(防根, root barrier)을 도입하거나 기존 교목에 적용하는 것에 관해서는 많은 논쟁이 있다(Anon, 1990, 1995). Gilman(1996)은 방근이 뿌리를 방근 토양 내에서 억지로 더 깊이 들어가도록 하지만 방근 바깥 4피트(122cm) 이내에서 원래의 깊이인 지표면 가까이로 되돌아온다는 것을 보여주었다. 이러한 현상은, Lyford(1980)가 뿌리는 근원(根元,

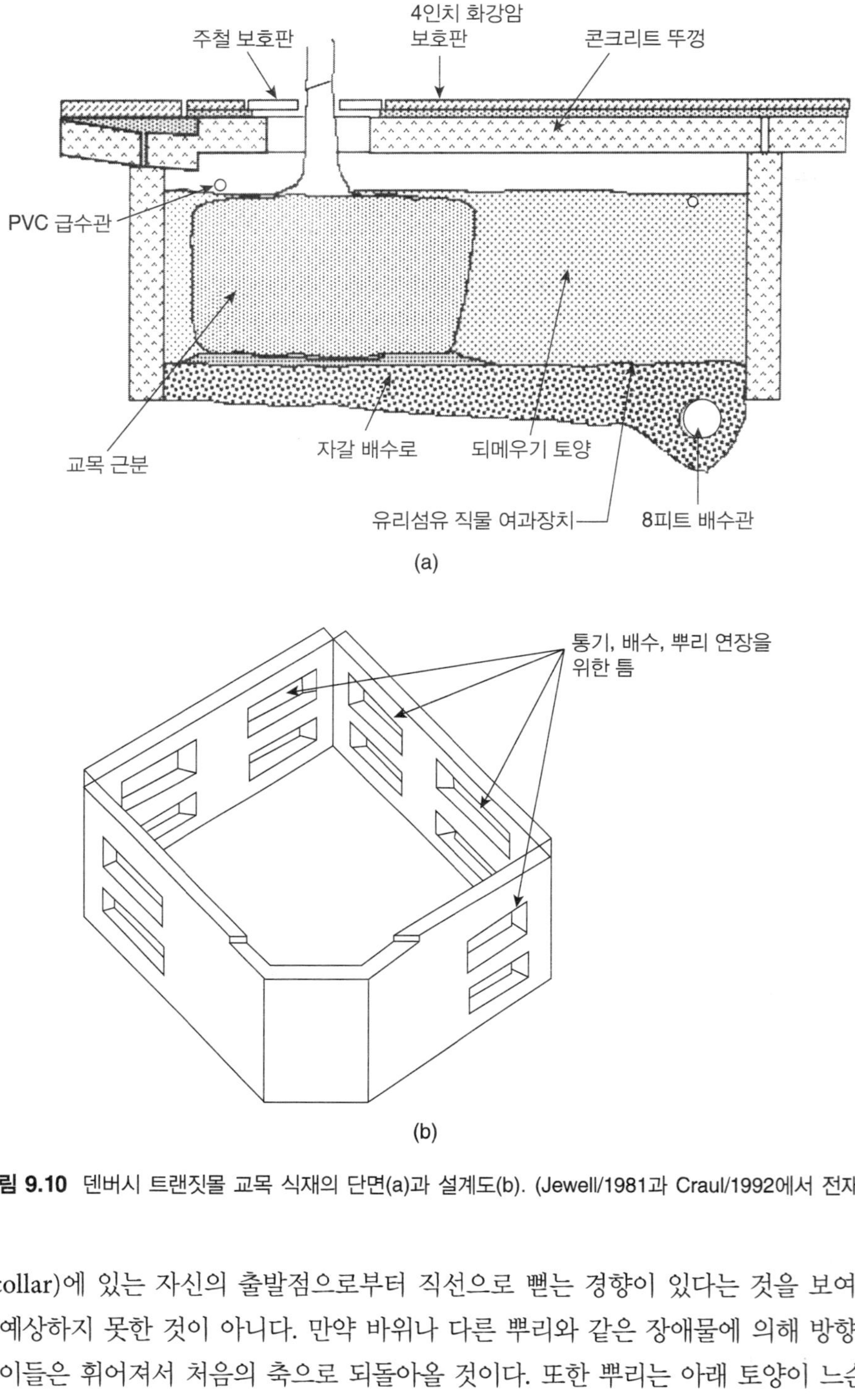

그림 9.10 덴버시 트랜짓몰 교목 식재의 단면(a)과 설계도(b). (Jewell/1981과 Craul/1992에서 전재.)

root collar)에 있는 자신의 출발점으로부터 직선으로 뻗는 경향이 있다는 것을 보여준 것처럼, 예상하지 못한 것이 아니다. 만약 바위나 다른 뿌리와 같은 장애물에 의해 방향이 바뀌면, 이들은 휘어져서 처음의 축으로 되돌아올 것이다. 또한 뿌리는 아래 토양이 느슨해지지 않는 한 자신에게 보다 유리한 환경을 가진 지표면으로 되돌아온다(Costello 등, 1997). 이러한 효과는 답압된 도시 토양에서 가장 뚜렷하게 관찰된다(**그림 9.11**).

Fraedrich(1995)는 성목의 뿌리에 의한 보도 솟음에 대한 해결방안으로 방근과 단근의 조합을 권고한다. 식재할 때 방근을 설치하면 뿌리를 더 깊은 곳으로 향하도록 하는 데 도

그림 9.11 답압된 토양으로 인해 지표면으로 나올 수밖에 없는 뿌리. 뉴욕주 시러큐스(Syracuse).

움을 주거나 방근에 의해 제한된 지역 내에 유지시킬 것이다. 그러나 방근을 사용하면 옥죄는 뿌리(girdling root)를 형성할 가능성이 증가하여 해당 교목에 해로운 결과를 가져올 수 있다(Watson 등, 1990).

만약 식재 설계에서 충분한 뿌리 전개 공간이 제공되면, 방근은 불필요할 것이다. 이의 이용은 뿌리가 신장과 확대를 위해 필요한 공간에 미치지 못하는 공간 내에 제한될 때로 한정되는데, 이는 설계나 계획수립의 실패로 간주되어야 한다. 이들의 활용은 배수가 매우 양호한 토양이나 특별히 설계된 뿌리 전개 배지에만 가장 효과적일 가능성이 높다.

9.5 특수 적용

공익설비 통로

공익설비 통로(utility corridor)에는 배관, 전기와 전화선, 관수용 수로 등이 있다. 교통 통행로도 일반적으로 식재 기술에 영향을 주는 특별한 토양 여건을 가진 통로이기 때문에 여기에 포함시키는 것이 좋다. 고속도로 교차로는 공사 후에 교목과 관상용 관목을 식재할 수 있는 넓은 면적의 개방된 공간을 가지고 있다. 이 토양은 교란되거나 단면이 어느 정도 잘려나간 상태다. 때로는 녹색공간이나 그린벨트로 간주되는 공익설비 통로와 통행로 사이에 또는 두 시설에 의해 고립된 개방된 땅의 가는 띠는 교란된 토양과 자연토양 일부가 섞인 일반적인 도시 상황과 비슷한 토양 여건을 가지고 있다. 그러므로 교란되지 않은 토양과 공사 교란으로 인해 섞여서 발생한 복잡한 토양의 모자이크를 확인하기 위해서는 상대적으로 집중적인 토양 시료채취가 필요하다. 이들 부지는 선형 패턴이 예상된다. 이들 지역은 대부분의 경우 개방되어 있고 비포장이기 때문에 대부분의 경우 적절한 식재 기술은 상황 A가 될 가능성이 높다. 공사 활동과 통행으로 토양이 답압되었을 가능성이 있으니까 개량 조치가 필요하다.

많은 주요 지역 및 주간 고속도로 통행로를 따라 감지되는 심각한 영향은 인접한 교목 잎에 대한 염 분사 오염과 토양에 대한 염의 습식 및 건식 침적(沈積, deposition)이다. 이러한 영향은 주변 경관으로 수십 미터까지 미칠 수도 있다(Townsend & Kwolek, 1987). 스트로브잣나무(*Pinus strobus*), 레지노사소나무(*Pinus resinosa*), 시이더류(ceders)와 같은 침엽수가 특히 감수성이고 죽는 경우가 흔하다. 설탕단풍(*Acer saccharum*), 적단풍(Acer rubrum), 런던버즘나무(*Platanus* x *acerifolia*), 작은잎피나무(*Tilia cordata*) 등과 같은 많은 활엽수도 일반적으로 도장지나 빗자루병(witches' broom)과 같은 증상을 보이는 피해를 입는다. 죽거나 죽어가는 교목은 반드시 내염성 수종으로 교체하는 것이 좋다. 이들 수종의 목록은 Harris(1991), Craul(1992) 등에 제공되어 있다. 대량의 담수로 해당 토양을 씻어내면 토양 염 농도를 효과적으로 낮출 수 있다(Brady, 1990). 봄에 비가 많이 오는 지역에서는(연간 30인치/750mm 이상), 강우가 생육기 중간까지 해당 토양을 씻어내기에 충분할 수도 있다(뉴욕 시러큐스에서 저자의 해빙염에 관한 미발표 연구).

다양한 주정부의 기관들이 교통통로를 따라 특정 형태의 관리가 필요한 식생이 있는 넓은 지역이 존재한다는 것을 인식하기 시작했다. 현재 이들 지역에 적용되고 있는 관리와 관심의 수준이 제한된 예산으로 인해 제약을 받고 있다.

9.6 르 프레베르디스망(오늘 식재하고 내일 건설하라) 개념

이것은 Guinaudeau(1987)가 제안한 사전 식재 개념으로, 미국에서 진행되는 개발이나 복구 프로젝트의 많은 부분에 적용될 가능성이 높은 것이다. 이는 해당 부지에 대해 예상되는 잠재적인 이용에 적합한 특정 지역을 위해 세심하게 개발된 식재계획으로 구성된다. 이 설계는 식물이 계획된 구조물이나 공사 과정과 충돌하거나 방해하지 않도록 배치한다. 이렇게 하면 이들은 공사가 시작되기 전에 잘 활착될 수 있다. 그러나 해당 식물에 대한 공사 피해가 발생하지 않도록 주의를 기울여야 한다. 따라서 설계와 보호조치 둘이 결합하여 식물이 바람직한 크기에 도달하는 데 필요한 시간의 길이를 줄임으로써 조속한 활착과 생장을 보이는 식생을 제공한다. 의도된 용도가 분명하지 않은 경우에도, 폭넓은 잠재적인 용도를 수용할 수 있는 방법으로 식재 계획을 강구할 수 있다. 이렇게 하면, 일시적인 식생으로 된 평범한 비어 있는 토지 조각에 비해 오픈스페이스의 미적인 질이 크게 향상된다.

만약 올바르게 입안된다면, 식재 수목들은 포장을 포함한 장래의 구조물이 식물의 뿌리 전개 공간을 침범하지 않는 개방된 지표면에 있는 것처럼 취급될 수 있다. 식재에 앞서 부지평가를 통해 설치될 수 있는 지하배수나 다른 지하 기반시설의 필요성을 확인하는 것이 좋다. 이 개념의 분명한 단점은 개발에 앞서 자본 지출이 필요하다는 것이다. 일반적으로, 개발업자는 해당 비용을 5년 이하의 기간에 걸쳐 자본화하기를 원한다. 어느 정도의 지적인 통찰력을 가진 이 개념은 구조물 주변에 적합한 경관 계획이 아닌 건축될 구조물 내부와 주변에 대한 경관계획을 조기에 수립하도록 한다. 바꾸어 말하면, 건축가가 경관이 조성된 부지의 아름다움을 이용할 수도 있다.

9.7 대교목 이식

대단히 무거운 특화된 이식 장비가 개발되어 성목이나 대교목을 이식할 수 있게 되었다. 이 작업은 이식 성공을 보장할 수 있는 매우 무겁고 큰 근분 확보를 가능하게 한다. 이 작업을 수행하는 데는 다양한 방법이 있고 특정 수목관리 회사는 이 작업에 특화되어 있다. 이는 매우 특화된 기술이고 이 장의 범위를 초월한다. 그러나 여기서 고찰된 원칙의 많은 것들이 소교목과 마찬가지로 대교목을 이식할 때에도 적용된다.

9.8 교목 식재 평가

교목과 다른 식물을 식재하기 전에 토양과 부지 상태를 충분히 평가하는 것이 중요하다. 이 과정은 시공자가 보증하는 기간뿐만 아니라 해당 식재설계의 성숙단계에 대한 식재의 성공을 보장한다. 평가과정에서 노력과 비용을 거의 들이지 않고 소중한 정보를 얻을 수 있는 몇 가지 간단한 단계가 있다. 이 과정은 시간과 돈을 절약하기 위해 평가를 하지 않고 "모든 것이 잘 될 것"이라는 그저 운에만 맡기는 것보다 훨씬 우월하다. 실패한 식재를 교체하는 비용은 모든 사전 평가 비용을 쉽게 초과한다.

교목 건강 평가

새로이 식재된 개체의 생존과 전반적인 건강을 확인하기 위해 다양한 가시적인 물리적 교목 특성을 관찰할 수 있다. 여기에는 잎, 잔가지, 수피, 뿌리 조사가 포함된다.

잎 색상은 훌륭한 진단 도구이다. 전체 수관에 걸쳐 완전히 형성된 잎을 가진 균일한 밝은 녹색은 활엽수종에 대해 양호한 건강 상태를 나타내는 신뢰할 수 있는 지표이다. 황화(黃化, yellowing)는 과소 또는 과다 토양수분으로 인한 수분 스트레스를 나타내거나 다양한 정도의 양분결핍을 나타낼 수도 있다. 후자는 보다 특정의 특성을 띠는데 이는 **표 9.2**에 나열되어 있다. 다양한 증상에 대한 혼동을 피하기 위해 주의를 기울여야 한다. 이른 봄에 새로이 식재된 교목의 잎이 황화되고 불완전하게 성숙되는 것은 일반적으로 휴면기 동안 토양 침수로 인한 스트레스가 있었음을 나타낸다. 이러한 상태는 답압된 토양에 식재된 도시 교목에서 흔히 발생하고, 토양 배수를 개선하면 생존에 도움이 될 것이다. 전정과 시비는 권고되지 않는데 이는 도움이 되기보다는 해가 될 가능성이 높다(Whitcomb, 1987). 침엽수 잎의 수분 스트레스 진단은 조금 더 어렵다. 많은 경우 잎은 피해가 죽을 정도에 도달한지 한참 후에야 갈색으로 변한다. 새로운 또는 당년 잎의 황화가 수분 스트레스의 일부 실마리를 제공하지만 이것도 몇 가지 양분 결핍과 쉽게 혼동될 수 있다. 토양 상태와 뿌리

표 9.2 교목의 영양결핍 증상

영양소	결핍 증상
질소(N)	작은 침엽이나 잎, 전반적인 황록색, 성긴 수관, 불량한 생장, 낮은 엽록소 함량
인(P)	침엽수는, 침엽이 회색이나 청록색 또는 가끔(소나무류에서) 자주색, 적갈색, 붉은색으로 변한다. 증상은 대부분 늦여름에 침엽의 끝에서, 특히 남아 있는 오래된 잎에서 뚜렷하고, 덜 영향을 받은 어린잎과 대조를 이룬다. 활엽수는, 잎(특히 참나무류)이 암록색이나 붉은색을 띠고, 잎의 밀도가 낮고, 생장은 불량하다.
칼륨(K)	침엽수의 침엽이 작고 황록색과 황색으로 변하고, 증상은 여름, 겨울, 봄에 오래된 잎의 끝에서 가장 뚜렷하다. 결핍이 심각하면 끝이 갈색으로 변하고, 침엽이 떨어지고, 가지와 잔가지가 죽을 수 있다. 더 어린 잔가지는 가끔 녹색을 유지한다. 활엽수의 잎은 어두운 청동색을 보이고 가장자리는 밝은 노란색으로 괴사 반점이 있고, 결국 오그라들어 죽는다.
마그네슘(Mg)	침엽수의 침엽은 늦여름이나 가을에 끝으로부터 황금색이나 노란색에서 녹색으로 갑자기 전환되는 "후광"효과(後光效果, halo effect)를 보인다. 변색은 다음 해에 더 확대되고 끝의 괴사가 발생할 수도 있다. 증상은 습한 해에 더 심각하다. 무심코 보면 칼륨 결핍과 혼동을 유발할 수 있다. 활엽수는 엽맥 사이에 불규칙한 황색 반점을 보이고, 오래된 잎에서 더 심하다. 심해지면, 전체 잎이 노란색으로 변하여 일찍 떨어진다. 잎이 떨어지지 않으면 증상은 시비 후에 서서히 사라진다.
황(S)	증상은 질소 결핍과 비슷하다. 토양과 잎 분석을 해보면 무엇이 부족한지 확인할 수 있다.
철(Fe)	증상은, 특히 습하거나 추운 해에, 어린잎이나 침엽의 황백화이다. 참나무에서는, 잎이 나올 때 노란색을 띠거나 엽맥 사이 괴사 반점과 밝은색이 나타나고, 결국은 말리면서 죽는다. 가장 어린잎이 가장 심각하게 영향을 받는다. 피해가 심각하지 않으면 철염(鐵鹽, iron salt)을 살포하면 빠르게 회복된다. 최선의 해결책은 흔한 우발요인인 높은 토양 pH를 교정하는 것이다.
망간(Mn)	침엽수의 증상은 근본적으로 철 결핍과 같다. 활엽수는 잎 가장자리가 황백화를 보이고 점진적으로 주맥 사이로 확대되며, 주맥과 중심맥(中心脈, midrib)을 따라 녹색의 띠를 형성한다. 황백화 부위에 괴사 반점이 발생할 수도 있다. 마그네슘 결핍과 달리 증상이 기부엽(基部葉, basal leaf)으로부터 정엽(頂葉, terminal leaf)으로 점진적으로 감소하는 경사는 발생하지 않는다.
붕소(B)	일반적으로 분열조직의 고사나 뒤틀림이 특징이다. 다양한 수종에서 나타나는 증상으로는 잎 끝 시듦, 휨, 고사; 뒤틀리고, 작거나 간격이 좁은 정단잎; 생육기 말에 잎이나 눈의 고사 등이 있다.

표 9.2 (계속)

영양소	결핍 증상
구리(Cu)	**침엽수**에서는, 일반적으로 약하고, 늘어지고, 물결 모양이나 처지는 신초; 구부러진 줄기; 뒤쪽으로 휜 가지; 정아 고사; 정단 잎 변색; 생육기 말에 낙엽 등을 보인다. **활엽수**에서는, 새로운 잎이 암록색이나 청록색이 되고 함몰 또는 위축으로 뒤틀린다. 잎 가장자리의 괴사나 불규칙, 엽맥 사이 황백화가 발생할 수 있다. 짧아진 정단 생장으로 인해 "로제트"(rosette) 효과가 나타날 수도 있다. 포플러에서는 커다란 암갈색 반점이나 검은색 잎이 증상이다.
아연(Zn)	증상은 어린잎, 특히 해당 교목의 위쪽 수관과 햇빛을 받는 쪽에 있는 잎의 뚜렷한 황백화이다. "로제트" 효과가 발생한다. 엽맥 사이 황백의 얼룩이 있고 심하면 신초가 고사한다. **침엽수**는, 수관의 상층부에서 가지, 침엽, 침엽의 간격이 극도로 짧아지고, 오래된 잎의 전반적인 황화와 낙엽이 발생한다.

출처: Craul, 1992.

를 조사하면 수분 스트레스를 제거할 수도 있다.

이전 생장과 비교해서 당년지 신장의 성숙 길이도 식물 건강의 또 다른 지표가 된다(**그림 9.12**). 농장에서의 이전 생장과 비교하여 신장이 갑자기 짧아지면 문제가 있다는 것을 의미한다. 일부 가지가 짧아지는 것은 이식 충격으로 인해 예상될 수도 있지만, 어떤 수종과 개체는 농장에서의 경쟁 제거와 어쩌면 새로운 식재지의 크게 향상된 생육 여건으로 인해 매우 긍정적인 반응을 보일 수도 있다.

수피는 출하, 운반, 식재 중의 기계적인 상처를 확인하기 위해 점검된다. 모든 상처는 성실한 수목관리 작업에 의해 치료되는 것이 좋다. 심각한 상처는 수목의 거절과 교체의 근거가 된다. 해충과 병의 증거를 찾는 것은 잎, 잔가지의 수피, 수간을 대상으로 이루어진다. 근원은 해당 근원이 적절한 깊이로 식재되었는지를 확인하기 위해 점검한다. 근원을 너무 깊이 식재하면 많은 수종에게 치명적일 수 있고, 부후와 궁극적인 파손, 또는 원하지 않는 맹아 발생을 유발할 수 있다. 심식(深植, deep planting)에 감수성인 수종들로는 설탕단풍, 캘리포니아 연안참나무(*Quercus agrifolia*), 산딸나무류, 룻지폴소나무(*Pinus contorta*), 스트로브잣나무 등이 있다(Stone/1993에 게재된 E. T. Smiley). 근원을 너무 얕게 식재하는 것이 해로운 결과를 훨씬 덜 유발하기 때문에 지하수위가 얕거나 장애물이 존재하는 곳에서는 적합한 관행일 수 있다.

뿌리 조사가 어렵긴 하지만, 심각한 생장 부진 증상이 나타나면 권고된다. 건강하고 활기찬 교목 뿌리 끝의 색깔은 흰색에서 밝은 노랑이고 표면이 매끈하다. 단면으로 절단해 보면 같은 색깔이 나타난다. 침수된 토양에서와 같이 불량한 통기에 의해 영향을 받은 뿌리는 어두운 갈색, 자줏빛, 또는 검기까지 하며, 거칠게 보이는 표면을 가지고 있다. 단면의 색깔도 일반적으로 어둡게 착색되어 있다. 낙엽 교목의 뿌리도 저장된 탄수화물(炭水化物, carbohydrate)을 확인하기 위해 조사할 수도 있다(Wargo, 1975, 1988). 저장된 전분(澱

(a)

(b)

그림 9.12 전경(a), 스트레스를 받은 교목(b)과, 정상적인 교목(c)의 신초 길이 비교. 유타주 솔트레이크시티.

(c)

그림 9.12 (계속)

粉, starch)이 많은 교목은 이식 충격을 극복할 가능성이 더 높다. 최적의 저장된 탄수화물을 가진 뿌리는 요오드용액(iodine solution)을 적용하면 단면 전반을 통해 진한 청색의 발색 반응을 보일 것이다. 중간 정도의 저장된 전분은 방사조직에서만 착색이 되는 것을 보여준다. 저장된 탄수화물이 거의 없거나 생장 결핍을 보이는 뿌리는 모든 조직에서 색깔이 나타나지 않을 것이다. 시험되는 뿌리는 직경이 적어도 3/8인치(1cm)이고 근원으로부터 1피트(30cm)에 위치하는 것이 좋다.

가지도 같은 방법으로 시험될 수 있지만 뿌리가 궁극적인 전분 저장장소이다. 만약 가지가 중간 이상의 전분 양을 보이면 뿌리는 시험할 필요가 없다. 그 해의 계절이 결과에 영향을 미칠 것이다.

토양 평가

토양 평가(土壤評價, soil evaluation)는 뿌리 조사와 함께 수행될 수도 있다. 침투율(浸透率, infiltration rate), 배수와 통기성, 보수력, 용적 밀도, 비옥도 등을 모두 조사할 필요가 있다(Craul, 1988; Kays, 1982).

침투율은 관수나 비가 오는 동안에 관찰할 수 있다. 일반적으로 그 속도는 시간당 1인치(25mm)를 초과하는 것이 좋다. 심토의 투수성이 과도한 물을 제거하기에 적합한 경우, 만약 호우 상황에서 토양이 짧은 시간(1시간 이내) 동안만 물이 고이면, 침투율은 괜찮다고 할 수 있다. 물은 해당 토양 단면 내 어느 곳에서든, 특히 해당 교목의 구덩이 바닥에서, 축적되지 않는 것이 좋다. 만약 축적이 발생하면, 암거배수를 해주어야 한다. 토양 수분은 건조한 부분 없이 해당 단면에 걸쳐 고루 분포하는 것이 좋다. 되메우기 토양과 주변 토양은 근분이나 나근 구역과 마찬가지로 수분을 보유할 필요가 있다. 토양 밀도는 교목을 앉히고 되메우는 작업을 함에 따라 예측된 값에서 변할 수 있다(Patterson & Mader, 1982). 되메우기 토양과 주변 토양의 용적 밀도는 뿌리 침투를 위한 문턱값(점토 1.65Mg/m^3, 답압된 토양 1.70~1.80Mg/m^3)을 초과하지 않는 것이 좋다(Veihmeyer & Hendrickson, 1948; Vepraskas, 1988). 비옥도 수준과 pH는 다른 곳에서 권고되는 것에 상당하는 것이 좋다.

제10장 공사 침식과 퇴적 조절

10.1 서론

침식(侵蝕, erosion)은 붕괴의 힘이나 동인(動因, agent) (물, 얼음, 바람, 중력, 인간의 활동 등)에 의해 지구의 표면이 깎여나가는 것으로 정의될 수 있다. **지질침식**(地質浸蝕, *geologic erosion*)은 자연적으로 발생하는 붕괴 과정으로 모든 지표면에서 진행되는 지형 윤회(地形輪廻, geomorphic cycle)의 한 부분이다. 인간의 활동이 이러한 마모 과정에 기여하는 경향이 있는데, 이를 **가속침식**(加速浸蝕, *accelerated erosion*)이라고 부른다. 이러한 현상은 고유식생(固有植生, native vegetation)이 제거되고 농업용이나 도시 개발용으로 사용되는 토지에서 가장 두드러진다.

세계의 주된 사회적 문제가 굶주림인 이때 토양침식은 식량 생산에 직접적인 영향을 미치기 때문에 오염문제와 함께 세계 대부분의 국가들이 당면하는 **주된 환경 문제**(環境問題, *environmental problem*)이다. 어떤 경우에는 침식이 극심하여 쉽게 관찰되는 데 비해 다른 곳에서는 미세하여 서서히 진행된다.

침식은 일반적으로 지표면에서 발생하기 때문에 해당 단면의 가장 소중한 부분인 혼합된 유기물과 고수준의 양분을 함유하고 있고 뿌리 침투와 생장에 최적의 물리적 상태를 가진 층위를 제거한다. 심각한 침식은 실개천(rill)과 도랑을 유발하여, 소중한 토양 덮개가 상실될 뿐만 아니라 농사일을 방해하고 개간을 어렵게 하는 장애물을 만든다. 이러한 토양은 농업 생산을 지원할 수 없고 오늘날 제한된 자원인 가경지(可耕地, arable land)의 면적을 줄일 수 있다. 토양 손실은 에이커당 매년 1에서 25S/T(헥타르당 2.2에서 56MT) 이상으로 그 범위가 넓다. 미국은 매년 약 5천만 에이커(2천만 헥타르)를 침식으로 잃고, 추가로 1억 에이커(4천만 헥타르)가 지표면의 절반 이상을 상실한다고 추정되고 있다. 육지에서의 토양 손실과는 달리 개울과 강은 퇴적물로 채워진다. 식생과 토양의 물 저장능력 손실은 하천의 기저유량(基底流量, base flow)을 감소시키고 아프리카 사하라 사막 주변지역(Sahel)의 현재 상태처럼 국지적이고 지역적인 기후를 건조하고 온난하게 하는데 영향을 미친다(이러한 현상은 부분적으로 대규모 기후변화에 기인하기도 한다).

토양 침식은 문명에도 엄청난 영향을 미쳤다. 가장 두드러진 사례는 최초의 에덴동산(Garden of Eden) 지역이었던 티그리스(Tigris)와 유프라테스(Euphrates)강 사이 지역을 차지하고 있던 초기 문명의 쇠퇴이다. 이곳은 솔로몬왕 시절에는 초목이 무성한 아열대지역이었다. 사실 그의 궁전과 사원을 짓기 위한 목재는 지금 레바논에 있는 숲으로부터 왔다. 지나치게 열성적인 토지 개간과 물의 남용(이 용어들이 더 친숙하다!)이 지역적인 기후를 변화시키고 문제를 더욱 악화시켰다고 생각된다. 같은 상황이, 비록 침략한 로마군대의 파괴도 하나의 요인이었지만, 북아프리카 문명의 쇠퇴에도 기여한 것으로 보인다. 또 다른 사례는 유카탄과 과테말라 지역에서 번성했던 마야 문명의 소멸이다. 분명 북유럽은 광범위하고 심각한 침식을 경험한 적이 없는데, 이는 아마 고도의 절약 정신과 보다 알맞은 기후 때문일 것이다.

미국 중서부 대초원의 개간 및 경작과 관련된 토양 침식은 1920년대에 절정에 이르러 1930년대 초의 대규모 황진(黃塵, Dust Bowl)을 유발하였다. 1935년에 현재 미국자연자원보호청(NRCS, Natural Resources Conservation Service)의 전신인 토양보존청(SCS, Soil Conservation Service)이 농무부 산하 조직으로 발족하여 계획을 수립하고 동인인 바람과 물에 의한 토양 침식을 조절하도록 농부와 기타 토지 소유주에 대한 지원을 수행했다. 이를 통해 이후 55년 동안 상당한 정도의 성공을 거두었지만 아직 할 일이 많다.

앞서 언급된 여건과 감독기관의 문제 인식으로 인해, 이제는 많은 주와 지방에서 건설과 복구 프로젝트에 대한 허가 과정의 일부로 침식과 퇴적 조절에 대해 더 많은 요구를 하고 있다. 그러므로 모든 조경가는 이 문제에 민감하고, 공사 과정 동안 필요한 예방 조치를 취하고, 모든 설계의 일부로 영구적인 침식과 퇴적 조절을 고려할 필요가 있다.

10.2 침식작용

침식작용(浸蝕作用, erosion process)은 세 단계로 이루어진다: 토양 입자(土壤粒子, soil particle)의 **분산 탈리**(分散脫離, *detachment*), 탈리된 입자의 **운반**(運搬, *transport*), 침전물로서 해당 입자의 **퇴적**(堆積, *deposition*).

토양 입자는 맨땅의 표면을 때리면서 떨어지는 빗방울의 운동 에너지(運動-, kinetic energy)에 의해 분리된다. 자연적인 폭풍의 운동 에너지는 헥타르-센티미터(hectare-centimeter)당 6.2×10^6 주울(joule)에 달할 수 있다. 분산 탈리를 유발하는 추가적인 요소는 일부 물이 지표면에 고인 후에 발생하는데, 고인 물로 떨어지는 빗방울의 튀김이 토양 입자를 분리시킨다. 이렇게 분리된 입자는 물에 뜨게 된다.

일단 토양 입자가 분리되면, 지표면 위로 만들어진 수로를 따라 움직이는 물에 떠서, 또는 흐르는 물의 양과 속도가 임계 수준을 초과할 때 수로 바닥을 따라 튀기는 하상 유사(河床流砂, bedload)로 운반된다. 이처럼 떠 있는 물질은 연마제(硏磨劑, abrasive agent)와 같은 역할을 하여 흐르는 물이 도랑의 가장자리나 둑을 따라 토양입자의 분리에 기여한다. 속도가 빠르고/거나 움직이는 물의 양이 많을수록 물이 운반할 수 있는 부류 토사(浮流土砂, suspended load)도 더 많아지고, 운반되는 입자의 직경도 더 커진다. 천천히 또는 느릿느릿 흐르는 물의 움직임은 떠 있는 점토만 운반하고, 직경이 더 큰 모든 물질은 가라앉게 할 것이다. 홍수나 봄에 눈이 녹을 때 발생하는 급류(急流, torrent flow)는 부하가 큰 자갈이나 돌멩이 크기에 상당하는 크기의 물질을 운반할 수도 있다. 사실 많은 양의 산악 급류가 빠른 속도로 흐를 때에는 하상유사로 직경이 몇 피트에 달하는 작은 바위도 운반할 수 있다.

침전물의 퇴적은 흐르는 물의 속도나 양이 현저하게 감소하거나, 어떤 이유에서든 운동 에너지가 소멸되었을 때 발생한다. 굵은 물질이 먼저 그리고 일반적으로 이의 출처에 가장 가까운 곳에 가라앉는 반면, 점토나 가는 미사와 같은 미세한 입자는 배수 시스템의 끝까지 운반된 다음 바다의 연안에 퇴적될 것이다. 다른 퇴적은 같은 지역 내 또는 경사의 바닥 등과 같이 보다 국지적일 수도 있다. 침전물의 퇴적은 층화된 형태로 쌓이게 되는데, 이는 침식 사건들 간의 퇴적 유형이 변하거나 같은 사건 내에서도 흐르는 물의 속도나 양이 변하기 때문이다.

이러한 과정을 통해 수로 가장자리와 경사는 깎여나가고 계곡과 함몰지는 확대된다. 더 세립질이고 투과성이 더 낮은 심토가 노출되면서 침식 잠재능(浸蝕潛在能, erosion potential)이 증가한다. 경운, 공사 등과 같은 활동 중의 기계 장비에 의한 토양 답압도 침투에 의한 침식 잠재능을 증대시킨다.

앞선 고찰을 통해 살펴보았듯이 표면 침식(表面侵蝕, surface erosion)은 토양 표면이 드러나 있을 때에만 발생한다는 사실을 인식하고 있는 것이 좋다. 기복이 심한 지형(rugged terrain)에 있는 임지(林地, forest land)의 경우에는, 지표면이 일반적으로 식생 피복과 지표면을 덮고 있는 삼림 잔해에 의해 보호되기 때문에 침식이 발생하지 않는다. 이 경우 물과 함께 중력의 힘과 같은 다른 기제(機制, mechanism)에 의해 지질침식의 과정이 진행된다.

교란되지 않은 식생에서는, 대부분의 빗방울에 의한 파괴적인 운동 에너지가 식생과 잔해에 의해 흡수되기 때문에 이들 식물이 침식으로부터 해당 토양을 보호한다. 공사나 여가 활동으로 인한 토양 답압은 침투율을 저하시켜서 표면 유출(表面流出, surface runoff)과 침식을 증대시키지만, 간단한 보존 작업이나 이용객의 관리를 통해 조절할 수 있다.

포행

포행(匍行, creep)은 토양 물질이 중력의 힘에 반응하여 천천히 아래로 이동하는 것이다. 이러한 움직임은 가장 움직임이 큰 상층에서 연간 15.2mm 정도에 이를 수 있다. 대부분의 움직임은 토양 수분 함량이 높을 때 발생하는데, 이는 물이 토양 움직임의 윤활유 역할을 하기 때문이다. 절토와 매립으로 매우 가파른 경사를 만들면 심각한 포행 사례를 유발할 수 있다. 연속적이고 미세한 움직임만으로도 자연적인 유역(流域, watershed) 상황에서의 하천 유수에 의한 침식이 제방 둑에 지속적인 물질을 공급하기에 충분하다. 자연 여건 하에서, 연간 2mm의 움직임이 제방 둑 길이 100m 당 1MT의 물질을 공급하는 것으로 추정되고 있다.

땅꺼짐

토류(土流, earthflow)는 토양 물질의 포행 변형(creep deformation)이 해당 토양의 전단강도(剪斷强度, shear strength)를 초과할 때 발생한다. 땅꺼짐(slumping)은 토양의 비탈 위쪽이 무너져 더 낮은 비탈에 쌓이거나 축적되는 것이다. 이는 미세하고 장기 사건인 토양 포행과 반대로 빠르게 작용하는 사건이다. 땅꺼짐 발생은, 특히 바닥에 단단한 불투수성 바위가 자리하고 있을 때, 깊고 점성이 높은 토양과 관련이 있다. 이러한 지역은 해당 프로젝트에 대한 세심한 설계와 배치를 통해 피할 수 있다.

퇴적토사태

퇴적토사태(堆積土沙汰, debris avalanche)는 가파른 비탈에서 빠르고 얕은 덩어리(mass)가 움직이는 것이다. 이 덩어리는 토양과 식생 피복의 혼합체이고, 이러한 움직임은 호우에 의해 촉발된다. 이는 일반적으로 지형이나 불투수성 기반암에 의해 지표면 아래 물이 집중되는 경우 가파른 비탈의 얕고 비점성 토양(非粘性土壤, noncohesive soil)에서 발생한다. 가파른 지형(약 40% 이상의 경사)에 도로를 건설하면 흔히 퇴적토사태 사건을 가속화시키는 결과를 가져온다. 퇴적토사태는 기복이 심하거나 산악 지형에 매우 흔하다.

토석류

토석류(土石流, debris flow)는 물로 가득 찬 흙, 바위, 식물 잔해가 가파른 개울 수로 아래로 빠르게 이동하는 것이다. 이는 측면경사(側面傾斜, side slope)로부터 해당 개울로 들어오는 산사태와 같은 극히 재앙적인 사건에 의해 촉발된다. 보통 엄청나게 많은 양의 물질이 이동하고 하상세굴(河床洗掘, streambed scouring)이 발생한다. 어떤 경우에는 10,000m^{3}의 물질이 이동하기도 한다. 토석류도 기복이 심하고 가파른 산악지형에서 발생하는 전형적인 현상이다. 무분별한 도로건설이나 다른 공사가 토석류 발생에 기여할 수 있다.

10.3 범용 토양유실 예측 공식

1930년 이래 미국 전반에 걸친 특정 위치에서의 통제된 연구를 통해, 퍼듀대학교 Walter Wischmeier는 농지로부터의 토양유실을 예측할 수 있는 공식을 도출했는데, 그 공식은 다음과 같다:

$$A = R \times K \times L \times S \times C \times P$$

여기서 A = 계산된 단위 면적당 토양유실(에이커당 연간 톤)

R = 강우 인자, 평년의 침식지수(浸蝕指數, erosion index) 단위의 수치; 침식지수는 특정 강우 이벤트의 침식력 크기이다.

K = 수식성 인자(受蝕性因子, erodibility factor), 길이가 72.6피트(22미터)이고 경사가 9%인 경운된 휴경지(가능한 최악의 여건)에 있는 특정 토양에 대한 침식지수의 단위당 침식률(浸蝕率, erosion rate)

L = 비탈 거리 인자, 현장 비탈 거리로부터의 토양유실 대비 동일한 토양 유형과 경사의 72.6피트 거리로부터의 토양유실의 비율

S = 비탈 경사 인자, 현장 경사로부터의 토양유실 대비 9% 경사로부터의 토양유실의 비율

C = 작부(作付, cropping) 관리 인자, 윤작(輪作, crop rotation) 활용, 겨울 피복, 경운 시기, 잔해 처리에 의해 결정되는 작부 순환 작업

P = 침식 방지(浸蝕防止, erosion control) 작업 인자, 등고선 및 대상재배(帶狀栽培, strip cropping) 또는 계단재배(階段栽培, terracing)로 인한 토양유실 대비 비탈 상하의 직선 영농으로 인한 토양유실의 비율

강우 인자 R은 특정 강우의 침식력 크기이다. 앞서 빗방울의 운동 에너지에 관해 언급한 바와 같이, 폭풍우는 침식력이 되는 가용한 에너지를 가지고 있어서, 시간당 20마일(8.9m/s)로 떨어지는 2인치(51mm)의 강수량은 운동 에너지가 6백만 피트-파운드에 이를 수도 있다. R 인자는 해당 연도 동안 개별 폭풍우에 대한 최대 30분 강도를 곱한 운동 에너지의 합이다. 이 값은 중서부의 50에서 걸프만 지역의 600에 이르기까지 폭이 넓다. **그림 10.1**의 등침식도(等浸蝕圖, iso-erodent map)는 습한 미국 동부지역에 대한 이들 값의 분포를 보여준다. 여기서 강우인자는 강우와 이와 관련된 유출수의 침식성만 측정한다는 것에 유의할 필요가 있다. 이는 토양 해동, 눈 녹음, 바람 등에 의한 토양유실(土壤流失, soil loss)을 측정하거나 예측하지는 않는다. 이러한 유실이 심각한 지역에서는, 이들을 별도로 추정하여 예측된 값과 합쳐야 한다.

수식성 인자 K는 물에 의한 침식에 영향을 미치는 토양 인자의 크기이다. 여기에는 침투율, 투수율, 그리고 총 수분 용량(總水分容量, total water capacity)과; 빗방울과 유출수의 분산(分散, dispersion), 튀김, 마모, 운반력에 저항하는 인자가 포함된다. K 인자는 미국의 23개 주요 토양에 대해 경험적으로 결정되어 왔으며, 이들 값은 **표 10.1**에 나열되어 있다. 그리고 이들 값은 침식에 대해 가능한 최악의 여건, 즉 비탈을 아래위로 경운한 지속적인 휴경지를 대상으로 결정되어 왔다. 해당 구획에 대한 토양유실은 강우 인자에 의해 결정되고 나누어진다. 공식에서의 적용을 위해, 이들 값은 표에서 구할 수 있다.

비탈 거리 L은 지표유출(地表流出, overland flow)의 시작지점으로부터 퇴적이 발생할 정도로 경사가 완화되는 지점이나 유출수가 분명한 배수로로 들어가는 지점까지의 거리이다. 비탈 상단부로부터의 유출은 해당 비탈의 더 낮은 부위에서 발생하는 유출에 더해한다.

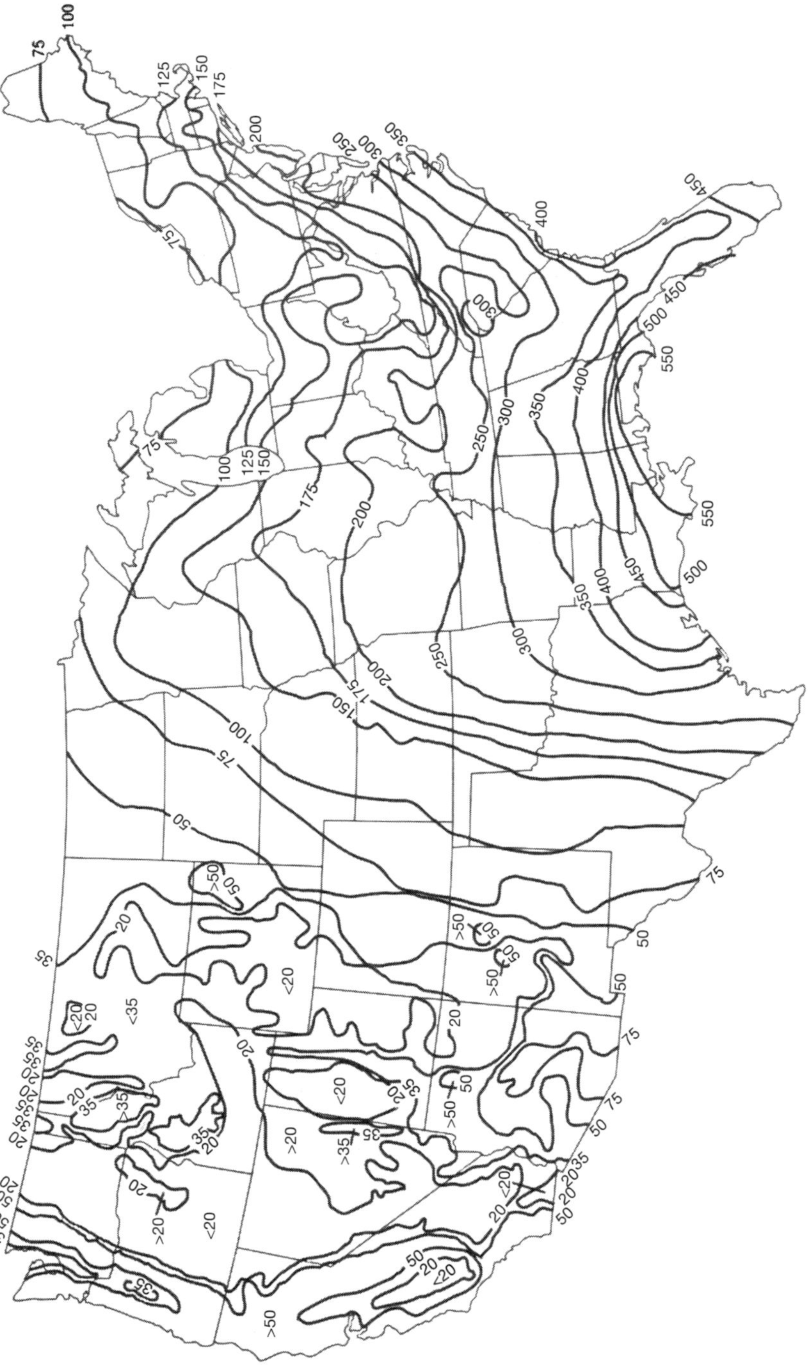

그림 10.1 미국 동부지역에 대한 강우 인자 *R*.

이는 더 낮은 비탈로의 물의 흐름을 증가시켜 위쪽 비탈보다 더 많은 침식을 유발한다. 침식은 비탈 거리의 0.5 제곱으로 증가하기 때문에 거리가 길수록 침식은 더 커진다. 이는 비탈 거리가 배로 증가함에 따라 단위 면적당 약 1.3배 더 큰 토양 유실로 이어진다. 짧은 비탈은 흐르는 물이 늘어날 가능성이 거의 없기 때문에 유실은 있더라도 무시할 정도이다.

표 10.1 침식 연구 소구획 토양에 대해 계산된 K 값

토양	자료 출처	계산된 K
Dunkirk 미사질양토	Geneva, NY	0.69
Keene 미사질양토	Zanesville, OH	0.48
Shelby 양토	Bethany, MO	0.41
Lodi 양토	Blacksburg, VA	0.39
Fayette 미사질양토	LaCrosse, WI	0.38
Cecil 사질식양토	Watkinsville, GA	0.36
Marshall 미사질양토	Clarinda, IA	0.33
Ida 미사질양토	Castana, IA	0.33
Mansic 식양토	Hays, KS	0.32
Hagerstown 미사질식양토	State College, PA	0.31
Austin 식토	Temple, TX	0.29
Mexico 미사질양토	McCredie, MO	0.28
Honeoye 미사질양토	Marcellus, NY	0.28
Cecil 사양토	Clemson, SC	0.28
Ontario 양토	Geneva, NY	0.27
Cecil 식양토	Watkinsville, GA	0.26
Boswell 세사양토	Tyler, TX	0.25
Cecil 사양토	Watkinsville, GA	0.23
Zaneis 세사양토	Guthrie, OK	0.22
Tifton 양질사토	Tifton, GA	0.10
Bath 판석질 미사질양토 – 지표면 자갈 2인치 제거 후	Arnot, NY	0.08
Albia 역질양토	Beemerville, NJ	0.03

출처: Wischmeier & Smith, 1978.

증가된 침식은 비탈 경사의 증가와 관련이 있다. 이는 더 가파른 비탈에서는 물의 속도가 증가하고 이로 인해 침식능이 증대되기 때문이다. 유출수 속도가 배로 증가하면 운동 에너지는 4배로 증가하여 운반될 수 있는 주어진 입자 크기 물질의 양이 32배로 증가하게 된다. 비산침식(飛散浸蝕, splash erosion)은 토양의 순 활강 이동(滑降移動, down slope movement)을 유발하기 때문에 비탈 경사와 함께 증가한다. 비탈의 거리와 경사(L과 S)는 서로 영향을 주기 때문에 이 공식에 사용하기 위해 통합된다. 이 값은 **그림 10.2**에 표시되어 있다.

작부 관리 인자 C는 떨어지는 빗방울의 운동 에너지를 식생 피복이 흡수할 수 있기 때문에 강우의 침식 잠재능을 크게 감소시킬 수 있다는 점을 고려한다. 또한 식생 자체도 상당한 양의 비를 보유하고 물의 유출 흐름을 느리게 한다. 그러므로 완전한 식생 피복의 존재 여부는 침식이 문제를 보일 것인지 무시할 정도인지를 근본적으로 결정한다. 인자 C는

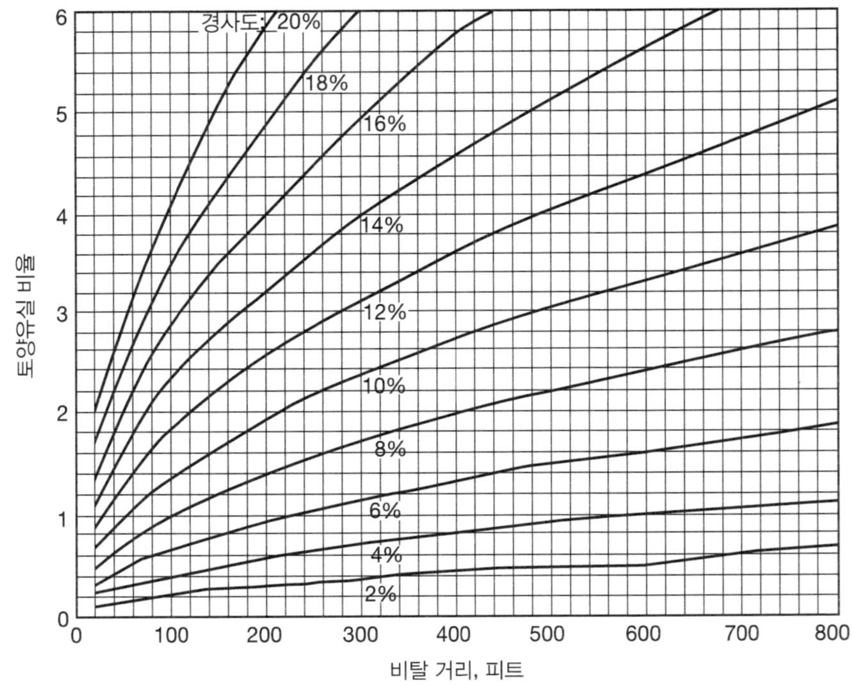

그림 10.2 지형 인자 *L*과 *S*에 대한 비탈 효과 도표. (Wischmeier & Smith, 1978.)

경운의 유형, 잔해 관리, 식생에 의한 토양 보호 기간 등을 포함한 서로 관련성이 있는 피복과 관리의 결합효과를 측정한다. 인자 *C*에 대한 복잡한 표가 개발되어 왔으며, 보다 단순화된 표가 **표 10.2**에 제시되어 있다. 일반적으로 *C* 값은 수확할 때 더 많은 피복이 토양에 남겨지면 감소할 것이다. 예를 들어 계속적인 옥수수 줄뿌림 수확(row crop)은 계속적인 건초 수확의 경우보다 *C* 값이 더 높을 것이다.

침식 방지 작업 인자 *P*는 유출수를 조절하기 위해 활용되고 이를 통해 토양유실의 양을

표 10.2 작부 관리 인자 *C*

작물과 관리	겨울 피복	잔해 이용	지역의 *C*값
계속적인 옥수수, 3년 이상 봄 경운	없음	제거	0.460
		잔류	0.359
	피복	제거	0.346
		잔류	0.299
봄 경운 최소	없음	제거	0.355
		잔류	0.240
	피복	제거	0.242
		잔류	0.181

출처: Wischmeier & Smith, 1978.

표 10.3 등고선 재배에 대한 작업 인자 P 값[1]

토지 경사도, %	등고선 재배	대상 등고선 재배	
		소립종과 번갈아	풀과 번갈아
1.1 ~ 2	0.60	0.45	0.30
2.1 ~ 7	0.50	0.40	0.25
7.1 ~ 12	0.60	0.45	0.30
12.1 ~ 18	0.80	0.60	0.40
18.1 ~ 24	0.90	0.70	0.45

[1]1은 작업이 없는 경우로, P는 1.0임.

출처: Wischmeier & Smith, 1978.

줄이는 작업을 말한다. 이들 작업에는 등고선 재배(等高線栽培, contour tillage), 등고선과 계단식 시스템에 대한 대상재배(帶狀栽培, strip cropping) 등이 있다. 대부분의 완만한 경사(3에서 7%)에서는 등고선 재배와 대상재배가 최대의 보호를 제공한다. **표 10.3**은 등고선 재배에 대한 일부 P 값을 보여준다.

표 10.4는 토양 유실 공식의 인자, 이들 값의 범위와 이들 인자가 고정된 것인지 관리된 것인지를 요약하여 보여준다.

적용 예

범용 토양유실 공식의 유용성을 보여주기 위해, 침식 위험(浸蝕危險, erosion hazard)에서의 차이를 설명하기 위한 하나의 사례가 제시된다.

> 계속적인 옥수수 경작지의 면적이 50에이커(20헥타르)이다. 미사질양토는 K값이 0.28이다(카운티 토양조사보고서에서 구함). 침식 지수 R은 100(그림 10.7에서)이고, L과 S 인자는 2.2이다(그림 10.2에서). 등고선 재배가 사용되지만 식재 띠(strip)를 하나 걸러 조성하는 것은 아니다. 표 10.2에서 C 인자는 0.359이고, P 인자는 0.60이다. 이들 자료를 바탕으로 범용 토양유실 공식에 적용하면 다음과 같다:

표 10.4 토양유실 인자 값 요약

고정 값	R—강우 인자		50~600
	K—토양 수식성		< 1
관리되는 값	S—비탈 경사	LS	0~6
	L—비탈 거리		
	C—작부관리 작업		1 이하
	P—보존 작업		1 이하

표 10.5 토성 등급별로 무게를 부피로 환산하는 계수

토성 등급	환산 계수
사토, 양질사토, 사질양토, 세사양토	0.70
양토, 사질식양토, 사양토, 미사질양토, 미사질식양토, 미사질식토	0.87
식양토, 식토	1.06

출처: Lake, 1989.

$$A = R \times K \times L \times S \times C \times P$$
$$= 100 \times 0.28 \times 2.2 \times 0.359 \times 0.60 = 13.27\text{톤/에이커,년}$$

표 10.5에서 미사질양토 토양의 입방 야드 해당량을 계산하기 위한 환산계수가 0.87이므로 연간 에이커당 유실량은 13.27 × 0.87 = 11.54입방야드/에이커,년 이다. 면적이 50에이커이므로 연간 총 유실량은 663.5톤, 또는 577입방야드이다.

전체 지역을 건초 수확으로 전환하면 다른 인자는 불변이고 C와 P 인자가 바뀐다. 계속적인 건초용인 경우(목초지), C 인자는 0.006이고 P 인자는 작업이 발생하지 않기 때문에 1이 된다. 이 경우 유실은 다음과 같이 된다:

$$A = 100 \times 0.28 \times 2.2 \times 0.006 \times 1 = 0.369\text{톤/에이커,년}$$

또는

$$0.369 \times 0.87 = 0.32\text{입방야드/에이커,년}$$

따라서 연간 총 유실량은 18.45톤 또는 16입방야드가 된다. 자연 토양에 대한 침식 오차는 풍화작용 과정에 따라 매년 에이커당 5에서 15톤 범위이다. 작부 인자와 작업 인자의 변화는 침식 유실에 대한 서로 다른 식생 유형의 영향을 보여준다. 이 영향은 침식과 퇴적 방지 작업에서 중요하게 된다.

앞서 언급한 자료와 정보의 대부분이 농업에 적용하기 위해 개발된 것으로 나중에 임지에 적용되었지만, 이 장에서 고찰된 바와 같이 동일한 원칙이 도시지역에서의 침식과 침사방지(沈砂防止, sediment control)에 대한 기초가 된다.

10.4 도시 지역 침식

도시지역으로부터의 침식이 농지로부터의 침식보다 훨씬 심각하다(Wolman & Shick, 1967; Yorke & Herb, 1978). 예를 들면 워싱턴 DC 공사장으로부터 연간 퇴적 발생량이 에이커당 218톤(489MT/헥타르)에 달한다. 이에 비해 농지로부터의 연간 퇴적 발생량은 에이커당 5에서 20톤(11~45MT/헥타르) (U.S. Department of Agriculture, 1982)이고, 임지로부터는 1톤/에이커(2.2MT/헥타르) 미만이다(Yorke & Herb, 1978). 그 이유는 다음과 같다(Lake, 1989을 조정):

1. 물과 바람으로부터의 침식에 노출된 대면적 토양의 증가
2. 다음 요인에 의해 증가된 유출수와 첨두유량(尖頭流量, peak flow), 토양 이동, 침전물 퇴적:
   (a) 식물 피복의 제거나 급격한 간벌
   (b) 불투수 표면을 가진 도로, 건물, 보도, 주차장의 건설로 인해 물을 흡수할 수 있는 토양 면적의 감소
   (c) 정지 작업, 우회로, 도로에 의해 유발된 배수설비 배치의 변화나 범람원(氾濫原, floodplain) 감소
   (d) 일반적으로 높은 첨두유량과 짧은 흐름 지속 기간("순간적인"/flashy)을 유발하는 변경된 비탈, 길이, 표면 거칢으로 인해 유출수가 집중하는 양과 지속기간의 변화
   (e) 토양의 물 흡수를 원래 속도의 1/16에서 1/20까지 감소시킬 수 있는 중/경장비에 의한 토양 답압. 이는 (d)의 효과에 더 큰 영향을 미친다.
   (f) 보호되지 않은 부지와 휴게소가 악천후에 장기간 노출됨으로써 토양 답압을 악화
3. 배수 시스템, 비탈 안정성, 기존 식생의 생존, 새로운 식물의 정착에 악영향을 미칠 수도 있는 지하수 체제의 변화
4. 지표면 아래에 있던 바위투성이, 강산성, 답압에 민감한, 또는 식물이 활착하는데 불리한 물질의 노출
5. 새로운 건물, 도랑, 매립으로 인한 하천 흐름의 방해. 이는 다시 다량의 흐름에 의해 피해를 입을 수 있다.
6. 토양과 배수 시스템에 추가적인 피해를 유발하는 공사와 개발행위의 부적절한 시점과 순서
7. 공사 완료 전 부지의 방치, 지속되는 노출, 침식과 침사방지 구조물 유지관리의 상실

10.5 도시 지역 침식과 침사방지 계획수립

침식과 침사방지(沈砂防止, sediment control)를 위한 계획수립에는 앞서 언급된 일곱 가지 요소를 제거하거나 완화시키는 방안이 포함된다. 따라서 미개발 부지뿐만 아니라 프로젝트 계획에 의해 유발되는 변형에 대해서도 위험한 지점이나 요소를 확인하여야 한다. 어떤 경우에는, 프로젝트 설계에서 위험 요소의 일부를 완화시킬 수도 있다. 그러나 많은 경우, 위험 요소의 수는 개발과 함께 증가하거나 개발이 기존의 자연적인 위험 요소를 심화시킬 수 있다. 바람직한 프로젝트 개발계획은 가능하면 위험한 요소를 많이 그리고 가능하면 해당 설계의 일부로 완화시키고 새로운 요소를 창출하지 않는 것이다. 이것이 대형 개발을 위한

침식과 침사방지 계획이 왜 제도판의 첫 결과물의 하나가 되어야 하는가의 주된 이유이다.

토지개발 계획

해당 부지의 개발 잠재력을 올바르게 평가하기 위해서는 특정 기본 자료와 정보를 종합하는 것이 필요하다. 어쨌든 개발과정에는 많은 자료와 정보가 필요하며, 침식과 침사방지 계획수립 과정과 이의 집행을 제외하면 실질적인 추가 지출이나 비용이 발생하지 않는다.

물리적인 부지 평가. 여기에 필요한 자료에는 위치, 현재 토지 이용, 면적 크기, 지형, 배수 방식, 지질, 수문, 토양, 식생, 기후 등이 있다. 현장조사가 중요하고 필요하지만 대부분의 자료는 다양한 출처로부터 지도, 도표, 보고서의 형태로 나올 것이다. 지형과 배수 방식은 USGS의 지형도(地形圖, topographic map)로부터, 지질은 USGS의 지질 방형구 보고서나 일부 지질학적 정보가 포함되어 있는 카운티의 토양조사 보고서로부터 구한다. 어떤 주는 자신들의 자체 지질보고서를 발행한다. 토지이용과 식생조사는 현장에서 수행된다. 수문과 기후 자료는 NOAA(과거에는 USGS에서 발행함)의 수문 연차 또는 월차 보고서에서 구한다. 토양 자료와 지도는 USDA 자연자원보존청(NRCC, Natural Resources Conservation Service)이 발행하는 것처럼 가능한 경우 적절한 카운티의 토양조사 보고서로부터 얻을 수도 있다. 만약 구하기 어려우면, 지역의 일선 기관에서 이들 자료를 제공할 수도 있다.

해당 지역의 토양. 침식과 침사방지 계획수립에 필요한 기본적인 토양 정보에는 토양 작도단위(土壤作圖單位, soil mapping unit) 설명, 수식성(受蝕性, erodibility), 공학적 성질(工學的性質, engineering property), 표토의 적합성, 자갈, 모래 등이 포함된다. 기초, 건물, 현장 폐기물 처리, 인위적인 배수, 다양한 토지이용에 대한 적합성도 필요하다. 이 정보의 거의 모두는 카운티 토양조사 보고서에서 구할 수 있다. 어떤 경우에는, 일반적으로 1:24,000인 작도 축척과 부수적인 해당 토양에 대한 정보는 복잡한 프로젝트에는 적합하지 않을 수도 있다. 축척이 1:6,000이나 1:4,800(1인치 = 400피트 또는 1cm = 122m)까지 확대되는 경우에는 특별한 세부조사가 필요할 수도 있다.

침식과 침사방지 계획

침식과 침사방지 계획은 프로젝트 계획수립 과정에서 고정적인 요소이다. 해당 계획의 어떤 부분들은 공사과정에만 자리를 차지하는 일시적일 수도 있는 데 비해 다른 부분들은 해당 프로젝트에 대한 영구 구조물의 일부가 되기도 한다. 이러한 이유 때문에 계획수립 과정의 초기에 방지계획에 대한 주의를 기울여야 하며, 그렇지 않으면 해당 프로젝트의 후반에 이 계획의 급격한 변경이 필요할 수도 있다.

해당 부지에 적합한 개발을 계획하라. 계획수립에서의 이 단계는 모든 조경 프로젝트의 중요한 구성요소지만, 침식위험의 최소화라는 관점에서도 중요하다.

최소의 위험으로 개발할 수 있도록 하기 위해서는 해당 부지의 물리적 특성을 조사하고 평가해야 한다. 토양 교란과 정지(整地, grading)가 최소화되도록 가능한 범위 내에서 최대한 기존 지형을 활용하라. 교란된 지역과 인접한 교란되지 않은 지역 사이의 완충대(緩衝帶, buffer strip)를 유지하라. 인접한 건물, 개울, 습지, 수체(水體, water body)로부터 요구되는 모든 후퇴(後退, setback)를 준수하라.

제거와 정지의 범위를 결정하라. 공사의 순서를 결정한 후 동일한 순서로 제거와 정지를 위한 계획을 수립하라. 과거에는 첫 단계로 전체 개발지역을 깨끗이 제거하여(**그림 10.3**) 해당 부지를 고도의 침식 위험에 노출시킴으로써 현장과 부지 밖에서의 심각한 피해에 대한 책임으로 이어질 수 있는 손상을 유발하는 경향이 있었다. 많은 시공자들은 이 방법이 가장 비용이 적게 드는 것으로 느끼지만 장기적으로는 매우 비싸고 어떤 지역에서는 환경보호법령 하에서 불법이다(예, 메릴랜드, 뉴저지, 펜실베이니아, 버지니아). 공사 때까지 보호되어야 하는 위험한 지역으로는 가파른 비탈, 고도로 침식 가능한 토양, 지표수의 경계 등이다. 어떤 경우에는 해당 부지의 복잡성과/이나 개발 계획 때문에 전체 지역이나 대부분을 깨끗하게 치울 필요가 있을 수 있다. 이러한 경우에는 이들 지역에 대한 공사가 시작될 때까지 토양 안정화(土壤安定化, soil stabilization) 작업을 통해 제거된 지역을 보호할 필요가 있다. 다시 한 번 말하면, 과거의 안정화는 많은 경우 자연에 맡겨두었으며, 이러한 방치는 나중에 문제를 피할 수 없다.

그림 10.3 전체 개발지역에 대한 표토 벗겨내기. 뒤이은 폭풍이 이 프로젝트와 인접한 지역에 심각한 침식과 침사방지 문제를 유발하였다. 뉴욕주 시러큐스(Syracuse).

해당 부지를 자연 배수 구역으로 나누어라. 현장 조사의 일환으로, 해당 프로젝트 지역의 각 부분으로부터 유출수의 방향과 상대적인 양을 확인하라. 침식은 더 아래 하류가 아닌 유출의 발생원천에서 방지하는 것이 더 쉽다. 경계면에서의 방지가 더 어렵고 비용이 더 많이 든다. 개별 구역을 조사하고 예비 계획수립을 작성한 다음 전반적인 침식과 침사방지 계획을 위해 전체 프로젝트 지역을 통합하는 작업을 진행하라.

침식과 침사방지 작업을 선택하라. 침식과 침사방지 작업은 토양 안정화, 침사방지, 유출 방지의 세 가지 넓은 범주로 구성된다. 개별 범주는 목표에서 일부 중첩되는 별개의 작업 집단을 가지고 있다. 다섯 단계 과정은 특정한 여건이나 침식과 퇴적 위험의 방지를 위한 특정 행동으로 귀결된다:

1. 방지의 문제를 확인하라: 토양 안정화, 침사방지, 유출방지.
2. 문제 지역을 확인하라: 정지된, 비탈, 크게(1에이커/0.4헥타르 이상) 또는 작게(1에이커 이하) 교란된 지역.
3. 필요한 전략을 확인하라: 지표 보호, 지표수 관리, 유출수 방향 전환, 유출수 유도, 지하수 차단 등.
4. 방지 수단 군을 확인하라: 식생 또는 비식생 피복, 우회, 매몰된 배수, 여수로, 배출구, 침사지(浸砂地, sediment basin), 침사 여과장치, 진흙과 먼지 방지.
5. 구체적인 방지 수단을 선택하라: 일시적인 파종, 떼붙이기(sodding) 등.

토양 안정화. 토양 안정화를 위해 식생을 조성하는 데 적용되는 몇 가지 기본 원리가 있다(Lake, 1989에서 전재).

1. 비탈은 식물을 식재하기 전에 안정화되는 것이 좋다. 비탈은 식재된 이후에도 땅꺼짐(slumping)과 포행(匍行, creep)이 발생할 수 있어서 임분이 조성될 수 없게 된다.
2. 과도한 지표수와 지하수는 통제되어야 한다.
3. 현장의 표토(表土, topsoil)는 비축한 다음 식재되는 지역에 적용하라. 이러한 행위는 해당 식생의 성공적인 조성을 보장한다. 만약 표토를 쌓아두었다면, 그 더미는 임시로 잔디를 파종해두는 것이 좋다.
4. 가능하면 교목, 관목, 다른 식물을 유지하고 보호하라. 보호된 지역은 침식 위험을 줄이는 데 도움이 될 것이다.
6. 식생이 임시적인 피복에 불과하더라도 적절한 파종상을 준비하라. 여기에는 필요하면 석회와 비료의 적용, 그리고 멀칭도 포함한다.
6. 만약 파종이 영구적인 요소인 경우, 해당 지역은 적어도 1년 동안 보호하는 것이 좋다. 휴양지역이나 통행에 노출될 지역에서는, 2년 동안의 보호가 필요할 수도 있다.
7. 흐름이 집중되는 지역에서는, 토양을 적절하게 안정시키기 위해 파종과 함께 뗏장, 돌, 침식방지 그물망 등을 사용하는 것이 좋다.

8. 나지(裸地, bare soil)인 경우, 공사가 30일 이내에 시작되지 않으면 노출된 후 15일 이내에 파종하라. 공사가 연기되거나 해당 구역의 공사가 완료되면 해당 지역은 파종한 다음 즉시 멀칭하는 것이 좋다.

조밀하게 식재하지 않으면 교목과 관목만으로는 침식을 거의 방지할 수 없다는 것을 명심하는 것이 좋다. 식물의 잎은 빗방울의 충격을 약화시키고 토양 표면의 낙엽은 토양 멀칭 자재 역할을 한다. 지표 유출수는 교목과 관목 아래에서 여전히 발생할 수 있기 때문에, 지피 특히 잔디를 교목과 관목과 함께 식재하는 것이 좋다.

그림 10.4의 흐름도에서, 토양 안정화 수단이 정지된 지역과 비탈에 적용되면 지표를 보호하고/거나 지표수를 관리함으로써 조절된다. 지표 보호는 잔디와 같은 식생 토양 피복, 또는 황마 망사, 포장, 자갈, 멀칭 자재 등과 같은 인위적인 지표 보호를 활용하여 수행된다. 가파른 비탈이 있는 넓은 지역에서는 식생과 비식생 수단의 결합이 필요할 수도 있다. 지표수의 관리는 해당 물을 노출된 토양 지역으로부터 멀리 우회시키거나 해당 지역을 통과하는 물길을 만들어서 달성할 수 있다. 이들은 방향을 전환할 물의 양에 따라 안정화될 수도 그렇지 않을 수도 있다. 물길은 잔디가 식재된 물길일 수도 돌멩이로 채워진 물길일 수도 있다(**그림 10.5**). 우회 구조물은 단순한 두둑일 수도, 굴착된 도랑일 수도, 해당 물을

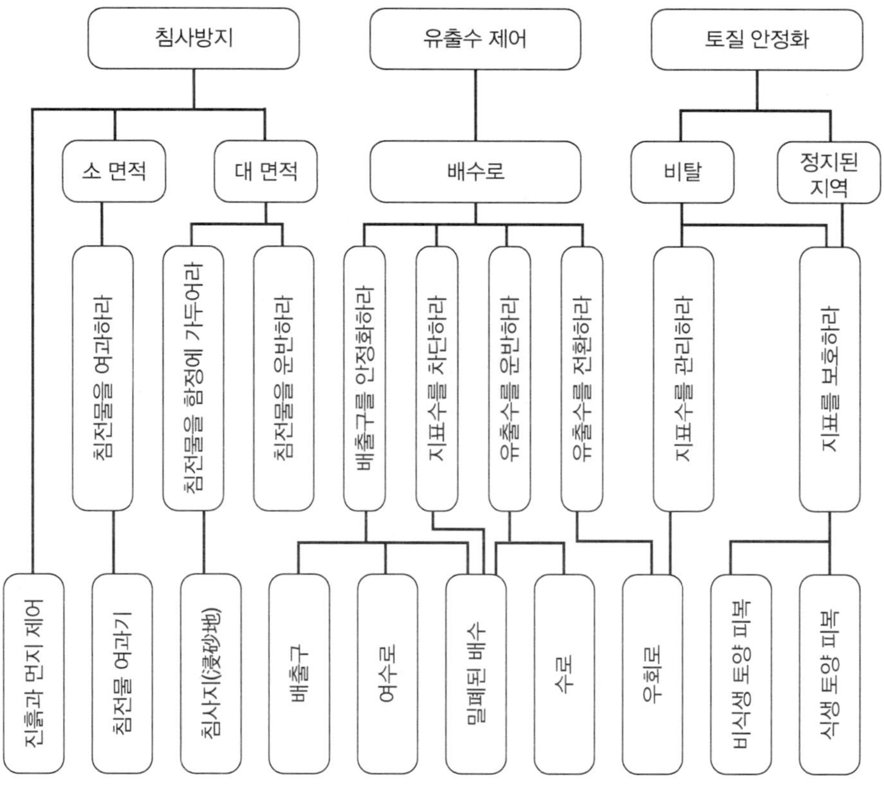

그림 10.4 침식과 침사방지 계획수립 흐름도. (Lake, 1989; Craul, 1992에서 전재.)

그림 10.5 큰 돌멩이로 채워진 수로. 버지니아주 그레이트 폴스(Great Falls).

차단하여 방향을 돌리는 저습지일 수도 있다. 경계석과 배수구 설치는 보다 치밀한 우회 방법으로 택지 개발과 같은 프로젝트의 영구 기반시설의 일부가 된다.

침사방지. 구조물 건설의 정도와 대안은 유역(流域, watershed)의 크기에 달렸다. 작은 유역으로부터의 흐름은 큰 유역으로부터의 흐름보다 제어하기가 더 쉬운 것은 분명하다. 유역의 대소를 임의적으로 구분하는 기준은 1에이커(0.4헥타르)이다.

침사방지의 주된 목적은 모든 침전물을 해당 부지에 보유하는 것이다. 작은 면적에 대해서는 여과 띠(filter strip)를 설치함으로써 침전물을 잡아둘 수 있다. 그러나 이들 띠의 성공에서 간과되는 핵심 요소 중 하나가 이들 띠가 바르게 설치되고 유지관리되어야 한다는 것이다. 불량하게 설치되고 유지관리되는 여과 띠가 **그림 10.6**에서 보여주고 있다. 이 띠의 바닥은 적어도 토양 속으로 6인치(15cm) 정도 묻혀야 한다. 여과 띠에 축적되는 과도한 침전물은 파손을 방지하기 위해 제거되어야 한다. 파손이 발생하면 침전물은 제거되어야 하고 여과 띠도 올바르게 수선되어야 한다. 올바르게 조성된 여과 띠는 **그림 10.7**에서 보여주고 있다. 여과장치로 식생이 조성된 완충 띠도 효과적이다. 그러나 효과적이기 위해서는 완충 띠가 안정화된 토양과 조밀한 지피를 가지고 있어야 한다. 넓은 지역에서는, 침사지와 같은 침전물 함정(sediment trap)이 해당 지역으로부터의 직접적인 차단이나 배수로에 의해 하류에 위치한 침사지로 운반되는 침전물을 위해 필요할 수 있다. 침사지의 크기는 해당 유역

그림 10.6 불량하게 조성되고 유지관리된 여과 띠.

그림 10.7 올바르게 조성된 여과 띠.

이나 유역의 여러 구획 중 하나로부터 예상되는 유출수의 양을 감당할 수 있도록 설계되어야 한다. 침사지의 개념은 물로부터 침전물이 저수지 바닥에 가라앉도록 물의 속도를 늦추는 것이다. 저수지는 점토나 미사 입자가 매우 천천히 가라앉을 수 있도록 몇 차례 폭풍우로부터 발생하는 물을 가둘 수 있을 정도로 충분히 커야 한다. 이어지는 폭풍우에 의한 소용돌이는 바닥을 휘저어서 가라앉은 침전물이 다시 부상할 수 있다.

진흙과 먼지제어 수단은 공사 출입구와 내부 진입도로를 안정화시키는 것이다. 촉촉한 표면을 유지하기 위해 물이나 염화칼슘(calcium chloride)을 주기적으로 적용하는 것이 먼지제어를 위해 필요한 전부가 될 수도 있다. 진흙제어를 위한 안정화는 출입구와 차도를 자갈로 포장할 필요가 있을 것이다. 많은 지방과 주 정부가 공사차량이 포장된 도로와 고속도로 표면으로 진흙을 옮기는 것에 대해 매우 엄격하기 때문에 출입구의 안정화가 매우 중요하다. 종합건설업자가 이러한 요구사항에 대해 책임을 지지만 조경가와 프로젝트 기사도 해당 제어 수단의 설계에 대해 책임이 있다. 나아가 물이 출입구로부터 도로로 흘러가지 않는 것이 좋고, 이 물은 여과된 다음 도로 측면의 배수로로 향하도록 하는 것이 좋다.

유출수 제어. 이 제어는 주로 배수로 조성으로 처리한다(**그림 10.8**). 이와 관련된 전략으로는 토양 안정화에서 다룬 것과 같은 유출수 우회, 수로나 매몰된 배수로를 통한 유출수의 운반, 매몰된 배수로에 의한 지하수 차단, 이들 방법 모두에 의한 배출구의 안정화 등이 있다. 매몰된 배수로는 빗물 하수구나 지하배수 시스템을 사용하는 것이다. 이들 구조를 설계하는데 일부 공학적인 원칙이 적용된다. 배출구의 안정화는 일반적으로 일종의 여수로나

그림 10.8 영구적인 건식 저류지. 뉴욕주 맨리어스(Manlius).

늘어선 호안(護岸, apron)으로 구성된다. 배수로의 배출구는 부지 밖에 대한 영향을 줄이고 다양한 규제를 충족시킬 수 있도록 주의 깊게 설계되어야 한다.

임시 구조물 작업. 이는 공사기간 중에만 설치되는 구조물로 프로젝트가 완료되는 즉시 제거되고 교란된 지역은 영구적으로 안정화된다. 여기에는 다음과 같은 구조물이 있다.

침식 방지 덮개나 그물. 이는 식생이 아직 조성되지 않았거나, 잔디 조성이나 표준 종자 취부공(種子吹付工, hydromulching) 작업을 하기에 너무 가파른 경우 교란된 토양 표면을 안정화하기 위해 사용된다. 이를 위한 자재로는 토목섬유 직물, 직조된 종이 망, 대마 망, 기타 자재 등이 있다. 덮개나 그물은 말뚝을 박거나 점착제(粘着劑, tackifier)를 사용하여 해당 토양 표면에 고정되어야 한다.

토제(土堤/흙 제방, earth dike). 이는 침전물을 모으는 구조물이나 장치와 같이 물이 원하는 곳으로 향하도록 임시적으로 다져진 토양의 물매턱이다. 이는 깨끗한 물을 교란된 지역으로부터 멀리 돌리기 위해 사용될 수도 있다.

짚단(straw bale) 둑. 이는 매우 임시적인 구조물로 3개월 이상 지속되지 않으며, 부유된 침전물의 퇴적을 유발하기 위해 유출수의 속도를 줄이는 데 사용된다. 이는 일반적으로 교란된 부지로부터의 면상침식(面狀侵蝕, sheet erosion)을 방지하기 위해 사용되거나, 일련의 사방댐으로 수로를 가로질러 설치된다. 짚단은 말뚝이나 강철봉으로 제자리에 고정되어야 한다.

오탁방지막(silt fence). 이는 교란된 작은 면적으로부터의 유출수를 차단하기 위해 사용되는 토목섬유 직물(여과 직물)로 된 장벽이다. 침전물은 이 막의 뒤에 퇴적된다. 이것은 직물의 바닥 6인치(15cm)를 토양에 묻고 다지는 것이 중요하다.

임시 저습지. 이는 유출수를 차단하여 원하는 위치로 방향을 바꾸기 위해 사용되는 얕게 판 것이다. 이는 깊이가 1피트(30cm) 미만이고 폭이 약 4~6피트(60~90cm)이다. 이것은 일반적으로 프로젝트가 완공된 후에 매워진다.

가장자리(perimeter) 도랑. 이는 둔덕의 오르막 경사에 조성되는 도랑으로 인접한 도랑으로부터 판 흙으로 만든 임시 물매턱이다. 이 물매턱은 다질 필요가 없다. 이것은 유출수를 멀리 우회시키기 위해 교란된 넓은 면적을 둘러싸는 데 사용된다. 이는 비탈의 꼭대기를 따라 또는 비탈의 기부를 따라 사용될 수도 있다. 가장자리 구조물은 공사 부지가 안정화될 때까지 제자리에 남아 있게 된다.

침사지. 이는 유출수에 가득 찬 침전물을 차단하기 위해 사용되는 임시 굴착이나 둑(dam)이다. 목적은 침전물을 해당 부지에 잡아두어 배출구에서는 맑은 물이 흐르도록 하는 데 있다. 이는 100에이커(40헥타르) 미만의 면적에 대한 빗물을 보유할 수 있도록 설계되어야 하며 높이는 15피트(2.2m)를 넘지 않아야 한다. 그렇지 않으면 영구 구조물이 필요하다. 이는 침투 방지와 단단히 다진 배출구를 가지고 있어야 한다.

영구 구조물 작업. 이들은 공사 전 또는 중에 설치되는 구조물이다. 일부는 공사 중에 제어구조(制御構造, control structure)로, 다른 것은 해당 프로젝트가 완료된 후에만 사용될 수도 있는데, 후자는 공사에 방해가 될 수도 있다. 가장 효과적인 과정은 가능하면 제어구조가 두 목적을 충족시킬 수 있도록 제어계획을 설계하는 것이다. 이들에는 다음 구조물이 있다.

우회로. 이는 토양을 절개한 도랑이나 움푹한 곳이다. 단면을 쐐기형으로 할 것인지 사다리꼴로 할 것인지는 차단되어 전환되는 물의 용량에 의해 결정된다. 전환되어야 하는 물의 양이 많으면 표면이 단단한 도랑이 좋고, 양이 작으면 깊이 5내지 6인치(13내지 15cm)의 넓고 잔디로 덮인 도랑이면 적절할 수 있다. 이는 일반적으로 산허리 절개지 위 또는 교란된 지역에 조성된다.

잔디로 덮인 수로. 이 구조물은 잔디로 덮인 우회 도랑과 흡사하지만, 물을 지표면으로부터 우회시키기보다 침식이나 지표면 위로 유사(流砂, sediment load) 없이 물을 이동시키기 위해 사용된다. 이는 농업용 목초지나 띠 형태의 등고선 재배(登高線栽培, contour crop)에서 흔히 사용된다.

표면처리된 수로나 배출구. 다시 말하면, 지표면 위로 물을 흘려보내기 위해 사용되지만, 많은 양의 물을 흘려보내야 하기 때문에 단단하게 표면처리를 한다. 이는 수로의 낮은 부분과/이나 배출구에서 흔히 사용된다. 바닥막이(*grade stabilization structure*)가 매우 유사한 구조물이지만 물이 더 많이 집중되기 때문에 크기가 더 크다. 이는 유속(流速, flow velocity)을 줄이기 위해 경사를 변경할 수도 있다.

바위 배출구 보호. 배수로로 연결되는 배출구에서의 물 흐름은 일반적으로 소용돌이를 보인다. 이러한 유형의 흐름으로 인한 침식 효과를 줄이기 위해 배출구와 용소(龍沼, plunge basin)의 바닥과 측면을 큰 바위나 사석(砂石, riprap)으로 표면처리를 한다. 배출구의 크기는 예상되는 빗물 흐름에 의해 결정된다.

이들 구조물은 모두 적절하게 유지관리되었을 때에만 효과적이다. 유지관리는 구조물에서 과도한 양의 침전물을 제거하여 구조물의 기능을 되찾게 해주는 것이다. 유지관리 요소는 공사장에서 가장 흔히 누락되는 것 중의 하나로 프로젝트 공사의 어떤 다른 단계보다 더 많은 처벌과 벌금으로 이어진다.

앞서 언급한 구조물, 이들의 시방서와 설치, 또는 추가적인 구조물에 대한 보다 자세한 사항은 Lake(1989)과 Leopold(1968)의 매뉴얼이나 Beasley(1978)과 같은 교과서를 참고하라.

토양유실 예측

도시지역으로부터의 토양유실 예측은 이 장의 앞에서 언급된 토양유실예측공식에서 보여준 것과 거의 동일한 방법으로 수행된다. 그러나 인자 값의 일부는 다른데, 이 과정은 이 장의 끝에서 사례로 설명한다.

침전물 발생량 추정

몇몇 저자들(예; Lake, 1989)이 도시토양으로부터 침전물 발생량을 추정하는 공식을 제시한다. 이는 하상이동물질(河床移動物質, bed load sediment)을 포함하지 않는데, 이는 해당 구조물의 배출구를 통해 운반되는 침전물의 양과 동일하다고 가정한다. 서로 다른 지역에서의 강우와 토양의 침식지수가 다르기 때문에 조정을 해야 한다.

이 공식은 제한된 자료로부터 유도되었기 때문에 사용할 때 주의해야 한다. 이는 공사 중인 지역에 대한 침전물 발생을 나타낸다:

$$V = [(C \times A)/1320] \times (222{,}000/A)^{0.715}$$

이 식에서 V(단위: 에이커-푸트/acre-foot)는 연간 요구되는 침전물 저장, A(단위: 평방 마일)는 공사 중에 있는 제어되지 않는 배수지역, C는 등침식성(等浸蝕性, iso-erodent) 보정계수(補正係數, correction factor)이다. 이 공식은 뉴욕주 일반지역을 대상으로 개발되었지만, Lake(1989)는 등부식성 값으로 조정하여 다른 지역에도 적용할 것을 제안한다. 이들의 유효성을 보증할 수는 없지만 이들을 지역적인 공식 개발과 함께 지침이 되는 정보를 얻는데 활용할 수 있을 것이다.

값 1320은 평균 건중량이 입방피트당 60파운드인 침전물의 에이커-푸트당 톤(907kg)을 나타낸다. Lake(1989)는 다른 건중량에 대한 침전물 에이커-푸트 무게를 나타내는 도표를 제공한다.

예. 공사 중인 면적의 배수가 면적이 0.25평방마일(160에이커/64.7헥타르)이고, 0.76(**표 10.6**)의 보정이 필요한 100 등침식성 값을 가진 지역에서 발생한다면,

$$\begin{aligned} V &= [(C \times A)/1320] \times (222{,}000/A)^{0.715} \\ &= [(0.76 \times 0.25)/1320] \times (222{,}000/0.25)^{0.715} \\ &= 32.08\text{에이커-피트}(39{,}570\text{m}^3) \end{aligned}$$

10.6 침식과 침사방지 사례

부지 개요

이 프로젝트는 Pine Creek과 No Name Brook 합류점의 계단식 비탈과 낮은 비탈에 건설될 예정이다(**그림 10.9**). 대부분의 프로젝트 지역은 숲으로 덮여있고 주 계단에 잔디가 있

표 10.6 등침식성 값과 보정계수

등침식성 값	*C* 계수
600	1.78
550	1.76
500	1.74
450	1.71
400	1.67
350	1.62
300	1.56
250	1.47
200	1.34
150	1.12
125	0.94
100	0.76
75	0.57

출처: Lake, 1989.

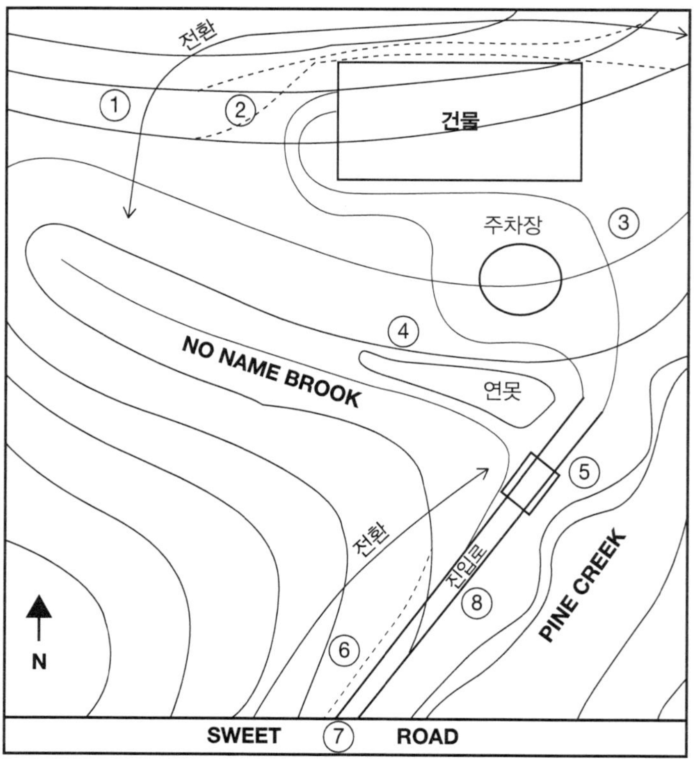

그림 10.9 실재 부지에 중첩된 개발계획. 중요한 요소는 본문에서 고찰된 대로 숫자로 표시되어 있다. 점선은 변형된 등고선을 나타낸다.

는 작은 개방된 공간이 있다. 해당 토양은 토성, 배수, 전반적인 비탈을 기준으로 보통 정도의 침식 위험을 가지고 있다. No Name Brook은 항류 하천(恒流河川, perennial stream)이며 수원으로 샘이 있다.

개발 계획

이 프로젝트는 비탈을 절토하여 건설되는 독립 건물, 계단의 넓은 부위에 자리한 주차장, Pine Creek에 평행하고 No Name Brook을 가로지르는 긴 진입로로 구성되어 있다. 진입로의 일부는 중턱을 절개하여 깎아 메운(cut-fill) 측면 경사를 형성한다. 개울을 건너기 위해서는 다리를 건설할 필요가 있다.

주요 요소

Pine Creek과 No Name Brook에 대한 보호를 위해 적절한 침식과 침사방지를 제공하기 위해서는, 다음과 같은 8가지 주요 요소가 제시된다:

1. 건물을 위해 절토된 비탈 위에 잔디가 식재된 우회 습지가 조성된다. 이는 서로 반대 방향인 No Name Brook 방향의 동쪽 끝과 Pine Creek 방향의 서쪽 끝으로 배수될 것이다.
2. 건물을 위해 절토된 부위는 잔디와 다른 비탈 침식방지 수단으로 안정화된다.
3. 숲과 초본식생의 제거는 건설이 필요한 곳에서만 수행한다. 나머지 식생은 유지된다.
4. 연못은 No Name Brook 옆 낮은 단에 조성된다. 이는 비탈 절토, 건물 기초, 주차장 건설을 위해 부지 정리를 시작하기 전에 조성된다. 이는 공사 중과 후에 영구적인 침사지로의 역할을 할 예정이다. 공사 중에 이 못으로 지표유출(地表流出, overland flow)이 발생하지 않도록 조치를 취한다. 공사가 끝난 후에는 No Name Brook으로부터 부분적으로 전환되는 물이 담긴 영구 연못이 된다.
5. No Name Brook 위에 다리가 건설된다. 성토가 씻겨나가는 것을 방지하기 위해 교대(橋臺, abutment) 지역 주위에 여과 띠를 조성한다. 교대는 공사가 끝난 후에 잔디와 침사방지 담요로 안정화된다.
6. 잔디로 덮인 전환 습지는 진입로를 위해 계획된 절토 위에 조성된다. 이는 다리 교대 부위에 침식이 유발되지 않도록 다리 교대 훨씬 위에서 No Name Brook으로 배수된다.
7. 진입로 입구는 침전물이 Sweet Road의 측구(側溝, lateral ditch)로 들어가서 결국 Pine Creek로 흘러들어가지 않도록 안정화될 필요가 있다.
8. 침전물이 Pine Creek으로 들어가는 것을 막지 위해 진입로를 따라 그리고 Pine Creek에 평행하게 여과 울타리가 세워진다.

이러한 계획은 너무 자세하고 불필요한 비용을 들인다고 생각될 수 있지만, 많은 주에서 이러한 계획이 요구되고 허가 과정의 일부이다. 침식과 침사방지 계획이 없으면 건축허가신청이 반려되는 근거가 된다. 이는 지속가능성에 기여하는 것으로 여겨진다.

제11장 토양 설계 의사결정 과정

11.1 서론

토양 설계(土壤設計, soil design) 의사결정 과정은 부지 상황(敷地狀況, element situation)이라고 불리는 프로젝트의 물리적 요구조건, 선택된 식생 구성, 통행 유무와 같은 제안된 이용의 유형, 기타 변형된 환경 인자를 기반으로 사용자가 설계 대안을 선택하여 최종적으로 **토양 설계(土壤設計, *soil design*)** 자체에 이르도록 도와주는 것을 말한다. 이 장에서는 가장 흔히 활용될 수 있는 설계를 제시한다. 여기서 모든 대안적인 설계 가능성을 모두 제시할 수 없을 뿐만 아니라 이들을 모두 다룰 공간도 없다. 또한 제시된 설계 범주도 습윤온대기후(濕潤溫帶氣候, humid temperate climate)에 한정된다. 다른 기후대에 대한 토양 설계는 완전히 다른 묶음의 정보가 필요할 것이다. 요구되는 변형을 찾아내기 위해서는 제5장(토양 시방서)을 참고하는 것이 좋다.

다양한 규격이 제시되지만 독자들은 최소 규격만 강조되고 최대 규격은 제시되지도 않았다는 사실에 실망할 수도 있다. 토양이 비옥하고 뿌리가 침투할 수 있는 물리적 성질, 해당 교목이 바람에 견딜 수 있는 강도, 공유하는 뿌리 전개(rooting) 공간을 위한 측방 크기 등이 확보되면 교목과 관목이 얕은 토양에서도 매우 잘 자라고 있다는 사실은 대부분의 현장 삼림 토양학자들에게 놀라운 일이다. 모든 시방서에서와 마찬가지로, 특정의 최소 요구를 초과하는 규격이나 두께는 공간, 자재, 돈을 낭비하는 것이다. 경험 법칙에 의하면, 4피트(1.2m)를 초과하는 토양 두께나 깊이는 불필요한데; 많은 종과 적용에서 깊이 3피트(0.9m)면 충분하고, 중교목은 2피트(0.6m)면 적절하다. 깊이 18인치(45cm)는 절대 최소(絕對最小, absolute minimum)로, 보정계수(補正係數, compensating factor)가 존재하거나 계획되어 있는 경우에 적용된다.

사용자는 이 책과 다른 책에서 언급된 자재를 모두 명심한 상태에서 설계를 개성 있게 개발하기 위해 일부 상식과 함께 수준 높은 전문적인 지식과 창의성을 활용하도록 권장될 것이다. 여기서 기후, 토양, 식물 종 차이를 고려한 모든 가능한 갈래를 제시할 수는 없다. 지역 조경 시공자, 수목관리전문가(arborist), 원예가들의 경험은 여기서 제공되는 정보와 다를 수 있으므로, 수정을 고려하는 것이 좋다. 이들의 정보는 매우 귀중하다는 것이 입증될 수도 있다.

토양 설계는 토양 단면의 개별 층(층위/horizon)과 층위의 배열이 다양하게 혼합된 산물이다. 필요하거나 바람직한 경우 대안적인 조합과 단면이 제시될 수도 있다. 가설 중의 층위 간 회전경운은 층위 간 경계면 발달을 방지하기 위해 필요하다. 이때 제4장에 제시된 기술을 따르는 것이 좋다. 이들 설계가 모두 실제 프로젝트에서 저자가 채택해온 것은 아니지만, 이들은 동료들의 경험과 40년이 넘는 기간에 걸친 건전한 토양학 지식과 함께 자연 상태의 현장 경험에 기반을 두고 있다. 제3장과 제4장에서 다룬 일부 자재는 여러 토양 설계 사례를 읽기 전에 다시 살펴보는 것이 좋다.

토양단면 설명은 대략적으로 NRCS의 체제를 따른다(Soil Survey Staff, 1993 참조). 유기물 함량은 항상 무게 기준으로 제시되고, 대략적인 부피 값은 백분율 무게에 2.2를 곱하여 구할 수도 있다. 관수량을 확인하기 위해서는, 보수력이 토양의 인치/푸트(mm/cm)로 제시된다. 만약 함수율(含水率, moisture content)이 주어지는 경우가 있으면, 이는 항상 부피 기준이다.

상업 제품의 상표는 참고로만 제공되고 절대로 해당 제품을 보증하는 것은 아니다.

구체적인 토양설계에 들어가기 전에, 해당 토양설계 과정이 올바른 전후 관계에 놓일 수 있도록 프로젝트 설계의 식물에 관한 상황을 고찰할 필요가 있다.

부지 상황

부지 상황(敷地狀況, element situation)은 식재설계 요소를 지배하는 기존 또는 제안된 설계의 물리적 특성이다. 예를 들면, 보차도 경계석(curb)을 따라 한 줄로 늘어선 교목, 뿌리를 뻗는 대부분의 지역이 포장에 의해 덮인 보도에 한 줄로 늘어선 교목, 하층 식생과 노출된 토양을 가진 한 무리의 교목들, 옥상의 단목(單木, single tree), 개방된 지역의 화단(花壇, parterre) 등이 여기에 속한다. 이들 부지 상황은 **표 11.1**의 결정행렬(結定行列, decision matrix)의 한 축을 형성한다.

노출. 노출(露出, open)은 토양과 식생 집단이 뿌리를 뻗는 공간이 불투수성 표면에 의해 피복되어 있지 않는 경우에 적용된다. 잔디밭에 적용되는 것처럼 노출이라는 용어는 불필요할 수도 있지만, 이 용어는 토양설계 의사결정 과정을 위해 정립된 용어를 따르기 위해 유지한다.

노변. 식재지가 도로 측면에 평행하고 가까이에 위치하고 있으면 노변(路邊, *curb*)이라는 용어가 적용된다. 이는 일반적으로 피복되어 있다. "피복된"(covered) 상황에 적용되는 설계와 도로 진동으로 인한 답압 저항성에 대한 요구조건도 여기도 적용된다. 경계석 구조물은 뿌리가 경계석과 평행하게 그리고 떨어져서 뻗어야 하기 때문에 뿌리가 그쪽 방향으로 뻗는 것을 저지한다(제9장의 그림 9.7). 따라서 뿌리들은 보도 아래를 통과하여 주택의 앞마당이나 다른 인접 노출지역으로 뻗을 수도 있다. 연속된 불투수성 피복 아래에서는 뿌리들이 동일한 양식을 따르는 경향이 있을 것이다. 만약 기반 시설의 파손으로 보다 유리한 여건이 존재하면, 뿌리는 배관 흔적 등을 따라 생긴 기회의 통로를 따라갈 것이다(Craul, 1992).

피복. 피복(被覆, covered)은 대부분의 뿌리 전개 공간이 불투수층(不透水層, impervious layer)으로 덮여있는 상황에 적용된다. 이 층은 설계에 채택된 포장자재에 따라 연속적일 수도 이음맞춤(joint)으로 되어 있을 수도 있다. 이러한 상황은 광장과 연속적인 보도 지역에서 가장 흔하게 발생한다. 이 용어는 아래에 있는 토양을 정의하는 것은 아닌데, 아래 토양은 다양하여 잔여 도시토양일 수도 있고, 워싱턴 DC 펜실베이니아 애버뉴(Pennsylvania Avenue)와 같은 고도로 조작된 "토양권"(土壤圈, pedosphere)으로 된 설계 토양일 가능성까지도 있다(Craul, 1992). 토양권이라는 용어는 "지하 경관"(landscape below ground)을 정의하기 위해 여기서 새로이 만든 용어이다. 보다 자세한 정의는 용어해설을 참고하기 바란다.

옥상 또는 구조물 위. 이 용어는 해당 토양의 아래 경계가 지붕이거나 다른 구조물인 상황을 가리킨다. 따라서 뿌리가 뻗을 수 있는 깊이가 구조물의 표면에 의해 제한되고 토양의 깊이가 적재한도(積載限度, loading limits)와 기타 건축 설계 고려사항에 의해 제한된다. 제6장에서 다룬 자재를 복습하는 것이 좋다.

식물 집단 구조

식물 집단 구조는 잔디, 화초(bedding plant), 관목, 교목, 하층식생이 있는 교목 등으로 구성된다. 이들 집단 구조는 표 11.1의 의사결정 행렬의 또 다른 축을 형성한다. 이 구조는 일반적으로 하나의 식생 층으로 된 단순한 구조인데, 둘 이상의 층이 같은 뿌리전개 공간(-展開空間, rooting space)에 결합되어 있어서 둘 이상의 계단식으로 층화된 구조가 되면 복합적이 된다. 잠재적 비호환성(potential incompatibility)과 함께 층의 추가로 인해 뿌리 경쟁이 높아진다.

잔디. 잔디(turf)는 단독으로 초본 피복으로 고려될 수도 있고, 화단에 있는 관목이나 다른 식물과 분리되지 않고 연계될 수도 있다. 자연적 또는 인위적 경계가 잔디와 화단을 분리시킨다. 잔디는 개방된 교목 아래 있을 수도 있지만 이는 토양설계 의사결정 과정 내에서는 하층식생이라고 여기지 않는다. 피복된 잔디는 물리적으로 존재하지 않으며, 이 행렬에서 빠져 있다. 실내조경 구성요소로서의 잔디는, 비록 노출된 잔디와 유사하게 설계될 가능성이 있다하더라도, 여기서 고려되지 않는다.

관목. 관목(灌木, shrubs)은 노출된 화단이나 소교목 또는 대교목 아래 하층식생으로 발생한다. 관목은 거의 토양 교란 없이 일상적인 유지관리만 받으면서 영구적으로 자리 잡는다.

표 11.1 토양설계 의사결정 과정의 초기 의사결정 행렬

	부지 상황			
식물 집단 구조	1 노출	2 노변	3 피복	4 구조물 위
A 잔디	상황 1A 노출된 잔디	상황 2A 노변 잔디	상황 3A 존재하지 않음	상황 4A 옥상 잔디
B 화단	상황 1B 노출된 화단	상황 2B 노변 화단	상황 3B 존재하지 않음	상황 4B 옥상 화단
C 관목	상황 1C 노출된 관목	상황 2C 노변 관목	상황 3C 존재하지 않음	상황 4C 옥상 관목
D 교목	상황 1D 노출된 교목	상황 2D 노변 교목	상황 3D 피복된 교목	상황 4D 구조물 위 교목
E 하층식생이 있는 교목	상황 1E 하층식생이 있는 노출된 교목	상황 2E 하층식생이 있는 노변 교목	상황 3E 하층식생이 있는 피복된 교목	상황 4E 하층식생이 있는 옥상 교목

멀칭 자재가 표준적인 토양 피복이다. 피복된 토양을 가진 관목은 물리적으로 존재하지 않는다. 일반적으로 관목의 뿌리 시스템은, 노출된 토양의 범위로 다소 한정되어 있기 때문에, 노출되고 멀칭된 토양에 존재한다.

교목. 단목이나 집단으로 배치된 교목(喬木, trees)은 대부분의 다른 식물 유형보다 더 큰 발근 부피와 면적을 필요로 한다. 그러므로 토양설계도 화초와 관목을 위한 설계와 달라야 한다. 교목은 기본적인 교목 식재 토양설계에 대해 여전히 더 많은 수정이 필요한 피복된(포장 등) 상황에 식재될 수도 있다.

하층식생이 있는 교목. 이는 뿌리 전개 경쟁과 공간이 복잡한 상황이다. 토양설계는 교목만을 대상으로 하는 것과 다르게 취급되어야 한다.

식물 집단을 구성하는 종, 품종 등은 배수와 통기, 발근 공간, 반응(pH), 비옥도에 대해 일정한 토양 요구사항을 가지고 있다. 이들 요구사항은 토양 설계의 결정요소가 되어야 하기 때문에 뒤에서 고찰된다. 만약 올바르게 설계되어 있다면, 피복된 상황에서는 해당 교목의 뿌리는 이들이 하층식생 뿌리를 지나서 피복 아래로 뻗어 있기 때문에 덮여 있다. 방근(防根, root barrier)을 사용하여 해당 교목의 뿌리를 노출 토양지역으로 가둬두는 것은, 설계 토양 부피가 교목과 하층식생 모두에 적합하지 않는 경우를 제외하고, 설계 대안이 아니다. 하층식생의 뿌리는 일반적인 경우에 항상 노출된 토양 면적에 의해 제한될 것이다.

통행

토양이나 잔디에 대한 **통행**(通行, *traffic*)의 유무는, 토양설계에서 답압과 전단저항(剪斷抵

抗, shear resistance)이 고려되어야 하기 때문에, 설계과정 순서에서 다음 단계로 인식된다. 어떤 지역은 통행이 없기 때문에 배합토와 이의 단면을 설계하는데 더 이상의 제한이 없을 것이고, 포장되어 있는 지역인 경우 통행이 토양설계의 요소가 아니지만 포장의 구조적인 지지가 요구될 수도 있다. 반면 통행을 피할 수 없는 지역은 답압과 전단 저항성이 있으면서도 식물 생존을 위해 필요한 뿌리 생장 특성을 보유한 설계 토양이어야 한다. 노출된 잔디밭에서는 보행자와 차량 통행 모두를 고려해야 한다.

11.2 부지 1: 노출

모든 경우에, 교란되지 않는 기존 토양 단면의 아래쪽 부분은 적합한 배수성을 보여야 하며 그렇지 않으면 암거배수(暗渠排水, underdrainage)가 설치되어야 한다. 높은 지하수위, 주수위(宙水位, perched watertable)는 대부분의 식생 집단에 바람직하지 않다.

상황 1A: 노출 잔디

노출(露出, open) 잔디는 많은 경관설계 프로젝트에서 매우 흔하다. 이는 일반적으로 단순한 상황으로, "앞마당 잔디"(front lawn) 개념에 유사하게 적용된다면 특히 그러하다. 만약 해당 지역이 통행 특히 운동장이나 전천후로 경기가 열리는 경기장인 경우에는 보다 복잡하게 된다. 이러한 서로 다른 적용은 다음 두 가지로 나누어 살펴본다.

세부 상황 1AA: 통행이 없는 잔디. 이는 아마 모든 상황 중에서 가장 간단한 설계가 될 것이다(**그림 11.1**). 기본적으로 이 설계는 유기물이 풍부한 표토와 역학적인 지지와 양분 및 물의 저수지 역할을 하는 심토를 가진 자연 초지 토양(草地土壤, grassland soil)을 모방한다. 부적절한 뿌리 전개 공간과 보수력을 방지하기 위한 층위의 최소 두께가 강조된다. 목표는 관수와 시비에 관한 유지관리가 거의 요구되지 않는 최대의 지속가능한 설계를 창출하는 것이다. 관수 요구는 기후대에 따라 차이가 크고, 시비는 해당 설계에 사용된 잔디의 종류에 따라 다르다. 주의 농업실험연구소(AES, Agricultural Experiment Station)가 잔디와 시비 정보에 대한 최고의 공급원이다.

		토양 단면 명세
A층	0~6인치(0~15cm)	유기물(부숙된 바이오 고형물 선호) 5%가 섞인 양토에서 사양토
B층	6~18인치(15~46cm)	유기물이 적어도 1% 섞인 사양토
C층	18~24인치(46~61cm)	사양토보다 더 거친 토양으로, 유기물에 대한 요구는 없지만, 함유량이 1% 미만이 좋다.

주

해당 부지에 있는 기존 토양 자재가 양호한 배수, 수용 가능한 용적밀도, 적당한 비옥도와

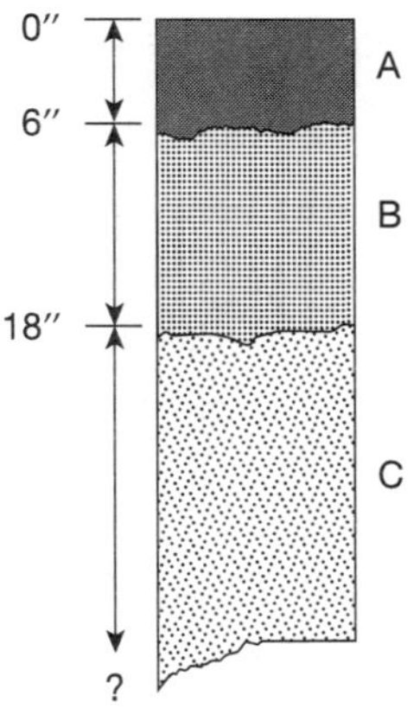

그림 11.1 통행이 없는 잔디밭 토양 단면.

같이 적합한 물리적 화학적 성질을 가지고 있고 유독한 오염물질을 함유하고 있지 않으면 B층과 C층의 설계와 설치가 필요하지 않을 수도 있다. 만약 배수불량이 유일한 제한요소이면, 인위적인 배수시설을 조성하는 것이 좋다. A층은 만족스러운 표토 자재에 유기물을 혼합함으로써 조성될 수도 있다. 더 자세한 사항은 제4장을 참고하라.

사양토는 중립사양토(USDA, medium sandy loam)가 좋다.

하위 상황 1AB: 통행이 있는 잔디. 토양과 잔디 모두 통행에 저항성이 있어야 한다. 보다 구체적으로 말하면, 해당 토양이 답압과 전단에 저항성이 있어야 한다. 잔디는 잎과 뿌리 시스템에 대한 손상에 견딜 수 있어야 한다. 이러한 상황은 골프장에서 매우 흔한데, 많은 연구와 개발이 토양 설계와 이러한 속성을 나타내는 잔디 품종 선택으로 연결되었다.

답압 저항 토양을 설계하는 기술에는 세 가지가 있다. 하나는 행렬(行列, matrix)에서 사양토성과 낮은 유기물 함량을 채택하는 것이다. 이러한 혼합은 많은 프로 경기장, 특히 미식축구장(American football field)에 흔한 "경기장 전용 잔디"(PAT, prepared athletic turf)라고 부른다. 조립질 사토는 답압에 잘 견디고 투수율이 높지만 보수력이 낮고 전단저항(剪斷抵抗, shear resistance)이 높지 못하다. 그러므로 이들 토양은 빈번한 관수가 필요하고, 거칠고 통행 저항성인 잔디로 피복되어야 한다. 이렇게 하면 대부분의 경우 이들 여건을 모두 충족시킨다.

두 번째 기술은 더 가는 토성을 사용하는 것으로, 행렬은 중간 정도의 유기물 함량을 가진 양토로, 팽창된 점판암(粘板岩, slate)이나 규조토 입단(硅藻土粒團, diatomaceous earth aggregate)과 같은 구조 안정제가 포함된다. 세립질 토성은 관수 요구를 줄이고 토양 안정제는 답압 저항성을 높여준다. 초기 비용은 첫 번째 대안보다 높지만, 관수의 양과 빈도가 줄어들기 때문에 시간이 경과함에 따라 더 싸질 수도 있다.

세 번째 기술은 차량 통행이 가능한 노출된(open) 내구성 지표면을 제공하는 것으로(예, 잔디 블럭), 잔디가 개구(開口, opening)를 통해 자랄 수 있도록 개방되어 있다. 빗물은 침투되어 토양을 적시고, 토양 답압으로 인해 유발되는 유출수는 거의 배제된다. 세 기술에 대한 도해는 **그림 11.2**와 같다.

<u>토양 단면 명세</u>

단면 (*a*)

A층	0~12인치(0~30cm)	부숙된 유기물이 5%가 포함된 조립 양질사토
B층	12~24+ 인치(30~60+ cm)	유기물이 1% 포함된 중립 양질사토

주

양질사토는 중간에서 거친 것이 좋고 세사와 극세사(USDA)는 매우 소량(총 15% 미만)만 함유하는 것이 좋다. 어떤 기관은 12인치(30cm) 아래에는 유기물 개량제가 혼합되지 않도록 권고한다. 토성은 답압 저항성을 제공할 수 있도록 거칠지만, 이는 관수 요구 빈도를 높인다는 것을 각오해야 한다. B층의 깊이가 깊을수록 뿌리가 전개할 수 있는 깊이가 더 깊어지고 이로 인해 관수 요구가 줄어든다. 이 단면은 보행자 통행에만 적용된다.

단면 (*b*)

A층	0~6인치(0~15cm)	양토나 사양토로, 직경 3~5mm의 구조 개량제(예, 1/4인치 RIDGELITE® 또는 ISOLITE® CG-4)를 부피기준 15%와 유기물 5% 함유
B층	6~18인치(15~46cm)	양토와 사양토로, 직경 5~10mm의 구조 개량제(예, 1/4~1/2인치 RIDGELITE®, AXIS® Coarse, 또는 ISOLITE® GC-6)를 부피기준 5%와 유기물 1% 함유
C층	18~24+ 인치(46~60+ cm)	개량되지 않은 사양토나 더 거친 토양

주

무기 구조 개량제는 위 두 층위에 압착과 답압에 대한 저항성을 제공하는데 목적이 있

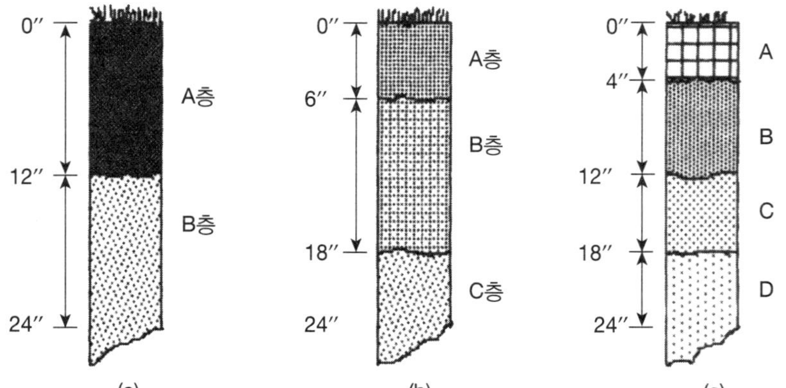

그림 11.2 통행이 있는 잔디밭 단면: (a) "경기장 전용 잔디", (b) 구조가 개량된 단면, (c) 개방된 포장의 단면.

다. 층위 간 주된 차이는 유기물 함량, 입자 크기, 구조 개량제의 비율이다. 무기 개량제로는 TURFACE® MVP, AXIS®, SOLITE®, RIDGELITE®, ISOLITE® 또는 다른 유사한 무기 개량제가 있다. 균일한 입자크기는 입도 분포가 넓은 것보다 더 큰 답압 저항성을 제공한다.

단면 (*c*)

A층	0~4(?)인치(0~10cm)	포장재에 대한 되메우기용으로 미사질양토에서 사질양토 층. 유기물 함량은 6% 정도가 좋다.
B층	4~12인치(10~30cm)	만약 부설되는 토양이면, 양토에서 사양토가 좋다. 만약 해당 층위가 보통 구조를 가진 기존토양이면, 미사질양토에서 미사질식양토가 될 수 있지만 배수가 잘 되어야 한다. 이 경우 A층은 미사질양토가 좋다.
C층	12~18인치(30~46cm)	주수위가 지표면으로 상승하는 것을 막기 위해 배수가 잘 되는 것이 좋다.

주

개방 포장의 단면은 주로 진입로나 주차장과 같이 차량 통행을 위해 설계된다. A층의 두께는 설계에서 사용되는 개방 포장의 유형에 달렸는데, 포장의 높이만큼 두꺼울 것이다. 따라서 성긴 콘크리트 블록 포장에 대해서는 8인치(20cm) 두께가 필요하다. 어떤 포장재 생산자는 포장재 아래에 해당 포장에 대한 강도를 제공하기 위한 기초로 모래층을 깐 다음 중간에서 세립질 토양으로 틈을 되메우기 할 것을 권고한다. 불행히도 사질의 기반은 해당 층을 통한 물의 투과성을 떨어뜨리는 이중 경계면을 창출한다. 되메우기 토양도 아래 층위와 수리적으로 분리되어 있기 때문에 매우 건조하게 된다. 따라서 여기서는 기반층이 권고되지 않는다. 몇 가지 유형의 개방 포장재는 조립 단위를 가지고 있다. 이러한 유형은 강도를 강화하기 위해 사질의 기반층을 요구하지 않는다.

개방 포장 기술은 배수가 양호한 토양이나 높은 지하수위가 없는 곳에서만 적용되는 것이 좋다. 저자는 사질의 기반 없이 배수가 양호한 미사질양토에 대해 개방 개별 포장으로 주차장을 성공적으로 설치한 사례를 본 적이 있다.

포장 아래 고르지 못한 표면은 해당 토양이 느슨하면 약간 다져주는 것이 좋다.

상황 1B: 노출 화단

노출 화단(open bedding)은 주로 일년생, 이년생, 다년생 초본 식재용이다. 이 설계는 가끔 일어나는 식물에 접근하는 경우를 제외하면 지표면에 대한 통행이 발생하지 않는다. 표토는 원예용 배합토와 비슷하지만 용기용 배합토로 제시된 것과 동일하지는 않다. 이 설계는 재 식재를 위해 매년 일어나는 파내기와 멀칭되어 있지 않은 경우 생육기 중 필요한 제초 작업을 수용할 수 있어야 한다. 단면은 상대적으로 단순하다.

토양 단면 명세

A층	0~6인치(0~15cm)	양토에서 미사질양토로, 유기물 10%와 세립질 구조 개량제(예, RIDGELITE®나 AXIS® Fine) 15% 포함.
B층	6~12인치(15~30cm)	양토로, 개량되지 않고 유기물 5% 이하 포함.
C층	12+ 인치(30+ cm)	기존 토양 자재일 수도 있다. 미사질양토보다 가늘지 않고 사질양토보다 거칠지 않은 것이 좋다.

주

A층 두께는 해당 식물의 평균 뿌리 전개 깊이와 일치하는 것이 좋다; 대부분의 일년생 식물은 6~8인치(15~20cm) (때로는 작은 일년생은 4인치/10cm가 적절)가 적절하다. 구조 개량제는 답압을 방지하기 위해서라기보다 표토의 경운성을 높이기 위해 첨가된다.

상황 1C: 노출 관목

이는 주로 다육성 또는 목본의 다년생 관목 식재용이다. 표면에 대한 통행은 접근 정도로 제한된다. 뿌리 시스템은 일반적으로 노출 화단보다 깊지만 일년생과 이년생에서와 같이 빈번하게 경운되거나 교체되지 않는다. 식재는 멀칭 표면을 가진 보다 영구적인 것이 일반적이다.

토양 단면 명세

A층	0~8인치(0~20cm)	유기물 함량이 10%인 미사질양토에서 세립질 사양토로, 잘게 썬 수피나 목재 칩 등으로 멀칭된다.
B층	8~18인치(20~46cm)	A층과 같은 토성이지만 유기물 함량 최소 1%.
C층	18+ 인치(46+ cm)	기존 토양 자재일 수도 있지만, 미사질 식양토보다 가늘거나 사양토보다 거칠지 않은 것이 좋다.

주

식재되는 관목에 대해 적절한 멀칭 자재를 선택하는데 주의를 기울이는 것이 좋다. 호산성(好酸性, acidiphilous) 식물에는 산성 멀칭자재 사용 등과 같이.

상황 1D: 노출 교목

이를 적용하는 곳은 일반적으로 하층식생이 없는 적어도 일부 노출된 토양을 가진 노출된 공원 같은 경관이다. 노출된 면적은 식재 구덩이 면적보다 커서 해당 교목이 스스로 활착함에 따라 뿌리가 낙수선(落水線, drip line) 밖으로 뻗을 수 있는 여유를 제공한다. 이의 조성은 교목 식재 구덩이 주위의 기존 토양과 개량되지 않은 되메우기 토양에 달렸다. 이 설계는 제9장의 표준 교목 식재 구덩이와 비슷하고 이를 여기서 다시 보여준다(**그림 11.3**).

경관 설계에서 교목 집단이 채택되더라도, 해당 토양 표면은 하층식생 없이 노출되어 있기 때문에, 지하 설계는 단순히 일련의 표준 교목 식재구덩이이다.

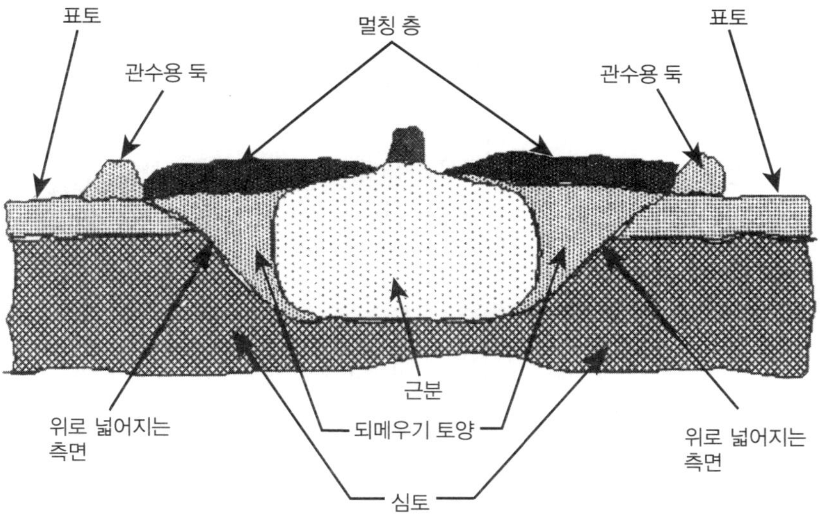

그림 11.3 노출 적용을 위한 교목 식재 구덩이.

상황 1E: 하측식생이 있는 노출 교목

하위 상황 1E1: 잔디가 있는 노출 교목. 잔디가 개별 또는 집단 교목의 하층식생이 될 수도 있다. 그러나 일부 잔디 종과 교목 종 사이에는 불화합성 문제가 있다는 것을 알고 있는 것이 좋다. 설계의 일부로 교목 주위에 멀칭된 표면을 제공해야 한다. 잔디가 해당 교목 수간 가까이로 자라는 것을 허용하지 않는 것이 권고된다. 토양 설계는 상황 1D에 제시된 노출 교목의 기준을 따른다.

하위 상황 1E2: 식물이나 지피가 있는 노출 교목. 두 번째 상황은 하층식생으로 화초나 지피 또는 관목이 있는 경우이다. 이러한 요소 상황을 설계하는 데는 하층식물의 유형에 따라 몇 가지 대안이 있다. 교목의 하층식생으로 일년생이나 이년생은 권고되지 않는다. 교목의 뿌리 시스템에 대해 매년 되풀이되는 교란은 일반적으로 유해하고, 특히 한정된 공간인 경우 더욱 그러하다. 만약 교목 아래 일년생 초본을 사용해야 한다면 이들을 용기에 담아 그 용기를 해당 교목 아래에 놓아 두는 것이 최선의 권고이다. 만약 교목과 공존할 수 있다면, 영구적인 피복이 일반적으로 교목 뿌리를 보호하는 데 도움이 되고, 많은 경우 보기 좋은 설계 대안이다(**그림 11.4**).

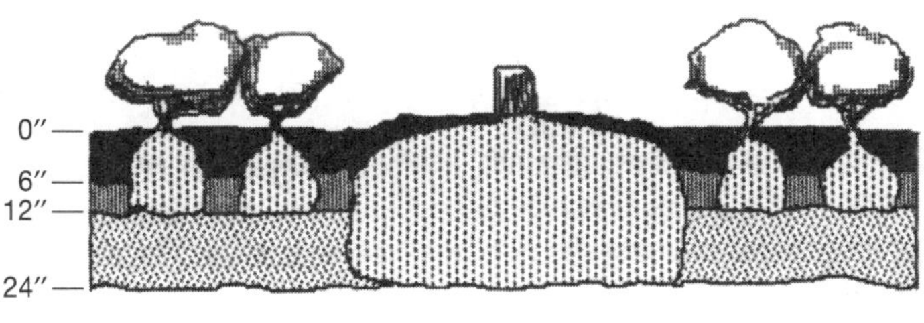

그림 11.4 하층식생이 관목인 교목 식재지의 토양 단면.

토양 단면 명세

A층	0~6인치(0~15cm)	유기물 함량 10%의 양토에서 사양토; 교목 구조 뿌리나 근분 위에 얇게 또는 없음.
B층	6~12인치(15~30cm)	유기물 1% 이하의 양토에서 사양토.
C층	12~24인치(30~60cm)	기존 토양 자재일 수도 있지만 미사질양토보다 더 가늘거나 사양토보다 거칠지 않는 것이 좋다.

주

사양토는 세립 또는 극세립 사양토가 아닌 것이 좋다. 만약 C층이 수용 불가능하면, 변경이나 교체를 통해 B층과 비슷한 토양을 제공하는 것이 좋다. B와 C층은 주로 교목의 뿌리 전개와 풍도에 대한 안정성을 위해 조성된다. 때로는 안정적인 기초를 창출하기 위해 개별 관목 근분 바로 아래 토양을 다지는 것이 적절하다. 이러한 작업은 해당 관목의 침하를 방지한다. 다짐은 과도한 답압을 방지하기 위해 손으로 조심스럽게 수행해야 한다. 이러한 기술은 사질토양에서 가장 효과적이다.

11.3 부지 2: 노변

도보 통행(徒步通行, pedestrian traffic)의 충격은 차도 가장자리 위치와 관련된 영향만이 아니다. 그 중 하나는 북위도 도시에서의 해빙염(解氷鹽, deicing salts)의 영향이다. 이들 식물은 내염성이 있어야 하고 해당 토양은 염의 축적을 방지하기 위해 배수가 양호 또는 과도할 정도로 잘 되어야 한다. 염을 빈번하게 사용하는 곳에서는 해빙염의 축적을 방지하기 위해 토양 표면(최종 경사)은 식생으로부터 경사지게 하는 것이 좋다. 식재지 둘레에 경계석을 설치하거나, 적어도 4에서 6인치(10~15cm) 높이로 해당 토양으로부터 수직으로 또는 경사지게 하는 것이 화단 위로의 도보 통행을 방지하고 염이 많이 포함된 물과 도로 옆 튀김을 차단한다는 관점에서 큰 도움이 된다. 시카고 Lakeshore Drive 중앙분리대의 토양과 식생에 대한 염 튀김을 방지하기 위한 보호막으로 폭 36인치(약 91cm)의 검정 플라스틱 천을 임시로 깔아 놓은 결과 염 피해를 매우 성공적으로 줄일 수 있었다(Pat Kelsey, 개인적인 정보, 1997).

또 다른 영향은 차도 가장자리에서 도로의 차량 통행에 의해 유발되는 높은 정도의 지속적인 진동력(振動力, vibrational force)을 고려하는 것이다. 이를 위해서는 해당 토양은 각각의 경우에 대한 답압 저항성을 가지도록 설계되어야 한다. 이렇게 하지 않으면 심각한 답압, 배수와 통기 불량, 뿌리 침투 억제와 같은 다양한 여파로 이어진다(Craul & Klein, 1980).

상황 2A: 노변 잔디

이러한 상황은 노변(路邊, curb)에서 발생하기 때문에, 해당 지역이 보호되지 않으면 영향을 미치는 주된 요소는 통행이라고 추정해야 한다. 여기서 말하는 이러한 상황은 하위 상황 1AB의 통행이 있는 노출 잔디의 상황과 매우 흡사하다. 그러므로 이 상황에는 1AB에서 설명하고 그림 11.2에서 보여주는 세 단면을 적용할 수 있을 것이다. 북쪽지방에 적용하기 위해서는 해빙염 요소가 포함되어야 하며, 단면 (a) 또는 (b)가 더 적합할 것이다. 더 가는 토성을 가진 단면 (c)는 과도한 양의 염을 간직할 수 있기 때문에 지역적인 경험이 다른 경우를 제외하고 피하는 것이 좋을 것이다.

상황 2B: 노변 화단

화초(花草, bedding plant)는 일반적으로 중앙분리대에 그리고 경계석과 보도 사이의 선형 식재로 배치된다. 이러한 위치는 해당 식물에 대해 보행자 통행으로부터 어떤 형태의 보호 조치를 취해주지 않으면 불안하다. 또 다른 위험은 가로를 따라 거닐거나 직장에서 바쁜 하루를 보내고 집으로 급하게 돌아가는 오가는 사람들이 즐거운 마음으로 꽃을 꺾는 것이다. 권고되는 단면은 하위 상황 1B의 노출 화단 단면과 비슷하다. 변경은 주로 해당 단면의 답압 저항성을 높이는 것이다.

		토양 단면 명세
A층	0~6인치(0~15cm)	양토에서 미사질양토로, 유기물 10%와 세립질 구조개량제(예, PROFILE® 또는 AXIS® Fine) 20% 함유
B층	6~12인치(15~30cm)	양토에서 사양토로, 유기물 5% 이하와 중간 크기 구조개량제(예, PROFILE® 또는 AXIS® Regular) 10% 함유
C층	12+ 인치(30+ cm)	배수가 잘 되는 기존 토양 자재일 수도 있고, 아니면 사양토

주

A층의 두께는 해당 식물이 뿌리를 뻗는 평균 깊이에 맞추는 것이 좋은데, 대부분의 일년생 식물은 6~8인치(15~20cm)가 적절하다(때로는 작은 일년생 화초는 4인치/10cm도 충분하다). C층 아래 토양 자재는 배수가 잘 되는 것이 좋고 연중 주수위(宙水位, perched water-table)가 발생하지 않는 것이 좋다.

상황 2C: 노변 관목

노변에서 관목을 발견하는 것은 흔한 일이 아니다. 이는 관목의 건강에 해롭다. 만약 보호되지 않으면 이들은 보행자 통행에 의해 쉽게 짓밟힐 수 있다. 북쪽 위도에서는 염 튀김이 또 다른 위험이다. 더구나 노변은 상대적으로 이들 작은 식물에게는 뜨거운 환경이다.

토양 단면 명세

A층	0~6인치(0~15cm)	양토에서 중립사양토로, 유기물 5% 함유, 지표면에 2~4인치(5~10cm) 멀칭
B층	6~12인치(15~30cm)	중립에서 조립 사양토로, 유기물 1% 함유
C층	12+ 인치(30+ cm)	배수가 잘 되고 잡석과 주수위가 없는 기존 토양 자재

주

토양은 노변 화단용이기 때문에 연중 교란되지 않는다. 따라서 무기 개량제는 불필요하다. 그러나 해당 토양이 진동력에 의한 답압에 견디기 위해서는 사질이어야 한다. 통행으로부터 보호를 위해 멀칭 피복이 필요하다. 최소 4인치(10cm) 높이의 경계석이 최소한의 보호를 제공한다. 이러한 배치는 염을 함유한 유출수가 식재지로 유입되는 것도 막을 수 있을 것이다. 개별적인 식재보다 넓은 지역에 관목을 집단화하면 더 큰 뿌리 전개 공간을 제공한다. 만약 적절한 유지관리가 가능하다면 용기 식재도 실행가능한 대안이 될 수 있다.

상황 2D: 노변 교목

이들은 노출된 토양 표면을 가진 노변 교목이다. 이러한 상황은 도시지역에서 흔히 볼 수 있다. 과거에는 어떤 형태의 식생 피복이나 멀칭이 되어왔으나 유지관리가 되지 않아 이들 피복이 사라지기도 하였다. 여기에 제시되는 기술은 지표면을 자갈로 멀칭하여 보호하는 것이다(**그림 11.5**).

토양 단면 명세

멀칭 층	4~6인치(10~15cm)	직경 1/2~3/4인치(7~19mm) 정도 균일한 크기의 작은 자갈
A층	0~12인치(0~30cm)	중립의 사양토로, 유기물 4% 함유, 개량되지 않음
B층	12~24인치(30~60cm)	중립에서 조립의 사양토
C층	24+ 인치(60+ cm)	기존 토양 자재일 수 있지만, 잡석이 없고 배수가 잘 되어야 함. 그렇지 않으면 암거배수를 설치하라.

주

몇 가지 이유 때문에 멀칭 층으로 자갈이 권고된다. 이것은 고부하에도 견딜 수 있고, 호우에도 씻겨나가지 않고, 높은 투수율을 유지하고, 잡초 생장 가능성을 낮출 수 있다. 많은 작업자들이 콩자갈(pea gravel)을 권고하지만 이 크기는 바닥을 쓸고 지나가는 통행에 의해 매우 쉽게 흩어질 수 있다. 둥근 것보다 각진 자갈이 맞물림 효과와 흩어질 가능성을 줄일 수 있기 때문에 더 좋다(예외적인 것으로 그림 11.5 참조). 석회석 자갈은 높은 pH와 이미 pH가 상승되어 있을 토양에 계속 칼슘과 마그네슘을 공급하기 때문에 권고되지 않는다. 산성의 화강암 자갈이나 사암 자갈, 그리고 벽돌 조각이 권고된다. 대리석 자갈은 석회암

그림 11.5 자갈로 멀칭된 노변 가로수. 캘리포니아주 브렌트우드(Brent Wood).

자갈과 동일한 단점이 있다. 유기 멀칭 자재가 토양 보호층으로 사용될 수도 있지만 답압과 분해로 인해 매년 복구와 유지관리가 필요하다. 그리고 호우에 씻겨나가고 쓸고나가는 통행에 의한 손실도 단점이다.

상황 2E: 하층식생이 있는 노변 교목

하층식생은 잔디에서 관목에 이르기까지 다양할 수 있다. 일년생이나 일년생처럼 자라는 종은 매년 해당 교목의 뿌리를 교란시키기 때문에 권고되지 않는다(**그림 11.6**).

토양 단면 명세

A층	0~4인치(0~10cm)	양토에서 중립의 사양토로, 유기물 5% 함유, 개량되지 않음
B층	4~24인치(10~60cm)	중립의 사양토에서 조립의 사양토로, 유기물 함량 1%

그림 11.6 초본의 하층식생이 식재된 노변 교목. 테네시주 녹스빌(Knoxville).

C층	24+ 인치(60+ cm)	기존 토양 자재일 수 있지만, 잡석이 없고 배수가 잘 되어야 함. 그렇지 않으면 암거배수를 설치하라.

주

하층식생으로 관목이 사용되면, 토양 피복으로 유기 멀칭자재가 권고된다. 이는 두께가 4인치(10cm)를 초과하지 않는 것이 좋고, 관목 줄기와 교목 수간의 기부로부터 거리를 유지하는 것이 좋다.

11.4 부지 3: 피복

이 요소는 중심 업무지구와 주요 도시 광장에서 가장 흔하다. 보도와 광장 식재는 항상 피복(被覆, covered)된 상황에서 이루어진다. 따라서 불투수성이거나 연결된 포장이 덮고 있다. 해당 식물에 대해 관수를 하는 경우에도 피복된 토양과 대기 간의 기체 확산(氣體擴散,

gas diffusion)에 대한 항목이 포함되어야 한다. 사실은 포장 아래 관수된 물은 천천히 증발되거나 배수되기 때문에 토양과 뿌리 통기에 더 신경을 써야 한다. 피복된 잔디, 화분, 관목은 현실적으로 존재하지 않기 때문에 이들에 대한 토양 단면은 여기서 생략한다. 이 경우, 해당 토양은 식물에 대해 유리한 뿌리 전개 배지(培地, medium)가 되어야 할 뿐만 아니라, 보도, 포장된 광장 등과 같은 피복에 대한 지지 시스템으로서의 역할도 해야 한다. 토목공학적인 표준을 충족시키는 보도를 위한 단단한 기초는 뿌리가 생장하기에는 너무 치밀하고, 반대로 최적의 뿌리 생장 특성을 가진 토양은 보도를 위한 기초로는 부족할 것이기 때문에 이 두 기능은 거의 모순된다. 다음 상황에서 제공되는 정보는 현재의 지식수준에서 두 기능을 충족시킨다. "석력화된"(石礫化-, structured; 자갈이 혼합된) 토양에 대한 향후의 연구가 추가적이고 보다 만족스러운 해결방안을 도출할 수도 있을 것이다.

상황 3D: 피복된 교목

포장 아래의 교목 토양 단면을 해결하기 위한 방법으로는 두 가지 접근이 있다(**그림 11.7**). 두 번째 방안은 최근에 개발된 것이다(Grabosky & Bassuk, 1995, 1996; Kristoffersen, 1998).

토양 단면 명세

토양 단면 (*a*)

자갈층	최소 6인치(15cm)	거친 막부순돌(crusher run)일 수도 있지만, No. 2가 선호된다.
A층	0~24인치(0~60cm)	매우 거친에서 거친 양질사토, 유기물 함량 3% 미만
B층	24+ 인치(60+ cm)	기존 토양 자재일 수 있지만, 잡석이 없고 배수가 잘 되어야 함. 그렇지 않으면 암거배수를 설치하라.

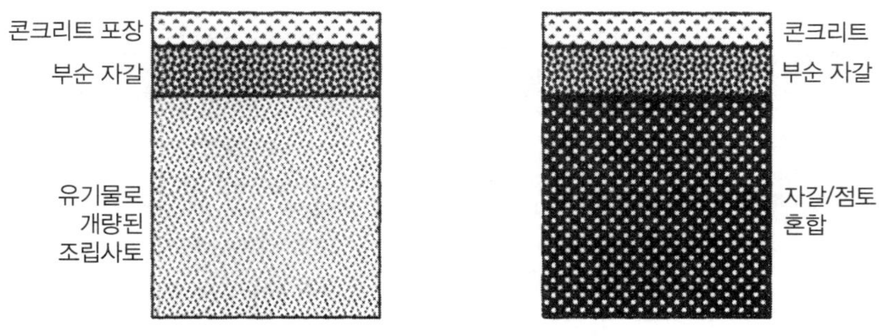

그림 11.7 피복된 교목을 위한 두 가지 토양 단면: (a) 자갈과 모래 접근 방법과, (b) Grabosky & Bassuk (1995, 1996)의 자갈 기반 접근 방법. (b)의 부순 자갈층은 추정된 것이다. 콘크리트 아래 다져진 자갈층은 대부분의 공사 시방서에 요구된다.

주

이러한 균질한 단면은 뿌리 확장의 통로로 매우 조립에서 조립의 양질사토 내부의 큰 공극 공간을 활용한다. 굵은 모래 입자들은 12점 사면체 패킹(tetrahedral packing) 배열로 접촉하고 있는데(Deresiewicz, 1958), 피복 지지를 위해 높은 강도를 제공한다. 이 모래는 95% Proctor로 다져지지만 포장 배열의 강도에 의해 여전히 기반의 큰 공극공간은 유지된다. 이 토양은 과도하게 배수되기 때문에 대기로의 통로가 있으면 피복 아래의 바람직한 통기는 보장된다. 조립의 양질사토의 뚜렷한 단점은 낮은 비옥도와 낮은 보수력인데, 이는 유기물 개량제로 보완될 수 있고 관수가 필요하다. 피복 아래 자갈층은 토목공학적인 요구조건을 충족시키기 위해 필요하고, 교목의 뿌리와 토양의 통기를 위해 노출된 구덩이로부터 피복 아래로 연장된 통로를 제공한다. 어떤 경우에는, 토양 위에 떠 있다(제9장). 이 기술은 몇몇 프로젝트에 성공적으로 적용되었다(제12장).

		토양 단면 (*b*)
자갈층	최소 6인치(0~15cm)	거친 막부순돌(crusher run)일 수도 있지만, No. 2가 선호된다.
A층	0~24인치(0~60cm)	No. 2 자갈과 식양토 토양을 다양한 비율로 혼합(실험치: 3.82:1에서 5.98:1).
B층	24+ 인치(60+ cm)	기존 토양 자재일 수 있지만, 잡석이 없고 배수가 잘 되어야 함. 그렇지 않으면 암거배수를 설치하라.

주

굵은 자갈을 사용하면 포장에 대해 높은 강도의 지지를 제공한다. 자갈 사이의 매우 큰 간극 공간은 공극 공간을 가진 적정한 양의 토양을 품고 있다. 뿌리는 이 토양을 통해 뻗어나간다. 토양의 존재는 단면 (a)의 모래가 제공하지 못하는 비옥도와 보수력을 제공한다. 이 기술의 단점은 자갈에 첨가되는 토양의 양이 정확해야 하고 혼합이 고도로 조절되어야 한다는 것으로, 토양이 총 무게의 25%를 초과하지 않는 것이 좋다. 더구나 자갈 자체는 영양분과 보수력을 제공하지 않기 때문에 의문이 생긴다: 자갈이 차지하는 부피가 얼마이며, 단면 (a)의 조립사토와 비교하여 포함된 토양에 의해 벌충되는 것이 무엇인가? 영국에서 이와 어느 정도 유사한 기술인 "이구"(泥球, mud-ball)를 이용하여 런던의 복구된 부두지역에 부설했는데 유의한 성공을 거두었다(Olin Partnership, 개인적인 정보, 1994).

상황 3E: 하층식생이 있는 피복된 교목

이러한 상황은 상황 2E의 "하층식생이 있는 노변 교목"과 상황 3D의 "피복된 교목"의 결합이다. 주된 차이는 노출된 토양 지역이 해당 교목 구덩이 자체의 크기로 제한된다는 것이다. 피복은 식재 당시에도 낙수선 내 수간 쪽으로 연장된다. 따라서 대부분의 측근 연장

그림 11.8 피복되고 하층식생이 식재된 가로수. 테네시주 녹스빌(Knoxville).

은 피복 아래에서 발생할 필요가 있는데, 이는 상황 2E에서는 측근 연장의 주된 부분이 노출된 토양에서 일어나는 것과 대비된다. 유일한 차이는 하층식생에 대해 충분한 뿌리 전개 깊이를 제공하기 위해 앞선 두 경우보다 교목의 근분이 더 깊게 식재되어야 한다는 것이다. 표토는 노출된 교목 구덩이 지역에만 적용된다. 그렇지 않으면 토양 단면이 상황 3D와 동일하다. 이때 예상되는 위험은 교목의 근원이 많은 종(특히 단풍나무)에는 너무 깊게 식재되어 이로 인해 해당 교목이 죽는 것이다. 이러한 문제에도 불구하고, 많은 피복된 가로변 교목들이 이러한 여건에 있는 것이 눈에 띈다. 저자는 이 시스템을 권고하지 않는다(**그림 11.8**).

11.5 부지 4: 옥상

옥상(屋上, rooftop) 식재는 제6장에서 설명한 바와 같이 독특하다. 이 주제는 제6장에서 교목에 관해 자세히 다루었지만, 여기서 다양한 유형의 식재와 토양 설계를 설명하고 관련된 토양 단면과 부지-식물 구성의 행렬을 보다 잘 마무리하기 위해서는 좀 더 고찰할 필요가 있다.

표 11.2 다양한 유형의 식물에 대한 최소 토심

식재 식물	최소 토심, 피트(cm)
잔디	8~12(20~30)
화초와 지피	10~12(26~30)
관목	24~30(60~75)
교목	30~42(75~120)

출처: R.W. Harris, 1992, 개인적인 정보.

옥상 적용에서는 일반적으로 무게 제한이 대두되기 때문에, 제6장에서 설명한 바와 같이 설계 토양은 경량화되어야 한다. 경량화 정도는 당연히 제약의 심각성과 옥상에 대한 토양 단면(깊이)에 대한 규정에 달렸다. 중대한 제한이 없고 식물 집단에 대한 최소 토심이 허용되는 경우에는(**표 11.2**), 행렬에서 앞서 설명한 적절한 적용을 위한 토양 단면이 적용될 수 있다. 심각한 제약이 있고/거나 최소 토심 확보가 불가능하면, 다음 토양 단면이 제시된다.

옥상 토양은 포장으로 피복되지 않는다는 것에 유의하는 것이 좋다.

상황 4A: 옥상 잔디

하위 상황 4AA: 통행이 없는 옥상 잔디. 만약 충분한 깊이가 제공되고 무게 제한이 없으면, 하위 상황 1AA의 토양 단면이 사용될 수 있다. 만약 계획된 공간에 의해 충분한 깊이가 허용되면, A층과 B층은 제6장에서 계산된 바와 같이 부하 요구를 충족시키기 위해 추가적인 양의 구조 개량제가 필요할 수도 있다. 만약 최소 토심을 확보할 수 있으면(8~12인치, 20~30cm), 균질의 표토 혼합(A층)이 사용되는 것이 좋다. 만약 최소 깊이에서 경량화가 요구되면, 해당 한도까지 경량화하기 위한 구조 개량제의 양을 계산한 다음 이에 따라 개량제를 적용한다. 이 경우 최소 토양 깊이가 강우 사상(降雨事狀, rainfall event) 사이에 해당 잔디를 유지할 정도로 충분한 보수력을 제공하기에 부적당하기 때문에 관수가 필요하다. 관수는 자주 그리고 충분히 해주어야 할 가능성이 높다.

하위 상황 4AB: 통행이 있는 옥상 잔디. 충분한 토심과 부하 제약이 없는 경우, 하위 상황 1AB의 토양 단면이 여기에 적용될 수도 있다. 만약 깊이가 최소로 제한되면, 해당 토양은 최소의 답압 저항 목적이 반영되도록 앞서 언급한 구조 개량제를 혼합한 균질의 표토(A층)가 될 것이다. 개량제의 양은 개량된 토양의 무게가 처방된 부하를 초과하면 조정될 필요가 있다. 일반적으로, 해당 토양이 너무 건조해질 수 있기 때문에, 구조 개량제는 부피 기준으로 50%를 초과하지 않는 것이 좋다.

상황 4B: 옥상 화단

여기에 적용 가능한 단면은 "노출 화단"인 상황 1B이다. A층은 이미 15%의 가는 구조 개량제를 포함하도록 규정되어 있기 때문에, 이는 그 자체로 부하 제한을 충족시킬 수도 있다. B층의 개량제는 부하를 더욱 가볍게 할 것이다. 따라서 B층에는 더 굵은 개량제가 사용될 수도 있다.

상황 4C: 옥상 관목

여기에는 "노출 관목"인 상황 1C에서 설명한 토양 단면이 적용될 수 있다. 해당 토양 단면 중량 아래로 부하 제한이 설정되어 있으면 구조 개량제가 요구될 것이다. 개량된 자재는 A층에 대해서는 중간에서 가는 입자가 좋고, B층이 경량화되어야 한다면 굵은 구조 개량제가 더 효과적인 경량화 자재가 될 것이다.

상황 4D: 옥상 교목

옥상 교목은 적어도 풍도(風倒, windthrow) 저항성을 가질 수 있는 최소 토심을 가지는 것이 좋다. 만약 옥상 자체에 공간이 확보될 수 없다면 해당 교목은 제6장에서 제시된 바와 같이 용기에 식재하는 것이 좋다. 만약 무게가 유일한 제약이라면, 토양 무게를 줄이기 위해 스티로폼(styrofoam)을 사용할 수도 있다. 이 경우 낮아진 보수력 때문에 관수가 필요할 수도 있다.

상황 4E: 하층식생이 있는 옥상 교목

대부분의 경우, 옥상에 하층식생이 있는 교목은 "하층식생이 있는 노출 교목"인 상황 1E에서와 같은 방법으로 취급된다. 많은 옥상은 이러한 식재 대안이 사용될 때 총 무게를 지지할 수 있도록 설계되어 왔다. 옥상의 부하가 토심을 제한하는 경우에는 이 대안을 강요하는 것은 현명하지 못하다. 이 경우, 대규모 설계에 축소 모형을 적용하는 것처럼 용기화된 교목에 하층 식물을 간단하게 식재하는 것이 더 낫다.

11.6 결론

도시 환경에서 마주치는 보다 흔한 상황에 적용하기 위해 13가지 토양 단면과 이들의 변형을 기술하였다. 해당 단면에 대한 세부사항은 토양 설계의 출발점으로 생각하는 것이 좋다. 시공자의 경험과 함께 프로젝트 여건은 이들 세부사항의 변경과 수정을 강요할 수도 있다. 단순화는 가끔 결과에 부정적인 영향을 거의 주지 않고 발생할 수도 있다. 초급 수준의 세부사항은 설계 과정에 도움을 주기 위해 제공되는데, 이는 복잡한 것에서 단순한 것으로 진행하는 것보다 단순하거나 균질한 것으로부터 복잡하거나 이질적인 것으로 움직이는 것이 더 어렵기 때문이다.

제12장 사례 연구

12.1 서론

이들 사례 연구는 다른 토양 시방서 작성의 지침으로 제공된다. 이들은 다양한 목적을 충족시키는 데 적합하지도 적절하지도 않을 수 있기 때문에 이들 시방서를 그대로 사용하지 않는 것이 좋다. 각 현장 전문가는 기본적인 토양학 지식과 여기에 기술된 실무 경험을 이용하여 토양 시방서 작성에 자신의 접근과 방식을 개발하는 것이 좋다.

여기의 사례 연구는 해당 프로젝트가 수행된 연대순(年代順, chronological order)으로 나열되어 있다. 이러한 순서를 지킨 이유는 서면 토양 시방서의 진화와, 시간이 흐름에 따라 토양 설계에서 우리의 지식이 발전함에 따라 세부 사항이 얼마나 확대되었는가를 보여주기 위해서다. 또한 다양한 시공자와의 작업 경험은 해당 프로젝트에서 수행되어야 하는 것이 무엇이고 이들이 어떻게 수행되어야 하는가에 대해 보다 구체적일 필요가 있음을 보여준다. 토양을 취급하는 것과 설치 후 유지관리하는 데 있어서 올바른 방법과 매우 잘못된 방법이 있다는 사실은 "토양을 다루는 작업"(working with soil)에 친숙하지 않은 많은 사람들에게 어려울 수 있다. 어떤 프로젝트는 매우 엄격한 감독의 부재와 함께 이들 세부사항이 누락되면 실패할 가능성이 높다. 각 프로젝트에서 원본 서류의 일부가 아닌 사항에 대해서는 설명을 위해 "주"(notes)라고 번호가 매겨진 더욱 자세한 사항이 추가된다.

25년이 넘는 기간 동안 조경 프로젝트에 참여하면서 얻은 주요한 교훈은 토양과 식재 수목을 시공하는 동안 조경가나 직계 대리인에 의한 엄격한 감독이 절대적으로 필요하다는 것이다. 프로젝트 예산을 편성할 때 이러한 감독을 위한 예산이 확보되도록 주의를 기울여야 한다.

일관된 형식을 유지하기 위해 원본 시방서 내용이 이 책의 형식으로 재구성되었기 때문에 여기에 기술된 시방서는 일반적으로 번호가 매겨진 항목이나 단락으로 체계화되어 있는 것과 동일하게 나타내지 않았다. 그러나 세부사항이나 정보에는 변함이 없다.

12.2 뉴욕시 배터리 공원 시티 사우스 코브(Battery Park City South Cove, New York City)

이것은 매사추세츠주 보스턴에 있는 Susan Child Associates가 설계한 나무가 우거진 해변 상태를 나타내는 건생(乾生, xerophytic)의 경관설계이다. 토양 설계에 대한 두 기준은 파랑 침식(波浪侵蝕, wave erosion) 저항성과 염 제거를 위한 자가 세척(自家洗滌, self-flushing) 토양이다. 이 시방서의 특징은 수목 식재와 토양 조성을 동시에 진행하는 것이다.

이 프로젝트 시방서는 1985년에 완성되었다. 1994년 게티센터(Getty Center)와 1995~1996년 앨러게니 리버프런트 공원(Allegheny Riverfront Park)의 시방서와 비교해 보면 서론에서 언급한 바와 같이 시방서의 내용이 매우 자세하게 발전되었다는 것을 알 수 있다. 많은 경험이 질 좋은 자재와 시방서 적합성을 보장하도록 이러한 진전을 강하게 요구했다. 시방서를 통해 매우 유능한 시공자와 배합토(配合土, soil mix) 공급자의 장인정신으로부터 혜택을 받은 배터리 공원 사우스 코브 프로젝트는 현재의 표준과 비교해 보면 부적합할 수도 있었다.

토양 시방서

식재 배합토

A. 식재 배합토(planting soil mix)는 예정된 분석을 통해 명시된다. 요구(예정된 분석)에 따라, 표토, 입자상 자재(granular fill), 기타 개량제가 식재 배합토를 만들기 위해 사용되어야 한다.

식재 배합토는 다음과 같은 역학적 성질(力學的性質, mechanical properties)을 가지고 있어야 한다:

토성 분류	무게	총평균의 구성비(%)
모래(직경 범위: 0.05~2.0mm)	45~75	70*
미사(직경 범위: 0.002~0.05mm)	15~35	15
점토(직경 범위: 0.002mm 미만)	5~25	15

*60%가 중사(0.25mm) 이상 굵기.

1. 섬(island)에 대한 식재 배합토는 70%가 중사((中砂, medium sand; 0.25mm) 이상 굵기인 모래가 80%를 차지하고 있어야 한다.
2. 초탄(peat moss)은 사용해서는 안 된다.

B. 식재 토양은 pH 값이 조정 없이 5.5에서 6.5 범위여야 한다.

C. 식재 배합토는 다음과 같은 화학적 성질을 가지고 있어야 한다:

질소(N)
인(P)
칼륨(K)
칼슘(Ca)
가용성 염

주 1: 이들 값은 원본 시방서에서 지워진 후 복구하지 못했다. 이들은 아마 통상적인 값이었을 것이다.

주 2: 시방서를 충족시키는 모래/토양 혼합물이 결국 표토 시공자에 의해 공급되었다. 이 프로젝트의 뚜렷한 특징은 기반 토양을 대략적인 물매로 부설한 다음 규정된 식재 토양과 식재 수목을 동시에 시공함으로써 최종 지표면 위로의 통행 가능성을 제거하였고, 이로 인한 답압을 피하였다.

그림 12.1(Craul/1992에서 전재)은 식재지 전반에 걸친 단면을 보여준다. 다져진 성토 토양은 보도 아래까지 연장되어 있다는 것에 유의하라. 6인치(15cm) 자갈층은 뿌리가 보도 아래로 뻗을 수 있게 한다. 다양한 근분 높이를 가진 식재 수목은 침하를 방지하기 위해 다져진 기초 위에 올려놓았다.

12.3 보스턴시 커먼즈 광장 주차장(Boston Commons Parade Garage)

고부하의 사계절 통행에 대한 저항성이 요구되고 무게 제한이 있는 옥상 적용에 대한 설계가 매사추세츠주 워터타운(Watertown) 소재 Sasaki Associates에게 의뢰되었다. 식물 구성은 잔디로 제한되었다. 해당 부지에서는 텐트와 기타 해가리개 설치를 포함하여 일 년 내내 많은 행사가 열린다. 결과적인 토양 설계는 거의 경기장 전용 잔디(PAT, prepared athletic turf)이다.

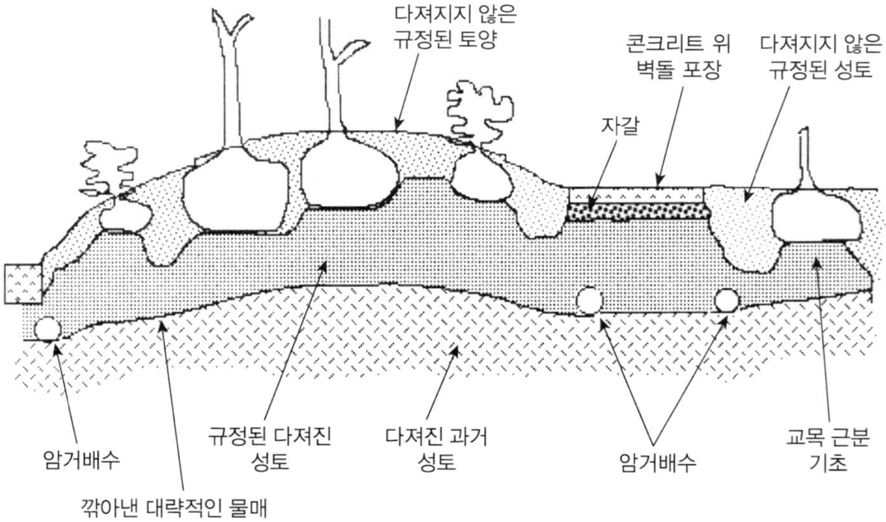

그림 12.1 뉴욕시 배터리 공원 시티 사우스 코브의 토양 단면도. 다져진 규정된 성토는 실제로는 다져지지 않은 규정된 토양과 동일한데, 차이는 전자가 부설될 때 역학적으로 95% Proctor까지 다져진 것이다.

토양과 잔디 시방서

서론. 보스턴 커먼스의 주차장 지붕 위 토양은 지하수위 아래에 있는 주차장의 부력(浮力, bouyancy)에 대한 평형력(平衡力, counter balance)으로서의 역할을 한다. 그러므로 해당 토양은 빈번한 이용 하에서 최소의 유지관리를 요하는 식재 배지가 되어야 한다는 규격을 충족해야 할 뿐만 아니라 공학적인 중량 규격도 충족시켜야 한다.

Sasaki Associates는 형틀로 찍어낸 스티로폼 블록("Liteguard")으로 환풍기(換風機, roof vent)를 대체함으로써 환풍기 제거를 상쇄할 것을 제안하였는데, 부피는 환기량을 기준으로 하였다. 새로운 매점 설계는 보다 나은 보행 접근과 경관 물매를 위해 최종 지표 높이를 높일 필요가 있다. 이는 토양의 부피와 무게를 증가시킨다. 이러한 증가는 주차장 지붕에 놓는 스티로폼의 부피를 늘림으로써 상쇄시킬 수 있다. 토양의 무게는 입방피트당 120파운드를 초과하지 않는 것이 좋다. 지붕 칸별 부하 배치의 복잡성 때문에 지붕 전반에 걸친 사전 토양 두께(단면 깊이)가 주어질 수 없다. 따라서 이의 조정은 나중에 토양 두께와 식재 배지의 무게가 결정되고 나서 Sasaki Associates가 수행한다. 무게 계산과 규격과의 일치는 매우 중요하다.

토양 요구조건과 제약요인

부하 제약. 토양 무게 제한 120파운드/ft^3(1.92Mg/m^3)은 총 공극 공간 43.4% 또는 간극비(間隙比, void ratio; *e*) 0.77로 토양밀도가 1.5Mg/m^{3}를 초과하지 않는다는 것을 의미한다. 포화된(100%) 무게는 120.75파운드/ft^{3}로, 해당 토양이 연중 언젠가는 이러한 수분 함량에 도달할 수 있다고 가정해야 하며, 특히 해당 토양 단면의 낮은 부위에서는 심토나 성토가 쉽게 배수되지 못하면 발생한다. 위쪽 부분은 일반적으로 수분 함량이 더 낮아서 무게가 120파운드/ft^{3}에 미치지 못할 것이다. 부하 평가를 위해서는 건조 밀도(乾燥密度, dry density)와 무게와 함께 토양 단면 내 수분함량 분포를 예측하는 것이 중요하다.

답압에 대한 저항. 광장은 대규모의 집중적인 충격을 주는 몇 개의 연례행사가 있는 곳으로 Commons에서 이용도가 매우 높은 지역이다. 현재의 토양은 곳곳에 잔디가 죽어 있어서 답압에 대한 저항성이 보통에서 낮은 수준으로 보인다.

중립에서 세립질 토양(중양토/heavy loam, 미사질양토에서 식토)은 답압에 취약하다(**그림 12.2**a). 반면 조립과 극조립 모래 입자의 비율이 높은 사질토양은 답압에 저항성이다(**그림 12.2**b). 그러나 불행히도 이들 후자의 토양은 제한적인 보수력과 비옥도를 가지고 있다. 세립과 극세립 입자가 주를 이루는 사질토양도 답압에 취약하다.

마모 저항성 잔디와 최소 유지관리. 특정 잔디의 혼합은 다른 잔디보다 마모 저항성(磨耗抵抗性, wear resistance)이 더 높기 때문에 운동장과 경기장에는 이들 잔디가 권장된다. 저항성이 더 낮은 다른 잔디 혼합이 사용되기도 하지만 이들은 피복과 미관을 유지하기 위해서는

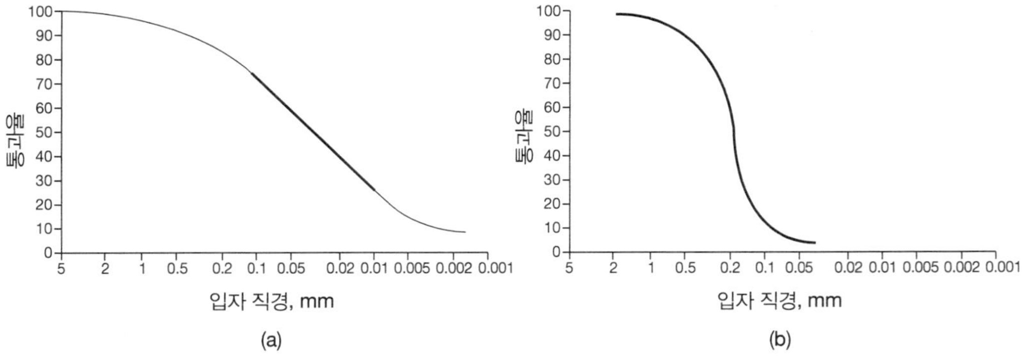

그림 12.2 균등 입도분포 토양(a)과 불균등 입도분포 토양(b).

보통에서 높은 수준의 유지관리 노력이 필요하다. 이 프로젝트의 경우, 과중한 이용과 낮은 수준의 유지관리가 요구되고 있다.

토양 시방서

기층 또는 성토. 기층(基層, substratum)은 지붕 방수와/나 스티로폼 표면과 식재 배지의 아래 경계 사이의 빈 공간을 채우는 데 그 목적이 있다. 식물 뿌리는 이 자재 속으로 침투하지 않을 것이다. 이 자재는 돌, 건축 폐기물, 목재, 플라스틱, 금속, 유리, 아스팔트, 기타 인공 물질이 없는 어떤 다공질 모래 성토 자재가 될 것이다. 이는 미사와 점토를 합한 양이 5% 미만, 그리고 유기물도 5% 미만 함유하고 있어야 한다. 이 자재를 통한 물의 흐름은 방해를 받아서는 안 되고 지붕 표면으로 자유롭게 배수되어야 한다. 현장 밀도는 1.5Mg/m^{3}를 초과해서는 안 된다. 이 자재는 배수가 양호한 고지대에서 채취되어야 하고, 늪, 습지, 쓰레기장에서 나온 자재를 사용해서는 안 된다.

식재 배지. 식재 배지(植栽培地, planting medium)는 배수가 잘되는 고지대에서 나온 자재나 이 프로젝트를 위해 준비된 특별히 혼합된 모래여야 한다. 늪, 습지, 쓰레기장에서 나온 자재를 사용해서는 안 된다.

토성

식재 배지는 조립에서 중립의 사양토(USDA 토성분류)로, **그림 12.3**에서 보여주는 바와 같이 이 포락선(包絡線, envelope)에 적합한 입자분포를 가지고 있어야 한다. 이 자재는 통일토양분류법(統一土壤分類法, USCS/Unified Soil Classification System)의 SP(sand poorly graded, 입자가 균일한 모래)이다. 모래 구매의 경우, 규격을 정확하게 충족시키는 것이 어렵기 때문에 입도 분포의 범위에 다소 탄력성을 허용한다.

이 포락선에서 균등계수(均等係數, coefficient of uniformity)는 4.0에서 4.7, 곡률계수(曲率係數, coefficient of gradation)는 약 1.21에서 1.56의 범위를 허용한다.

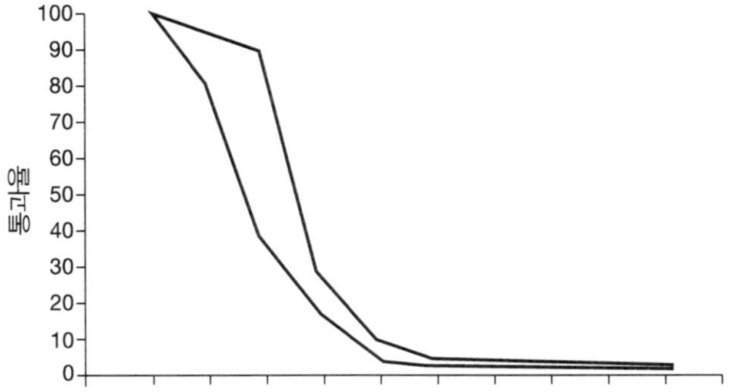

그림 12.3 규정된 토양 입도 분포 포락선.

참고로, 모래분(-分, sand fraction)과 토양 입경 분류(土壤粒徑分類, soil separates)에 대한 자료가 **표 12.1**에 있다. 이들 값의 편차는 극조사, 조사, 중사(中砂, medium sand)에 대해서는 10% 이하, 세사와 극세사에 대해서는 5% 미만, 미사와 점토에 대해서는 2% 미만으로 제한되어야 한다.

밀도

식재 배지의 밀도는 주차장 지붕에 대한 과부하를 방지하기 위해 1.4Mg/m^{3}를 초과해서는 안 된다. 이는 총 공극공간 47.2% 또는 간극비(間隙比, void ratio, *e*) 0.89를 허용한다. 포화된 무게는 약 116.8파운드/ft^3(1.87Mg/m^3)이고, 포장용수량(포화된 후 24시간 동안 배수 허용) 무게는 약 98.53파운드/ft^3(1.58Mg/m^3)이다. 이러한 용적 밀도 값은 사질 토양에서 뿌리 침투를 저지하고 토양 단면 내 가스 확산을 감소시키는 문턱값(threshold value)인 1.75Mg/m^{3}을 하회한다.

물은 해당 단면의 기부에 존재하는 배수 여건과 함께 주로 물리적인 성질인 토성, 구조, 밀도에 따라 언제든지 토양 단면 내에서 서로 다르게 분포한다. 이 경우, 식재 배지의 바닥으로부터의 배수가 예상된다. 생육기(生育期, growing season) 동안에는 단면의

표 12.1 입자크기 분류와 이들의 통과율과 함량

입자 크기	직경, mm	통과 체 번호	구분/분리 비율	구성비
잔자갈	12.7~2.00	10	100.0	—
극조사	1.00~2.00	18	65.9	17.7
조사	0.50~1.00	35	32.5	41.7
중사	0.25~0.50	60	14.3	22.7
세사	0.10~0.25	140	7.1	9.0
극세사	0.05~0.10	270	5.3	2.2
미사	0.002~0.05	—	—	1.0
점토	< 0.002	—	—	5.6

위쪽보다 아래쪽에 수분 함량이 더 높은 반면, 휴면기(休眠期, dormant season)에는 해당 단면의 대부분에 걸쳐 수분 함량이 높을 것이다. 그러나 토양 단면의 일부분만 그리고 짧은 시간 동안만 포화될 것으로 예상된다. 따라서 최대 밀도는 포화라고 가정하지만, 이는 드물게 발생하기 때문에 지붕 부하에 관한 안전장치(安全裝置, safety feature)로서의 역할을 한다. 단면 무게는 생육기 동안 감소하고 최대 무게는 휴면기 동안에 발생할 것이다.

보수력

잔디는 하루에 1/4에서 1/3인치(6.4~8.5mm)의 물을 요구한다. 규정된 토양은 **표 12.2**의 예측되는 유효수분(有效水分, available water)을 공급한다.

낙관적으로는, 해당 토양 단면이 강우나 관수 없이 잔디를 9일 동안 살아가게 할 수 있다. 그러나 이러한 추정치는 증발(蒸着, evaporation)을 통한 수분 손실을 포함하고 있지 않고 잔디 뿌리가 전체 토양 단면 깊이 전체를 차지하고 있다고 가정한 것이다. 대부분의 잔디 뿌리는 지표면에서 12인치(30cm) 이내에서 발생하기 때문에, 앞서 언급한 토양 단면은 약 6½일 동안 살릴 수 있고 2½일의 잠재적인 비축 공급을 가지고 있다. 생육기(6월~9월)의 일일 증발산량(蒸發散量, evapotranspiration rate)은 약 0.2인치(5mm, Rogan 공항과 Chestnut Hill의 기후 자료)이기 때문에, 이것이 잔디를 살릴 수 있는 기간을 더욱 감소시킨다.

유효수분의 양은 세립질 토성을 규정함으로써 크게 높일 수 있지만, 이러한 변형은 답압 잠재력을 높여서 부적합한 여건인 불량한 통기, 배수, 뿌리 침투로 이어질 수 있다. 유기물 요소도 보수력을 높여주지만 토양 자재의 침하 잠재력이 증가한다.

유기물 개량제

규정된 토성은 제한된 보수력과 비옥도를 가진 상대적으로 조립 토양이기 때문에, 적어도 식재 배지 상위 18인치(46cm)에서의 보수력을 높이고 양분 보유력을 향상시키기 위해서는 해당 자재를 유기물로 개량할 필요가 있다. 그러므로 규정된 모래는 부피 기준으

표 12.2 추정된 토양 단면 보수력

층위, 인치(cm)	포장용수량, %	유효수분, 인치/피트(mm/cm)	유효수분, %
0~6(0~15)	17.9	2.15(1.82)	17.9
6~12(15~30)	17.9	2.15(1.82)	17.9
12~18(30~46)	8.8	1.16(0.98)	7.7
18~24(46~61)	6.7	0.79(0.67)	6.6

단면 합계 3.125

로 초탄 10% 또는 퇴비 15%를 혼합해야 한다. 초탄은 굵고 천천히 분해되기 때문에 고운 퇴비보다 더 오래 지속된다.

퇴비를 사용하는 경우, 퇴비에 EPA나 매사추세츠주 지침을 초과하는 농약이나 기타 독성물질이 포함되어 있지 않고 퇴비의 pH가 5.5에서 7.5 범위 이내에 있다는 증명서가 있어야 한다. 각 배치(batch)의 퇴비는 시험을 거쳐야 하고 그 결과는 조경가에게 제출되어 승인을 받아야 한다.

토양 반응(pH)과 화학적 조성

초기 토양 pH는 5.0에서 7.0 범위 내에 있어야 하고, 규정된 토양은 과도한 가용성 염, 알루미늄, 농약, 기타 독성 물질을 함유해서는 안 된다. 질소, 인, 칼륨 함량은 적어도 매사추세츠대학교 토양 실험실(University of Massachusetts Soil Testing Laboratory)이 발행한 최소한도나 낮은 범위를 충족하는 것이 좋다. 분석 결과는 조경가에게 제출되어 승인을 받아야 한다.

토양 단면 시공

토양 자재 부설. 토양 자재의 세심한 부설과 이어지는 작업의 중요성은 해당 설계의 성공적인 조성과 지속가능성을 위해 아무리 강조해도 지나치지 않는다.

포설와 롤링. 포설(鋪設, spreading)과 롤링(rolling)은 반드시 해당 토양이 건조하고 기후가 건조할 때 해야 한다. 비가 오는 동안 작업하는 것은 금해야 한다. 젖은 자재는 과도한 답압으로 이어진다.

성토

성토 자재는 6인치(15cm) 단으로 부설한 다음 밀도 규격 1.5Mg/m^3 또는 건조 밀도 93.6파운드/ft^3을 충족시킬 수 있도록 다져야 한다. 각 단(壇, lift)의 밀도는 적합성을 확인하기 위해 점검되어야 한다. 성토 후의 대략적인 높이 표면은 최종 높이 표면에 평행(최종 높이 아래 2피트/61cm에 해당)해야 하고, 보행로가 위치할 곳은 성토지반으로부터 위로 경사지게 노상(路床, subgrade)까지 성토한다(**그림 12.4**). 따라서 성토가 끝나면 보행로와 프로젝트 가장자리 사이의 잔디 지역은 식재 배지 자재로 채워질 24인치(61cm) 깊이의 분지가 된다. 차량에 의한 답압은 앞서 다져진 성토 위로 되메우기함으로써 최소화되어야 한다.

식재 배지

식재 배지(植栽培枝, planting medium)는 여기저기 산재된 혼합과 다짐으로 서로 다른

그림 12.4 성토의 포설과 보도 노상으로의 상향 경사.

두께의 단(壇, lift)으로 부설되어야 한다(**그림 12.5**). 토양의 첫 단은 6인치(15cm) 두께로 포설한 다음 밀도가 1.4Mg/m^3, 즉 건조 밀도가 87.4파운드/ft^{3}을 초과하지 않도록 다진다. 식재 배지에 대해서는 롤러의 무게가 롤러 폭 피트당 75~100파운드여야 한다. 두 번째 단은 롤링 없이 3인치(7.6cm) 두께로 토양을 포설하는 것으로 시작한 다음 첫 단의 유기 개량제를 두께 1인치(2.5cm) 또는 3yd^3/1000ft^3(81m^3/1000m^3)의 비율로 포설한다. 그 다음 3인치(7.6cm)의 토양을 포설한다. 이제 약 6인치(15cm) 두께의 식재 배지를 제공하기 위해 이들 3개 층을 경운하거나 원판(圓板) 가래로 갈아서 유기 개량제를 토양과 완전히 섞어준다. 다음으로 첫 단을 조심스럽게 다져준다. 또 다른 토양 3인치(7.6cm)를 포설한 다음 유기 개량제를 6yd^3/1000ft^3(162m^3/1000m^3) 비율로 2인치(5.1cm) 층으로 덮고 또 다른 3인치(7.6cm) 층의 토양을 포설한다. 이 단도 완전히 경운한 후 다진다. 마지막 단도 같은 방식으로 조성된다: 3인치(7.6cm) 토양, 2인치(5.1cm) 유기 개량제, 최종 3인치(7.6cm) 토양, 그리고 완전히 경운하고 세심하게 다진다. 마지막 단은 최종 높이와 일치해야 한다. 만약 낮은 지역을 메울 필요가 있으면, 충분한 양의 식재 배지를 최종 단과 일치하도록 기계적으로 혼합되어야 한다. 이 표면은 잔디의 파종상이 된다. 최종 경운에 앞서 시발비료(始發肥料, starter fertilizer)와 석회를 적용한다.

단이 규정된 대로 부설되었는지, 경운으로 유기 개량재가 완전히 혼합되었는지, 롤링은 토양을 과도하게 다지지 않으면서 과도한 토양 침하를 방지하기에 충분할 정도인지를 확인하기 위해 토양 단면 단계 전반을 통해 지속적인 검사가 수행되어야 한다.

현장 밀도 점검

최종 단면 밀도가 부하 제약을 초과하지 않도록 토양 단면을 시공하는 동안 반드시 성

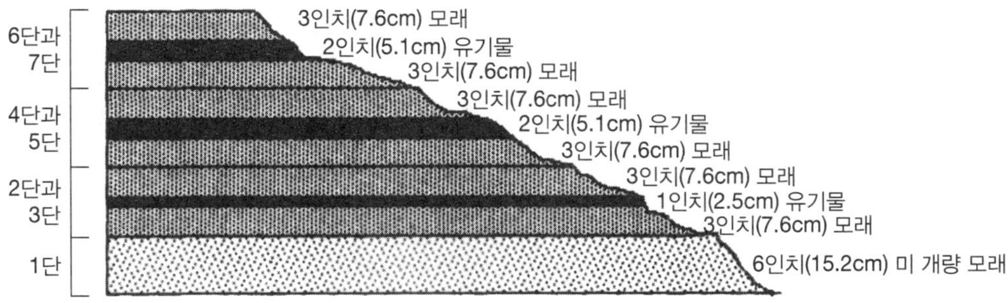

그림 12.5 다양한 단의 식재 배지 포설.

토와 식재 배지 밀도를 주기적으로 점검해야 한다. 각 단의 밀도는 Sasaki Associates 기술자가 권고하는 대로 모래 굴착, 관입계(貫入計, penetrometer), 또는 핵 밀도법(nuclear methods) 등에 의한 표준밀도시험을 활용하여 점검해야 한다.

경계면 회전경운과 식재 배지에 유기물 혼합

유기 개량제와 토양을 혼합하기 위한 경운(耕耘, tilling)은 대형 로터베이터(rotavator, 회전 날이 달린 경운기)나 원판 써레(disc harrow)를 이용하여 수행할 수 있다. 충분한 혼합을 위해 경운의 깊이는 각 단에 대해 최소 6인치(15cm)는 되어야 한다. 한 방향으로 몇 번을 왕복한 다음 처음 방향에 대해 직각으로 다시 몇 번을 왕복한다. 표준 갈퀴를 가진 경량 회전경운기는 충분하게 혼합하는 데 적합하지 않다.

두 번째 토양층은 더 무거운 토양이 유기물 속으로 들어가서 보다 충분히 혼합될 수 있도록 경운 전에 유기물 위에 포설한다.

공사 작업 순서. 공사 작업의 순서는 설계와 사용되는 자재만큼이나 성공적인 설치에 중요하다.

모든 지반 성토는 먼저 포설하여 보도 위치 아래 보도 노상까지 그리고 식재 배지 최종 높이 24인치(61cm) 아래의 고르지 않은 높이까지 쌓아야 한다. 보도의 노상까지 토양을 쌓기 때문에 보도 노상과 공사부지의 먼 가장자리로부터 수행되는 식재 배지의 포설, 경운, 롤링이 가능하게 된다. 이러한 과정은 포설 후에 식재 배지에 대한 과도한 통행과 답압에 대한 위험을 제거할 수 있다. 이에 관해서는 "파종상 준비"를 참고하라.

잔디 시방서

잔디 혼파와 적용률. 과중한 보행 이용에 노출된 운동장과 사람들이 뛰노는 곳에 대해서는, 한두 품종의 페레니얼 라이그래스(perennial ryegrass)와 함께 적어도 세 품종의 켄터키 블루그래스(Kentucky blue grass)의 잔디 혼파를 해야 한다. 각 블루그래스 품종은 적어도 해당 혼합의 20%는 되어야 한다. **표 12.3**은 권고되는 혼합과 적용률을 보여준다.

표 12.3 잔디 혼파와 적용률

구성	혼합 구성비	파종량
1. 켄터키블루그래스 품종 배합		
아메리카(America)	20	
보니블루(Bonniblue)	20	
프린스턴(Princeton)	20	
2. 페레이널 라이그래스		4파운드/1000ft^2
올스타(Allstar) 또는 요크타운(Yorktown) II	40	(1.95kg/100m^2)

이들 품종 모두는 과중하게 이용되는 지역에 권고되고, 양호한 겨울철 색깔과 내한성(耐寒性, cold resistance)과 내건성(耐乾性, drought resistance), 양호한 내병성(耐病性, disease resistance), 낮은 토양 비옥도에 대한 저항성을 가지고 있다. 이들 품종을 구할 수 없을 경우 다른 품종으로 대체할 수도 있지만, 대체 품종은 위에 언급된 것과 같은 동일한 적응성과 내병성 특성을 가지고 있어야 한다. 제안되는 모든 대체 품종들은 조경가에게 제출되어 승인을 받아야 한다.

파종상 준비와 식재

파종상 준비. 최종 단의 경운과 다짐은 파종상(播種床, seedbed) 준비에 적합해야 한다. 이 단계가 끝나면, 준비된 파종상 지역에 대한 더 이상의 차량 통행은 허용되어서는 안 된다. 모든 후속 작업은 보도에서 수행되어야 한다. "식재 배지"와 "공사 작업 순서"를 참고하라.

시발 시비와 석회시용. 최종 단을 경운할 때 완효성(緩效性, slowly available) 질소를 적어도 35% 함유하고 있고 비율이 2:1:1인 시발 비료(始發肥料, starter fertilizer)를 1000ft^{2}당 3~4 파운드(1.5~2.0kg/100m^2)에 해당하는 양을 표토 3인치(7.6cm)에 섞어주는 것이 좋다.

토양 pH는 최종 경운 작업을 할 때 석회를 적용함으로써 조절할 수도 있다. 적용될 양은 초기 토양 pH에 의해 결정된다. 적용률에 대한 기준표는 주 농업시험장이나 매사추세츠대학교 대외 지원기관에서 구할 수 있다. 최선의 결과를 위해서는 최종 pH가 6.5에서 7.5 범위 내에 있는 것이 좋다.

식재와 멀칭. 종자는 이 프로젝트에서 권고되는 것과 같이 분사물질에 혼합될 수도 있다. 이 현탁액(懸濁液, slurry)은 보도와 주차장 경계의 가장자리에서 살포되어야 한다. 적용률은 에이커당 1000에서 1500파운드(11.2~16.8kg/100m^2)가 될 것이다. 결정된 적용률은 전체 지역을 균일하게 충분히 피복하기에 적절해야 하고 잔디 씨앗을 정확한 비율로 적용해야 한다. 너무 과중해서 실생이 너무 많이 자라게 되는 지역은 손으로 얇게 펴주어야 한다. 조경 시공업자의 최종적인 현탁액-종자 혼합 배합비율은 Sasaki Associates의 승인을 받아야 한다.

유지관리

토양 통기. 잔디를 살아가게 하기 위해서는 통기(通氣, aeration)가 필요하다. 일 년에 적어도 두세 차례 속이 빈 관으로 된 에어레이터(aerator)로 토양을 통기하는 것이 권고된다. 이는 광장 지역의 과중한 이용으로 인해 불가피한 지표면 답압을 완화하기 위해 필요하다. 에어레이터는 지표 토양 속으로 2~3인치(5.1~7.5cm) 정도 침투할 수 있을 정도로 무거워야 하고 빈 개구는 직경이 3/4~1인치(1.9~2.5cm)가 되어야 한다. 뾰족한 침이 달린 에어레이터(spike aerator)를 사용해서는 안 된다. 시비에 앞서 봄에 강한 통기(해당 지역 전반에 대

표 12.4 잔디 시비 프로그램

질소 공급원	적용 시기			
	늦봄	초여름	늦여름	초가을
완효성 공급원으로부터 유래한 25~49% 질소[1]	적용되는 N-P_2O_5-K_2O 파운드/에이커(kg/1000m^2)			
	60-30-30 (6.7-3.4-3.4)		50-25-25 (5.6-2.8-2.8)	50-25-25 (5.6-2.8-2.8)

[1] 요소수지(ureaform)나 황피복요소(sulfur coated urea). 요소(尿素, urea)와 혼동하지 말라.

해 6~8회)와 뒤이어 늦여름이나 초가을에 가벼운 통기(해당 지역 전반에 대해 1~3회)를 해주는 것이 권고된다. 초기 통기 처리에서 발생한 플러그(plug)를 부수고 분산시키기 위해 해당 지역 위로 철망(chain-link fence)이나 사슬(chain)을 끌고 다녀야 한다. 뚫린 구멍은 동결융해(凍結融解, freezing and thawing)가 토양 속으로 침투할 수 있고 답압을 완화시키는데 도움이 될 수 있도록 겨울 동안 개방된 상태로 두는 것이 좋다.

봄 통기 후에는 퇴비의 수분 함량에 따라 약 300~700파운드/1000ft^3(147~342kg/100m^2)의 비율로 1/3~1/2인치(0.8~1.3cm) 깊이의 퇴비를 뗏밥(topdressing)으로 줄 수도 있다. 이 퇴비는 에어레이터 구멍을 채워서 지표 토양으로 유기물을 혼합시키는데 도움이 될 것이다.

시비 프로그램. 통기와 함께 연간 시비(施肥, fertilization) 프로그램은 튼튼한 잔디를 유지하는 데 필요하다. 권고되는 토양 자재가 인과 칼륨의 적정 수준 범위 내에서 최소 수준을 가지고 있다는 가정 하에 다음 프로그램이 권고된다. 이 프로그램의 수정이 필요한지 여부를 확인하기 위해 토양 시험을 실시하는 것이 좋다. 다음 프로그램(**표 12.4**)은 2:1:1의 비료 비율과 1000ft^{2}당 3~4파운드(1.5~1.9kg/100m^2)의 비율로 질소를 적용한다는 것을 기준으로 한다.

특별 고려사항

토양 배수가 경관에 미치는 영향과 관련된 일부 특별한 주의를 필요로 하는 문제가 있다. 이 사항은 설계와 시공과정에서 고려될 필요가 있다.

매점을 둘러싸고 있는 토양과 이의 배수성. 지표면 아래(24인치/61cm) 가까이 있는 매점 아래 공간의 존재는 어떤 형태든 배수 문제를 제기한다. 매점 지붕으로부터의 빗물이 얕은 토양으로 배수되지 않으면, 권고된 바와 같이 사질토 자재가 토양 단면 내 적절한 배수를 제공하는 것이 좋다. 만약 공간 표면이 매점으로부터 경사져 있으면, 물이 매점 지붕 가장자리 가까이에 있는 토양에 모이는 것을 방지할 수도 있다.

해당 프로젝트 계획수립의 후반부에, 해당 매점 주변의 토양 자재 규격을 재점검하는 것이 좋을 것이다. 만약 설계가 물의 집적이 문제가 될 가능성이 보이면, 세심한 암거배수 설계와 함께 매점 주변 토양을 더 거친 토성으로 다시 규정할 필요가 있을 것이다.

기존 토양 굴착 시 토양 배수 관찰. 기존 토양을 굴착하는 동안 약간의 관찰을 하면 현재의 토양수분 배수에 대한 어떤 형태의 시사점을 얻는 데 큰 도움이 될 수 있다. 이 정보는 현재 설계를 확인하거나 현재 설계를 개선하기 위한 조정을 제안하는 데 활용될 수도 있다.

오르막 비탈로부터 차고 지역으로. 이는 얼마나 많은 물이 비탈로부터 내리막 경사를 통해 주차장 지붕이 있는 지역으로 흐르는가를 아는 데 유익할 것이다. 토양이 오르막 측면을 따라 또는 매점 3으로부터 매점 4로 선형으로 도랑이 조성되거나 굴착되는 경우, 토양 단면은 측면 흐름(lateral flow)을 보일 수 있는 습하거나 매우 습한 부분이나 지역이 있는지를 확인하는 것이 좋다. 만약 상당한 흐름이 탐지되면, 오르막 비탈로부터의 물 흐름을 차단하기 위한 수직적인 차단 배수(curtain drain)를 조성할 것을 권고한다. 이러한 차단은 옥상 지역 내 과도한 물이 집적되는 위험을 줄여줄 것이다.

기존 옥상 단면 내부 배수. 지붕에서 토양이 제거됨에 따라, 습한 지점이나 지역이 존재하는지를 확인하고 이들의 위치를 나타내기 위해 해당 토양 단면 내부의 배수를 관찰하는 것이 좋다. 이러한 관찰은 어떤 배수 문제가 존재할 수 있는 지붕 지역을 보여주기 때문에 습한 지역이 다시 발생할 가능성이 있는 것으로 나타나면 포설할 때나 시방서에서 성토 자재를 변경할 수도 있다.

주

이 프로젝트는 1994~1995년에 성공적으로 시공되었다. 불행히도 해당 부지에 대한 일부 활동이 순서대로 수행되지 않아서 심토층이 공사 중 통행으로부터 완전히 보호되지는 못했다. 중요한 교란은 최종 정지 후에 전기 시공자가 관암거(管暗渠, conduit)를 부설하지 않았다는 것을 발견하면서 발생했다. 식재 배지와 심토를 분리하고 이들을 적절한 순서로 포설하는 노력이 성공적이지 못하여, 토양 단면이 더 이상 존재하지 않는 곳에서 선이 형성되었다. 이 선은 잔디의 서로 다른 반응에 의해 감지할 수 있다. 다행히도, 두 생육기 동안 식생을 교란되지 않은 상태로 유지해야(8피트/2.4m 높이 철조망으로 보호되는) 한다는 시 당국의 요구를 따름으로써 해당 프로젝트는 성공했다고 확인되었다. 이는 잔디 뿌리가 완전히 활착되어 앞으로의 통행에 대한 영향에 더욱 저항성을 갖도록 했다.

12.4 로스앤젤리스시 J. Paul Getty 미술관

Hanna/Olin, Ltd.(현재 필라델피아 소재 Olin Partnership)는 시방서가 완벽한 소개 자료가 되도록 작성되어야 하고 전체 토양 시방서 작성과정이 고객을 위한 교육 노력의 일환으로 간주되어야 한다고 요구했다. 이로 인해 이 시방서를 저자가 필요한 정도로 매우 자세하게 정리할 수 있었기 때문에 운이 좋았다.

해당 조경 프로젝트는 67개의 서로 다른 식재지에 대한 토양을 설계하는 것이었는데, 이들 중 2/3는 구조물 위였고, 나머지는 토양 위였다. 토양 무게 제한은 보스턴 커먼스 광장 주차장 지붕보다 더 제한적이어서, 깊은 단면에서는 형틀로 찍어낸 스티로폼 블록이 필요했다. 식생 구조는 열대의 교목고사리(tree fern)로부터 선인장과 같은 내건성 종에 이르기까지 폭이 넓었다.

이 프로젝트에서 저자의 활동은 시방서가 작성되고 입찰을 위해 보낼 때쯤 긴박하고 심각한 건강상의 이유 때문에 중단되었다. 이로 인해 저자는 해당 프로젝트의 최종적인 시공과 마무리에 참여하지 못했다. 이 책을 발간 당시에 확인할 수 있었던 것은 기껏해야 시방서가 사소한 변경으로 마무리되었다는 것이다.

서론

J. Paul Getty Fine Arts Center는 건조한 생육기와 습한 휴면기를 가진 지중해성 기후를 보이는 산타모니카 산맥(Santa Monica Mountains)에 위치해 있다. 센터에서 제시되는 바와 같이 다양한 식물 군집이 포함되어 있어서 생육기 중 토양 습도 보유와 적극적이거나 소극적인 관수가 설계 상황의 주된 관심이 되었다. 하지만 관심은 여전히 소중한 수자원 보존에 있었다. 휴면기에는 양호한 토양 배수와 고도의 안정성(빗방울 튀김에 대한 저항성)을 요구하는 불규칙적인 강우 분포와 강도 상황을 보인다. 대부분의 식생은 옥상 적용과 같은 구조물 위의 "식수분"(植樹盆, planter)에 위치하게 되기 때문에, 뿌리를 내릴 수 있는 부피가 제한적이어서 토양 설계에 더욱 제약이 많았다. Urban(1989)과 다른 사람들(Lindsey & Bassuk, 1991)은 일반적인 도시 토양 여건 하에서 최소 300ft^3(8.5m^3)의 최소 뿌리 전개 공간이 필요하다는 것을 확인하였다. 구조물 위의 14인치(36cm, 어떤 경우에는 11.5인치/29cm)로부터 지면 위의 6피트(182cm)에 이르기까지 폭넓은 범위의 가용 토양 깊이를 가지고 있어서, 가용한 뿌리 전개 부피와 깊이는 보통 수준으로부터 얕은 곳의 경우에는 교목과 관목에게 제약이 심각하였다. 부피 제한은 토양 설계, 공유된 뿌리 전개 공간, 견실한 관수 설계를 통해 어느 정도 극복될 수 있다. 이들 모든 요소가 J. Paul Getty 미술관에 존재한다.

토양 설계 사상

이 프로젝트의 토양 설계 사상(思想, philosophy)은 가능한 한 적합한 자연 토양에 가까우면서 이들이 관수 설계에 잘 반응하는 토양 규격을 통해 경관 설계와 식물 집단의 요구를 충족시키는 것이다. 토양은 고상, 액상, 기상의 삼상(三相, three phase)으로 이루어져 있다. 대부분의 토양 시방서는 많은 경우 이차 역할에 영향을 미치는 토성과 유기물 함량, pH, 가용성 염, 영양소 함량 등을 명시함으로써 고체 요소에 집중한다. 보수력, 밀도, 배수 정도는 거의 언제나 등한시되거나 누락된다. 토양이 올바르게 설계되기 위해서는, 특히 특수한 적용을 위한 경우에는, 이들 모든 성질과 특성이 설계 기준 목록에 포함되어 있어야 한다.

추가적인 관심은 높은 유기물 함량을 가진 토양의 침하와 다짐에 대한 성향이다.

토양 설계

무기물과 유기물을 포함한 토양의 고상 또는 구성요소는 다른 성질과 특성에 깊은 영향을 미치기 때문에 토양의 행렬(matrix)에서 볼 수 있는 것을 초월한다: 고상은 고유의 비옥도와 부분적으로 보수력, 배수성 정도, 밀도를 결정한다. 토성은 토양 자재 내 모래, 미사, 점토 입자의 비율(입도 분포라고도 함)을 가리키는 토양학 용어이다. 이들 후자의 특성에 영향을 미치는 또다른 토양 성질은 구조로, 토양 입자의 집단 정도와 유형으로 정의된다. 구조는 교란된 토양에서는 일반적으로 파괴되거나 크게 줄어들고 배합토(配合土, soil mix)에는 존재하지 않을 수도 있기 때문에, 어떤 형태의 보상 요소를 적용해야 한다. 이러한 보상은 유기물이나 소성 플라이애시(sintered fly ash), 팽창점토(膨脹粘土, expanded clay), 부석(浮石, pumice) 등과 같은 인공 개량제를 첨가함으로써 얻을 수 있다.

토양 설계는 토성을 구체화하는 것으로부터 시작하는 것이 가장 좋다. 식물 구성의 다양성에 따른 토양 깊이와 부피 관계의 다양성으로 인해, 모든 식재에 하나의 토성을 규정하는 것은 현명하지 않을 수 있다. 기본 행렬로서 단일 토성으로 시작하고 이를 개량제로 조정한 다음 식재지 토양 단면을 시공할 때 몇 개의 다른 층이나 층위가 될 수 있도록 해당 식재의 다양한 토양 요구조건을 충족시키는 것이 가장 쉬운 방법이다. 이는 보통 수준의 깊이와 균일한 토양 단면 깊이에는 잘 작동되지만, 특히 Getty Center에는 적합하지 않다.

설계의 목표는 서로 다른 개량제와 함께 기본 행렬의 변경을 통해 자연 토양의 “표토”, “심토”, “모재”를 모방하는 것이다. 토성 변경은 토성 변경 지시에 따라 조사나 점토(또는 비석/zeolite) 자재를 첨가함으로써 달성된다. 이에 따라 보수력, 용적밀도, 배수성이 조정된다. 소성 플라이애시, 부석과 ISOLITE®, AXIS®, TURFACE® 등과 같은 세라믹 제품은 토성 변경과 함께 또는 이의 변경 없이 후자(점토)의 토양 특성을 추가로 조정하는 데 사용된다.

특정 유형의 유기물을 이용한 토양 개량은 비옥도 상태에 대한 기여에 추가하여 앞서 언급한 개량에도 기여할 것이다. 효과적인 개량을 확보하기 위해서는 과도한 양의 유기물 첨가가 필요할 수도 있는데, 이러한 과도한 양의 유기물은 몇 가지 문제를 유발한다: (1) 토양이 침하되기 쉽다; (2) 토양이 강우나 관수 후에 장기간 습한 상태를 유지할 정도로 보수력이 높아지고, 기체가 토양 내외로 움직이는 것을 둔화시켜 불리한 통기 상태를 창출할 수도 있고; (3) 토양 미생물에 의한 분해가 실제로 억제될 수도 있다. 많은 자연 상태의 삼림토양은 잘 발달된 구조와 함께 유기물 함량이 무게 기준으로 4~5%에 불과하다. 유기물 첨가는 도시 토양의 비옥도를 실질적으로 향상시키고 시간이 경과함에 따라 처음에 교란된 토양에서 다양한 정도로 파괴된 자연 구조를 회복시키는 데 도움을 주지만, 과도한 양은 유익하지 않다. 과도한 유기물 함량으로 인한 문제를 극복하기 위해서는 기본 행렬에 대한 개량제로 해당 토양을 경량화하는 무기 자재가 이용된다.

개별 층의 비옥도와 토양 반응(pH)은 양분유효도(養分有效度, nutrient availability)의 폭을 넓히기 위해 혼합과정 중에 조정될 것이다. 개별 식재지에 대한 국지적인 조정은 설치 후에 할 수 있고 일상적인 유지관리 중에 시공자나 고객이 개별 식물 집단의 요구에 따라 적용될 수 있다.

표준 규격

이 프로젝트가 로스앤젤레스에 위치하고 있기 때문에, Public Works Construction(1991)의 표준 규격(Standard Specifications)에 대한 유용한 지식이 적합하다. 212-1항의 212-1.1.1에서 212-1.1.2에 걸쳐 다음과 같은 표토(表土, topsoil) 규격이 제시되어 있다. 그러나 이들 규격이 충분히 만족스러운 것은 아니다.

212-1.1 표토

212-1.1.1 일반사항. 표토는 여기에 명시된 바와 같이 Class A(반입된), Class B(선발된), 또는 Class C(미분류된)로 지정된다. 담당 기술자는 사용에 앞서 표토의 적합성을 확인한다. 표토는 비축이 명시되어 있지 않으면 발생 지역으로부터 자신의 위치로 이동된다.

212-1.1.2 Class A 표토. Class A 표토는 시공자에 의해 선정되고 여기에 명시된 요구조건을 충족시키는 것으로 해당 프로젝트 경계 바깥에 있는 공급원에서 반입된 것이다. 기술자는 해당 자재가 요구조건을 충족시킨다는 것을 확인하는 데 필요하다고 여기는 바에 따라 검사를 하고 시험을 수행할 수 있다.

제안된 표토 공급원은 적어도 계획된 사용일 15일 전에 기술자에게 제출되어 승인을 받아야 한다. 시공자는 승인을 받기 위해 서면 요청서를 제출해야 하는데, 여기에는 제안된 공급원이 이 시방서를 준수한다는 것을 언급한 서면 보고서가 첨부되어야 하며, 이 보고서는 주에 등록된 농업 토양 평가를 하는 시험기관이 발행한다. Class A 표토는 잘 부서지는 사양토 특성과 동일한 상대적인 구성과 구조를 가지고 있고, 뿌리, 토괴(土塊, clod), 최대 크기가 1인치보다 큰 돌, 거친 모래의 포켓, 유해 잡초, 막대기, 가지, 기타 쓰레기가 없는 것이 좋다. 그리고 선충(線蟲, nematode)이나 기타 바람직하지 못한 곤충과 식물 병원균에 감염되어 있지 않은 것이 좋다.

Class A 표토는 다음과 같은 추가적인 요구조건을 충족하는 것이 좋다:

1. 입자분포한계. 모래 50~80%, 점토 최대 20%, 미사 최대 30%. 모래, 미사, 점토의 입자분포한계(粒子分布限界, gradation limits)는 ASTM D 422에 규정된 것을 따르는 것이 좋다.
2. 투수율. ASTM D 2434, Calif. Test 220이나 기타 승인된 방법에 따라 시험되었을 때, 시간당 0.5인치(1.3cm) 이상에서 2인치(5.1cm) 미만.
3. 농업 적합성. 표토는 명시된 식물의 생장을 지속적으로 유지시키기에 적합한 것이 좋다.

이들 규격은 다음과 같은 이유 때문에 이 프로젝트에 적용하는데 완전히 만족스럽지 못하다. 입자분포한계는 "잘 부서지는 사양토 특성"처럼 불충분하게 명시되어 있다. 사양토 토성 분류에서와 마찬가지로 모래 분류 내에서도 입자 크기가 다섯 가지로 세분(USDA Classification)되어 있어서 그 범위가 매우 넓다. 극조사에서 극세사(2에서 0.05mm)에 걸친 세분류는 뿌리 전개와 식물 생장, 그리고 시공상의 소극적이거나 적극적인 다짐에 대한 감수성에 중대한 영향을 미친다. 이 규격은 토양의 입도 분포, 특히 모래 부분에서 보다 구체적이어야 한다. 따라서 각 배합토에 대해 체의 크기와 각 체의 통과율을 명시해야 한다.

토양 구조는 공극률과 통기 정도, 배수성, 용적밀도, 보수력 등과 같은 토양의 특성에 강하게 영향을 미치는 물리적인 토양 성질 중 하나이다. 제자리에 있는 교란되지 않은 토양은 이러한 자연적인 구조를 어느 정도 가지고 있을 것이다. 그러나 교란된 토양은 거의 항상 크게 악화된 구조를 가지고 있을 것이다. 사질토양은 본질적으로 고도의 구조를 가지고 있지 않지만 높은 평균 공극크기가 자연적인 구조에 존재하는 잘 발달된 큰 공극의 상실을 보상해주는 경향이 있다. 그러므로 사질토양은 모든 토양 시공 작업에 관여되는 굴착, 적하, 운반, 저장, 포설 과정에서의 토양 구조 손실을 보충하기 위해 거의 항상 명시된다. 유기물과 농업용 부석과 같은 무기질 다공성 자재의 첨가도 추가적인 공극률을 제공하여 해당 토양을 "경량화"한다.

기술된 이 표준 규격은 여기에 제시된 규격처럼 균일성을 보장하지 않는다. "잘 부서지는 사양토"는 특정 프로젝트에서 사용하기에 만족스럽지 못할 수도 있는 광범위한 범위의 토양 성질과 여건을 포괄할 수 있다. "잘 부서지는"이라는 용어는 구체적으로 주어진 수분함량, 일반적으로 포장용수량에서 토양의 물리적인 상태를 가리킨다. 불행히도, 이쇄성(易碎性, friability)은 서로 다른 토양 간, 사양토 내에서도 변이의 폭이 넓다.

여기에 제시된 규격은 표준 규격에서 제시하는 규격들을 충족하고/거나 과도할 수 있고, 보다 엄격한 요구조건을 내포할 수도 있다. 이는 식재가 이 영원히 존재할 미술관뿐만 아니라 다양성에 대한 욕구를 위해 생존하고 번성할 수 있도록 하기 위해 필요하다.

두 종류의 규격 대안 일습이 제출되었는데, 이는 비용과 설치 작업에 어떤 영향을 미칠 수 있는 최종 설계와 의사결정 과정에 사용될 수 있도록 Hanna/Olin과 고객에게 어느 정도의 유연성을 제공하기 위해서다. 대안 I은 식수분(植樹盆, planter) 배합토와 각 식수분 여건(수직적인 높이)과 이의 식물 구성에 대해 설계된 단면과 일치시키기 위한 시도이기 때문에 이는 4가지의 분명한 배합토로 구성되어 있다. 대안 II는 두 가지 배합토만 있는데, 두 대안에서 별도의 규격을 가진 잔디 식수분을 제외하고 모든 식수분에 사용 가능한 "만능 배합토"(master mix)이다. 잔디에 관한 규격은 이들 식수분이 보행자 통행을 수용할 수도 있기 때문에 필요하지만, 다른 지역은 통행을 위해 사용되지 않는다. "만능 배합토"로 대표되는 두 번째 대안은 대부분의 식수분에 대한 타협으로 설계된 단면과 함께 대안 I의 배합토와 개별 식수분의 요구조건을 반드시 충족시키지 않는다. 따라서 조성 후에 개별 식수분에 대해서는 변경이 필요할 수도 있다.

이들 규격의 설계에 가해지는 주된 제약은 두 대안에서 규정된 토양에 대한 습한 토양 무게는 85파운드/ft^3(1.36Mg/m^3)라는 제한이다. 이는 시간이 경과함에 따라 침하할 가능성이 더 크고 이로 인해 부수적으로 공기 공극이 감소하여 용적밀도의 증가와 투수성의 하락(혐기성 상태의 증가)으로 이어질 가능성이 더 커지는 단점이 발생할 수도 있는 상대적으로 "가벼운" 토양을 요구한다. 유기물 함량이 높은 토양은 침하를 통해 다짐이 발생하는데 이는 유기 영양소가 식물에 불용하게 만든다. 따라서 해당 식물에 대한 적합한 보수력, 비옥도 수준, 바람직한 물리적인 뿌리 전개 환경을 유지함과 동시에 토양의 가벼움과 침하와 다짐에 대한 저항성 사이의 균형을 확보해야 한다. 보다 자세한 사항은 개별 규정된 배합토에서 제시될 것이다.

배합토 규격

대안 I

표토 배합토(S1)

이는 규정된 모래와 규정된 유기물을 부피 기준으로 7:3의 비율로 혼합한 것이다.
모래: 균등계수(均等係數, coefficient of uniformity; C_u) = 4.00에서 6.00 사이인 USDA 양질사토(壤質砂土, loamy sand).

체 번호	통과율
8	100
10	90~100
18	65~70
35	35~40
60	15~20
140	5~10
300	2~5

유기물: 다음 규격을 가진 Kellogg사의 NITROHUMUS®:

(a) pH 6.5에서 7.5
(b) 가용성 염 5000ppm 미만(EC < 7.8)과 SAR(sodium adsorption ratio, 나트륨흡착비) < 7
(c) 총질소 1~2%
(d) 인 0.5~1.5%
(e) 칼륨 0.2~1.5%
(f) 해당 퇴비는 어떠한 다가염소화합물(PCB, Polychlorinated Binphenyl)이나 다이옥신(Dioxin)을 함유해서는 안 되고, EPA Type 1 유기 폐기물과 표준 규격 Type 2 유기 개량제 조건을 충족해야 한다.
(g) 1/2인치(1.3cm) 이하의 체를 100% 통과해야 한다.

이를 통해 만들어진 다져지지 않은 이 배합토의 건조 용적밀도는 약 75.5파운드/ft^3(1.21Mg/m^3)이다.

(a) 포장용수량 무게는 수분 함량 15%에서 약 84.9파운드/ft^3(1.36Mg/m^3)이다.

심토 배합토(S2)

이는 규정된 모래, 유기물, 무기 개량제가 부피 비율 7:2:1로 혼합된 것이다.

모래: 균등계수(C_u) = 2.86인 USDA 양질사토(壤質砂土, loamy sand).

체 번호	통과율
8	100
10	95~100
18	90~95
35	80~85
60	45~50
140	10~15
300	1~5

유기물: 다음 규격을 가진 Kellogg사의 NITROHUMUS®:

(a) pH 6.5에서 7.5
(b) 가용성 염 5000ppm 미만(EC < 7.8)과 SAR < 7
(c) 총질소 1~2%
(d) 인 0.5~1.5%
(e) 칼륨 0.2~1.5%
(f) 해당 퇴비는 어떠한 PCB나 다이옥신(Dioxin)을 함유해서는 안 되고, EPA Type 1 유기 폐기물과 표준 규격 Type 2 유기 개량제 조건을 충족해야 한다.
(g) 1/2인치(1.3cm) 이하의 체를 100% 통과해야 한다.

무기 개량제: 안정적이고 부서지지 않는 소결규조토(calcined diatomaceous earth) – Eagle-Picher Industries(네바다주 리노/Reno 소재)에서 생산된 AXIS® AXT-2:

(a) 공극률 최소 74%
(b) pH 7.0
(c) 겉보기 건조 밀도 약 34파운드/ft^3.
(d) 공극 크기 범위 0.1에서 1미크론(μ)
(e) 용적밀도 0.51g/cc
(f) 양이온 교환 용량 27meq/100g
(g) 직경 2mm

이를 통해 만들어진 다져지지 않은 이 배합토의 건조 용적밀도는 약 77.9파운드/ft^3(1.25Mg/m^3)이다.

(a) 포장용수량 무게는 수분 함량 10%에서 약 84.1파운드/ft^3(1.35Mg/m^3)이다.

기반 자재(S3)

이는 개량이 안 된 규정된 모래의 혼합물이다. 이는 토양 단면을 최종 지표면으로 올리기 위해 더 낮은 층이 필요할 때에만 사용된다. 이는 구조물 위에 적용하는 것이 아니라 지표면 위에 적용하기 위해서만 사용된다. 거친 사질 토성은, 급격한 경계층(경우에 따라 필요하겠지만)이 아닌, 규정된 심토에서 자갈 배수층으로의 점진적인 변화를 제공하는 것이다. 이는 자갈층 위 주수위의 양을 줄여준다.

모래: 균등계수(C_u) = 1.84인 USDA 모래.

체 번호	통과율
18	100
35	75
60	10
140	1

이를 통해 만들어진 다져지지 않은 이 배합토의 건조 용적밀도는 약 90.5파운드/ft^3(1.45Mg/m^3)이다. 이 자재는 지표면 위에 적용하기 위해서만 사용되기 때문에 무게는 지붕 부하요소(roof loading factor)가 아니다.

잔디 표토 배합토(SIA) (구조물 위)

이는 규정된 모래, 유기물, 무기 개량제가 부피 비율 6:2:2로 혼합된 것이다.

모래: 균등계수(C_u) = 3.08인 USDA 사양토(砂壤土, sandy loam).

체 번호	통과율
10	100
18	95~100
35	70~75
60	25~30
140	5~10
300	0~5

유기물: 다음 규격을 가진 Kellogg사의 NITROHUMUS®:

(a) pH 6.5에서 7.5
(b) 가용성 염 5000ppm 미만(EC < 7.8)과 SAR < 7
(c) 총질소 1~2%
(d) 인 0.5~1.5%
(e) 칼륨 0.2~1.5%

(f) 해당 퇴비는 어떠한 PCB나 다이옥신(Dioxin)을 함유해서는 안 되고, EPA Type 1 유기 폐기물과 표준 규격 Type 2 유기 개량제 조건을 충족해야 한다.

(g) 1/2인치(1.3cm) 이하의 체를 100% 통과해야 한다.

무기 개량제: 안정적이고 부서지지 않는 소결규조토(calcined diatomaceous earth): Eagle-Picher Industries(네바다주 리노/Reno 소재)에서 생산된 AXIS® REGULAR:

(a) 공극률 최소 74%

(b) pH 7.0

(c) 겉보기 건조 밀도 약 25파운드/ft^3

(d) 공극 크기 범위 0.1에서 1미크론(μ)

(e) 용적밀도 0.40g/cc

(f) 양이온 교환 용량 27meq/100g

(g) 직경 분포

6 mesh	5%
10 mesh	54%
20 mesh	87%
80 mesh	98.8%
−80 mesh	0.2%

이를 통해 만들어진 다져지지 않은 이 배합토의 건조 용적밀도는 약 70.5파운드/ft^3(1.13Mg/m^3)이다.

(a) 포장용수량 무게는 수분 함량 15%에서 약 79.9파운드/ft^3(1.28Mg/m^3)이다.

대안 II

만능 배합토(SM)

이는 규정된 모래, 유기물, 무기 개량제가 부피 비율 6:1:3으로 혼합된 것이다.

모래: 균등계수(C_u) = 2.50인 USDA 양질사토.

체 번호	통과율
8	100
10	95~100
18	95~100
35	90~95
60	25~30
140	5~10
300	0~5

유기물: 다음 규격을 가진 Kellogg사의 NITROHUMUS®:

(a) pH 6.5에서 7.5
(b) 가용성 염 5000ppm 미만(EC < 7.8)과 SAR < 7
(c) 총질소 1~2%
(d) 인 0.5~1.5%
(e) 칼륨 0.2~1.5%
(f) 해당 퇴비는 어떠한 PCB나 다이옥신(Dioxin)을 함유해서는 안 되고, EPA Type 1 유기 폐기물과 표준 규격 Type 2 유기 개량제 조건을 충족해야 한다.
(g) 1/2인치(1.3cm) 이하의 체를 100% 통과해야 한다.

무기 개량제: 안정적이고 부서지지 않는 소결규조토(calcined diatomaceous earth): Eagle-Picher Industries(네바다주 리노/Reno 소재)에서 생산된 AXIS® COARSE(AXC):

(a) 공극률 최소 74%
(b) pH 7.0
(c) 겉보기 건조 밀도 약 24파운드/ft^3.
(d) 공극 크기 범위 0.1에서 1미크론(μ)
(e) 용적밀도 약 0.51g/cc
(f) 양이온 교환 용량 27meq/100g
(g) 직경 약 4mm

이를 통해 만들어진 다져지지 않은 이 배합토의 건조 용적밀도는 약 72.4파운드/ft^3 (1.16Mg/m^3)이다.

(a) 포장용수량 무게는 수분 함량 15%에서 약 81.8파운드/ft^3(1.31Mg/m^3)이다.

잔디 표토 배합토(SIA) (구조물 위)

이는 규정된 모래, 유기물, 무기 개량제가 부피 비율 6:2:2로 혼합된 것이다.

모래: 균등계수(C_u) = 3.08인 USDA 사양토(砂壤土, sandy loam).

체 번호	통과율
10	100
18	95~100
35	70~75
60	25~30
140	5~10
300	0~5

유기물: 다음 규격을 가진 Kellogg사의 NITROHUMUS®:

(a) pH 6.5에서 7.5
(b) 가용성 염 5000ppm 미만(EC < 7.8)과 SAR < 7

(c) 총질소 1~2%

(d) 인 0.5~1.5%

(e) 칼륨 0.2~1.5%

(f) 해당 퇴비는 어떠한 PCB나 다이옥신(Dioxin)을 함유해서는 안 되고, EPA Type 1 유기 폐기물과 표준 규격 Type 2 유기 개량제 조건을 충족해야 한다.

(g) 1/2인치(1.3cm) 이하의 체를 100% 통과해야 한다.

무기 개량제: 안정적이고 부서지지 않는 소결규조토(calcined diatomaceous earth): Eagle-Picher Industries(네바다주 리노/Reno 소재)에서 생산된 AXIS® REGULAR:

(a) 공극률 최소 74%

(b) pH 7.0

(c) 겉보기 건조 밀도 약 25파운드/ft^3.

(d) 공극 크기 범위 0.1에서 1미크론(μ)

(e) 용적밀도 0.40g/cc

(f) 양이온 교환 용량 27meq/100g

(g) 직경 분포

6 mesh	5%
10 mesh	54%
20 mesh	87%
80 mesh	98.8%
−80 mesh	0.2%

이를 통해 만들어진 다져지지 않은 이 배합토의 건조 용적밀도는 약 70.5파운드/ft^3 (1.13Mg/m^3)이다.

(a) 포장용수량 무게는 수분 함량 15%에서 약 79.4파운드/ft^3(1.27Mg/m^3)이다.

고찰

두 대안의 다양한 혼합을 위해 규정된 모래 사이에는 외관상 유사성이 있을지 모르지만, 유기 및 무기 개량제와 혼합하면 결과적인 특성에서는 커다란 차이가 있다. 최종 배합토가 식생 구조와 식재 여건의 요구조건을 충족시키기 위한 바람직한 특성을 가지도록 보장하기 위해서는 다양한 자재의 배합과 이로 인한 상호작용을 고려해야 한다. 이러한 고려의 중요성은 토양 단면을 시공할 때 더 커진다.

토양 무게는 구조물 위 적용을 위해 중요한 고려사항이다. 앞서 언급된 포장용수량 무게는 시공된 토양 단면 구성요소의 하나가 아니라, 별도의 실체로서의 개별 층에 대한 것이다. 무게는 "토양 단면 유형"에서 더 자세하게 논의될 것이다. 토양 무게는 하나의 균질한 혼합보다 다른 혼합물로 구성된 토양 단면을 시공함으로써 더 쉽게 조절하고 예측할 수 있다. 따라서 대안 I이 분명한 장점이 있다.

토양 단면 유형

대안 1의 경우, 하나에서 세 개의 층이 해당 프로젝트에 시공된 토양 단면을 구성한다. 그러므로 식재지 깊이와 식물 구성의 여건을 충족시키기 위해 네 가지 잠재적인 단면을 설계 순서에 따라 시공하는 것이 필요하다.

유형 P1: 구조물 위 총 식재지 깊이 18인치(46cm) 이하. 이 단면은, 지표면 위든 구조물 위든, 표토 배합토(S1)로만 구성되어 있으며, 얕은 지피와 관목 식재지나 다양한 깊이의 식재지의 얕은 부분을 위해 설계되었다. 이는 각 단(壇, lift)의 높이가 6인치(15cm)인 세 개의 단을 18인치(46cm)까지 쌓게 된다. 보다 자세한 사항은 "시공 절차와 제한"을 참고하라. 이는 보행자 통행을 수용하는 잔디 식수대를 위한 것은 아니다.

유형 P1A: 구조물 위 깊이 18인치(46cm) 이하의 잔디 식재지. 이 단면은 보행인 통행 지역에 사용된다. 이는 각 단의 높이가 6인치(15cm)인 세 개의 단을 18인치(46cm)까지 쌓게 된다.

유형 P2: 구조물 위 깊이 18인치(46cm) 초과 식재지. 18인치(46cm) 위쪽은 표토 배합토(S1)이고 18인치(46cm) 두께의 두 번째 또는 아래층은 심토 배합토(S2)이다. 해당 식재지 깊이의 나머지는 형틀로 찍어낸 스티로폼으로 채워진다. 스티로폼의 사용과 배치에 대한 고찰은 다음 설명을 참고하라.

단면 내 형틀로 찍어낸 스티로폼의 사용. 해당 단면의 알려지지 않은 그리고 예측 불가능한 수분 함량으로 인한 과도한 무게 문제를 해소하기 위해서는 안전계수(安全係數, safety factor)가 줄어들 가능성이 있는 깊이가 더 깊은 단면에 대해 총 단면 무게를 줄일 필요가 있다. 비가 많이 오거나 관수를 많이 하는 여건 하에서는 토양 수분이 해당 토양 단면의 바닥층에 누적되는 경향이 있다. 이러한 여건은 캘리포니아의 겨울철 우기(雨期, rainy season) 동안 자주 발생할 것이다. 시공 후에는 해당 단면 내 수분 함량과 이들의 분포를 예측하는 것은 어렵다. 그러나 캘리포니아 주립대학 데이비스캠퍼스에서의 연구(Craul, 1992, 336페이지; Harris, 1991)를 기준으로 한 일부 지침이 있다. 포화된 후에 중력에 의해 배수가 되는 용기에 담긴 사질토양(실제로 이 프로젝트에 존재함)은 가장 낮은 6인치(0~6인치/15cm) 층에 55~60%, 다음의 위 6인치(6~12인치/15~30cm) 층에 35%, 12~18인치(30~46cm) 층에 30%, 18~24인치(46~61cm) 층에 28%, 30~36인치(76~91cm) 층에 27%의 수분 함량을 각각 보일 것이다. 6인치(15cm) 층 단독으로는 58%의 수분 함량을 보일 것이다. 이러한 여건 하에서, 낮은 층들은 100파운드/ft^3(1.60Mg/m^3)을 초과하고 110파운드/ft^3(1.76Mg/m^3)에 접근할 것으로 예측되는 밀도를 가질 수도 있다. 이들 수분 함량은 분명히 각 층 토양의 물리적 성질에 따라 다양할 것이다. 이에 따라 여기에 명시된 다양한 층은 아래층이 가지고 있는 많은 양의 수분을 상쇄할 수 있도록 이들의 물리적 성질과 특성에 변화를 주도록 설계되어 있다. 그러나 이러한 설계는 안전계수 관점에서 보면 충분하지 않다.

단면이 깊은 낮은 층과 교목의 뿌리 상자(root box) 한쪽에 형틀로 찍어낸 스티로폼을 배치하면 전반적인 토양 부하를 가볍게 할 수 있다. 깊은 단면의 낮은 부위에 형틀로 찍어낸 스티로폼을 배치하는 것은 대부분의 뿌리가 단면의 위쪽 18~24인치(46~61cm)에 주로 발생하기 때문에 교목 뿌리 전개를 방해하지 않을 것이다. 그리고 물이 배수 자갈층에 도달할 수 있도록 이들 블록이 간격을 확보한다면 단면의 배수를 방해하지 않을 것이다. 이 스티로폼을 배치하더라도 대부분의 구조물 위 식재지에서 2개 층을 가진 단면을 설치할 수 있다.

구조물 위 식재지의 개별 깊이나 다양한 깊이에 대해 형틀로 찍어낸 스티로폼 블록의 도입과 배치 가능성을 검토할 필요가 있다. 이들에 관한 자세한 사항은 뒤의 시방서 작성에서 고려될 수 있다.

스티로폼은 어느 배합토 대안에서도 도입할 필요가 있을 것이다.

유형 P3: 지표면 위와 깊이에 따른 식재지. 이 단면은 다음과 같은 세 개의 층으로 구성된다:

1. 표토 배합토(S1) 18인치(46cm)
2. 심토 배합토(S2) 18인치(46cm)
3. 기반 자재(S3)로 채워지는 나머지 단면 깊이

시공은 "시공절차와 제한"에 기술된 것과 같은 절차를 따른다.

대안 I과 대안 II의 비교 고찰

대안 I. 여러 층으로 구성된 깊이가 18인치(46cm)보다 깊은 토양 단면의 설계는 거의 자연 토양 단면을 모방한다. 자연적인 단면은 일반적으로 액상과 기상의 움직임, 뿌리 침투, 특히 물과 양분의 공급을 통한 식물 생장에 영향을 미치는 이들 성질과 특성이 수직적인 구배를 나타낸다. 가장 우호적인 환경은 일반적으로 표토(表土, topsoil)라고 부르는 위쪽 부분에 있다. 이는 높은 유기물 함량과 이로 인한 높은 비옥도, 상대적으로 높은 산소, 낮은 이산화탄소 농도, 규모가 크고 다양한 미생물 군집, 그리고 작업하기 쉬운 느슨한 토양이라는 특징을 가진다. 깊이가 깊어짐에 따라, 이들 우호적인 여건은 줄어든다. 유기물은 감소하고, 깊은 곳에 존재하거나 거기에 배치하더라도 이는 매우 느리게 분해되고 혐기성 분해를 통해 산소 공급을 감소시킬 수 있다. 약 36~48인치(91~122cm) 깊이에서는, 산림 토양에서도 뿌리가 거의 발생하지 않는다. 그러나 이 깊이는 전체 단면의 배수에 대해서는 분명히 기여를 한다. 균질적인 단면의 단점을 극복하기 위해서는, 유기물 비율을 줄이고 침하와 이와 동반된 공극 감소를 방지하기 위해 배합토의 구조적인 행렬(行列, matrix)을 높일 필요가 있다. 이러한 과정은 해당 배합토의 고유 비옥도를 감소시키고 이의 보수력을 감소시켜서 관수 요구를 증대시킬 수 있다. 따라서 표토와 물리적 성질에서 차이를 보이지 않으면서 유기물 함량을 줄이는 층으로 이루어진 단면은 획일적이거나 등방적인 균질성 토양보다 더 좋은 식물 생장 배지를 제공한다.

대안 II. 유기물 함량이 높은 균질적인 토양을 24인치(61cm)보다 더 깊은 곳에 배치하는 것은 뿌리 전개에 유리한 여건이 아닌 더욱 불리한 여건을 창출할 수 있다. 더 높은 유기물 함량을 규정함으로써 균질한 배합토에서 창출되는 유리한 특성은 깊은 단면의 낮은 부분에서는 무의미하게 될 수 있다. 이는 결국 설치 후에 시간이 경과함에 따라 침하 가능성을 높임으로써, 답압과 해당 단면의 유리한 통기와 보수력의 감소로 이어질 것이다. 균질적인 단면의 단점을 극복하기 위해서는 유기물 비율을 줄이고 침하와 이로 인한 공극 감소를 예방하기 위해 해당 배합토의 구조적 행렬을 높일 필요가 있다. 또한 이 과정은 배합토의 고유 비옥도를 감소시키고 보수력을 낮추어 관수 요구량을 증대시킬 수 있다. 이들 요소는 만능 배합토(SM)를 개발할 때 고려되었다. 만약 균질적인 배합토를 사용한다면, 지표면의 유기물은 유기물이 지표면에 쌓이고 유기체와 뿌리의 활동으로 토양 속으로 점진적으로 섞이는 곳에서는 설치 후 시간이 지남에 따라 유지관리에 의해 증가될 수 있다.

토양 개량제

토양에 대한 개량제(改良劑, amendment)는 pH 조절을 위한 석회처리나 산성화 자재, 비료, 멀칭 자재, 덧거름(top dressing) 등이다. 마지막 두 자재는 일반적으로 개별 식재지의 식물 구성에 대한 구체적인 시비와 식재 시방서에서 다룬다. 여기에서 pH(토양 반응) 조절과 시비를 다루는 것은 전반적인 식물 생장을 위한 배합토의 화학적 성질을 조정하는 데 그 목적이 있다.

토양 반응 조절 자재:

(a) pH를 높여야 한다면 빻은 농업용 석회석
(b) pH를 낮추기 위해서는 순도 96%인 원소 황(黃, sulfur)

상업용 비료:

(a) 철, 붕소, 구리, 망간을 포함한 미량원소(微量元素, micronutrient)가 포함된 15-10-10의 완전비료

다른 자재는 설치에 앞서 해당 배합토의 표본채취와 분석 후에 필요하게 될 수 있다.
개량제의 가용성 염 함량(EC)은 최종 토양 자재의 결과적인 가용성 염 함량의 심각한 증가를 방지하기 위해 세심하게 평가되어야 한다. 최종 EC는 3.0dS/m를 초과하지 않는 것이 좋다.

포설 절차와 제약

토양은 각 층 내에서 6인치(15cm) 단으로 포설(鋪設, placement)되어 85% Proctor(Holtz & Kovacs, 1981)나 용적밀도가 1.3~1.4Mg/m^{3}를 초과하지 않도록 다져질 것이다. 다짐은 손다짐(hand tamping)이나 가벼운 롤링으로 하는 것이 가장 좋고, 진동(vibration) 다짐은 권고되지 않는다. 밀도는 각 단에 대한 원뿔 관입 시험기(cone penetrometer) 측정치(187~250psi 또는 1.29 ~1.73 × 10^{6}Pa)로 확인한다. 그러나 경계면 형성이나 층 간의 불연속성을 방지하여 다시 한 번 자연 토양 단면을 모방하기 위해 각 단의 표면이 다소 느슨할 필요가 있다. 전체 부피 다짐의 균일성을 제공하기 위해 단을 평탄하고 얕은 층위로 포설하는 것이 좋다. 만능 배합토의 경우에도, 다짐의 균일성을 제공하기 위해 6인치(15cm) 단으로 포설하는 것이 좋다.

배합토는 비가 오거나 습한 기후 또는 포장용수량에 가깝거나 그 이상일 때에는 취급, 운반, 포설하지 않는 것이 좋다. 이러한 제약은 습한 기후에 식재하는 것도 해당 토양에 좋지 않은 영향을 미치기 때문에 식물 식재 작업에도 적용되어야 한다.

세심한 토양 시공 순서는 배합토 개발만큼이나 중요하다. 아래쪽 토양층은 수목의 근분 바닥 높이에 도달할 때까지 포설한 다음 수목을 놓고 지표면에 이를 때까지 층의 순서에 적합한 배합토로 되메운다. 전체 단면을 포설한 다음 수목 식재를 위해 굴착하는 것은 권고되지 않는데, 이는 되메우기를 할 때 층이 서로 뒤섞일 수 있기 때문이다. 이러한 고려는 대안 II와 얕은 근분에서는 덜 중요하다.

비축. 현장 비축은 기간이 며칠 미만으로 제한하는 것이 좋다. 배합토 S1, S1A, S2의 비축은 해당 더미 내 혐기조건(嫌氣條件, anaerobic condition)을 방지하기 위해 높이가 6피트(181cm)를 넘지 않는 것이 좋다. 배합토 더미는 과도한 물 흡수와 강풍에 의한 날림을 방지하기 위해 비바람으로부터 보호되는 것이 좋다. 이러한 제약은 현장 비축과 마찬가지로 부지 밖이나 공급원에도 적용되는 것이 좋다.

시험과 검사

토양 시험과 분석 과정은 세 가지 주요 단계로 나눈다.

포설에 앞서 규격 적합성을 위한 자재 시험.

물리적 성질:

(a) ASTM D422-63에 의한 입도 분포

(b) Soil and Plant Laboratory, Inc.의 Tests A06 또는 미국농업경제학회(ASA, American Society of Agronomy)의 *Methods of Soil Analysis*의 Part 1, Agronomy Monograph No. 9에 따른 건조밀도(乾燥密度, dry density)와 포화밀도(飽和密度, saturated density).

(c) ASTM D2434에 의한 투수성
(d) 수분이용능(水分利用能, water availability)을 확인하기 위한 수분보유곡선(水分保有曲線, moisture-retention curve) (Hillel, 1980). 관수 평가를 위해 필요함.

화학적 성질:
(a) pH
(b) 비료요소(肥料要素, fertilizer elements) 함량 – N, P, K
(c) 칼슘, 마그네슘, 나트륨, 염소
(d) 유기물 함량
(e) 붕소, 망간, 철과 같은 미량원소 함량
(f) 가용성 염

Soil and Plant Laboratory의 Test A01, A06, A07, A10, A11, 그리고 A20-00-N2,3은 가장 적합한 일련의 선행 시험을 위한 분석이다. 각 배합토의 비치 표본(duplicate sample)을 시험해야 한다. 적절한 수분 보유와 건조 밀도 85파운드/ft^3(1.36Mg/m^3) 미만의 배수 양호한 토양, 약 6.5~7.5의 적절한 pH 범위, 200ppm 미만의 가용성 염 등의 요구조건을 충족시키지 못하는 배합토는 거절하는 것이 좋다.

인도와 시공 중의 표본추출과 시험. 적합성 시험을 위해 각 배치와/나 트럭 적재토양으로부터 비치 표본을 채취하는 것이 좋다. 주로 역점을 두는 사항은 다음과 같다:
(a) 입도 분포 또는 토성
(b) 유기물 함량과 이의 배합토 내 분산
(c) 무기 개량제 함량과 이의 배합토 내 분산
(d) 토양 pH
(e) 가용성 염

토양 성능에 대한 설치 후 사후 시험. 현장 시험에는 시공 중과 설치 후의 밀도 시험, 전체 단면의 투수성과 배수성, 전반적인 상태 등이 있다. 이 시험은 대량의 실험실 시험보다는 현장 인력에 의한 점검과 관찰이 될 것이다.

투수성과 배수성의 현장 시험은 관수 시스템의 시험과 함께 수행될 수 있다. 식재지 전반에 걸친 단단한 깊이까지 탐침을 이용한 토양 탐색과 수분 함량 확인으로 충분할 것이다. 다량의 관수나 강우 후에 자갈층 위의 포화 또는 주수위 상태를 점검하기 위해 토양 단면의 바닥까지 한두 개의 더 깊은 구멍을 뚫어 볼 수도 있다.

설치 후 유지관리

상례적인 설치 후 유지관리에는 일부 제한을 두어야 한다. 비가 오거나 관수를 하고 있는 동안이나 직후에는 식재지 토양에 대한 유지관리 작업을 하지 않는 것이 좋다. 해당 토양의 이상화(泥狀化, puddling)와 뭉침(clodding)으로 이어지고 개량 노력이 힘들어지고 길어진다.

식수대 토양에는 가벼운 손수레와 기타 수동으로 움직이는 가벼운 장비를 제외하고 어떠한 유지관리 차량도 허용되어서는 안 된다. 바퀴 달린 차량이 포장이나 보도 위를 달리면서 이들 바퀴가 식재지 토양의 가장자리를 짓밟으면서 문제가 발생하는 경우가 너무나 많다. 이는 해당 토양과 식물에 실제로 피해를 주고 불필요한 유지관리 노력을 유발한다. 잔디 식재지에 사용되는 장비는, 해당 토양이 보행자 이용을 위해 설계되었다 하더라도, 구조기술자가 승인한 가벼운 바퀴 달린 차량으로 제한하는 것이 좋다.

12.5 피츠버그시 앨러게니 리버프런트 공원

앨러게니 리버프런트 공원(Allegheny Riverfront Park)은 앨러게니강을 따라 조성된 선형의 시민 공원으로 매사추세츠주 캠브리지 소재 Van Valkenburgh Associates가 설계하였다. 낮은 지역은 매년 침수와 잠재적인 빙식 작용(氷蝕作用, ice erosion)에 노출되어 있다. 1997~1998 겨울 동안의 침수는 이 지역에 미사층을 퇴적시켜서 물의 투수성이 악화된 것으로 나타났다. 이 문제는 이 책을 발간할 때까지 해결되지 않았다. 가파른 경사에 대한 생분해 담요와 점성의 멀칭 자재를 사용한 것이 이곳 모습의 일부이다. 잦은 침수로 인해 배수가 양호한 토양 규격이 요구되고 있다. 범람원(氾濫原, flood plain)에 대한 접근로로 물자작나무(*Betula nigra*)와 어우러진 호박돌(boulder)이 설계의 일부이다.

일반

작업 범위

A. 이 부분은 다음을 포함한 식재 토양을 위한 행정 절차적 요구사항을 규정하는 것이다:
   1. 식재 토양 자재 취득
   2. 규격 적합성을 위한 시험과 분석
   3. 배합토 준비와 적합성 시험
   4. 토양의 시공과 포설
   5. 최종적인 현장 시험

B. 이 항의 규정과 중복되는 다른 항에 대한 참조를 제공한다.

제출

A. 증명서: 관할권을 가진 당국이 요구하는, 특히 하수오니를 포함하고 있는 모든 부숙된 자재에 대해 증명서를 제출하라. EPA Type 1에 따른 승인이 필요하다.

B. 시험 보고서: 요구되는 시험에 대한 공인된 보고서를 제출하라. 입자 크기 분석보고서는 #4, #10, #35, #60, #140, #300로 구성된 USDA 체 클러스터(sieve cluster)가 사

용될 것이다. 미사에 추가하여 0.002mm에서의 점토 구성비를 별도로 보고해야 한다.

C. 표본: 다음 나열된 자재를 주문하기에 앞서, 선정과 승인을 위해 대표적인 표본을 조경가에게 제출하라. 조경가의 승인을 받기 전까지 자재를 주문하지 말라. 인도되는 자재는 승인된 표본과 일치해야 한다.
   1. 유기 개량제: 1/4갤런(0.94리터)의 비치표본(duplicate sample)
   2. 양질사토(USDA): 1파인트(0.47리터)의 비치표본
   3. 사양토(USDA): 1파인트(0.47리터)의 비치표본
   4. 세립 콘크리트용 골재(concrete aggregate) (ASTM): 1파인트(0.47리터)의 비치표본

인도, 저장, 취급

A. 전반적인 자재 취급 요구사항은 Section 02900 3페이지 1.07과 12페이지 3.11A1을 참고하라.

B. 추가로, 다음 조항이 설정된다: 자재는 폭우 이후와 같이 토양이 습할 때 취급하거나, 운반하거나, 포설하거나, 다지지 않아야 한다. 토양은 수분 함량이 포장용수량 미만일 때에만 취급하는 것이 좋다.

제품

토양층. 식재 토양은 결합되면 토양 단면을 형성하는 몇 개의 층(토양학 용어로 층위/horizon)으로 구성된다. 이 단면은 뒤에 기술한다.

배수층(S3). 배수층(排水層, drainage layer)은 토양 단면의 바닥으로부터 암거배수 시스템으로 속도가 빠른 물의 흐름을 제공하는 자갈 골재(Interflue, Inc.가 권고하는 ASTM의 세립 콘크리트용 골재)이다. 이러한 특성은 빈번한 침수에 노출된 Lower Park에 있는 교목의 생존과 유지관리를 위해 극히 필수적이다. 골재 크기 포락선은 **표 12.5**에 제시되어 있다.

표 12.5 배수층(S3)에 대한 통과율 범위

체 크기	통과율
3/8인치(0.95cm)	100
No. 4	95~100
No. 8	80~100
No. 16	50~85
No. 30	25~60
No. 50	10~30
No. 100	2~10

표 12.6 Lower Park 심토(S2A)에 대한 통과율
체 크기의 범위

체 크기	통과율
No. 10	100
No. 18	88~100
No. 35	70~80
No. 60	25~35
No. 140	13~23
No. 300	10~20
미사	8~18
점토	2~12

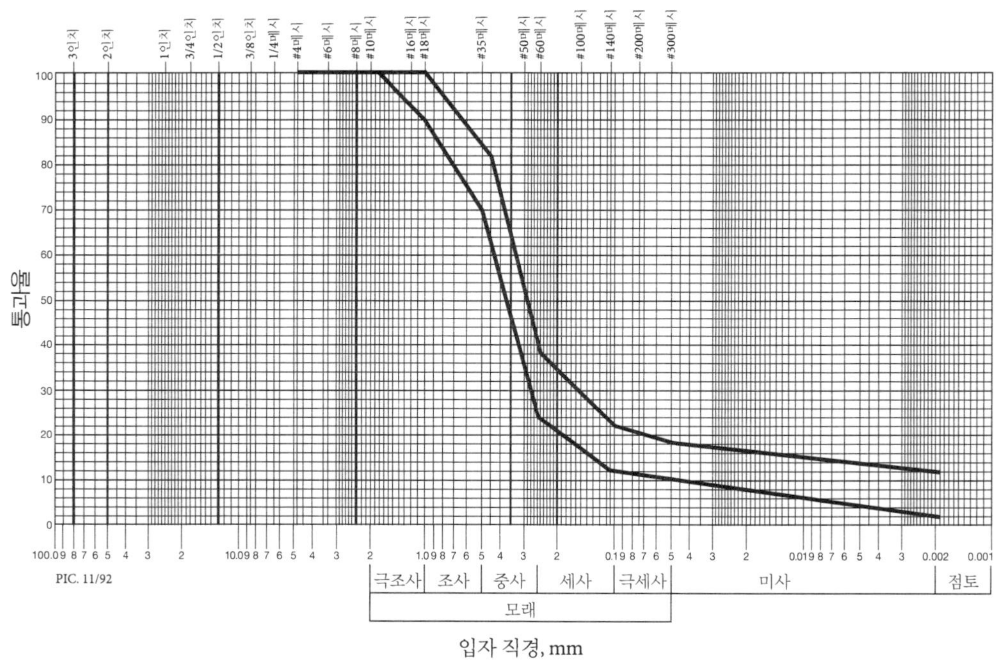

그림 12.6 Lower Park 심토 입도 분포.

Lower Park 심토(S2A). 심토는 충분한 양의 수분을 보유하여 강우와 강우 사이에 교목에게 물을 공급하고 자가 답압에 저항하면서, 휴면기 동안 과도한 물을 제거하거나 강이 범람하는 동안 지표면에 고인 물과 단면 내부에 과도하게 남아 있는 물을 제거하기에 적절한 배수성을 가질 수 있도록 설계된다. 이 층은 조립질 양질사토(USDA 분류)이다. 입자 크기 포락선은 **표 12.6**에 제시되어 있고, **그림 12.6**에서 보여주고 있다.

Upper Park 심토(S2B). 이 토양은 Lower Park 심토보다 더 가는 토성을 가진다(**표 12.7**과 **그림 12.7**). 이러한 토성 변화는 더 많은 수분 보유와 잠재적인 비옥도의 상대적인 제고를

표 12.7 Upper Park 심토(S2B)에 대한 통과율
체 크기의 범위

체 크기	통과율
No. 10	100
No. 18	88~100
No. 35	70~80
No. 60	40~50
No. 140	29~39
No. 300	25~35
미사	10~30
점토	5~15

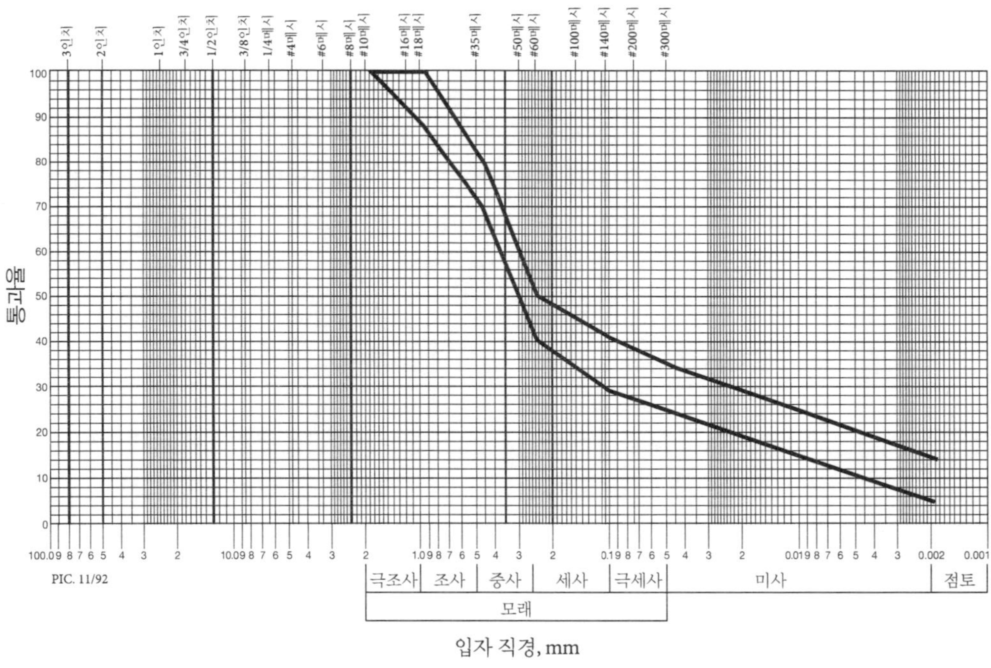

그림 12.7 Upper Park 심토(S2B) 입도 분포.

제공하기 위해 필요하다. Upper Park는 Lower Park만큼 침수에 노출되어 있지 않기 때문에 세립질 토양이 안전하게 된다. 식재지역 전반에 걸쳐 균일한 배수를 확보하기 위해 모든 지역에 대한 암거배수가 설치된다. 지질공학적 시추 자료는 이 지역 전반의 토질에 다양성이 매우 높다는 것을 보여주고 있다. 만약 암거배수가 설치되면 지하 토양의 배수 특성에는 신경 쓸 필요가 없다.

표토(S1). Lower Park이든 Upper Park이든 표토는 모두 유기물로 개량된 심토(心土, sub-

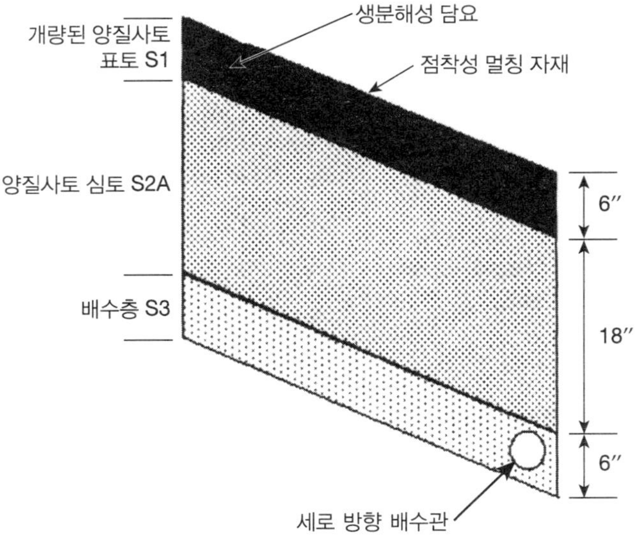

그림 12.8 Riverwalk의 생보강된 비탈 단면(P1).

soil)이다. 부숙된 유기 개량제로 권고되는 유기물은 펜실베이니아주 규격 및 법령과 함께 EPA Type 1 부숙된 자재를 충족하거나 초과해야 한다. 이러한 자재에는 양조장 폐기물인 "Allgro", 목재 칩이 없는 부숙된 하수 오니, 필라델피아에서 생산되는 "Earthlife" 등이 있다. 워싱턴/메릴랜드주의 부숙된 하수 오니(특히 Blue Plains에서 나온)가 또 다른 유기물 대안이다. 이는 해당 부지에 인도되기 전에 완전히 부숙된 후 충분히 보존처리되는 것이 좋다. 모든 형태의 부숙된 자재는 조경가의 사전 승인이 필요하다.

토양 단면. 토양 단면은 식물 뿌리의 만족스러운 생장을 위해 적절한 물리적 및 화학적 특성을 제공하고 이 프로젝트가 당면하는 다양한 식재 적용을 수용할 수 있도록 서로 다른 토양층의 결합으로 이루어진다. 이들 각각의 특성은 개별 제목 하에 기술되어 있다.

Riverwalk의 생보강(生補强, bioreinforced) 비탈 단면(P1). 이 단면은 Lower Park의 토양 비탈이나 식재 지역 A2에만 적용된다(**그림 12.8**). 이는 6인치(15cm) 두께의 표토로 되어 있는데, 이는 단순히 유기물 4%(무게 기준, 부피로는 20%)로 개량된 양질사토의 심토이다. 지표면 아래 3인치(8cm) 또는 표토의 중간 지점에 생분해성 담요를 깐다. 아래의 심토는 앞서 언급한 바와 같이 양질사토의 심토 S2A이고 두께가 24인치(61cm)이다. 배수층 S3는 두께가 6인치(15cm)이고, 배관 자체 둘레나 배관 근처 12인치 × 12인치(30 × 30cm)의 배관 보호용 자갈 주위를 여과 직물로 감싼다.

호박돌이 없는 Riverwalk 단면(P2A) (물자작나무). 이 단면은 토양 표면에 호박돌(boulder)이 없이 물자작나무로 식재된 식재 지역 B1과 C2에 적용된다. 이 단면(**그림 12.9**)은, 수평면(水平面, level surface)이 있고 생분해성 담요와 점착성 멀칭자재가 없는 것을 제외하면, 기

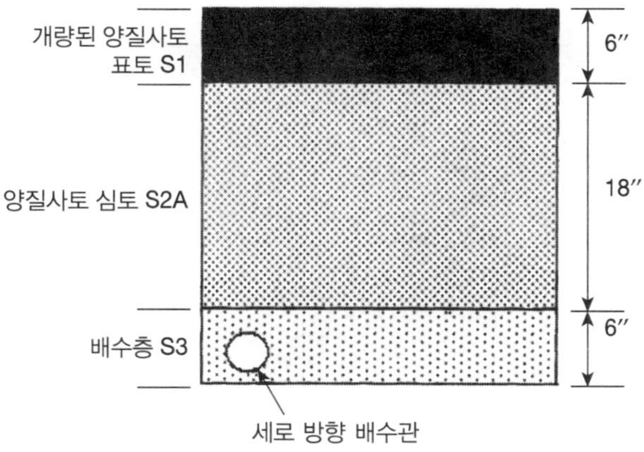

그림 12.9 호박돌이 없는 Riverwalk 단면(P2A).

본적으로 단면 P1과 동일하다.

호박돌이 있는 Riverwalk 단면(P2B). 이 단면은 지표 호박돌이 물자작나무와 함께 시공되는 식재 지역에만 적용된다(**그림 12.10**). 이들 지역은 식재 지역 B2와 C1이다.

포장 보도 단면(P3). 이 단면은 포장 보도(sidewalk) 아래에 위치한 구덩이에 식재하기 위해 Lower Park과 Upper Park 모두에 적용된다(**그림 12.11**). Lower Park에서, 이들 식재는 일반적으로 예년의 홍수위(洪水位, flood level)보다 더 높은 고도에 위치한다. 따라서 이들은 Upper Park 포장도로 단면과 같은 규격을 가진다. 이 단면은 식재 지역 B4, (B6?), B8-12, C4, (C6?), D6-9에 적용된다.

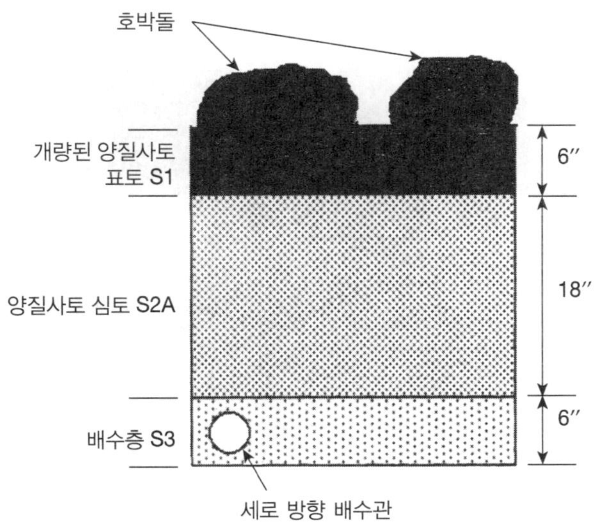

그림 12.10 호박돌이 있는 Riverwalk 단면(P2B).

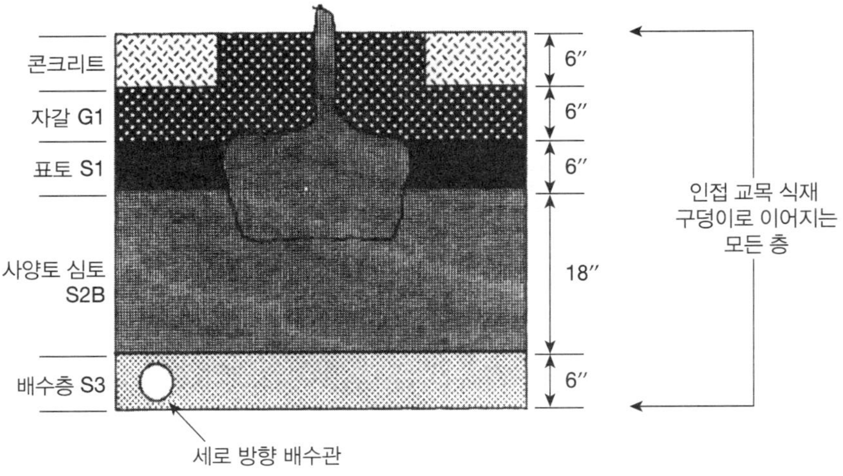

그림 12.11 포장보도 토양 단면(P3).

비탈진 잔디 단면(P4). 이 단면은 7가와 9가 사이 그리고 6가와 7가 사이에 위치한 비탈진 잔디지역인 식재 지역 B5와 C5에 적용된다(**그림 12.12**). 이 지역은 과중한 여가 이용을 수용해야 하기 때문에, 더 두꺼운(12인치, 30cm) 표토가 규정되고, 이에 따라 심토는 줄어든다. 두꺼운 표토는 최소 유지관리 개념을 지원하기 위해 더 높은 보수력과 더 큰 양분 공급을 제공한다. 다른 곳과 마찬가지로 암거배수도 설치된다.

중앙분리대 단면(P5) (런던버즘나무). 식재 지역 A4, B7, C7, D4, D5의 중앙분리대 토양은 내부의 보행자 통행이 거의 없고(**그림 12.13**), 잔디로 피복된다. 이 단면은 주로 식재 지역 A3와 어쩌면 B6, C6, D3에도, 그리고 Ft. Duquesne Blvd. 중앙분리대의 런던버즘나무 식재지에 적용된다.

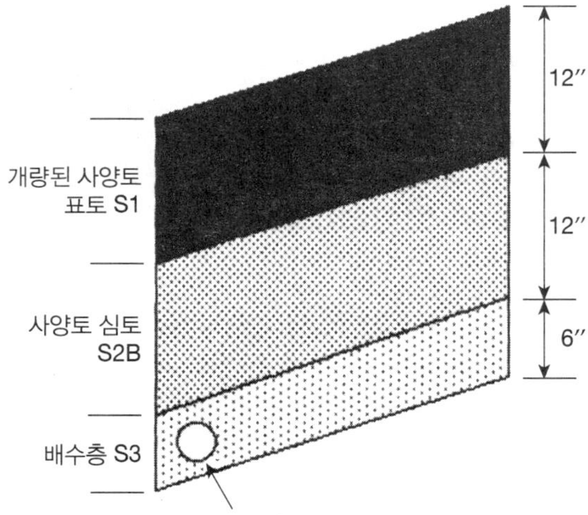

그림 12.12 비탈진 잔디 단면(P4).

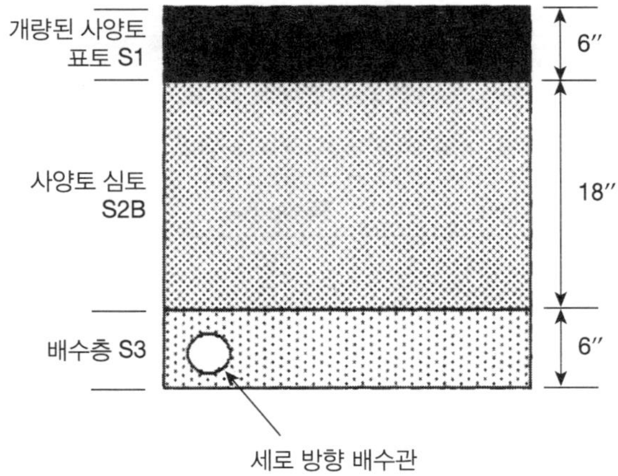

그림 12.13 Ft. Duquesne Blvd. 중앙분리대 단면(P5).

시공

조율. 이어지는 포설을 위한 통행이나 기타 공사 활동으로부터 경토(輕土, light soil) 교란이 발생하지 않거나 최소로만 발생하도록 하기 위해 다른 프로젝트 시공자와 활동을 조율하라.

12.6 뉴욕시 New School for Social Research 마당

이는 매우 다양한 깊이의 가파르게 비탈진 토양에 지표면 아래 숨겨진 관수가 요구되고 확산광(擴散光, diffuse light)으로 조명되는 개방된 마당으로, 매사추세츠주 캠브리지 소재 Van Valkenburgh Associates가 설계했다. 관수 시스템은 지표면 아래에 위치해야 하고, 테라스 표면으로의 토양 침식을 방지하기 위해 저용량 시스템이어야 한다.

배합토

이는 특정 모래, 유기물, 무기 개량제가 각각 약 75%, 10%, 15%의 비율로 혼합된 것이다. (부피 기준으로는, 그 비율이 약 1.68:1:1.78임.)

모래: 대략적인 균등계수(C_u) = 2.4~3.0인 USDA 양질사토(**표 12.8**).
유기물: 다음 요구 조건을 충족시키는 부숙된 양조 폐기물(ALLGRO), 부숙된 하수 오니, 기타 부숙된 유기 폐기물:

(a) pH 6.5에서 7.5
(b) 가용성 염 600ppm 미만
(c) 총질소 1~2%
(d) 인 0.5~1.5%

표 12.8 모래의 체 크기와 통과율 범위

분리 등급	체 번호	통과율 범위
자갈	10	100
극조사	18	94~99
조사	35	90~99
중사	60	25~35
세사	140	1~10
극세사	300	1~5
미사	액체비중계	1
점토	액체비중계	2~5

(e) 칼륨 0.2~1.5%
(f) 해당 퇴비는 어떠한 PCB나 다이옥신(Dioxin)을 함유해서는 안 되고, EPA Type 1 유기 폐기물을 충족해야 한다.
(g) 1/2인치(1.3cm) 이하의 체를 100% 통과해야 한다.

무기 개량제: 안정적이고 부서지지 않는 소결규조토(calcined diatomaceous earth): ISOLITE® CG-2 또는 이와 동등한 자재(TURFACE®, AXIS®):

(a) 공극률 최소 74%
(b) pH 7.0
(c) 겉보기 건조 밀도 약 34파운드/ft^3.
(d) 공극 크기 범위 0.1에서 1미크론(μ)
(e) 용적밀도 0.60g/cc
(f) 양이온 교환 용량 27meq/100g
(g) 직경 약 2mm

이를 통해 만들어진 다져지지 않은 이 배합토의 건조 용적밀도는 약 54.9파운드/ft^3 (0.88Mg/m^3)이다. 포화 중량은 약 96.6파운드/ft^3(1.31Mg/m^3)이다.

부피 기준 약 44.6%의 유기물 함량은 다소 높아서 토양이 과도한 침하를 유발할 수도 있다.

토양 자재 포설

토양은 두께가 6인치(15cm)를 초과하지 않는 단으로 포설하는 것이 좋고 다음의 예외를 제외하고 90% Proctor(ASTM 180)를 초과하지 않도록 적절하게 손다짐으로만 다지는 것이 좋다:

최종 토양 단면 깊이가 수목 근분의 높이를 초과하는 경우에는, 근분의 침하를 방지하기

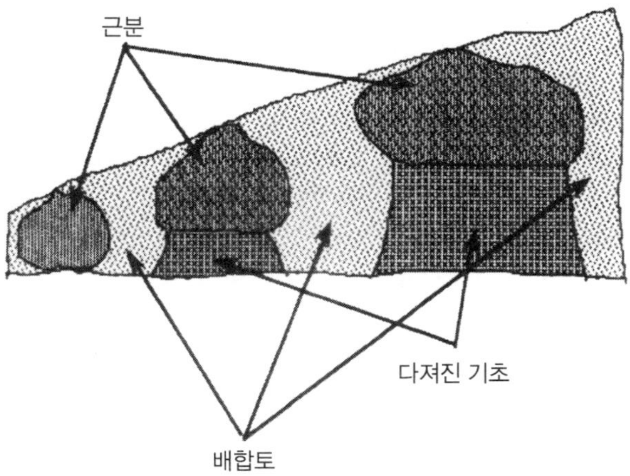

그림 12.14 다져진 근분 기초.

위한 기초를 만들기 위해 근분 아래 전체 토양 깊이를 100% Proctor까지 다져주는 것이 좋다(**그림 12.14**). 만약 수목이 나근(裸根, bare root)으로 식재되면, 다져진 기초는 불필요하다. 나근 주위 토양은 정상적인 다짐이 적절하고 필요하다.

토양 포설과 수목 식재는 토양 단과 최종 구배에 대한 과도한 통행과 이로 인한 바람직하지 않은 토양 다짐을 방지하기 위해 동시에 수행하는 것이 좋다. 이는 모서리나 벽으로부터 또는 고립된 상의 중심으로부터 작업을 시작하여 경계를 향해 바깥으로 진행함으로써 달성할 수 있다.

시험

시험 프로그램은 3단계로 구성된다:

자재 시험: 모래는 입자 크기 분석 방법인 ASTM D-422-63(1972)에 의해 적절한 단계적 차이를 시험한다.

유기물은 다음 항목을 시험하는 것이 좋다:

(a) pH
(b) 가용성 염
(c) 질소, 인, 칼륨, 칼슘, 마그네슘, 알루미늄
(d) 부숙된 하수 오니인 경우 EPA Type 1 표준을 충족한다는 증명서

무기 개량제는 제출된 표본과 첨부된 제조업자의 규격을 기준으로 조경가가 승인해야 한다.

배합토 시험: 규정된 배합토 표본은 시공에 앞서 제출되어 적합성을 확인하는 것이 좋다. 또한 다짐 밀도와 투수성을 확인하기 위해 별도의 배합토 표본을 시험하는 것이 좋다. 밀도는 90% Proctor를 초과하지 않는 것이 좋고, 투수성은 시간당 1인치(25mm) 이

상으로 4인치(100mm)를 초과하지 않는 것이 좋다(American Society of Agronomy, *Methods of Soil Analysis*, Part 1, 1986, 또는 ASTM D-2434-68, 1974).

시공 후 시험: 개별 식재상 내 선정된 지점에 대해 현장 밀도(예, AASHTO 180)와 배수성(ASTM D-3385-75 또는 조경가가 승인한 만족할 만한 대체물)을 시험하는 것이 좋다.

모든 분석과 시험 결과는 조경가에게 제출되어 승인을 받아야 한다.

부록 설계 토양 분석을 위한 표준 실험

A.1 유기 자재

A.1.1 안정성

듀어(Dewer)의 자가발열(自家發熱, self-heating) 시험. 통제된 상태(듀어 플라스크) 하에서 젖은 퇴비에서 관찰되는 최대 온도 상승을 측정하여 확인. 일리노이주가 채택한 표준은 최대 상승이 10°C 미만이면 매우 안정적(*very stable*)으로, 그리고 최대 상승이 10~20°C 사이면 안정적(*stable*)으로 분류한다. **표 A.1**은 Woods End Institute에서 나온 분류에 관한 자료이다.

호흡 시험. 폐쇄되고 통제된 상태 하에서 미생물이 퇴비를 분해하면서 발생하는 이산화탄소(CO_2)의 변화를 측정한다. 이는 건조 퇴비 무게 단위당 이산화탄소 양(마이크로그램, μg)으로 측정되고, 또는 가끔 단위 부피 기준으로 보고된다.

A.1.2 숙성도

생장 선별시험(growth screening test). 일련의 반복된 접시들에 퇴비를 놓고 한 계열에

표 A.1 퇴비 안정성 분류

온도 상승	안정성 분류	안정성 설명
0~10°C	V	매우 숙성된 퇴비
10~20°C	IV	숙성 중인 퇴비
20~30°C	III	아직 분해 중인 물질
30~40°C	II	미숙성, 활성 퇴비
40~50°C	I	신선하고 매우 날것인 퇴비

는 밀, 다른 계열에는 큰다닥냉이(cress, *Lepidium sativum*) 씨앗을 심는다. 때로는 다른 식물 씨앗을 사용하기도 하지만, 밀과 큰다닥냉이가 표준으로 간주된다. 씨앗이 발아하지 못하거나 실생묘의 생장이 억제되는 것이 입증되면 식물독성에 대한 시험이 양성이고 미숙(未熟, *immature*)으로 분류된다. 결핍 증상 없이 완전하게 생장하면 해당 퇴비는 숙성(熟成, *mature*)되었음을 의미한다.

A.1.3 병원균

EPA 법령 Part 503에 규정된 바에 따른다.

A.1.4 유기물 함량

연소에 의한 무게 손실. ASTM 또는 American Society of Agronomy의 *Methods of Soil Analysis*, Part 2, 1986.

A.1.5 양분 함량

매사추세츠대학교(University of Massachusetts) Soil Testing Laboratory 또는 Association of Official Agricultural Chemists와 이와 동등한 기관이 사용하는 분석방법.

A.1.6 반응(pH)

유리전극(-電極, glass electrode) pH 미터를 사용하는 토양-증류수 1:1 현탁액. American Society of Agronomy의 *Methods of Soil Analysis*, Part 2, 1986, 또는 물을 이용하는 ASTM D-4972.

A.1.7 가용성 염

dS/m로 보정된 유리전극으로 측정된 전기전도도(EC, electrical conductivity)로, ppm으로 환산될 수도 있다. American Society of Agronomy의 *Methods of Soil Analysis*, Part 2, 1986. 측정치는 **표 A.2**에 분류되어 있다(US Salinity Laboratory, 1954). 가용성 염의 영향은 B.1.2의 숙성도 시험에서도 탐지될 수 있다.

A.2 무기 자재

A.2.1 입자 크기 분석

돌, 자갈(ASTM C-136)과 모래(2-0.05mm)는 건조 체질(dry sieving)로, 미사와 점토(<0.002mm)는 ASTM D-422-63의 액체비중계(液體比重計, hydrometer).

표 A.2 식물 내성에 대한 가용성 염 등급

측정치		해설
dS/m	ppm	
0~2	0~1280	낮음. 식물에 대한 영향이 거의 없음.
2~4	1280~2560	매우 약한 염분 토양. 민감한 식물이 영향을 받음.
4~8	2560~5120	보통 염분 토양. 많은 식물이 영향을 받음.
8~16	5120~10,240	강한 염분 토양. 내염성 식물만 생장.
> 16	> 10,240	매우 강한 염분 토양. 극히 일부 식물만 생장.

출처: US Salinity Laboratory, 1954.

A.2.2 유기물 함량

연소에 의한 무게 손실. ASTM 또는 American Society of Agronomy의 *Methods of Soil Analysis*, Part 2, 1986.

A.2.3 반응(pH)

유리전극(-電極, glass electrode) pH 미터를 사용하는 토양-증류수 1:1 현탁액. American Society of Agronomy의 *Methods of Soil Analysis*, Part 2, 1986, 또는 물을 이용하는 ASTM D-4972.

A.2.4 양분 함량

매사추세츠대학교(University of Massachusetts) Soil Testing Laboratory 또는 Association of Official Agricultural Chemists와 이와 동등한 기관이 사용하는 분석방법.

A.2.5 가용성 염

dS/m로 보정된 유리전극으로 측정된 전기전도도(EC, electrical conductivity)로, ppm으로 환산될 수도 있다. American Society of Agronomy의 *Methods of Soil Analysis*, Part 2, 1986. 측정치는 표 A.2에 분류되어 있다(US Salinity Laboratory, 1954).

A.3 배합토 시험

A.3.1 용적밀도(容積密度, bulk density)

American Society of Agronomy의 *Methods of Soil Analysis*, Part 1, 1986. 밀도는 1.65Mg/m^2 미만인 것이 좋고, 1.40~1.50Mg/m^2이 최적이다.

A.3.2 투수율(透水率, infiltration)

ASTM D-3385-75. 관찰된 투수율은 시간 당 1~3인치(2.5~7.6cm) 사이인 것이 좋다. 다른 값은 수용할 수 없다.

A.3.3 유기물 함량

연소에 의한 무게 손실. ASTM 또는 American Society of Agronomy의 *Methods of Soil Analysis*, Part 2, 1986.

A.3.4 입자크기 분석

ASTM D-422-63, 모래(2-0.05mm)는 건조 체질(dry sieving)로, 미사와 점토(<0.002mm)는 액체비중계(液體比重計, hydrometer).

A.4 시공 후 시험

A.4.1 투수율

ASTM D-3385-75. 관찰된 투수율은 시간당 1~3인치(2.5~7.6cm) 사이인 것이 좋다. 다른 값은 수용할 수 없다.

A.4.2 현장 밀도

ASTM D-2937-83 또는 AASHTO 180. 밀도는 1.65Mg/m^2 미만인 것이 좋고, 1.40~1.50Mg/m^2이 최적이다.

A.4.3 두께 또는 깊이

층위의 두께는 시공된 바에 따라 점검하는 것이 좋다. 두께는 6인치(15cm) 층위에서는 ±5% 이내인 것이 좋다. 12에서 24인치(30~61cm) 층위에서는 허용한계가 ±10%인 것이 좋고, 24인치(61cm) 이상의 층위에서는 ±15%가 될 수도 있다.

A.4.4 투수성(透水性, percolation/permeability)

American Society of Agronomy, 1986의 *Methods of Soil Analysis* Part 1 내 758-763페이지 Section 29-3.2 Hydraulic Conductivity of Saturated Soils-Field Methods, 또는 ASTM D-2434.

용어 해설

토양학 용어의 정의는 미국 토양학회(Soil Science Society of America)가 발간한 *Glossary of Soil Science Terms*에 있는 목록에서 추출하였으며, 추가적인 설명을 위해 저자가 부분적으로 수정을 하였다. 토양 분류와 관련된 용어들은 1976년 미국 농무부(USDA)가 발간한 *Soil Taxonomy*에서 가져왔다. 기타 정의는 저자가 정리하거나 본문에 기재된 적절한 참고서에서 인용하였다.

A층(A horizon). 일반적으로 높은 유기물 함량, 바람직한 구조, 다양한 토양 유기체와 뿌리를 포함하고 있어서 어두운 색깔을 보이는 토양 단면의 표면 또는 가장 위 층위.

AXIS®. 규조토(화석 돌말류/fossil diatom)를 가공한 상품. 다공질이고 무게가 가볍다. 토양의 무게를 가볍게 하고 답압에 저항성이 있는 구조를 제공하기 위한 개량제로 사용된다.

B층(B horizon). 지배적인 특징은 단독으로 또는 다른 화합물과 결합한 형태의 규산염 점토, 철, 알루미늄, 부식질, 그리고 2·3산화물(二·三酸化物, sesquioxides)의 피막 등이 집적된 토양 층의 하나로, 일반적으로 괴상, 반각괴상, 각주상, 주상, 판상 구조를 하고 있다.

C층(C horizon). 솔럼(眞土層, solum)이 유래된 물질과 같거나 같지 않을 수도 있는 모암을 제외한 무기물 층. 이는 토양 생성작용의 영향을 거의 받지 않는다.

EPA Grade A 부숙된 바이오고형물(EPA Grade A composted biosolids). 40 CFR Part 503에 규정된 중금속 함량, 악취, 병원체 유인 등의 제한에 대한 최소 표준을 충족하는 부숙된 바이오 고형물(EPA CFR Part 503 Regulations, Table 3, p.9392, Vol. 58, No.32, Friday, February 19, 1993).

ISOLITE®. 규조토를 빻아 고온에서 소성한 다음 처방된 크기로 다시 빻아 만든 상업적인 세라믹 자재. 내부 공극을 가지고 있고 밀도가 낮다. 배합토의 보수력을 높이고 용적밀도를 낮추기 위한 토양개량제로 사용된다.

TURFACE®. 배수와 통기, 답압에 대한 저항을 높이기 위해 토양에 적용되는 하소 점토(煆燒

粘土, calcined clay)에서 유래된 상업 제품. 이는 토양 밀도를 낮춘다.

곡률계수(曲率係數, coefficient of gradation). 공식 $C_c = (D_{30})^2/(D_{60} \times D_{10})$으로 계산되며, D_{60}은 누적중량의 60%가 통과하는 입자의 직경, D_{10}은 누적중량의 10%가 통과하는 입자의 직경, D_{30}은 누적중량의 30%가 통과하는 입자의 직경이다.

공극도분포(空隙度分布, pore size distribution). 토양의 다양한 공극 크기 부피로, 건조 용적밀도의 구성비로 표시된다. 입도분포(粒度分布, particle size distribution)와 비슷하지만 빈 공간에 중점을 둔다. 일반적으로 실험실에서 확인된 수분보유곡선(水分保有曲線, moisture-retention curve)으로부터 구한다.

균근(菌根, mycorrhiza). 종자식물(seed plant) 뿌리와 곰팡이의 공생결합. 이들은 뿌리를 침범하여 뿌리의 수분과 양분흡수 능력을 증대시키면서, 해당 식물로부터 직접 생장 물질을 얻는다.

균등계수(均等係數, coefficient of uniformity). 공식 $C_u = D_{60}/D_{10}$으로 계산된다.

단(壇, lift). 성토작업에서 포설되어 다져지지 않은 자재의 층. 이의 두께는 일반적으로 롤러를 이용한 다짐과 같은 처리를 용이하게 하기 위해 처방된다. 따라서 성토는 일련의 단에 의해 쌓이게 된다.

대공극(大孔隙, macropore). 일반적으로 토괴(土塊, ped) 사이 공극으로 불리는 구조적인 토괴 사이 빈 공간에 의해 만들어지는 공간. 이 공극에 함유된 물은 중력에 의해 배수되어 포장용수량에서는 공기로 채워진다. 이들의 최소 직경은 약 0.03mm이다.

대류(對流, convection). 움직이는 유체, 일반적으로 물이나 공기에 의한 열 교환. 열은 먼저 전도에 의해 유체로 이동된 다음 유체가 해당 표면으로부터 멀리 이동함에 따라 사라진다.

도시 정원 쓰레기(municipal yard waste). 낙엽, 잔가지, 수피, 가지, 굵은 가지, 목재, 정원과 집의 식물 잔해로, 때로는 다양한 형태의 쓰레기를 포함하는 식물 폐기물의 혼합물로, 파쇄된 다음 일정 기간 부숙된다. 토양 개량제나 멀칭 자재로 사용된다. 가용한 원료에 따라 품질 차이가 매우 크다.

땅꺼짐(slumping). 중력에 반응한 토양 덩어리의 붕괴. 이는 일반적으로 토양을 포화시키는 많은 비, 지진, 교목 뿌리를 흔드는 강한 바람에 의해 만들어진 진동, 또는 이들 요소 몇 가지의 결합 등과 같은 외부의 힘에 의해 촉발된다.

모래(sand). 부서지고 풍화된 바위로부터 유래된 일차 토양 입자로 주로 석영(石英, quartz)으로 구성되어 있으며, 직경이 2mm에서 0.05mm(USDA 분류)이다. 극조사, 조사, 중사, 세사, 극세사로 세분된다. 높은 비율로 존재하면, 양호에서 과도한 배수, 낮은 보수력과 낮은 비옥도를 가진 토양 자재가 되는 경향이 있다.

모재(母材, parent material). 표토와 심토가 유래된 압밀되지 않고 부분적으로 풍화된 지리학적 물질. 이는 일반적으로 토양학적 명명법에서 C층으로 부른다. 운반된 토양에서는 C층이 A층과 B층의 모재가 아닐 수도 있다. 이때에는 ⅡC로 명명된다.

몰리솔(Mollisols). 염기 포화도가 50% 이상의 몰릭 감식표층(-鑑識表層, mollic epipedon)으로, 고도로 숙성된 표토를 가진 토양으로 대표되는 토양 목(目, order)이며, 일반적으로 자생 초본 식생 하에 자연적으로 형성된다. 이는 대부분의 경우 매우 비옥하다.

미사(微砂, silt). 부서지고 풍화된 바위로부터 유래된 일차 토양 입자로, 주로 석영으로 구성되어 있으며, 직경이 0.05에서 0.002mm(USDA 분류)이다. 높은 비율로 존재하면 해당 토양 자재의 답압 감수성을 높이지만 보수력을 향상시킨다.

미세공극(微細孔隙, micropore). 이는 주로 구조적인 토괴 내부 또는 토괴 사이 접점에 존재하는 매우 작은 공극이다. 이들은 중력에 거슬러 물을 보유하고 식물의 위조점 이전의 유효수분을 함유하고 있다. 이들의 최대 직경은 약 0.03mm이다.

방선균류(放線菌類, *Actinomycetes* spp.). 세균류와 진균류(眞菌類, true fungi) 중간에 위치한 미생물로, 일반적으로 독특하게 가지를 친 균사를 만드는 토양에 서식하는 미생물의 한 집단. 이들은 새로이 경운된 토양에 독특하지만 기분 좋은 냄새가 나도록 하는 유기체이다.

배수계수(排水係數, drainage coefficient). 작물이나 구조물 피해를 방지하기 위해 배수 시스템에 의해 어떤 부지나 토지로부터 제거되어야 하는 과도한 물. 이 계수를 결정하기 위해 고려되는 총 물의 양에는 관수에 의해 적용된 물도 포함된다.

복구지역(復舊地域, restoration site). 이전에 점유되거나 개발된 부지로, 새로운 건설이나 경관 조성이 진행 중인 일반적으로 사실상 버려진 상태의 부지. 이 부지는 흔히 오염된 토양을 포함하고 있다.

부숙된 하수 오니(composted sewage sludge). 목재 칩과 혼합되어(Beltsville 방법) 통기되거나 공기가 통하는 통에 21일 동안 처리된 다음 숙성과 안정화 단계까지 양생된 3차 하수 오니. 이 자재가 EPA Grade A 요구조건을 충족하면 악취가 나지 않고 독성이 없다. 배합토의 유기물 자재로 유용하다.

부식질(腐植質, humus). 토양의 표면에 축적되거나 혼합된 유기물이 거의 완전히 분해된 후에 남은 고도로 분해된 비정형 잔유물. 이는 주로 A층의 유기물이지만 단면 내 어디든 더 낮은 농도로 존재할 수 있다.

뿌리혹박테리아(*Rhizobium* spp.). 고등식물, 일반적으로 콩과식물(regume)의 뿌리에 공생하여 살 수 있는 세균(細菌, bacteria)으로, 이들은 식물로부터 에너지를 받고 그 대신 자신의 용도와 함께 기주 식물을 위해 대기 중의 질소를 고정한다.

숙성도(熟成度, maturity). 식물 생장을 저해하지 않는 부숙된 유기물의 분해 단계.

심토(心土, subsoil). 표토 아래 놓여있는 두 번째 층 또는 일습의 층위. 밝은색, 점토와 기타 이동된 물질의 집적, 낮은 유기물 함량, 적은 수의 굵은 뿌리가 존재할 수 있다.

안정성(安定性, stability). 퇴비와 관련하여, 퇴비 분해의 상대적인 상태를 가리킨다. 불안정한 퇴비는 일부만 분해되어 짧은 시간에 걸쳐 식물에 일시적으로 해로울 수 있는 많은 양의 물, 열, 이산화탄소, 기타 부산물을 방출하는 과정을 지속하는 유기물이다.

알베도/물체 아래 표면(Albedo of the surface below the object). 표면으로부터 반사되는 입사된 단파 복사의 비율. 물체 아래 표면은 일반적으로 지면을 나타낸다.

양조장 폐기물(brewer's waste). 맥주 공장에서 나오는 부숙된 폐기물로 만든 상품. 맥아화 공정(malting process) 후에 남는 곡류 잔유물이다. 다른 부숙된 유기 제품과 어느 정도 비슷하고 비교적 pH와 양분 함량에서 유리한 편이다. 일반적으로 초탄(草炭, peat moss)보다 비옥하다. 처음 살포했을 때에는 옅은 양조장 냄새가 나지만 바로 사라진다. 양호한 일관성을 가지고 있어서 품질이 매우 균일하다.

완전비료(complete fertilizer). 주요 비료 영양소인 질소, 인, 칼륨의 공급원을 모두 함유하고 있는 비료. 이들 영양소는 다양한 비율과 등급으로 표시될 수 있다.

요변성(搖變性, thixotrophy). 진동 스트레스 하에서 포화되었거나 거의 포화된 토양의 점착성 상실 또는 액화. 가장 거친 자갈성 토양을 제외한 모든 토성에서 관찰될 수 있다.

용적밀도(容積密度, bulk density). 입방미터당 메가그램(Mg/m^3) 단위로 표시되는 오븐 건조된 토양 자재의 단위 부피당 무게. 용적밀도 $1.33Mg/m^3$이 이상적인 것에 가깝다고 간주된다. 대부분의 토양 자재에서 값이 약 $1.60Mg/m^3$를 초과하면 식물뿌리 침투가 억제된다.

유기물(有機物, organic matter). 토양 자재의 유기 자재에 적용되는 일반적인 용어. 자연적인 부식질, 부엽토, 초탄, 톱밥, 목재 칩, 양조장 폐기물 중 하나이거나 기타 유기적으로 유래된 제품일 수 있다.

유기물 층(有機物層, organic horizon). 상대적으로 교란되지 않은 무기질 토양(無機質土壤, mineral soil)의 위층으로 발견되는 층위로, 주로 다양한 분해 단계에 있는 유기 잔해로 구성되어 있다.

Oi층: 분해되지 않은 잔류물로 구성된 낙엽층 - 낙엽, 잔가지, 수피 등

Oe층: 부분적으로 물리적으로 붕괴되고 화학적으로 분해된 유기 잔해

Oa층: 완전히 분해된 암갈색에서 검은색의 유기물질로, 균질적이고 리그닌, 섬유소 등으로 구성되어 있다. 때로는 부식질 층이라고 부른다.

이경성(易耕性, tilth). 경운의 용이성, 파종상으로서의 적합성, 유묘 발생과 뿌리 침투에 대한 저항성(抵抗性, impedance)과 관련된 토양의 물리적 상태를 설명하는 예전 앵글로색슨(Anglo-Saxon) 용어.

이긴 점토(puddled clay). 젖어 있고 입단구조가 없을 때 인위적으로 다져진 조밀하고 덩어리로 된 토양. 이러한 상태는 보통 젖어 있는 점토질 토양의 경운으로 인해 발생하는데, 이 영향은 반드시 점토질 토양에 제한되지 않는다. 포화되거나 거의 포화된 토양에 대한 보행이나 차량 통행에 의해 유발될 수 있다.

이쇄성(易碎性, friable). 토양이 젖지 않은 촉촉하고 손으로 다룰 수 있을 때의 토양 경도. 건조하면 단단해지지 않고 쉽게 부서질 수 있다. 젖었을 때 형태가 바뀌거나 끈적이지 않고 흐르지도 않는다.

입도분포(particle size distribution). 몇 인치로부터 0.002mm 미만에 이르는 직경 범위의 배열 가운데 토양 자재의 자갈, 모래, 미사, 점토 등 주요 토양입자의 분포. 일반적으로 다양한 체 크기를 통과하는 통과율로 설명되거나 5주기 반대수그래프에 그려진 곡선으로 나타낸다. 곡선의 형태는 답압에 대한 저항성과 감수성의 상대적인 정도를 나타낸다. 실험실 분석은 ASTMD-422-63 표준에 의한다.

균등 입도분포(well-graded). 자갈에서 점토까지 넓은 범위의 입자크기 등급을 나타내는

토양.

불균등 입도분포(poorly graded). 좁은 범위의 입자크기 등급으로, 때로는 몇 등급만 보이는 토양. 균일한 토양.

갭 입도분포(gap graded). 보통의 입자크기 등급 분포 내에서 하나 이상의 등급이 누락된 토양.

전도(傳導, conduction). 분자의 운동에너지에 의한 물체 내 열의 흐름. 흐름은 온도가 높은 부위에서 온도가 낮은 부위로 일어난다.

점토(粘土, clay). 직경이 0.002mm 미만이고 양분, 물, 기체 흡착 성질, 팽창과 수축 잠재력을 가진 토양의 알루미노규산염(aluminosilicate) 집합체와 결정 구조(結晶構造, crystalline structure)로 된 일차 입자. 토양 자재의 비옥도 상황에 기여한다. 교질성 점토(膠質性粘土, colloidal clay) 입자(브라운 운동/Brownian movement을 보임)는 직경이 0.001mm보다 작다.

정사사진(正射寫眞, orthophoto). 시차오차(時差誤差, parallax error)를 제거하기 위해 컴퓨터로 가공된 항공사진으로, 알려진 기준을 이용하여 지리적으로 교정된다. 이는 실제 형상과 방향을 보여준다.

주수(宙水, perched water). 토성과/이나 구조 그리고 밀도에서 뚜렷한 차이가 있는 물질 사이의 경계 위쪽 토양층 내에 보유되는 물. 자갈 층 위나 용기의 바닥에 있는 토양에서 흔히 발생한다.

지리정보시스템(地理情報-, geographic information system). 지리정보를 컴퓨터 시스템 내에서 디지털 형태로 입력, 저장, 분석, 출력하는 시스템. 이 자료는 구체적인 지리적인 지점으로 바로잡아 주기 때문에 공간적인 분석과 해석에 유용하다.

지속가능토양(持續可能土壤, sustainable soil). 지속가능토양은 순전히 재활용 자재로만 구성되어 있거나 버려진 토양 자재와 혼합된 상태인데, 후자는 보완재 없이는 이용할 수 없다. 이는 비재생성자원(非再生性資源, nonrenewable resources)을 거의 함유하고 있지 않다.

지표지질(地表地質, surficial geology). 지구의 표면에 노출되어 있거나 지표면 바로 아래에 놓여 있으면서 깊이가 10피트(3m) 이하까지 연장된 지질물질이나 지층. 일반적으로 빙하퇴적물(氷河堆積物, glacial deposit), 연안침전물(沿岸沈澱物, coastal deposit), 하성충적물(河成沖積物, fluvial deposit) 등이 여기에 속한다.

질석(蛭石, Vermiculite). 규산염점토 물질로 많은 토양에서 발견되는 자연 점토물질이며, 자연퇴적물에서 채굴된 다음 고온으로 가열되어 팽창된 형태로 가공된다. 이는 단열재로 사용되고 구조와 이경성을 높이기 위해 토양에 적용된다.

초탄(草炭, peat moss). 늪 광상(~鑛床, bog deposit)에서 채취한 물이끼(sphagnum moss)의 부분적으로 분해된 유기 잔존물. 배합토를 가볍게 하고 보수력을 크게 증대시킨다. 충분히 효과적이기 위해서는 절단하여 다른 자재와 잘 섞어주어야 한다. 시간이 흐름에 따라 분해된다.

층위(層位, horizon). 색상, 토성, 구조, 일관성, pH, 뿌리 유기체 등과 같은 물리적, 화학적, 생물적 성질을 기반으로 구분된 토양 단면 내 토양 물질의 발생학적 층. 일반적으로 A(표토),

B(심토), C(모재)와 같이 대문자로 표시된다. 하위분류를 지정하기 위해 앞뒤로 글자가 추가된다.

탄질비(炭窒比, carbon/nitrogen ratio). 탄소를 함유하고 있는 물질에서 총 탄소 대비 총 질소의 비율. 토양에서, A 층의 부식질은 약 10:1~12:1에서 안정화된다. 삼림 토양에서 이 비율은 20:1 정도가 될 수 있고, 상대적으로 분해되지 않은 유기물은 훨씬 높을 수 있다.

토괴(土塊, ped). 자연적인 과정에 의해 형성된 과립상(顆粒狀, granular), 괴상(塊狀, blocky), 각주상(角柱狀, prismatic) 등과 같이 설명할 수 있는 어떤 기하학적 유형을 가진 모래, 미사, 점토, 유기물의 개별적인 집합체.

토성(土性, soil texture). 토양 자재 내 모래, 미사, 점토의 구성 비율로, 일반적으로 무게 기준 백분율로 표시되며, USDA가 정의한 12등급 중 하나로 분류된다. 통일토양분류법(USCS)과 직접 연결되지는 않는다.

토양구조(土壤構造, soil structure). 모래, 미사, 점토와 같은 일차 토양입자가 단립(單粒, single grained), 입상(粒狀, granular), 각괴상(角塊狀, angular blocky), 괴상(塊狀, blocky), 판상(板狀, platy), 주상(柱狀, columnar), 각주상(角柱狀, prismatic), 집괴(集塊, massive) 등의 기하학적 형태로 응집. 해당 토양이 자연적인 여건 하에서 형성된 결과이다. 토양의 교란이나 조작은 일반적으로 자연적인 구조를 감소시키거나 파괴하기까지 하는 경향이 있다. 이러한 손실은 답압, 줄어든 수분침투, 감소된 가스 확산, 높아진 뿌리 침투 저항성 등을 유발하기 쉽다.

토양권(土壤圈, pedosphere). 토양생성작용(土壤生成作用, pedogenesis)이 일어나는 지각(地殼, earth crust)의 풍화된 위쪽 부분. 이는 식물 뿌리, 토양 유기체, 수분 이동, 가스 확산의 영향을 포함한 모든 토양 형성과정이 발생하는 곳이다. 이는 뿌리와 공간을 두고 경쟁할 수 있는 배관망, 암거배수, 경계석, 지붕이나 지하 구조물 천정, 전화선 등 모든 도시 기반시설에 더하여 앞서 언급한 모든 것을 포함한다. '지하 경관'(landscape below ground)이라는 용어가 의미상 유사하다.

토양 단면(土壤斷面, soil profile). 층위로 지정된 층으로 이루어진 자연 또는 설계 토양의 수직적인 구성. 이는 일반적으로 표토층, 심토층, 모재층으로 구성된다. 이는 지구 표면의 주어진 지점에 대한 토양생성의 수직적인 물매를 보여준다.

토양 반응(土壤反應, soil reaction; pH). 토양 용액의 수소 이온 농도. 이는 수소 이온 수에 대한 대수의 역수 형태로 나타낸다. 중성토양(中性土壤, neutral soil)은 7.0의 pH 값을 가지고, 산성토양(酸性土壤, acid soil)은 7.0보다 낮은 pH 값을, 알칼리성토양(-土壤, alkaline soil)은 7.0보다 더 큰 pH 값을 가진다.

토양생성분류학(土壤生成分類學, pedology). 토양의 기원, 형태, 과학적인 분류, 다른 지구과학(地球科學, earth science)과 관련성을 기반으로 토양을 연구하는 학문.

투과성(透過性, percolation). 토양 내, 특히 매우 작은 동수 물매(動水-, hydraulic gradient) 하에서 포화되거나 거의 포화된 토양에서 물의 하향 이동.

투수계수(透水係數, coefficient of permeability). 토양의 물리적 성질에 근거한 토양을 통한 물 흐름의 속도를 나타낸다. 토양물리학에서는 수리전도도(水理傳導度, hydraulic conductivity)라고 부르며, 포화 흐름(飽和-, saturated flow)의 다르시의 법칙(Darcy'slaw) $q = k(d\Psi/dx)$에서 비례상수 k이다.

투수성(透水性, permeability). 토성, 구조, 밀도, 공극도 분포 등 토양의 물리적 성질에 의해 결정되는 토양 내 물과 가스 이동의 용이성(속도). 선행함수상태(先行含水狀態, antecedent moisture condition)에 의해서도 영향을 받는다. 때로는 뿌리 침투의 용이성을 포함하는 것으로 정의된다. 이 용어는 강우나 관수된 물이 토양 속으로의 투과에 잘못 적용된다.

파이핑현상(piping). 해당 토양 단면 내에서 미세토양이 한 지점에서 다른 지점으로 이동하는 현상. 토양은 투수계수가 약 10^{-4}cm/sec일 때 파이핑에 가장 취약하다.

평균 복사 온도(平均輻射溫度, mean radiant temperature). 물체(식물-교목)로부터 동일한 복사 열손실(輻射熱損失, radiant heat loss)을 주는 검은색 주위 사물의 균일한 온도.

표토 배합토(topsoil mix). 자연 표토를 모방하기 위해 설계된 몇 가지 자재로 만든 혼합물. 이는 무기와 유기 물질로 구성될 수 있다. 하나의 사례가 모래 1/3, 초탄 1/3, 자연토양 1/3이다.

표토(表土, topsoil). 일반적으로 높은 유기물 함량, 바람직한 구조, 다양한 토양 유기체와 뿌리를 포함하고 있어서 어두운 색깔을 보이는 토양 단면의 표면 또는 가장 위 층위로, 단면 설명에서 A층으로 정의된다. 일반적으로 중간에서 높은 비옥도를 나타낸다. 이는 토양 규격을 나타내는 용어로도 사용되지만, 항상 정확한 정의를 충족시키지 못할 수도 있다.

참고 자료

Aandahl, A. R. 1985. Soil survey interpretation theory and purpose. *Soil Sci. Soc. Amer. Proc.* 22: 152–154.

Anon. 1990. Root barriers and root pruning. *Arbor Age* 10(6): 38–45.

Anon. 1995. Root barrier update. *Arbor Age* 15(9): 22, 24, 27.

Appleton, B. L. 1994. Elimination of ciricling tree roots during nursery production. In G. W. Watson and D. Neely, eds., *The Landscape Below Ground*, pp. 93–97. Proceedings of an International Workshop on Tree Root Development in Urban Soils. International Society of Arboriclture Savoy, IL.

Arnold, M. A., and D. F. Welsh. 1995. Effects of planting hole configuration and soil type on transplant establishment of container-grown live oak. *J. Arboric.* 21(4): 213–218.

Bassuk, N., and T. Whitlow. 1985. Evaluating street tree microclimates in New York City. *METRIA: 5, Proceedings of the Fifth Conference of the Metropolitan Tree Improvement Alliance*, pp. 18–27. Pennsylvania State University Press, University Park.

Beasley, R. P. 1978. *Sediment and Erosion Control.* Iowa State University Press, Ames.

Bernatzky, A. 1978. *Tree Ecology and Preservation.* Elsevier North-Holland, New York.

Berrang, P., D. F. Karnosky, and B. J. Stanton. 1985. Environmental factors affecting tree health in New York City. *J. Arboric.* 11(6): 185–189.

Brady, N. C. 1990. *The Nature and Properties of Soils*, 10th ed. Macmillan, New York.

Bridel, R., B. L. Appleton, and C. E. Whitcomb. 1983. Planting techniques for tree spade-dug trees. *J. Arboric.* 9: 282–284.

Bridges, E. M. 1987. *Surveying Derelict Land.* Clarendon Press, Oxford.

Buol, S. W., F. D. Hole, and R. J. McCracken. 1989. *Soil Genesis and Classification*, 3rd ed. Iowa State University Press, Ames.

Burger, D. W., G. W. Forister, and P. A. Kiehl. 1996. Height, caliper growth, and biomass response of ten shade tree species to tree shelters. *J. Arboric.* 22(4): 161–166.

Campbell, G. S. 1977. *An Introduction to Environmental Biophysics.* Springer-Verlag, Heidelberg.

Carlson, Chris R. 1997. Survey of curbside planting width in 116 cities. Poster report, International Society of Arboriculture Annual Convention, Salt Lake City.

Chaney, W. R. 1997. How wind affects trees. *Arborist News* 6(5): 31–38.

Clark, D. B., ed. 1994. *Xerigation: Landscape Low Volume Irrigation Design Manual*. Rain Bird Sales, Inc., Contractor Division. Glendora, CA.

Coalition of Northeast Governors (CONEG) Source Reduction Task Force. 1996. Model procurement guidelines for source-separated compost. Washington, DC.

Composting Council. 1996. *Draft Field Guide to Compost Use*. The Compost Council, Alexandra, VA.

Cool, R. A. 1976. Tree spade vs. bare root planting. *J. Arboric.* 2: 92–95.

Corley, W. L. 1984a. Re-evaluating the value of amending planting holes with organic material. *Amer. Nurseryman* 159(6): 113–116.

Corley, W. L. 1984b. Soil amendments at planting. *Environ. Hort.* 2: 27–30.

Costello, L. R., C. L. Elmore, and S. Steinmaus. 1997. Tree root response to circling root barriers. *J. Arboric.* 23(6): 211–218.

Couenberg, E. A. M. 1994. Amsterdam tree soil. In G. W. Watson and D. Neely, eds., *The Landscape Below Ground*, pp. 24–33. Proceedings of the International Workshop on Tree Toot Development in Urban Soils. Morton Arboretum, Lisle, IL. International Society Arboriculture, Savoy, IL.

Coutts, M. P. 1983. Root architecture and tree stability. *Plant and Soil* 71: 171–188.

Cox, L. D. 1916. A street tree system for New York City, Borough of Manhattan. *The New York State College of Forestry, Syracuse, Bulletin.*

Craul, P. J. 1964. An analysis of site index variation and certain soil characteristics of DeKalb very stony sandy loam. Ph.D. diss. Pennsylvania State University, University Park.

Crau, P. J. 1985. A description of urban soils and their desired characteristics. *J. Arboric.* 11(11): 330–339.

Craul, P. J. 1988. Assessing soil for Urban tree survival. *Grounds Maint.* 23(9): 28, 30, 84, 86–87, 89.

Craul, P. J. 1992. *Urban Soil in Landscape Design*. John Wiley, New York.

Craul, P. J. 1994. Urban soils: An overview and their future. In G. W. Watson and D. Neely, eds., *The Landscape Below Ground: Proceedings of an International Workshop on Tree Root Development in Urban Soils*, pp. 115–125. International Society of Arboriculture, Savoy, IL.

Craul, P. J. 1997. Designing sustainable soil. In Margarita Hill, ed., *Proceedings Opportunities in Sustainable Development: Strategies for the Chesapeake Basin*, pp. 47–51. American Society of Landscape Architects, Washington, DC.

Craul, P. J., and C. J. Klein. 1980. Characterization of streetside soils of Syracuse, New York. In *METRIA 3: Proceedings of the Third Conference of the Metropolitan Tree Improvement Alliance*, pp. 88–101. Pennsylvania State University Press, University Park.

Craul, P. J., and M. S. Switzenbaum. 1996. Developing biosolids compost specification, *BioCycle* 37(12): 44–47.

Das, B. M. 1979. *Introduction to Soil Mechanics*. Iowa State Univ. Press, Ames.

Davis, W. B., and others. 1964. *Landscaping in Containers without Natural Drainage*. Agricultural Science Leaflet 2577. University of California, Davis.

deBertolid, M. 1987. *Compost: Production Quality and Use*. Elsevier Applied Science, London.

Deresiewicz, H. 1958. Mechanics of granular matter. *Adv. Appl. Mech.* 5: 233–306.

Estes, J. E., ed. 1983. *Manual of Remote Sensing*, 2nd. ed., Vol. 2, pp. 1233–2440. American Society of Photogrammetry, Falls Church, VA.

Evans, J. and M. J. Potter. 1985. Treeshelters—A new aid to tree establishment. *Plasticulture* 68: 7–20.

Fangr, P. O. 1970. *Thermal Comfort: Analysis and Applications in Environmental Engineering*. McGraw-Hill, New York.

Fazio, J. R., ed. 1993. *How to Landscape to Save Water*. Tree City USA Bulletin No. 17. The National Arbor Day Foundation, Nebraska City. NE.

Federer, C. A. 1970. *Measuring Forest Evapotranspiration—Theory and Problems*. USDA Forest Service Research Paper NE-165. USDA, Washington, DC.

Field, R., H. Masters, and M. Singer. 1982. Status of porous pavement research. *Water Rex*. 16: 849–858.

Flint, H. R. 1997. *Landscape Plants for Eastern North America*. John Wiley, New York.

Fortier, J. H. 1994. Arbor irrigation: creating separate stations. *Arbor Age* 14(5): 43–45.

Fraedrich, B. R. 1995. Solutions to tree-sidewalk conflicts. In *Tree Topics, Winter Issue*, pp. 3–6. F. A. Barlett Tree Expert Co., Stamford, CT.

Frearson, K., and H. D. Weiss. 1987. Improved growth rates with treeshelters. Quart. *J. For*. 81(3): 184–187.

Gilman, E. F. 1996. Root barriers affect root distribution. *J. Arboric*. 22(3): 151–154.

Good, G. L. 1989. Fertilizing shade trees. *Landscape Contractors* (May): 20–21.

Goodwin, C., and G. Lumis. 1992. Embedded wire in tree roots; implication for tree growth and root function. *J. Arboric*. 18(3): 115–123.

Grabosky, j., and Nina Bassuk. 1995. A new urban tree soil to safely increase rooting volumes under sidewalks. *J. Arboric*. 21(4): 187–201.

Grabosky, J., and Nina Bassuk. 1996. Testing of structural urban tree soil materials for use under pavement to increase street tree rooting volumes. *J. Arboric*. 22(6): 255–263.

Greenly, K. M., and D. A. Rakow. 1995. The effect of wood mulch type and depth on weed and tree growth and certain soil parameters. *J. Arboric*. 21(5): 225–232.

Guinaudeau, Claude. 1987. *Planter aujourd'hui, batir demain: le preverdissement*. Institut pour le developpement forestier, Nancy, France.

Haines, R. 1981. *Contaminated sites in the West Midlands Country. A prospective survey*. JURUE, University of Aston, Birmingham.

Harada,, Y., A. Inoko, M. Tadaki, and T. Izawa. 1980. The measurement of the cation exchange-capacity of composts for the estimation of the degree of maturity. *Soil Sci. Plant Nutr*. 26: 126.

Hardin, G. 1986. The tragedy of the commons. *Science* 162: 1243–1248.

Harris, R. W. 1983. *Arboriculture: Care of Trees, Shrubs, and Vines in the Landscape*. Prentice Hall, Englewood Cliffs, NJ.

Harris, R. W. 1991. *Arboriculture: Integrated Management of Landscape Trees, Shrubs, and Vines*, 2nd ed. Prentice Hall, Englewood Cliffs, NJ.

Hartin, J., and D. Pittenger. 1992. Irrigation benefits from new technology. *Arbor Age* 12(6): 27–28.

Hensley, D. L., and C. F. Fackler. 1984. Do water-holding compounds help in transplanting? *Amer. Nurseryman* 159(3): 93.

Hensley, D. L., R. E. McNeil, and R. Sundheim. 1988. Management influences on growth of transplanted Magnolia grandiflora. *J. Arboric*. 14(8): 204–207.

Hillel, D. 1980. *Fundamentals of Soil Physics*. John Wiley, New York.

Himelick, E. B. 1981. Mechanical tree digging and planting with a tree spade. In *Tree and Shrub Transplanting Manual*, pp. 29–32. International Society of Arboriculture, Urbana, IL.

Himelick, E. B., and G. W. Watson. 1990. Reduction of oak chlorosis with wood chip mulch treatments. *J. Arboric.* 16(10): 275–278.

Hirai, M. F., V. Chanyasak, and H. Kubota. 1983. A standard measurement for compost maturity. *BioCycle* 24(6): 54–56.

Holtz, R. D., and W. D. Kovacs. 1981. *An Introduction to Geotechnical Engineering.* Prentice Hall, Englewood Cliffs, NJ.

Hornick, S. B., J. J. Murray, R. L. Chaney, L. J. Sikora, J. F. Parr, W. D. Burge, G. B. Willson, and C. F. Tester. 1979. Use of sewage sludge compost for soil improvement and plant growth. *USDA-Sci. and Educ. Adm. Ag. Rev. and Man.* ARM-NE-6, Washington, DC.

Ingram, D. L., and W. Burbage. 1985. Effects of antitranspirants and a water-absorbing polymer on the establishment of transplanted live oaks. *South. Nur. Assoc. Nur. Res. Conf. Proc.* 30: 114–115.

Jewell, Linda. 1981. Construction: Planting trees in city soils. *Landscape Architect.* 71(3): 387–389.

Jones, R. H., A. H. Chappelka, and D. H. West. 1995. Use of plastic shelters for low-cost establishment of street trees. *South. J. Appl. For.* 20(2): 85–89.

Jones, R. K., G. Pierpont, G. M. Wickware, J. K. Jeglum, R. W. Amup, and J. M. Bowles. 1983. *Field Guide to Forest Ecosystem Classification for the Clay Belt, Site Region 3e.* Ontario Ministry of Natural Resources, Agriculture Canada/Environment Canada, Ottawa.

Juncker, P. H., and J. J. Madison. 1967. Soil moisture characteristics of sand-peat mixes. *Soil Sci. Soc. Amer. Proc.* 31: 5–7.

Kays, B. L. 1982. Methodology for on-site soil analysis. In P. J. Craul, ed., *Urban Forest Soils: A Reference Workbook.* SUNY-College Environmental Science and Forestry, Syracuse.

Kays, B. L., and J. C. Patterson. 1982. Soil drainage and infiltration In P. J. Craul, ed. *Urban Forest Soils: A Reference Workbook.* SUNY-Coll. Environ. Sci. and Forestry, Syracuse, NY.

Knowles, R. N. 1981. *Sun Rhythm Form.* The MIT Press, Cambridge, MA.

Kopinga, J. 1985. Research on street tree planting practices in the Netherlands. In *METRIA 5: Proceedings of the Fifth Conference on the Metropolitan Tree Improvement Alliance*, pp. 72–84. Pennsylvania State University Press, University Park.

Kourik, R. 1992. *Drip Irrigation for Every Landscape and All Climates.* Metamorphic Press, Occidental, CA.

Kozlowski, T. T. 1986. Soil aeration, flooding and tree growth. *J. Arboric.* 11(3): 85–96.

Kramer, P. J. 1987. The role of water stress in tree growth. *J. Arboric.* 13(2): 33–38.

Kramer, P. J., and T. T. Kozlowski. 1979. *Physiology of Woody Plants.* Academic Press, New York.

Kristoffersen, P. 1998. Designing urban pavement sub-bases to support trees. *J. Arboric.* 24(3): 121–126.

Krumbein, W. C., and F. J. Pettijohn. 1938. *Manual of Sedimentary Petrography.* Appleton-Century, New York.

Kuuluvainen, T., and T. Pukkala. 7987. Effect of crown shape and tree distribution on the spatial distribution of shade. *Agric. For. Meteorol.* 40: 215–231.

Lake, D. W., Jr., ed. 1989. *New York Guidelines for Urban Erosion and Sediment Control.* New York State Soil and Water Conservation Committee, Albany.

Leopold, L. B. 1968. *Hydrology for Urban Land Planning. A Guidebook on the Hydrologic Effects of Urban Land Use.* Circular 554. USGS, Washington. DC.

Lindsey, P., and N. Bassuk. 1991. Specifying soil volumes to meet the water needs of mature urban street trees and trees in containers. *J. Arboric.* 17(6): 141–149.

Lindsey, P., and R. Waters. 1995. Use of recycled water in the urban landscape. *California Landscaping* May: 12–15.

Luthin, J. N., ed. 1957. *The Drainage of Agricultural Lands*. American Society of Agronomy, Madison, WI.

Lyford, W. H. 1975. Rhizography of nonwoody roots of trees in the forest floor. In J. G. Torrey and D. T. Clarkson, eds., *The Development and Function of Roots*, pp. 179-196. Academic Press, New York.

Lyford, W. H. 1980. *Development of the root system of northern red oak (Quercus rubra, L.)*. Harvard Forest Paper No. 21. Harvard University, Petersham, MA.

Marsh, W. M. 1991. *Landscape Planning: Environmental Applications*, 2nd. ed. John Wiley, New York.

Marx, D. H. 1991. The practical significance of ectomycorrhizae in forest establishment. In *Ecophysiology of Ectomycorrhizae of Forest Trees*, pp. 54–90. The Marcus Wallenberg Foundation Symposium Proc. 7, Stockholm.

Marx, D. H. 1997. *Plant health care benefits of mycorrhizae*. Paper presented at Annual Convention, International Society of Arboriculture, Salt Lake City.

Marx, D. H., M. Murphy, T. Parrish, S. Marx, D. Haigler, and D. Eckard. 1997. Root response of mature live oaks in coastal South Carolina to root zone inoculation with ectomycorrhizal fungal inoculants. *J. Arboric.* 23(6): 257–263.

Mazria, E. 1979. *The Passive Solar Energy Book*. Rodale Press, Emmaus, PA.

McAdams, W. H. 1954. *Heat Transmission*, 3rd ed. McGraw-Hill, New York.

McCammon, R. B. 1962. Efficiencies of percentile measures for describing mean particle size and sorting of sedimentary particles. *J. Geol.* 70: 453–465.

McCoy, E. L. 1992. Quantitative physical assessment of organic materials used in sports turf rootzone mixes. *Agron. J.* 84: 375–381.

McGavin, C. T., ed. 1974. *Ecological Parking Lots*. Transportation Terminal Techniques, Bulletin No. 158. Applied Parking Techniques, Inc., Reston, VA.

McHarg, Ian. 1969. *Design with Nature*. Natural History Press, Falcon Press, Philadelphia.

McHarg, Ian. 1992. Green the earth, heal the earth. *J. Soil Water Cons.* 47(1): 39–46.

Nicoll, B. C., and D. Ray. 1996. Adaptive growth of tree root systems in response to wind action and site conditions. *Tree Physiology* 16: 891–898.

Olson, G. W. 1976. *Criteria for Making and Interpreting a Soil Profile Description*. Bulletin No. 212. University of Kansas Publication, Lawrence.

Olson, G. W. 1981. *Soils and the Environment: A Guide to Soil Surveys and Their Applications*. Chapman and Hall, New York.

Patterson, J. C. 1976. Soil compaction and its effects upon urban vegetation. In *Better Trees for Metropolitan Landscapes Symposium Proceedings*. General Technical Report NE-22. USDA-Forest Service, Washington, DC.

Patterson, J. C. 1085. Creative site planning—alternatives. In *METRIA 5: Proceedings. of the Fifth Conference of the Metropolitan Tree Improvement Alliance*, pp. 85–91. Pennsylvania State University Press, University Park.

Patterson, J. C., and D. L. Mader. 1982. Soil compaction: causes and control. In P. J. Craul, ed., *Urban Forest Soils: A Reference Workbook*. SUNY-College of Environmental Science and Forestry, Syracuse.

Peck, T. R. 1981. What to expect from soil tests. *J. Arboric.* 7(1): 11–12.

Pellet, H. 1971. Effect of soil amendments on growth of landscape plants. *Amer. Nurseryman* 134(12):

103–106.

Perry, R. C. 1992. *Landscape Plants for Western Regions.* Land Design Publishing, Claremont, CA.

Perry, T. O. 1982. The ecology of tree roots and the practical significance thereof. *J. Arboric.* 8(8): 197–211.

Potter, K. N., F. S. Carter, and E. C. Doll. 1988. Physical properties of constructed and undisturbed soils. *Soil Sci. Soc. Amer. J.* 52: 1435–1438.

Potter, M. J. 1988. Treeshelters improve survival and increase early growth rates. *J. For.* 86(6): 39–41.

Pritchett, W. L., and R. F. Fisher. 1987. *Properties and Management of Forest Soils,* 2nd. ed. John Wiley, New York.

Rawls, R. J. 1983. Estimating soil bulk density from particle size analysis and organic matter content. *Soil Sci.* 135(2): 123–125.

Reifsnyder, W. E., and H. W. Lull. 1965. *Radient Energy in Relation to Forests.* USDA-Forest Service Technical Bulletin No. 1344. U.S. Government Printing Office, Washington, DC.

Riffaldi, R., R. Levi-Minzi, A. Pera, and M. deBartoldi. 1986. Evaluation of compost maturity by means of chemical and microbial analyses. *Waste Manag. Res.* 4: 387.

Rose, C. W. 1966. *Agricultural Physics.* Pergamon Press, Oxford.

Saviozzi, A., R. Levi-Minzi, and R. Riffaldi. 1989. Maturity evaluation of organic waste. In staff of *BioCycle*, eds., *The BioCycle Guide to Composting Municipal Wastes.* IG Press, Emmaus, PA.

Smalley, T. J., and C. B. Wood. 1995. Effect of backfill amendment on growth of red maple. *J. Arboric.* 21(5): 247–249.

Smeltz, A. 1998. Urban shadows. *Research/Penn State* 19(1): 12.

Smiley, E. T., D. H. Marx, and B. R. Fraedrich. 1997. Ectomycorrhizal fungus inoculation of established residential tress. *J. Arboric.* 23: 113–115.

Smiley, E. T. 1997. *Mycorrhizae: the latest and greatest.* Paper presented at Annual Convention, International Society of Arboriculture, Salt Lake City.

Smith, A. M., and D. A. Rakow. 1992. Strategies for reducing water input in woody landscape plantings. *J. Arboric.* 18(4): 165–170.

Smith, S. W. 1997. *Landscape Irrigation: Design and Management.* John Wiley, New York.

Smith, W. H. 1985. Forest quality and air quality. J. For. 83(2): 82–92.

Soil Conservation Service. 1973. Drainage of Agricultural Land. In *National Engineering Handbook,* Section 16. Water Information Center, Port Washington, New York.

Soil Survey Staff. 1992. *Draft National Soils Handbook.* Part 620. USDA-Natural Resources Conservation Service. U.S. Government Printing Service, Washington, DC.

Soil Survey Staff. 1993. *Soil Survey Manual.* Handbook No. 18. U.S. Department of Agriculture. U.S. Government Printing Office, Washington, DC.

Solotaroff, W. 1911. *Shade Trees in Towns and Cities.* John Wiley, New York.

Sopper, W. E., and L. T. Kardos, eds. 1973. *Recycling Treated Municipal Wastewater and Sludge through Forest and Cropland.* Pennsylvania State University Press, University Park.

Spirn, A. W. 1984. *The Granite Garden.* Basic Books, New York.

Spirn, A. W. 1992. Designing with the land. *J. Soil Water Cons.* 47(1): 35–38.

Spomer, L. A. 1983. Physical amendment of landscape soils. *J. Environ. Hort.* 1(3): 77–80.

Stark, T. F., and D. R. Miller, 1977. Effect of synthetic surfaces and vegetation in urban areas on human energy balance and comfort. In *Proceedings of the Conference on Metropolitan Physical Environment,* pp. 139-151. USDA-Forest Service Northeast Forest Experimental Station General Technical Report NE-25.

Stone, H. M. 1993. Root collar inspection: Detecting and correcting hidden damage. *Arbor Age* 13(2): 8–13.

Stuller, J. 1997. Golf gets back to nature, inviting everyone to play. *Smithsonian* 28(1): 56-58, 60, 62–64, 66–67.

Svihra, P., D. W. Burger, and R. Harris. 1994. The effect of treeshelters on shoot/root development of some ornamentals grown in containers or in the landscape. In G. W. Watson and D. Neely, eds., *The Landscape Below Ground*. Proceedings of an International Workshop on Tree Root Development in Urban Soils. International Society Arboriculture Savoy, IL.

Svihra, P., D. W. Burger and R. Harris. 1996. Treeshelter effect on root development of redwood trees. *J. Arboric.* 22(4): 174–179.

Thorpe, M. R., R. Saugier, A. Auger, A. Berger, and M. Methy. 1978. Photosynthesis and transpiration of an isolated tree. *Plant, Cell Environ.* 1: 269–277.

Tomlinson, P. B. 1982. Chance and design in the construction of plants. In R. Sattler, ed., *Axioms and Principles of Plant Construction*, pp. 162–183. Acta Biotheoretica 31A. Junk, The Hague.

Townsend, A. M., and W. F. Kwolek. 1987. Relative susceptibility of thirteen pine species to sodium chloride spray. *J. Arboric.* 13(9): 225–228.

Urban, J. 1989. New techniques in urban tree plantings. *J. Arboric.* 15(11): 281–284.

Urban, J. R. 1992. Bringing order to the technical dysfunction within the urban forest. *J. Arboric.* 18(2): 85–90.

Urban J., and P. J. Craul. 1996. Success with soils in urban landscapes. *Arbor Age* 16(7): 18, 20, 22.

U.S. Department of Agriculture. 1982. *A National Program for Soil and Water Conservation*. Final Program Report and Environmental Impact Statement. U.S. Government. Printing Office, Washington, DC.

U.S. Salinity Laboratory Staff. 1954. L. A. Richards, ed. *Diagnosis and Improvement of Saline and Alkali Soils*. US Department of Agriculture Handbook No. 60 Government Printing Office, Washington.

Van der Ryn, S., and S. Cowan. 1996. *Ecological Design*. Island Press, Washington, DC.

Veihmeyer, F. J., and A. H. Hendrickson. 1948. Soil density and root penetration. *Soil Sci.* 65: 487–493.

Vepraskas, M. J. 1988. Bulk density values diagnostic of restricted root growth in coarse-textured soils. *Soil Sci. Soc. Amer. J.* 52: 1117–1121.

Vogel, S. 1996. Bolwing in the wind: Storm-resisting features of the design of trees. *J. Arboric.* 22(2): 92–98.

Vrecenak, A. J., and L. P. Herrington. 1984. Estimation of water use of landscape tree. *J. Arboric.* 10(12): 313–319.

Waggoner, P. E., and W. E. Reifsnyder, 1961. Difference between net radiation and water use caused by radiation from the soil surface. *Soil Sci.* 91: 246–250.

Wargo, P. M. 1975. *Estimating Starch Content in Roots of Deciduous Trees. A Visual Technique.* USDA-Foresst Service Research Paper NE-313. Washington, DC.

Wargo, P. M. 1988. *Judging Vigor of Deciduous Hardwoods.* USDA Agricultural Information Bulletin 418. U.S. Government Printing Office, Washington, DC.

Waring, R. H., and B. D. Cleary. 1967. Plant Moisture stress: Evaluation by pressure bomb. *Science* 155: 1248.

Warren, S. L. 1993. Growth and nutrient concentration in flowering dogwood after nitrogen fertilization and dormant root pruning. *J. Arboric.* 19(2): 57–63.

Warrick, A. W., D. F. Myers, and D. R. Nielsen. 1986. Geostatistical methods applied to soil science. In A. Klute, ed., *Methods of Soil Analysis. Part 1. Physical and Mineralogical Methods*, pp. 53-82. American Society of Agronomy, Madison, WI.

Waters, R., and P. Lindsey. 1995. Irrigation technology and recycled water use. *California Landscaping* May: 16–19.

Watson, G. W. 1988. Organic Mulch and grass competition influence tree root development. *J. Arboric.* 14(8): 200–203.

Watson, G. W., S. Clark, and K. Johnson. 1990. Formation of girdling roots. *J. Arboric.* 16: 197–202.

Watson, G. W., and E. B. Himelick. 1997. *The Principles and Practice of Planting Trees and Shrubs*. International Society of Arboriculture, Savoy, IL.

Watson, G. W., P. Kelsey, and K. Woodli. 1996. Replacing soil in the root zone of mature tress for better growth. *J. Arboric.* 22(4): 167–173.

Watson, G. W., G. Kupkowski, and K. G. von der Heide-Spravka. 1992. The effect of backfill soil texture and planting hole shape on root regeneration of transplanted green ash. *J. Arboric.* 18(3): 130–135.

Watson, G. W., and G. Kupkowski. 1991. Effects of a deep layer of mulch on the soil environment and tree root growth. *J. Arboric.* 17(9): 242–245.

Way, D. S. 1973. *Terrain Analysis: A Guide to Site Selection Using Aerial Photographic Interpretation*. Dowden, Hutchinson and Ross, Stroudsburg, PA.

Whitcomb, C. E. 1975. Effects of soil amendments on growth of silver maple trees in the landscape. *South. Nurs. Assoc. Nurs. Res. Conf. Proc.* 20: 49–50.

Whitcomb, C. E. 1987. *Establishment and Maintenance of Landscape Trees*. Lacebark Publication, Stillwater, OK.

Wilde, S. A. 1958. *Forest Soils*. Ronald Press, New York.

Wilson, B. F. 1975. Distribution of secondary thickening in tree root systems. In J. G. Torrey and D. T. Clarkson, eds., *The Development and Function of Roots*. Academic Press, London.

Wischmeier, W. H., and D. D. Smith. 1978. *Predicting rainfall erosion losses—A Guide to Conservation Planning*. Agricultural Handbook No. 537. U.S. Dept. of Agriculture, Washington, D.C.

Wise, M. E. 1952. Dense random packing of unequal spheres. *Philips Res. Rep.* 7: 321–343.

Wolman, M. G., and A. P. Schick. 1967. Effects of construction on fluvial sediment, urban and suburban areas of Maryland. *Water Resources Res.* 3(2): 451–464.

Yelonosky, G. 1964. Tolerance of trees to deficiencies of soil aeration. *Intern. Shade Tree Conf. Proc.* 40: 127–147.

Yorke, T. H., and W. J. Gerb. 1978. Effects of urbanization on streamflow and sediment transport in the Rock Creek and Anacostia River Basins, Montgomery County, Maryland, 1963-1974. U.S. Geological Survey Professional Paper No. 1003. US Government Printing Office, Washington, D.C.

Zucconi, F., M. Forte, A. Monaco, and M. deBartoldi. 1981. Biological evaluation of compost maturity. *BioCycle* 22(4): 27–29.

Zucconi, F., and M. deBartoldi. 1989. Specifications for solid waste compost. In The Staff of BioCycle, eds. *The BioCycle Guide to Composting Municipal Wastes*. IG Press, Emmaus, PA.

찾아보기

영문 찾아보기

A

AASHO(American Association of State Highway and Transportation Officials) 120
abrasive agent 240
absorbants 136
absorbing root 224
absorptance 47
accelerated erosion 239
access tube 191
acidiphilous 83
actinomycetes 81
active factor 80
active irrigation 186, 193
actual evapotranspiration 63
adjustment 142
aeration 209, 292
aerobic 85
agent 239
agricultural land 26
A horizon 78
air flow 59
air pocket 210
albedo 47
alluvial soil 79
alpenglow 46
amendment 307
ammonium nitrogen 83
anaerobic 85
angle factor 50, 53
angular blocky structure 168
anisotropic 169
Antarctic Circle 42
apparent position 42
apron 257
arable land 239
arborist 110, 263
arctangent 41
Arctic Circle 42
arid 106
aridic moisture regime 107
atmospheric refraction 46
atmospheric transmission coefficient 40
autumnal equinox 42
availability 78
available water 27, 190, 209, 288
azimuth 43

B

backfill 212
bacteria 83
ball and burlap 146, 211
bare root 210
bare soil 253
base 84
base flow 239
beam 159
bedding 176
bedload 240
bed load sediment 259
bed rock 79
Belgian block 224
bending force 153
Bernoulli's theorem 167
berry 101
B horizon 78
biological process 209
biomass 160
biophysical 38
bioreinforced 314

biosolid 134
black body 47
blowdown 154
boulder 310
boundary surface 74
bouyancy 285
buffer strip 251
bulk density 10, 87, 323
buried drain 177
burnt lime 142

C

calcification 83
calcine 129
calcined clay 149
calcium phosphate 129
calm wind 153
cantilever 151
capillarity 187
capillary force 80, 165
capillary fringe 168
capillary water 168
carbon 99, 214
carbonate 83
carbon cycle 80
cartographic generalization 23
categorical generalization 24
C(carbon):N(nitrogen) ratio 134
CEC(cation exchange capacity) 99, 137
checkbook 200
chemical agent 130
C horizon 79
chroma 15
cistern 202
clay 14
clay activity 27
clay loam 14
climatic zone 192
climatological data 173
climax 77
clodding 310
coarse grained soil 118
coarse sand 181
coarse silt 181
coarse texture 89
coastal terrace 165
coefficient of curvature 122
coefficient of gradation 286
coefficient of uniformity 122, 286
cohesion 181
cold resistance 292
collection system 166
color infrared photography 60
columnar structure 107
compacted 10
compaction 87
compensating factor 89
complementary 58
complete fertilizer 226
complex soil 13
compost 134, 148
compression bending 156
compression load 156
compressive buttressing 156
concave slope 11
conduction 38, 187
conifers 81
constant weight 111
containerized 211
contaminant 228
contour map 176
contour tillage 247
contributor 39
convection 38
convex slope 11
copper sulfate 212
cosine law 50
counter balance 285
covered 264, 276
creep 241
creep deformation 242
critical percentage 87
crumb structure 107
cubic packing 87
cumulose 85
curb 263, 272
cured 135
curing process 134
curtain drain 294
cutan 92
cycling of organic matter 80

D

daily cycle 43
debris avalanche 242
debris flow 242
decision matrix 263
DED(Dutch elm disease) 204
deep planting 235
deicing salts 191, 228
DEM/digital elevation model 10
denitrification 85
density 18
deposition 232, 240
depression 85
desert pavement 84
desert plant 101
design crisis 1
design criteria 173
design life 110
detachment 240
diagonal guying 156
diatomaceous earth 77, 129, 149
diffused solar radiation 46
diffuse light 317
diffuse sky radiation 46
diffusivity 198
Dioxin 299

direct solar beam 40
direct solar incident radiation 41
disease resistance 292
disposal system 166
distance/height ratio 72
DLG/digital line graph 10
dominant species 107
dormant season 71
down slope movement 245
drag 154
drainage 164
drainage area 94
drainage class 17
drainage coefficient 178
drainage layer 91, 96, 311
drainage load 184
drainage outlet 145
drainage systems 166
drain lateral 179
dredged material 113
drilling log 172
drip irrigation 162
dripline 205
drip/trickle irrigation 195
drought resistance 292
dry density 285
dry sieving 120, 322
dry weight 136
Dust Bowl 240

E

earth dike 257
earthflow 242
earthworm 140
EC(electrical conductivity) 322
ectomycorrhiza 81, 100
effective grain size 92
E horizon 78
electrical resistance block 217
elemental sulfur 143
element situation 263
ellipse equation 179
emittance 47
endomycorrhizae 101
engineering survey 11
entropy 77
envelope 286
equilibrium tension 193
equipotential head line 169
erodibility 250
erosion 239
erosion potential 241
erosion process 240
erosion resistance 108
ET(evapotranspiration) 61, 188
evaporation 61, 187
evaporation ratio 206
evaporative potential 194
evapotranspiration rate 288
external force 87

F

fabric 77
factor value 201
feeder root 95, 212
fertility 27, 86
fertilization 134, 293
fescue 191
field capacity 113, 190
filler 227
filter 92
filter fabric 89
filter material 93
filter strip 254
fine-grained soil 118
fine gravel 181
fineness 99, 136
fine sand 87, 181
fine texture 89
five-cycle semi-log graph 120
flooding 193
flood level 315
floodplain 85, 165, 249
flow net 170
flow path 169
flow pattern 176
flow velocity 258
fluid mechanics 122
flux 62
footslope 85
forest canopy 58
formation of structure 80
formulation 98
fragipan 12, 89
free convection 57
free water surface 167
fresh water 85
friable sandy loam 113
friction 155
fulcrum 159
furrow 194

G

gap-graded soil 121
gas diffusion 131, 277
Geiger tube 191
generalized soil map 23
geologic erosion 239
geologic map 172
geologic material 11
geologic report 11
geomorphic cycle 239
geotextile 181
girdling root 231
glacial moraine 12
glacial till 223
glacial till residuum 123
glaciated soil 79
gleization 85

gradation 93
gradation limits 297
graded 10
granular 107
granular structure 168
grassland soil 266
grate 224
gravel envelope 180
gravitational drainage 219
gravitational water 165, 168
ground angle 66
ground limestone 142
ground surface 155
growing season 71
growth screening test 321
Gypsy moth 204

H

hand tamping 308
hard rock 26
heat budget 62, 207
heat capacity 57
heat evolution 135
heat exchange 38
heat load 39
heat loading 58
heat stress 59
heavy soil 220
hemisphere 49
high water 184
hinge point 160
homogeneous soil 96, 105
horizon 78
horizontal root 159
hue 15
humid region 181
humid temperate climate 262
humid temperate region 106
hydrated lime 142
hydraulic conductivity 26, 69, 164, 171, 207
hydraulic control point 167
hydraulic engineering 122
hydraulic grade line 167
hydraulic gradient 92, 167
hydraulic head 169
hydraulic height 89
hydraulic pressure 93
hydraulic property 69
hydrogels 215
hydrogen sulfide 136
hydrograph 176
hydrologic cycle 187
hydrometer 120, 322
hydromulching 257
hydrophilic 171
hydrophobic 215
hydrophyte 18
hydrozone 200
hygroscopic water 168

I

ice erosion 310
immature 322
impervious surface 10
incident radiation 41, 46
infiltration 324
infiltration rate 86, 165
input 187
intensity of use 10
intensive agriculture 83
interface 89
interpretation map 32
interpretation process 32
invertebrate 84
ion antagonism 228
irradiated surface 52
irrigation 106, 185, 217
irrigation water 106
iso-erodent 259
iso-erodent map 243
isotropic 169

J~K

Kelvin 48
kinetic energy 167, 240

L

laminar flow 92
landforming 176
land grading 175
land leveling 175
landscape below ground 264
land smoothing 175
lateral flow 183, 187, 294
lateral line 195
lateral root 157
lateral seepage 26
laterization 84
leaching 80
leaf area index 206
leeward 156
lever arm 160
lift 97
light breeze 154
lightening materials 148
light soil 168, 317
loading limits 264
loading weight 89
load limit 149
loam 14, 112
long-wave 39
loss of head 167
low-fertility 226

M

macropore 113, 165
Manning's formula 167
manure 133
matrix 10, 267
mature 322
mean particle diameter 122
mean radiant temperature 68

mechanical effect 153
mechanical properties 283
medium 79, 186, 277
medium sand 181
medium textured soil 168
mesophilic 171
metropolitan area 1
microcosm 83
microenvironment 38
micronutrient 83
microrelief 12
mineral component 99, 116
mineral cycling 209
mineral horizon 81
mineral matter 147
mineral soil 83, 120, 179
minimum difference 91
mitigative action 35
moderate wind 153
moisture content 165
moisture percentage 97
moisture retention curve 190
moisture stress 61
mole drain 183
montmorillonite 149
mottling 14
muckland 86
muck soil 177
mulching 213
municipal mix 133
Munsell color chart 15
mycorrhizae 100

N

native vegetation 239
natural soil profile 78
net radiation 69, 192
net total radiation 40
neutron attenuation 191
nitrification 83
nitrogen ratio 99, 214
NOAA(National Oceanic and Atmospheric Administration) 38
noncohesive soil 242
NRCS(Natural Resources Conservation Service) 11
nutrient availability 115, 226, 296
nutrient concentration 114
nutrient content 137
nutrient-holding capacity 137
nutrients 209

O

ochric horizon 84
odor 136
open 263, 266
open-channel 167
open channel flow 176
open ditch 174
opening 224, 267
optical air-mass 40
organic compounds 131
organic horizon 78
organic matter 131
organic matter cycling 209
organic soil 118
orthophoto 11
outlet 166
output 187
oven dry sample 111
overburden pressure 159

P

pan evaporation 206
parent material 79, 88
particle packing 87
particle size 131
particle size distribution 120
passive factor 80
passive irrigation 202
PCB(Polychlorinated Binphenyl) 299
pea gravel 274
peak flow 174, 249
peat 118
peat bog 99
peat moss 99, 131
ped 80
pedestrian traffic 272
pedogenic process 77
percent by weight 147
perched water 89
perched watertable 171, 183, 222
percolation 164
percolation rate 10
percolation test 18
perennial stream 261
perlite 78, 130
permeability 92, 164, 171
pesticide residue 99
pH 99, 137, 307
photosynthate 100
piezometer 172
pioneer 77
piping 80, 180
Pisolithus tinctorius 100
pivot point 156
plant available nutrient 131
planter 161, 298
planting bed 103, 121
planting medium 286
plasticity 118
platy structure 168
plunge basin 258
podzolization 81
pole 41
poorly graded soil 121
porosity 87

porous ceramic 129
pot bounding 212
potential energy 167
potential evapotranspiration 62
poultry manure 134
precipitation 173
prevailing wind 154
primary fabric 99
primary particle 130
prismatic 107
Proctor 308
Proctor value 148
puddling 310
pumice 129, 149
pumping station 182

Q~R

quick release 226
radiant energy 58
radiant heating 46
radiation balance 46
radiation budget 40
radiation flux density 49
radiative exchange 38
radioactive source 191
rainfall event 280
rainforest 84
random method 12
raw 135
reaction(pH) 20, 141
recreation 31
redoximorphic feature 14, 207
reduction 85
reflectivity 47
reinforced concrete 229
residual effect 127
residual pesticide 228
restoration site 21, 102
restrictive feature 26
Rhizobium 141
Rhizobium spp. 100
rigidity 131, 160
rill 239
riprap 258
road culvert 166
roof drain 166
rooftop 114, 144, 279
rooftop garden 162
root ball 105, 203
root barrier 221, 229
root collar 214
rooting 262
rooting volume 79
rooting zone 176
root pruning 160, 211
root-shoot ratio 204
root-soil plate 159
root strength 160
root system 155
root zone 164
rotational failure 89
rotor head 194
rototilling 91
rudiment 74

S

salinity 139
salinization 84
sand 14
sandy loam 14
SAR(sodium adsorption ratio) 299
satellite imagery 38
saturate 160
saturated flow 18, 168
saturated zone 169
schematic map 23
sediment control 249
sediment load 258
seedbed 211, 292
seed germination 135
seep 165
seepage 208
seepage force 94
selection of species 226
self-compact 121
self-flushing 283
self-heating 135, 321
semiarid 83, 106
setback 251
settlement 87
sewage sludge 124, 214
shale 78, 129, 149
shear resistance 266, 267
shear strength 242
short-wave 39
shrubs 264
side effect 49
side slope 242
silica 129
silica minerals 149
silt fence 257
silt loam 14
sine wave 42
single grained structure 87
sinker root 155
sintered fly ash 78, 130, 149
site assessment 8
skyview 207
skyview factor 57
slag 130
slant-path 40
slash and burn agriculture 84
slate 78
slope gradient 26
slow release 226
slumping 89, 242
soil amendment 76
soil behavior 25
soil color 15
soil design 262

soil drainage 207
soil evaluation 237
soil forming 79
soil group 201
soil loss 243
soil map 23
soil mapping unit 250
soil material 76, 114
soil mix 213, 283
soil moisture tension 190
soil morphology 76
soil organisms 140
soil pattern 24
soil profile 162
soil property 13
soil specification 2, 109
soil stabilization 251
soil strength 156
soil structure 113
soil texture 14, 114, 117
soil volume 145
soil water 89, 167, 188
solar envelope 69
solar year 42
solid phase 114
soluble nutrients 83
soluble salts 85, 191
span 161
spatial generalization 24
spatial variation 13
spectral band 47
spillway 184
splash erosion 245
spray head 194
sprinkler 194
stability 135
stable 135
starter fertilizer 290
steady flow 167
steady state 77
Stefan-Boltzmann 48
stiffness 159
storage 187
strain 160
stratified method 13
straw bale 257
streambed scouring 242
streamline 169
street 1, 71
street grid 70
stress loading 160
strip cropping 247
stripping 92, 111
structural materials 118
structure materials 131
styrofoam 150, 281
subbase 86
subsample 13
subsoil 78, 88, 95
substratum 286
subsurface drainage 165
subsurface flow 165, 168
subsurface water 188
suitability 78
summer solstice 42
sun angle 41, 64
sunrise 42
sunset 42
superabsorbent 216
surface drainage 164, 167
surface drainage system 173
surface erosion 241
surface flow 174
surface modifiers 27
surface runoff 164, 241
surfacing 26
suspended load 241
sustainability 5, 143
sustainable soil 98
swale 173
synthesis of new compounds 80

T

taper 154
taprooting 156
technological blitzkrieg 35
template 2
tensile buttressing 156
tensile strength 156
tensiometer 190, 217
tension 61, 159
texture triangle 118
thermal equilibrium 58
threshold 35
threshold value 228
till 123
tilling 291
tilth 27
tilth of soil 80
topographic depression 165
topographic map 176
topography 8, 172
toppling 156
topsoil 76, 86, 95
torrent flow 241
traffic 265
training 154
transecting method 12
transient condition 57
transitional horizon 78, 89
translocation 80
transpiration 61, 187
transport 240
transported parent material 11
tree 152, 265
tree planting 203
tree shelter 210
trench 194
Tropic of Cancer 42
Tropic of Capricorn 42
turbulent air 60
turbulent flow 92
turf 264

turning force 154
twisting load 154

U

underdrainage 88, 96, 208, 222
unstable 135
uplift force 156
urban forester 75
USCS(Unified soil Classification System) 117
USDA texture classes 117
USGS(U.S. Geological Survey) 10
utility corridor 231

V

value 15
VAM(Vesicular Arbuscular Mycorrhizae) 101
VAPAM 78, 130
vapor pressure 59
variability 11
vermiculite 78, 128
vernal equinox 42
vertical drain 183
very coarse sand 113
very fine sand 87, 113, 181
very stable 135
very unstable 135
vibrational force 272
void ratio 285
volcanic rock 129

W

water availability 309
water body 101, 184
water column 61, 89, 190
water conservation 62, 205
water content 190
water film 168
water height 176
waterholding capacity 165
water relations 69
water resources 186
watershed 241
water stable aggregate 88, 127, 213
water surface 194
water surface profile 167
water table 165
water tension 213
wave erosion 283
wear resistance 285
weathering 80
well-graded soil 121
wetting front 69, 90
wetting pattern 198
wilting point 168, 188
wind break 160
wind erosion 107
windfirmness 155
windrow mixing 104
wind stress 155
windthrow 147, 281
windward 156
winter solstice 42

X

xeric moisture regime 107
xeric plant 81, 106
xeric soil 81
xeriscope 107
xerophytic 283

Y~Z

yellowing 233
zenith-path 40
zeolite 114

한글 찾아보기

ㄱ

가경지(可耕地) 239
가금 분뇨(家禽糞尿) 134
가로(街路) 1, 71
가로 격자(街路格子) 70
가소성(可塑性) 118
가속침식(加速浸蝕) 239
가용성(可用性) 78
가용성 양분(可溶性養分) 83
가용성 염류(可溶性鹽類) 85, 191
가축 분뇨(糞尿) 133
각괴상 구조(角塊狀構造) 168
각도 계수(角度係數) 50, 53
각주상(角柱狀) 107
간극비(間隙比) 285
강도(剛度) 159
강성(剛性) 160
강성률(剛性率) 131
강수량(降水量) 173
강알칼리성 85
강우 사상(降雨事狀) 280
강재(鋼滓) 130
개구(開口) 224, 267
개량제(改良劑) 307
개수로(開水路) 167
개수로 흐름(開水路-) 176
갭 입도분포 토양 121
거리/높이 비율 72
건생(乾生) 283
건생식물(乾生植物) 81, 106
건조(乾燥) 106
건조 밀도(乾燥密度) 285
건조지토양(乾燥地土壤) 81
건조 체질 120, 322
건중량(乾重量) 136

결정행렬(結定行列) 263
경간(徑間) 161
경계면(境界面) 74, 89
경량화 자재(輕量化資材) 148
경반화(耕盤和) 176
경사도(傾斜度) 26
경사 변경 175
경사행로(傾斜行路) 40
경암(硬岩) 26
경운(耕耘) 291
경첩 점 160
경토(輕土) 168, 317
계기증발량(計器蒸發量) 206
고랑 194
고유식생(固有植生) 239
고조(高潮) 184
고흡수재(高吸收材) 216
곡률계수(曲率係數) 122, 286
공간상 포괄(空間上包括) 24
공간적 변이(空間的變異) 13
공극률(孔隙率) 87
공기 주머니 210
공기 흐름(氣流) 59
공익설비 통로 231
관개수(灌漑水) 106
관목(灌木) 264
관수(灌水) 106, 185, 217
광물성 자재(鑛物性資材) 116
광물질(鑛物質) 147
광역도시권(廣域都市圈) 1
광질 토양(鑛質土壤) 120
광합성 산물(光合成産物) 100
교란된 토지 31
교목(喬木) 152, 265
교목 식재 203
구조 자재(構造資材) 118, 131
구조 형성(構造形成) 80
국립해양대기청 38
규조토(硅藻土) 77, 129, 149
균근(菌根) 100, 141
균등계수(均等係數) 122, 286
균등 입도분포 토양 121
균질 토양(均質土壤) 105
극(極) 41
극상(極相) 77
극세사(極細沙) 87, 113, 181
극조사(極粗砂) 113
근권(根圈) 176
근류균 속(根瘤菌屬) 100, 141
근분(根盆) 105
근원(根元) 214
글레이화 85
급류(急流) 241
기반암(基盤岩) 79
기술적 전격전(技術的電擊戰) 35
기여자(寄與者) 39
기저유량(基底流量) 239
기체 확산(氣體擴散) 131, 276
기층(基層) 286
기후대(氣候帶) 192
기후 자료(氣候資料) 173

ㄴ

나근(裸根) 210
나지(裸地) 253
나트륨흡착비 299
낙수선(落水線) 205
난기류(亂氣流) 60
난류(亂流) 92
날것 135
남극권(南極圈) 42
남실바람 154
남회귀선(南回歸線) 42
내건성(耐乾性) 292
내건조경(耐乾造景) 107
내병성(耐病性) 292
내생균근(內生菌根) 101
내수성 입단(耐水性粒團) 88, 127, 213
내식성(耐蝕性) 108
내풍성(耐風性) 155
내한성(耐寒性) 292
냄새 136
노변(路邊) 263, 272
노출(露出) 263, 266
농지(農地) 26
느릅나무시듦병 204
능동적인 인자 80

ㄷ

다가염소화합물 299
다공 세라믹 129
다이옥신 299
단(壇) 97
단근(斷根) 160, 211
단립구조(單粒構造) 87
단립구조(團粒構造) 107
단파(短波) 39
답압(踏壓) 87
답압된(踏壓-) 10
대각선 당김줄 만들기(對角線-) 156
대공극(大孔隙) 113, 165
대기굴절(大氣屈折) 46
대기 노정(大氣路程) 40
대기투과율(大氣透過率) 40
대류(對流) 38
대상재배(帶狀栽培) 247
도랑 194
도보 통행(徒步通行) 272
도시 임업가(都市林業家) 75
도시 혼합물 133
동수경사(動水傾斜) 92, 167,

169
동수경사선(動水傾斜線) 167
동인(動因) 239
동지(冬至) 42
동질 토양(同質土壤) 96
되메우기 212
두더지 암거배수(-暗渠排水) 183
등고선 재배(等高線栽培) 247
등고선 지도(等高線地圖) 176
등방성(等方性) 169
등수위 수두선(等水位水頭線) 169
등침식도(等浸蝕圖) 243
등침식성(等浸蝕性) 259
땅고르기 175
땅꺼짐 89, 242

ㄹ~ㅁ

라테라이트화 84
마모 저항성(磨耗抵抗性) 285
마찰(摩擦) 155
매닝공식(-公式) 167
매몰 배수(埋沒排水) 177
매우 불안정한 135
매우 안정적 135
먼셀 색상표(-色相表) 15
멀칭 213
명거(明渠) 174
명도(明度) 15
모래발버섯 100
모세관력(毛細管力) 80, 165
모세관수(毛細管水) 168
모세관 포화권(毛細管飽和圈) 168
모세관현상(毛細管現象) 187
모식도(模式畵) 23
모재(母材) 79, 88
모틀링 14
몬모릴로나이트 149
무기물 순환(無機物循環) 209
무기물층(無機物層) 81
무기 자재(無機資材) 99
무기질토양(無機質土壤) 83, 179
무작위법(無作爲法) 12
무척추동물(無脊椎動物) 84
무풍(無風) 153
문턱값 35, 228
물기둥(水柱) 61, 89, 190
물 보전 205
물 수지 199
물 순환(水循環) 187
뭉침 310
뮐러관(-管) 191
미국 농무부 토성분류 117
미국주도로교통행정관협회 120
미국 지질조사국 10
미량원소(微量元素) 83
미사질양토(微砂質壤土) 14
미세 기복 지형(微細起伏地形) 12
미세 환경(微細環境) 38
미숙(未熟) 322
민물 85
밀도(密度) 18

ㅂ

바람막이 160
바람 응력(-應力) 155
바이오 고형물 134
박토(剝土) 92
반건조(半乾燥) 83, 106
반구(半球) 49
반문(斑紋) 형성 14
반사율 47
반응(反應) 20, 99, 137, 141
방근(防根) 221, 229
방사선원(放射線源) 191
방사율(放射率) 47
방선균류(放線菌類) 81
방위각(方位角) 43
배수(排水) 163, 164
배수계수(排水係數) 178
배수구(排水口) 145, 166
배수 등급(排水等級) 17
배수 부하(排水負荷) 183
배수 시스템(排水-) 166
배수지(配水地) 94
배수지선(排水支線) 179
배수층(排水層) 91, 96, 311
배지(培地) 79, 185, 277
배합토(配合土) 213, 283
범람원(氾濫原) 85, 165, 249
범주상 포괄(範疇上包括) 24
베르누이 정리 167
벨지안 블록 224
변이성(變異性) 11
보 159
보비력(保肥力) 137
보수력(保水力) 165
보정계수(補正係數) 89
보조기층(補助基層) 86
보호용 여과장치(濾過裝置) 92
복구 부지(復舊敷地) 21, 102
복사교환(輻射交換) 38
복사난방(輻射煖房) 46
복사수지(輻射收支) 40
복사 에너지(輻射-) 58
복사유동밀도(輻射流動密度) 49
복사평형(輻射平衡) 46

복합체조성토양(複合體組成土壤) 13
부력(浮力) 285
부류 토사(浮流土砂) 241
부석(浮石) 129, 149
부지 상황(敷地狀況) 263
부지 평가(敷地評價) 8
북극권(北極圈) 42
북회귀선(北回歸線) 42
분광대(分光帶) 47
분말도(粉末度) 99, 136
분무 머리 194
분산 탈리(分散脫離) 240
불균등 입도분포 토양 121
불안정한 135
불투수면(不透水面) 10
비산침식(飛散浸蝕) 245
비석(沸石) 114
비옥도(肥沃度) 27, 86
비점성 토양(非粘性土壤) 242
비틀림하중 154
빙력토(氷礫土) 123
빙식 작용(氷蝕作用) 310
빙원 빙퇴석(氷原氷堆石) 12
빙적토(氷積土) 79
빙퇴토(氷堆土) 223
빙하표석점토 잔적층(氷河標石粘土殘積層) 123
뿌리 강도 160
뿌리 분 203
뿌리 시스템 155
뿌리 전개 262
뿌리/줄기 비율 204
뿌리층 164
뿌리/토양 판 159

ㅅ

사막 식물(沙漠植物) 101
사막 포도(砂漠鋪道) 84
사석(砂石) 258
사양토(砂壤土) 14
사인파(-波) 42
사토(砂土) 14
산란일사(散亂日射) 46
산록경사면(山麓傾斜面) 85
산화·환원성인특성(酸化還元成因特性) 14, 207
삼출(滲出) 165, 208
상재하중(上載荷重) 159
색상(色相) 15
생물량(生物量) 160
생물물리학적(生物物理學的) 38
생물학적 과정(生物學的過程) 209
생보강(生補强) 314
생석회(生石灰) 142
생육기(生育期) 71
생장 선별시험 321
석회 290
석회석분말(石灰石粉末) 142
석회화(石灰化) 83
선구(先驅) 77
선상법(線狀法) 12
선 절단법 13
설계 기준(設計基準) 173
설계 수명(設計壽命) 110
설계 위기(設計危機) 1
세균(細菌) 83
세립질 토성(細粒質土性) 89
세립토(細粒土) 118
세사(細沙) 87, 181
소극적 관수(消極的灌水) 202
소석회(消石灰) 142
소성 플라이 애시(燒成-) 78, 130, 149
소수성(疏水性) 215
소우주(小宇宙) 83
속효성(速效性) 226
손다짐 308
손상(損傷) 160
손실수두(損失水頭) 167
쇠격자 224
수고(水高) 176
수동적인 인자 80
수두(水頭) 169
수력학적 기준점 167
수리공학(水理工學) 122
수리적 성질(水理的性質) 69
수리전도도(水理傳導度) 26, 69, 164, 171, 207
수막(水膜) 168
수면(水面) 194
수면단면도(水面斷面圖) 167
수목관리전문가(樹木管理專門家) 110, 263
수목 보호관 210
수분관계(水分關係) 69
수분보유곡선(水分保有曲線) 190
수분보전(水分保全) 62
수분 스트레스(水分-) 61
수분율(水分率) 97
수분이용능(水分利用能) 309
수분장력(水分張力) 213
수생식물(水生植物) 18
수식성(受蝕性) 250
수압(水壓) 93
수압고(水壓高) 89
수위곡선(水位曲線) 176
수자원(水資源) 186
수조(水槽) 202
수종 선정(樹種選定) 226
수직근(垂直根) 155

수직 배수(垂直排水) 183
수체(水體) 101, 184
수치 선형 지도(數値線形地圖) 10
수치 표고 모델(數値標高-) 10
수평근(水平根) 159
수평 흐름(水平-) 183
수표장(手票帳) 200
수화젤 215
숙성(熟成) 322
순방사량(純放射量) 192
순 복사(純輻射) 69
스카이뷰 207
스카이뷰 팩터 57
스테판-볼츠만 공식 48
스티로폼 150, 281
스프링클러 194
습윤온대기후(濕潤溫帶氣候) 262
습윤온대지역(濕潤溫帶地域) 106
습윤 전선(濕潤前線) 69, 90
습윤지대(濕潤地帶) 181
습윤 패턴(濕潤-) 198
시발비료(始發肥料) 290
시비(施肥) 134, 293
시위치(視位置) 42
시추 주상도(試錐柱狀圖) 172
식물 유효양분(植物有效養分) 131
식생수로 173
식수분(植樹盆) 161, 298
식양토(埴壤土) 14
식재 배지(植栽培地) 286
식재 상(植栽床) 103, 121
식토(埴土) 14
실개천 239
실리카 광물 149
실뿌리(細根) 95, 212
실증발산량(實蒸發散量) 63
심식(深植) 235
심토(心土) 78, 88, 95
쓰레기 매립지 27

ㅇ

아크탄젠트 41
안정성(安定性) 135
안정적 135
알베도 47
알펜글로우 46
암거(暗渠) 166
암거배수(暗渠排水) 88, 96, 208, 222
암모늄태 질소(-態窒素) 83
압축 판근만들기(壓縮板根-) 156
압축하중(壓縮荷重) 156
압축 휨 156
애리딕 수분상(-水分相) 107
액주압력계 172
액체비중계(液體比重計) 120, 322
양분 농도(養分濃度) 114
양분유효도(養分有效度) 115, 226, 296
양분함량(養分含量) 137
양수기장(揚水機場) 182
양이온 교환 용량(陽-交換容量) 99, 137
양지 64
양질토(良質土) 168
양토(壤土) 14, 112
엔트로피 77
여각(餘角) 58
여과 띠 254
여과자재(濾過資材) 93, 181
여과 직물(濾過織物) 89
여수로(餘水路) 184
역학적 성질(力學的性質) 283
역학적인 효과 153
연마제(研磨劑) 240
열 교환(熱交換) 38
열 방출(熱放出) 135
열부하(熱負荷) 39, 58
열수지(熱收支) 62, 207
열 스트레스(熱-) 59
열용량(熱容量) 57
열평형(熱平衡) 58
염기(鹽基) 84
염도(鹽度) 139
염류화(鹽類化) 84
엽면적 지수(葉面積指數) 206
영양소(營養素) 209
오니(汚泥) 214
오븐 건조 시료 111
오염물질(汚染物質) 228
오크릭 층 84
오탁방지막 257
옥상(屋上) 114, 144, 279
옥상 배수관(屋上排水管) 166
옥상 정원(屋上庭園,) 162
옥죄는 뿌리 231
완숙 과정(完熟過程) 134
완숙된 135
완전비료(完全肥料) 226
완충대(緩衝帶) 251
완화 행위(緩和行爲) 35
외력(外力) 87
외생균근(外生菌根) 81, 100
요소 값 201
요형사면(凹型斜面) 11
용기화된(容器化-) 211
용소(龍沼) 258
용적밀도(容積密度) 10, 87,

147, 323
용탈(溶脫) 80
우림(雨林) 84
우점종(優點種) 107
운동 에너지(運動-) 167, 240
운반(運搬) 240
운적모재(運積母材) 11
원기(原基) 74
원소 황(元素黃) 142
위성 영상(衛星映像) 38
위요경관 50
위조점(萎凋點) 168, 188
위치 에너지(位置-) 167
유기물(有機物) 131
유기물 순환(有機物循環) 80, 209
유기물층(有機物層) 78
유기질토(有機質土) 118
유기 화합물(有機化合物) 131
유동(流動) 62
유동 패턴(流動-) 176
유로(流路) 169
유사(流砂) 258
유선(流線) 169
유선망(流線網) 170
유속(流速) 258
유역(流域) 241
유입(流入) 187
유체역학(流體力學) 122
유출(流出) 187
유효수분(有效水分) 27, 190, 209, 288
유효입경(有效粒徑) 92
음지 64
응력 부하(應力負荷) 160
응집력(凝集力) 181
이경성(易耕性) 27, 80
이랑 혼합 104
이방성(異方性) 169
이산화규소(二酸化硅素) 129
이상화(泥狀化) 309
이쇄반층(易碎盤層) 12, 89
이쇄성 사질양토(易碎性沙質壤土) 113
이온 길항 작용(-拮抗作用) 228
이용 강도(利用强度) 10
이차시료(二次試料) 13
인공 개량제 296
인산칼슘(燐酸-) 129
인양력(引揚力) 156
인장 강도(引張强度) 156
인장 판근 만들기(引張板根-) 156
일몰(日沒) 42
일조 봉투 69
일주기(日週期) 43
일차 입자(一次粒子) 130
일차조직(一次組織) 99
일출(日出) 42
임계구성비(臨界構成比) 87
임관(林冠) 58
임시 저습지 257
입단(粒團) 80
입도변화(粒度變化) 93
입도 분포(粒度分布) 120
입방 패킹(立方-) 87
입사복사(入射輻射) 41, 46, 54
입상(粒狀) 107
입상구조(粒狀構造) 168
입자분포한계(粒子分布限界) 297
입자 크기 130
입자 패킹(粒子-) 87

ㅈ

자가 다짐(自家-) 121
자가발열(自家發熱) 135, 321
자가 세척(自家洗滌) 283
자갈 싸개 180
자연자원보호청 11
자연 토양 단면(自然土壤斷面) 78
자유대류(自由對流) 57
자유수면(自由水面) 167
잔디 264
잔류 농약(殘留農藥) 99, 228
잔류효과(殘留效果) 127
잔자갈 181
잠열 전달(潛熱傳達) 38
잠재 증발산량(潛在蒸發散量) 62
장과식물(漿果植物) 101
장력(張力) 61, 159
장파(長波) 39
저비옥도(低肥沃度) 226
저장(貯藏) 187
저지(低地) 85
적극적 관수(積極的灌水) 186, 193
적재중량(積載重量) 89
적재한도(積載限度) 264
적합성(適合性) 78
전기저항블록 191, 217
전기전도도 322
전단강도(剪斷强度) 242
전단저항(剪斷抵抗) 265, 267
전도(傳導) 38, 187
전도(顚倒) 156
전위(轉位) 80
전이층(轉移層) 78, 89
점적관수(點滴灌水) 162, 195
점 절단법 13
점토 활성(粘土活性) 27
점판암(粘板岩) 78

정사사진(正射寫眞) 11
정상류(定常流) 167
정상 상태(定常狀態) 77
정지(整枝) 154
정지된(整地-) 10
제도상 포괄(制度上包括) 23
제릭 수분상(-水分相) 107
제약적 특징(制約的特徵) 26
제제(製劑) 98
조립미사(粗粒微砂) 181
조립질 토성(粗粒質土性) 89
조립토(粗粒土) 118
조사(粗砂) 181
조사표면(照射表面) 52
조정(調整) 142
조직(組織) 77
종자발아(種子發芽) 시험 135
종자 취부공(種子吹付工) 257
주상구조(柱狀構造) 107
주수(宙水) 89
주수위(宙水位) 171, 183, 222
주풍(主風) 154
준설토(浚渫土) 113
중금속 228
중량백분율(重量百粉率) 147
중량 제한(重量制限) 149
중력배수(重力排水) 219
중력수(重力水) 165, 168
중사(中砂) 181
중생성(中生性) 171
중성자 감쇠(中性子減衰) 191
중점토(重粘土) 220
증기압(蒸氣壓) 59
증발(蒸發) 61, 187
증발비(蒸發比) 206
증발산(蒸發散) 61, 188
증발산량(蒸發散量) 288
증발 포텐셜 194
증산(蒸散) 61, 187
지렁이 140
지레 팔 160
지렛목 159
지상각(地上角) 66
지선(支線) 195
지속가능성(持續可能性) 5, 143
지속가능 토양(持續可能土壤) 98
지중류(地中流) 168
지질도(地質圖) 172
지질 물질(地質物質) 11
지질보고서(地質報告書) 11
지질침식(地質浸蝕) 239
지표면(地表面) 155
지표 배수(地表排水) 164, 167
지표 배수 시스템(地表排水-) 173
지표 변경인자(地表變更因子) 27
지표 유출(地表流出) 174
지표화(地表化) 26
지하 경관 264
지하 배수(地下排水) 165, 167
지하수(地下水) 188
지하수위(地下水位) 165
지형(地形) 8, 172
지형도(地形圖) 176
지형 변경(地形變更) 176
지형 윤회(地形輪廻) 239
지형학적 함몰 165
지효성(遲效性) 226
직근 뻗기(直根-) 156
직달일사(直達日射)) 40
직달 일사량 41
진동력(振動力) 272
질산화작용(窒酸化作用) 83
질석(蛭石) 78, 128
집수 시스템 166
집시나방 204
집약 농업(集約農業) 83
짚단 257

ㅊ

차단 배수 294
참나무시듦병 204
채도(彩度) 15
처분 시스템 166
천연색 적외선사진 60
천이상태(遷移狀態) 57
천정행로(天頂行路) 40
철근 콘크리트 229
철형사면(凸形斜面) 11
첨두유량(尖頭流量) 174, 249
초살(梢殺) 154
초지 토양(草地土壤) 266
초탄(草炭) 99, 131, 148
총복사(總輻射) 40
최소차(最小差) 91
추분(秋分) 42
춘분(春分) 42
충적토(沖積土) 79
충전제(充塡劑) 227
측근(側根) 157
측면경사(側面傾斜) 242
측면 지중류(地中流) 165
측면효과(側面效果) 49
측면 흐름 187, 294
측방삼출(側方滲出) 26
층류(層流) 92
층위(層位) 78
층화법(層化法) 13
친수성(親水性) 171
침사방지(沈砂防止) 249
침수(浸水) 193
침식(侵蝕) 239

침식작용(浸蝕作用) 240
침식 잠재능(浸蝕潛在能) 241
침엽수(針葉樹) 81, 234
침적(沈積) 232
침투력(浸透力) 94
침투실험(浸透實驗) 18
침투율(浸透率) 86, 165
침하(沈下) 87

ㅋ

캔틸레버 151
코사인 법칙(-法則) 50
콩과식물 101
콩자갈 274
큐물로스 85
큐탄 92

ㅌ

타원 방정식(楕圓方程式) 179
탄산염(炭酸塩) 83
탄소 순환(炭素循環) 80
탄질비(炭窒比) 99, 134, 214
탈질화(脫窒化) 85
태양각(太陽角) 41, 64
태양년(太陽年) 42
터깎기 111
토괴(土塊) 80
토량(土量) 79, 145
토류(土流) 242
토목섬유(土木纖維) 181
토목조사(土木調査) 11
토색(土色) 15
토석류(土石流) 242
토성(土性) 14, 114, 117
토성 삼각형(土性三角形) 118
토양강도(土壤强度) 156
토양 개량제(土壤改良劑) 76
토양 거동(土壤擧動) 25
토양 고상(土壤固相) 114
토양구조(土壤構造) 113
토양군(土壤群) 201
토양 단면(土壤斷面) 104, 162
토양도(土壤圖) 23
토양 반응 307
토양 배수(土壤排水) 207
토양 생성 작용(土壤生成作用) 77
토양 설계(土壤設計) 262
토양 성질(土壤性質) 13
토양수(土壤水) 89, 167
토양수분(土壤水分) 188
토양수분장력(土壤水分張力) 190
토양수분장력계(土壤水分張力計) 190, 217
토양 시방서(土壤示方書) 2, 109
토양 안정화(土壤安定化) 251
토양 유기체(土壤有機體) 140
토양유실(土壤流失) 243
토양 자재(土壤資材) 76, 114
토양 작도 단위(土壤作圖單位) 250
토양 패턴 24
토양 평가(土壤評價) 237
토양 형성(土壤形成) 79
토양형태(土壤形態) 76
토지 평탄화 175
토탄(土炭) 118
토탄지(土炭地) 99
통기(通氣) 209, 292
통일토양분류법 117
통행(通行) 265
퇴비(堆肥) 134, 148
퇴적(堆積) 240
퇴적토사태(堆積土沙汰) 242
투과성(透過性) 164
투과율(透過率) 10
투수성(透水性) 164, 171
투수율(透水率) 92, 324
투영 면적 52
투입관(投入管) 191

ㅍ

파랑침식(波浪侵蝕) 283
파이핑 92
파이핑 현상 80, 180
파종상(播種床) 211, 292
판상 구조(板狀構造) 168
펄라이트 78, 130
페스큐 191
평균 복사 온도(平均輻射溫度) 68
평균 입자 직경(平均粒子直徑) 122
평형력(平衡力) 285
평형 장력(平衡張力) 193
포괄 토양도(包括土壤圖) 23
포드졸화(漂白化) 81
포락선(包絡線) 286
포장근분(包裝根盆) 146, 211
포장용수량(圃場容水量) 113, 190
포트 바운딩 212
포행(匍行) 241
포행 변형 242
포화(飽和) 160
포화대(飽和帶) 169
포화 흐름(飽和-) 18, 168
표면 유출(表面流出) 164, 241
표면 침식(表面侵蝕) 241
표준 시방서 110
표토(表土) 76, 86, 95, 297
풍도(風倒) 147, 154, 281

풍상측(風上側) 156
풍식(風蝕) 107
풍하측(風下側) 156
풍화(風化) 80
프록터 값 148
피복(被覆) 264, 276

ㅎ

하상세굴(河床洗掘) 242
하상 유사(河床流砂) 240
하상이동물질(河床移動物質) 259
하소(焉燒) 129
하소 점토(煆燒粘土) 149
하수오니(下水汚泥) 124
하이드로존 200
하지(夏至) 42
함수량(含水量) 190
함수율(含水率) 165
합성 중합체 78
항량(恒量) 111
항력(抗力) 154
항류 하천(恒流河川) 261
해빙염(解氷鹽) 191, 228
해석과정(解釋過程) 32
해석지도(解釋地圖) 32
해안 단구(海岸段丘) 165
행렬(行列) 10, 267
혈암(頁岩) 78, 129, 149
혐기성(嫌氣性) 85
형판(型板) 2
호기성(好氣性) 85
호박돌 310
호산성(好酸性) 83
호흡 시험 321
홍수위(洪水位) 315
화산암(火山岩) 129
화전농업(火田農業) 84
화풍(和風) 153
화학작용제(化學作用劑) 130
확산광(擴散光) 317
확산성 198
확산일사(擴散日射) 46
환원(還元) 85
활강 이동(滑降移動) 245
활엽수 234
황산구리(黃酸銅) 212
황진(黃塵) 240
황화(黃化) 233
황화수소(黃化水素) 136
회전경운(回轉耕耘) 91
회전력(回轉力) 154
회전 머리 194
회전 사태(回轉沙汰) 89
회전점(回轉點) 156
후퇴(後退) 251
휨력 153
휴면기(休眠期) 71
휴양(休養) 31
흑니(黑泥) 86
흑니토(黑泥土) 177
흑체(黑體) 47
흙 제방 257
흡수근(吸水根) 224
흡수율(吸收率) 47
흡착수(吸着水) 168
흡착제(吸着劑) 136

기타

5주기 반대수그래프(五週期半對數-) 120
A층 78
B층 78
Class A 표토 111
C층 79
E층 78
Jefferson식 격자 70
O층 78
Spain식 격자 71